Engineering Surveying

工程测量

郝海森　主　编
王勇智　曹志勇　高永芹　副主编

中国电力出版社
CHINA ELECTRIC POWER PRESS

全书分为三大部分：测量的基本理论、地形测量、施工测量。第一部分包括第 1 章至第 5 章，主要对传统测量仪器和当代测绘新仪器的基本概念、基本原理、使用方法及其基本的误差理论进行详细的介绍。第二部分包括第 6 章至第 8 章，主要讲述小地区控制测量、大比例尺地形图的测绘和地形图的应用，使读者理解测绘地形图基本原理以及如何使用地形图，同时也介绍全站仪的应用。第三部分包括第 9 章至第 14 章，先介绍测设的基本方法，然后根据水利工程、工业与民用建筑、道路与桥梁工程、架空输电线路工程等各行业不同工程类型的具体特点，分别讲述其施工测量方法及新仪器、新技术的应用。

本书可作为高职高专工科类院校非测量专业工程测量课程教材，也可作为测绘工程技术人员的参考书。

图书在版编目（CIP）数据

工程测量 / 郝海森主编. —北京：中国电力出版社，2010.9（2020.1 重印）
ISBN 978 - 7 - 5123 - 0814 - 5

Ⅰ. ①工…　Ⅱ. ①郝…　Ⅲ. ①工程测量　Ⅳ. ①TB22

中国版本图书馆 CIP 数据核字（2010）第 166896 号

中国电力出版社出版发行
北京市东城区北京站西街 19 号　100005　http://www.cepp.com.cn
责任编辑：王晓蕾　　责任印制：杨晓东　　责任校对：李　楠
北京天宇星印刷厂印刷 · 各地新华书店经售
2010 年 9 月第 1 版 · 2020 年 1 月第 8 次印刷
787mm × 1092mm　1/16 · 16.25 印张 · 394 千字
定价：36.00 元

前　　言

本书是根据高等职业技术教育和专科的培养目标，以“理论够用、注重专业技能实用”为原则，结合各行业工程特点编写的，可以作为水利工程、工业与民用建筑、道路与桥梁等非测绘类的工程测量教材，也可作为相关工程技术人员的参考书。

本书注重测量的基本理论、基本计算、基本操作，理论联系实际，编写内容贴近工程实际，适应工程需要，兼顾传统技术与新技术的结合，突出“实践、实用”的特点，利于自学，满足一线生产岗位对工程测量技术知识的需要。

本书由郝海森（第1章、第11章前5节、11.7、11.8节、第13章）、曹志勇（第2章、第9章、第12章）、张丽军（第3章、第5章）、周宏达（第4章）、杨晓平（第6章、第7章、第11章第11.6节）、高永芹（第8章、第10章第10.4~10.6节）、姬晓东（第10章第10.1~10.3节）、吴亮清（第10章第10.7节）、王勇智（第14章）编写。全书由郝海森统稿。

在本书的编写过程中，作者收集了大量的资料，借鉴了同类教材的相关内容。由于编者水平有限，书中缺点和不足之处在所难免，恳请使用教材的师生、读者批评指正。

编　者

目　录

第 1 章

绪　论

1.1　测量学概述和工程测量的基本任务

测量学是研究如何测定地面点的平面位置和高程，将地球表面的地物、地貌及其他信息绘制成图，确定地球的形状、大小的科学。它的内容包括两个部分，即测定和测设。测定是指使用测量仪器和工具，通过测量和计算，得到一系列测量数据，或把地球表面的地形缩绘成地形图，供经济建设、规划设计、科学研究和国防建设使用。测设是指把图样上规划设计好的建筑物、构筑物的位置在地面上标定出来，作为施工的依据。

测量学按照研究范围和对象的不同，可分为如下几个分支学科：

大地测量学：研究整个地球的形状和大小，解决大地区控制测量、地壳变形以及地球重力场变化和问题的学科。

普通测量学：不顾及地球曲率的影响，研究小范围地球表面形状的测绘工作的学科。

摄影测量与遥感学：研究利用摄影或遥感技术来测定目标物的形状、大小和空间位置，判断其性质和相互关系的理论技术的学科。

海洋测量学：研究以海洋和陆地水域为对象所进行的测量和制图工作的学科。

工程测量学：研究各种工程建设在设计、施工和管理阶段时的各种测量工作理论和技术的学科。

按工程建设的进行程序，工程测量可分为规划设计阶段的测量、施工阶段的测量和竣工后的运营管理阶段的测量。规划设计阶段的测量主要是提供地形资料。取得地形资料的方法是在所建立的控制测量的基础上进行地面测图或航空摄影测量。施工阶段的测量的主要任务是按照设计要求在实地准确地标定建筑物各部分的平面位置和高程，作为施工与安装的依据。一般也要求先建立施工控制网，然后根据工程的要求进行各种测量工作。竣工后的运营管理阶段的测量，包括竣工测量以及为监视工程安全状况的变形观测与维修养护等测量工作。

按工程测量所服务的工程种类，也可分为建筑工程测量、线路测量、桥梁与隧道测量、矿山测量、城市测量和水利工程测量等。此外，还将用于大型设备的高精度定位和变形观测称为高精度工程测量；将摄影测量技术应用于工程建设称为工程摄影测量；而将以电子全站仪或地面摄影仪为传感器在电子计算机支持下的测量系统称为三维工业测量。

工程测量是直接为工程建设服务的，它的服务和应用范围包括城建、地质、铁路、交通、房地产管理、水利电力、能源、航天和国防等各个工程建设部门。

1.2　地面点位的确定

测量工作的实质是确定地面点的位置。确定地面点的位置要了解地球的形状大小和地面点位的表示方式。

1.2.1　地球的形状和大小

在整个地球表面，陆地面积仅占29%，而海洋面积占了71%。因此，可以设想地球的整体形状是被海水所包围的球体，即设想将一静止的海洋面扩展延伸，使其穿过大陆和岛屿，形成一个封闭的曲面，这一静止的海水面称作水准面，如图1－1所示。由于海水受潮汐风浪等影响而时高时低，故水准面有无穷多个，其中与平均海水面相吻合的水准面称作大地水准面。由大地水准面所包围的形体称为大地体。通常用大地体来代表地球的真实形状和大小。

水准面的特性是处处与铅垂线相垂直。同一水准面上各点的重力位相等，故又将水准面称为重力等位面，它具有几何意义及物理意义。水准面和铅垂线就是实际测量工作所依据的面和线。

由于地球内部质量分布不均匀，致使地面上各点的铅垂线方向产生不规则变化，所以，大地水准面是一个不规则的无法用数学式表述的曲面，在这样的面上是无法进行测量数据的计算及处理的。因此人们进一步设想，用一个与大地体非常接近的又能用数学式表述的规则球体即旋转椭球体来代表地球的形状，如图1－2所示。它是由椭圆NESW绕短轴NS旋转而成。旋转椭球体的形状和大小由椭球基本元素确定，即

长半轴 a

短半轴 b

扁率 $\alpha=\dfrac{a-b}{a}$

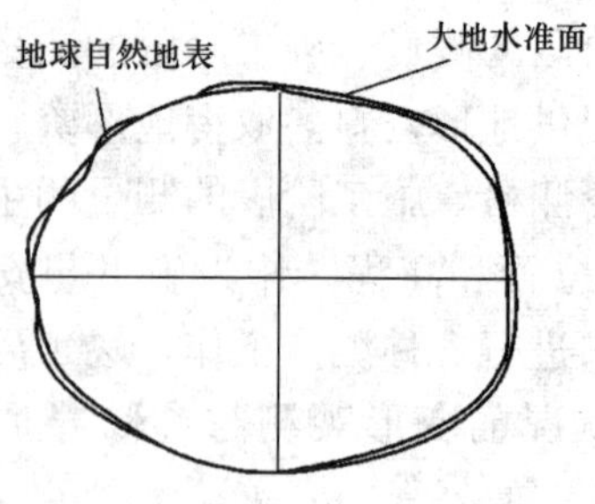

图1－1　地球自然表面

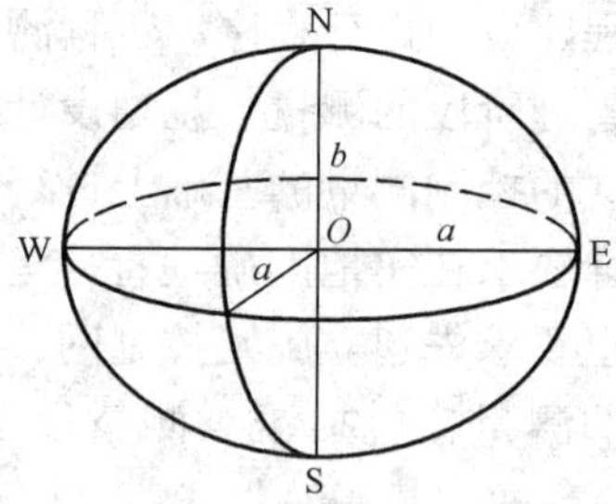

图1－2　旋转椭球体

某一国家或地区为处理测量成果而采用与大地体的形状大小最接近，又适合本国或本地区要求的旋转椭球，这样的椭球体称为参考椭球体。确定参考椭球体与大地体之间的相对位置关系，称为椭球体定位。参考椭球体面只具有几何意义而无物理意义，它是严格意义上的测量计算基准面。

我国的1954北京坐标系采用的是克拉索夫斯基椭球，1980国家大地坐标系采用的是1975国际椭球，而全球定位系统（GPS）采用的是WGS－84椭球。由于参考椭球的扁率很小，在小区域的普通测量中可将地（椭）球看作圆球，其半径 $R=(a+a+b)/3=6371\text{km}$。

2000国家大地坐标系的原点为包括海洋和大气的整个地球的质量中心，2000国家大地坐标系的 Z 轴由原点指向历元2000.0的地球参考极的方向，X 轴由原点指向格林尼治参考子午线与地球赤道面（历元2000.0）的交点，Y 轴与 Z 轴、X 轴构成右手正交坐标系。采用广义相对论意义下的尺度。2000国家大地坐标系采用的地球椭球参数的数值为：长半轴 $a=6\ 378\ 137\text{m}$，扁率 $f=1/298.257\ 222\ 101$。我国自2008年7月1日起启用2000国家大地坐标系。上述椭球体参数见表1－1。

表1－1　世界上著名的椭球体参数

椭球名称	长半轴 a /m	短半轴 b /m	扁率 α	计算年代和国家	备　注
克拉索夫斯基	6 378 245	6 356 863	1:298.3	1940 前苏联	中国1954北京坐标系采用
1975国际椭球	6 378 140	6 356 755	1:298.257	1975国际第三个推荐值	中国1980国家大地坐标系采用
WGS－84	6 378 137	6 356 752	1:298.257	1979国际第四个推荐值	美国GPS采用
2000	6 378 137		1:298.257	中国	2008.7.1启用

1.2.2　地面点位置的确定

地面点的位置需用坐标和高程来确定。坐标是指地面点投影到基准面上的位置，高程表示地面点沿投影方向到基准面的距离。根据不同的需要可以采用不同的坐标系和高程系。

1. 地理坐标

当研究和测定整个地球的形状或进行大区域的测绘工作时，可用地理坐标来确定地面点的位置。地理坐标是一种球面坐标，依据球体的不同而分为天文坐标和大地坐标。

（1）天文坐标。以大地水准面为基准面，地面点沿铅垂线投影在该基准面上的位置，称为该点的天文坐标。该坐标用天文经度和天文纬度表示。如图1－3所示，将大地体看作地球，NS即为地球的自转轴，N为北极，S为南极，O 为地球体中心。包含地面点 P 的铅垂线且平行于地球自转轴的平面称为 P 点的天文子午面。天文子午面与地球表面的交线称为天文子午线，也称经线。而将通过英国格林尼治天文台埃里中星仪的子午面称为起始子午面，相应的子午线称为起始子午线或零子午线，并作为经度计量的起点。过点 P 的天文子午面与起始子午面所夹的两面角就称为 P 点的天文经度，用 λ 表示，其值为0°～180°，在子午线以

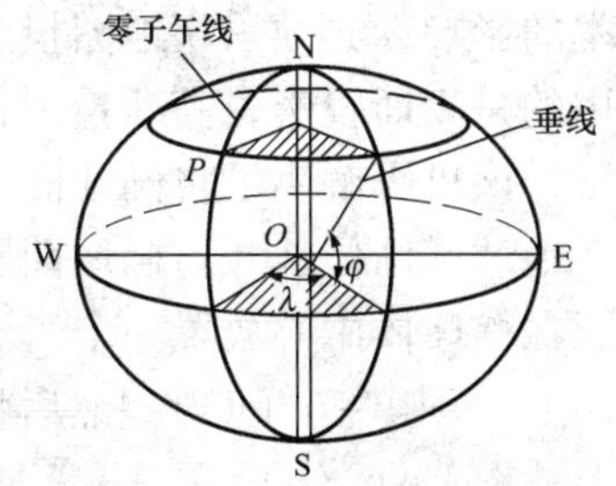

图1－3　天文坐标

东的叫东经，以西的叫西经。

通过地球体中心 O 且垂直于地轴的平面称为赤道面。它是纬度计量的起始面。赤道面与地球表面的交线称为赤道。其他垂直于地轴的平面与地球表面的交线称为纬线。过点 P 的铅垂线与赤道面之间所夹的线面角就称为 P 点的天文纬度，用 φ 表示，其值为 0°～90°，在赤道以北的叫北纬，以南的叫南纬。

天文坐标（λ，φ）是用天文测量的方法实测得到的。

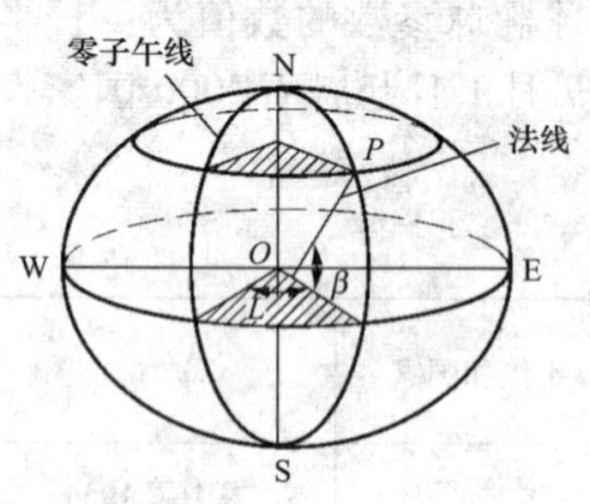

图 1－4 大地坐标

（2）大地坐标。以参考椭球面为基准面，地面点沿椭球面的法线投影在该基准面上的位置称为该点的大地坐标。该坐标用大地经度和大地纬度表示。如图 1－4 所示，包含地面点 P 的法线且通过椭球旋转轴的平面称为 P 的大地子午面。过 P 点的大地子午面与起始大地子午面所夹的两面角就称为 P 点的大地经度，用 L 表示，其值分为东经 0°～180°和西经 0°～180°。过点 P 的法线与椭球赤道面所夹的线面角就称为 P 点的大地纬度，用 β 表示，其值分为北纬 0°～90°和南纬 0°～90°。我国 1954 年北京坐标系和 1980 年国家大地坐标系就是分别依据两个不同的椭球建立的大地坐标系。大地坐标（L，β）因所依据的椭球体面不具有物理意义而不能直接测得，只可通过计算得到。

2. 平面直角坐标

在实际测量工作中，通常是采用平面直角坐标。测量工作中所用的平面直角坐标与数学上的直角坐标基本相同，只是测量工作以 x 轴为纵轴，一般表示南北方向，以 y 轴为横轴一般表示东西方向，象限为顺时针编号，直线的方向都是从纵轴北端按顺时针方向度量的，如图 1－5 所示。这样的规定，使数学中的三角公式在测量坐标系中完全适用。

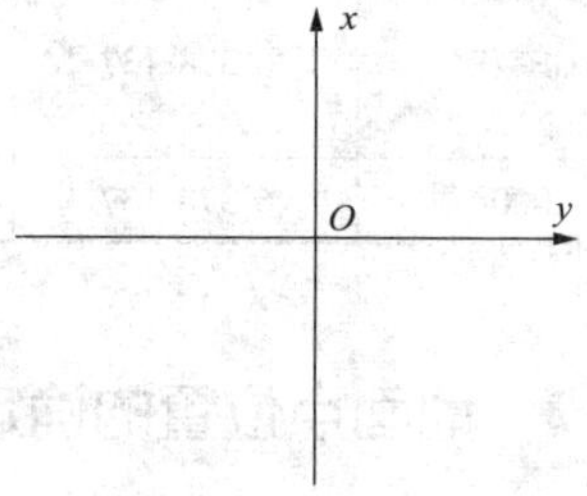

图 1－5 测量平面直角坐标系

（1）独立测区的平面直角坐标。当测区的范围较小，能够忽略该区地球曲率的影响而将其当作平面看待时，可在此平面上建立独立的直角坐标系。一般选定子午线方向为纵轴，即 x 轴，原点设在测区的西南角，以避免坐标出现负值。测区内任一地面点用坐标（x，y）来表示，它们与本地区统一坐标系没有必然的联系而为独立的平面直角坐标系。如有必要可通过与国家坐标系联测而纳入统一坐标系。

（2）高斯平面直角坐标系。当测区范围较大时，要建立平面坐标系，就不能忽略地球曲率的影响，必须采用地图投影的方法将球面上的大地坐标转换为平面直角坐标。目前我国采用的是高斯投影，高斯投影是由德国数学家、测量学家高斯提出的一种横轴等角切椭圆柱投影，该投影解决了将椭球面转换为平面的问题。从几何意义上看，就是假设一个椭圆柱横套在地球椭球体外并与椭球面上的某一条子午线相切，这条相切的子午线称为中央子午线。假想在椭球体中心放置一个光源，通过光线将椭球面上一定范围内的物像映射到椭圆柱的内表面上［图 1－6（a）］，然后将椭圆柱面沿一条母线剪开并展成平面，即获得投影后的平面图形［图 1－6（b）］。

高斯投影没有角度变形，但有长度变形和面积变形，离中央子午线越远，变形就越大。

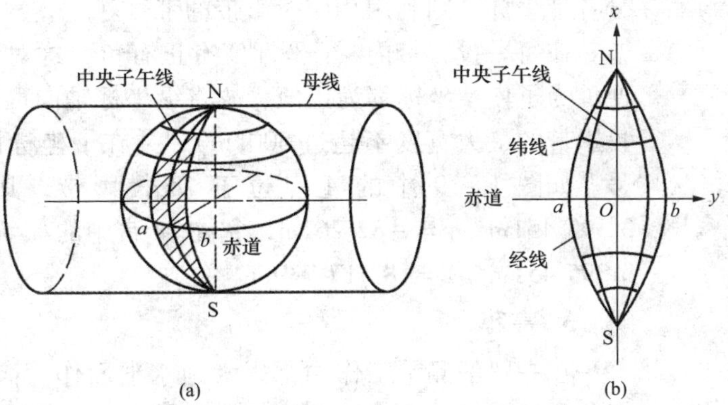

图1-6 高斯投影概念

为了对变形加以控制，测量中采用限制投影区域的办法，即将投影区域限制在中央子午线两侧一定的范围，这就是所谓的分带投影，如图1-7所示。投影带一般分为6°带和3°带两种，如图1-8所示。

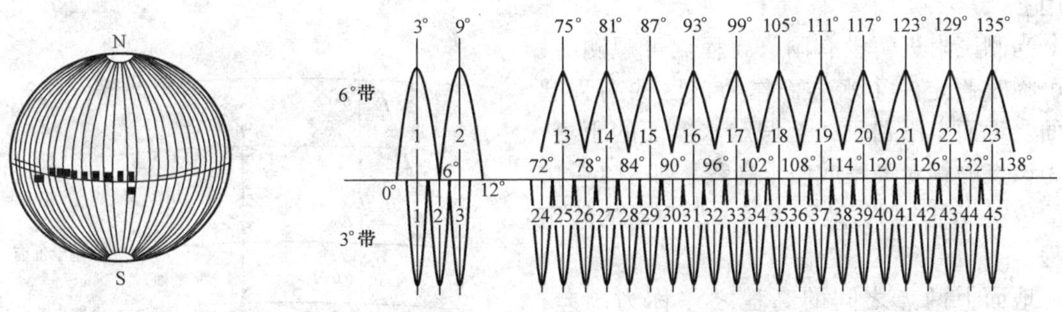

图1-7 分带投影

图1-8 6°带和3°带投影

6°带投影是从英国格林尼治起始子午线开始，自西向东，每隔经差6°分为一带，将地球分成60个带，其编号分别为1，2，…，60。每带的中央子午线经度 L_6 可用式（1-1）计算

$$L_6=(6n-3)° \qquad (1-1)$$

式中 n——6°带的带号。

6°带的最大变形在赤道与投影带最外一条经线的交点上，长度变形为0.14%，面积变形为0.27%。

3°投影带是在6°带的基础上划分的。每3°为一带，共120带，其中央子午线在奇数带时与6°带中央子午线重合，每带的中央子午线经度 L_3 可用下式计算

$$L_3=3°n' \qquad (1-2)$$

式中 n'——3°带的带号。

3°带的边缘最大变形现缩小为长度0.04%，面积0.14%。

通过高斯投影，将中央子午线的投影作为纵坐标轴，用 x 表示，将赤道的投影作为横坐标轴，用 y 表示，两轴的交点作为坐标原点，由此构成的平面直角坐标系称为高斯平面直角坐标系，如图1-9所示。对应于每一个投影带，就有一个独立的高斯平面直角坐标系，区

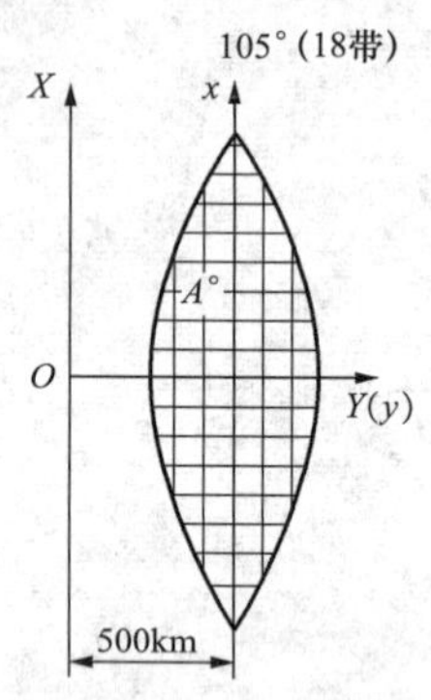

图 1-9　高斯平面直角坐标

分各带坐标系则利用相应投影带的带号。

在每一投影带内，y 坐标值有正有负，这对计算和使用均不方便，为了使 y 坐标都为正值，故将纵坐标轴向西平移 500km（半个投影带的最大宽度不超过 500km），并在 y 坐标前加上投影带的带号。如图 1-9 中的 A 点位于 18 投影带，其自然坐标为 $x=3\ 395\ 451\text{m}$，$y=-82\ 261\text{m}$，它在 18 带中的高斯通用坐标则为 $X=3\ 395\ 451\text{m}$，$Y=18\ 417\ 739\text{m}$。

3. 高程

在一般的测量工作中都以大地水准面作为高程起算的基准面。因此，地面任一点沿铅垂线方向到大地水准面的距离就称为该点的绝对高程或海拔，简称高程，用 H 表示。如图 1-10 所示，图中的 H_A、H_B 分别表示地面上 A、B 两点的高程。我国规定以 1950～1956 年间青岛验潮站多年记录的黄海平均海水面作为我国的大地水准面，由此建立的高程系统称为“1956 年黄海高程系”。新的国家高程基准面是根据青岛验潮站 1952～1979 年间的验潮资料计算确定的，依此基准面建立的高程系统称为“1985 国家高程基准”，其高程为 72.260m，并于 1987 年开始启用。

当测区附近暂没有国家高程点可观测时，也可临时假定一个水准面作为该区的高程起算面。地面点沿铅垂线至假定水准面的距离，称为该点的相对高程或假定高程。如图 1-10 中的 H'_A、H'_B 分别为地面上 A、B 两点的假定高程。

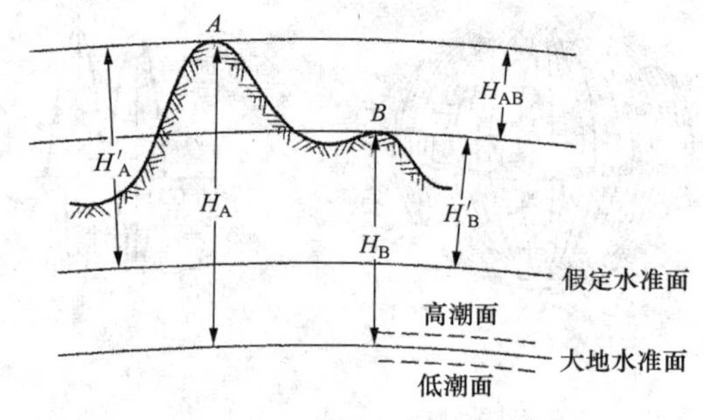

图 1-10　地面点的高程

地面上两点之间的高程之差称为高差，用 h 表示。例如，A 点至 B 点的高差可写为

$$h=H_B-H_A=H'_B-H'_A \quad (1-3)$$

由上式可知，高差有正、有负，并用下标注明其方向。在土木建筑工程中，又将绝对高程和相对高程统称为标高。

1.3 用水平面代替水准面的限度

在实际测量中，在一定的测量精度要求和测区面积不大的情况下，往往以水平面直接代替水准面，但是这必定会影响到高程、距离和角度的测量。

1.3.1 水准面曲率对水平距离的影响

如图 1-11 所示，设 DAE 是水准面，AB 为其上的一段圆弧，设长度为 S，其所对圆心角为 θ，地球半径为 R，此时假定大地水准面作为一个圆球面。另自 A 点作切线 AC，设长为 t，如果将切于 A 点的水平面代替水准面，即以相应的切线段 AC 代替圆弧 AB，则在距离方面将产生误差 ΔS，由图可得

$$\Delta S = t - S$$

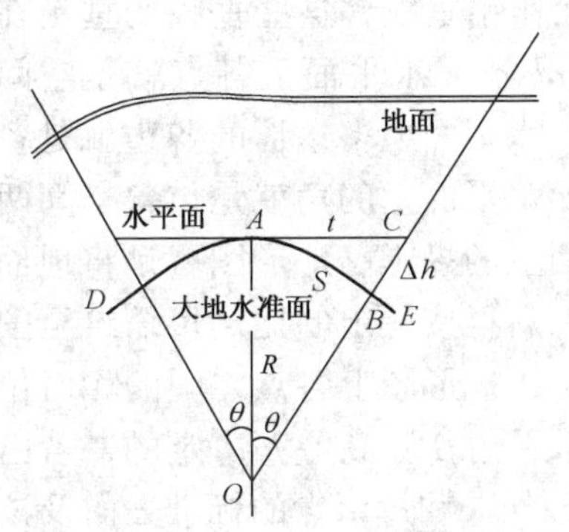

图1-11 水平面代替水准面的影响

其中，$t = R\tan\theta$，$S = R\theta$，因为 θ 角值一般较小，利用级数展开，略去5次方后以 $\theta = \dfrac{S}{R}$ 代入，整理得

$$\Delta S = \frac{1}{3}\frac{S^3}{R^2} \tag{1-4}$$

$$\frac{\Delta S}{S} = \frac{1}{3}\left(\frac{S}{R}\right)^2 \tag{1-5}$$

当水平距离为10km时，以水平面代替水准面所产生的距离误差为距离的1/1 217 700，现在最精密距离丈量的容许误差为其长度的1/1 000 000。因此在半径为10km的圆面积内进行长度的测量工作时，可以不必考虑地球曲率，在此范围内把水准面当作水平面看待，其误差可忽略不计。

1.3.2 水准面的曲率对水平角度的影响

由球面三角学可知，同一个空间多边形在球面上投影的各内角之和，较其在平面上投影的各内角之和大一个球面角超 ε 的数值。计算表明对于面积在 $100km^2$ 以内的多边形，地球曲率对水平角度的影响在最精密的测量中才考虑。一般在面积为 $100km^2$ 范围内水平角度测量可不顾及地球曲率的影响。

1.3.3 地球曲率对高差的影响

由图1-11可知

$$(R + \Delta h)^2 = R^2 + t^2$$

$$\Delta h = \frac{t^2}{2R + \Delta h} \tag{1-6}$$

当两点间投影的水平距离与在大地水准面上的弧长相差很小时，可用 S 代替 t，同时考虑 Δh 比地球半径 R 小得可忽略不计，故式（1-6）可写成

$$\Delta h = \frac{S^2}{2R} \tag{1-7}$$

当 $S = 10$km 时，$\Delta h = 7.8$m；

当 $S = 100$m 时，$\Delta h = 0.78$mm。

从上面计算表明：地球曲率的影响对高差而言，即使在很短的距离内也必须加以考虑。

1.4 测量工作概述

测量工作的基本任务是要确定地面点的平面位置和高程。确定地面点的几何位置需要进行一些测量的基本工作，为了保证测量成果的精度及质量需遵循一定的测量原则。

1.4.1 测量的基本工作

如图1-12所示，A、B、C、D、E 为地面上高低不同的一系列点，构成空间多边形

ABCDE，图下方为水平面。从 *A*、*B*、*C*、*D*、*E* 分别向水平面作铅垂线，这些垂线的垂足在水平面上构成多边形 *abcde*，水平面上各点就是空间相应各点的正射投影；水平面上多边形的各边就是各空间斜边的正射投影；水平面上的角就是包含空间两斜边的两面角在水平面上的投影。地形图就是将地面点正射投影到水平面上后再按一定的比例尺缩绘至图纸上而成的。由此看出，地形图上各点之间的相对位置是由水平距离 *D*、水平角 β 和高差 *h* 决定的，若已知其中一点的坐标（*x*，*y*）和过该点的标准方向及该点高程 *H*，则可借助 *D*、β 和 *h* 将其他点的坐标和高程算出。因此，不论进行任何测量工作，在实地要测量的基本要素都是：距离（水平距离或斜距）、角度（水平角和竖直角）、高程（高差）。

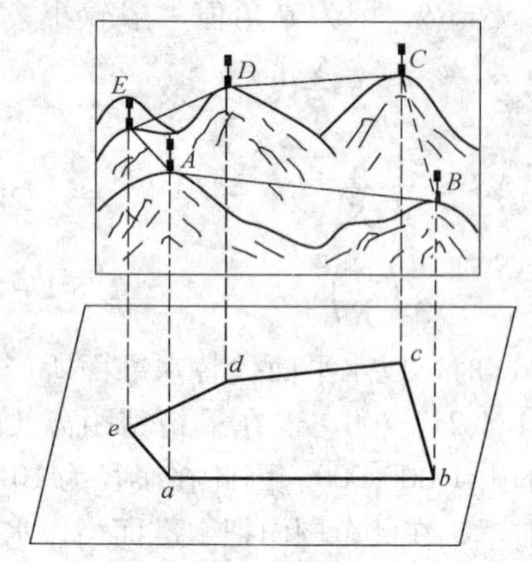

图 1－12　测量的基本工作

1.4.2　测量工作的原则

测量工作必须遵循的第一条基本原则是“从整体到局部”，“先控制后碎部”，“步步检核”的原则。测量工作的目的之一是测绘地形图，地形图是通过测量一系列碎部点（地物点和地貌点）的平面位置和高程，然后按一定的比例，应用地形图符号和注记缩绘而成。测量工作不能一开始就测量碎部点，而是先在测区内统一选择一些起控制作用的点，将它们的平面位置和高程精确地测量计算出来，这些点被称作控制点，由控制点构成的几何图形称作控制网。然后再根据这些控制点分别测量各自周围的碎部点，进而绘制成图。

第 2 章

水 准 测 量

2.1 水准测量的原理

2.1.1 水准测量原理

水准测量的原理是借助水准仪提供的水平视线，配合水准尺测定地面上两点间的高差。图 2-1 中，为了求出 A、B 两点的高差 h_{AB}，在 A、B 两个点上竖立水准尺，在 A、B 两点之间安置水准仪，分别读得 A、B 两点标尺上读数 a 和 b，则 A、B 两点的高差为

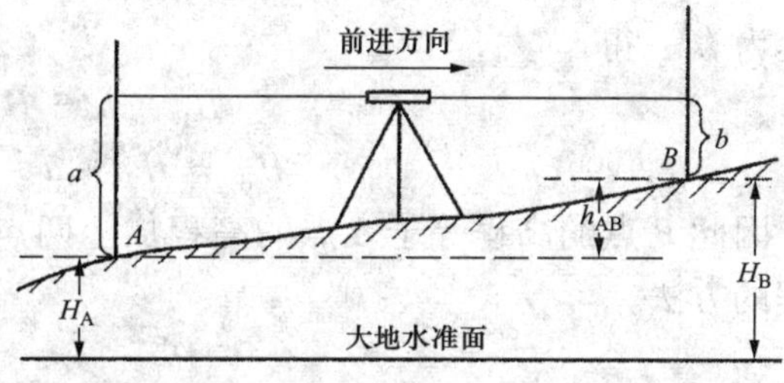

图 2-1 水准测量原理

$$h_{AB}=a-b \tag{2-1}$$

A→B 方向为前进方向，读数 a 称为“后视读数”，读数 b 称为“前视读数”。高差 h_{AB} 可能是正，也可能是负，正值表示点 B 高于点 A，负值表示点 B 低于点 A。此外，高差的正负号又与测量进行的方向有关，例如图 2-1 中测量由 A 向 B 进行，高差 h_{AB} 为正；反之由 B 向 A 进行，则高差用 h_{BA} 表示，其值为负。因此在说明高差时必须标明高差的正负号，并说明测量进行方向。

当两点相距较远或高差太大时，可分段连续进行，从图 2-2 中可得

$$\begin{aligned} h_1 &= a_1 - b_1 \\ h_2 &= a_2 - b_2 \\ &\vdots \\ h_n &= a_n - b_n \\ \hline h_{AB} &= \sum h = \sum a - \sum b \end{aligned} \tag{2-2}$$

即两点的高差等于连续各段高差的代数和，也等于后视读数之和减去前视读数之和。通常要用 $\sum h$ 和（$\sum a - \sum b$）两种方式进行计算，用来检核计算是否有误。

图 2-2 中置仪器的点Ⅰ、Ⅱ、…称为测站。立标尺的点 1、2、…称为转点，它们在前一测站先作为待求高程的点，然后在下一测站再作为已知高程的点，转点起传递高程的作用。每相邻两水准点间称为一个测段。

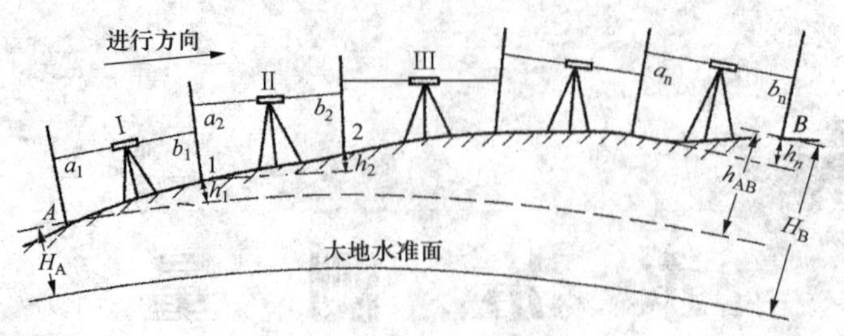

图 2－2 水准测量

2.1.2 高程计算

由图 2－1 可知，当 A 点高程已知，求取 B 点高程时，可以利用视线高程相等的方法计算。即 A 点高程加后视读数 a 与 B 点高程加前视读数 b 相等，均为仪器视线的高程，设视线高程为 H_i，得

$$H_B + b = H_A + a = H_i \tag{2-3}$$

即

$$H_B = H_A + a - b = H_A + h_{AB} \tag{2-4}$$

因此 B 点的高程等于 A 点的高程加上两点间的高差，这就是通过水准测量求取未知点高程的方法。

2.2 水准测量仪器和工具

水准测量所使用的仪器和工具有水准仪、水准尺和尺垫。

水准仪可以提供严格的水平视线。目前常用的水准仪有微倾式水准仪——利用水准管来获得水平视线；自动安平水准仪——利用自动补偿器来获得水平视线；新型水准仪——电子水准仪、激光水准仪等。

我国的水准仪系列标准一般有 DS_{05}、DS_1、DS_3 和 DS_{10} 几个等级。D 是大地测量仪器的代号，S 是水准仪的代号，数字表示仪器的精度。其中 DS_{05} 和 DS_1 属于精密水准仪，DS_3 属于一般水准仪，DS_{10} 则用于简易水准测量。

2.2.1 DS_3 微倾式水准仪的构造和使用

1. DS_3 微倾式水准仪的构造

DS_3 微倾式水准仪如图 2－3 所示，它由三个主要部分组成：望远镜——用来提供视线，读取水准尺上的读数；水准器——用于指示仪器或视线是否处于水平位置；基座——用于置平仪器，它支承仪器的上部并使其在水平方向转动。

微倾式水准仪各部分的名称如图 2－3 所示。基座上有三个脚螺旋，调节脚螺旋可使圆水准器的气泡居中，仪器粗略整平。望远镜和管水准器与仪器的竖轴连接成一体，竖轴插入基座的轴套内，可使望远镜和管水准器在基座上绕竖轴旋转。制动螺旋和微动螺旋用来控制望远镜在水平方向的转动。制动螺旋松开时，望远镜能自由旋转；旋紧时望远镜固定不动，旋转微动螺旋才能起作用，可使望远镜在水平方向作缓慢的转动，用来精确瞄准。旋转微倾螺旋可使望远镜连同管水准器作微量的上下倾斜，从而使视线精确水平。下面说明微倾式水准仪的主要部件和功能。

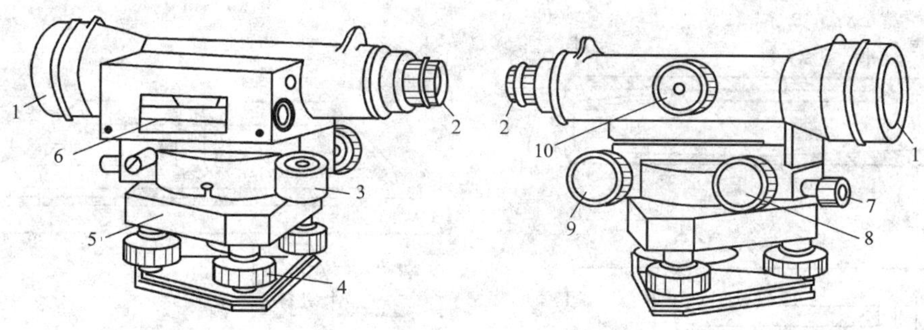

图2－3　DS_3 微倾式水准仪的构造

1—物镜；2—目镜；3—圆水准器；4—脚螺旋；5—基座；6—管水准器；
7—制动螺旋；8—微动螺旋；9—微倾螺旋；10—调焦螺旋

(1) 望远镜。望远镜是由物镜和目镜组成。测量仪器上的望远镜装有一个用来瞄准目标的十字丝分划板，它是刻在玻璃片上的十字丝，被安装在望远镜筒内靠近目镜的一端。水准仪上十字丝的图形如图2－4所示，水准测量中用它中间的横丝或楔形丝读取水准尺上的读数。

十字丝交点和物镜光心的连线称为视准轴，也称视线，是水准仪的主要轴线之一。为了能准确地照准目标或读数，望远镜内必须同时能看到清晰的物像和十字丝。望远镜内安装了一个调焦透镜（图2－5）。观测不同距离的目标，可旋转调焦螺旋，从而能在望远镜内清晰地看到所要观测的目标。目镜端设置了调焦螺旋，通过调节可以在望远镜内清晰地看到十字丝。

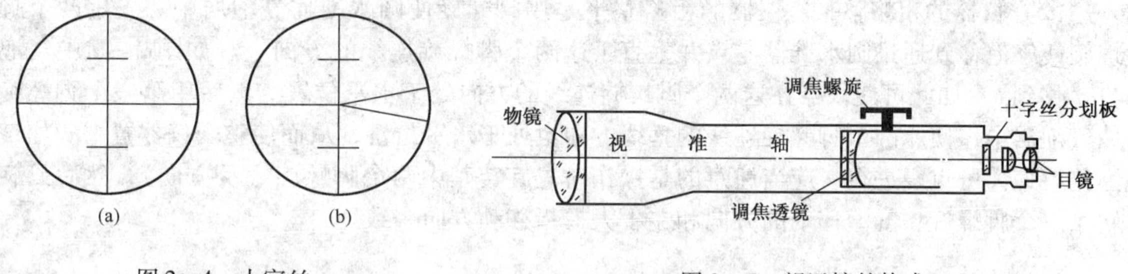

图2－4　十字丝

图2－5　望远镜的构成

(2) 水准器。水准器是用来置平仪器的一种设备，是测量仪器上的重要部件。水准器分为管水准器和圆水准器两种。

1) 管水准器。又称水准管，是一个封闭的玻璃管，管的内壁在纵向磨成圆弧形，其半径可自0.2m调至100m。管内盛酒精或乙醚或两者混合的液体，并留有一气泡（图2－6）。管面上刻有间隔为2mm的分划线，分划的中点称水准管的零点。过零点与管内壁在纵向相切的直线称水准管轴。当气泡的中心点与零点重合时，称气泡居中，气泡居中时水准管轴位于水平位置，视线应水平。

水准管上一格所对应的圆心角称为水准管的分划值，范围为10″~20″。水准管的分划值越小，视线置平的精度越高。

为了提高气泡居中的精度，在水准管的上面安装一套棱镜组（图2－7），使两端各有半个气泡的像被反射到一起。当气泡居中时，两端气泡的像就能符合。故这种水准器称为符合水准器，是微倾式水准仪上普遍采用的水准器。

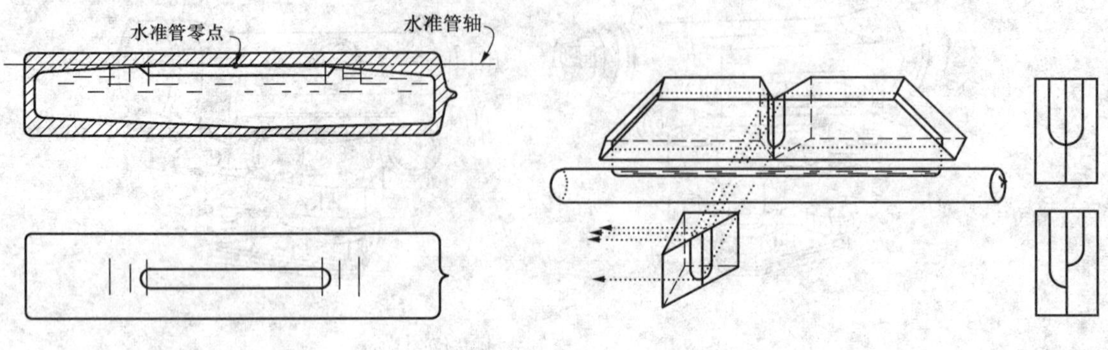

图 2-6　水准管　　　　图 2-7　水准管上的棱镜

2）圆水准器。是一个封闭的圆形玻璃容器，顶盖的内表面为一球面，半径自 0.12m 至 0.86m，容器内盛乙醚类液体，留有一小圆气泡（图 2-8）。容器顶盖中央刻有一小圈，小圈的中心是圆水准器的零点。通过零点的球面法线是圆水准器的轴，当圆水准器的气泡居中时，圆水准器的轴位于铅垂位置。

2. DS_3 微倾式水准仪的使用

（1）安置水准仪。首先打开三脚架，安置三脚架要求高度适当、架头大致水平并牢固稳定，在山坡上应使三脚架的两脚在坡下，一脚在坡上。然后把水准仪用中心连接螺旋连接到三脚架上，取水准仪时必须握住仪器的坚固部位，并确认已牢固地连接在三脚架上之后才可松手。

（2）仪器的粗略整平。仪器的粗略整平是用脚螺旋使圆水准器气泡居中。先用两个脚螺旋使气泡移到通过圆水准器零点并垂直于这两个脚螺旋连线的方向上。如图 2-9 中气泡自 a 移到 b，如此可使仪器在这两个脚螺旋连线的方向处于水平位置。然后用第三个脚螺旋使气泡居中，使原两个脚螺旋连线的垂线方向也处于水平位置，从而使整个仪器置平。如气泡仍有偏离可重复进行。应当注意的是操作时先旋转其中两个脚螺旋（反方向），然后只旋转第三个脚螺旋；气泡移动的方向和左手大拇指移动方向一致。

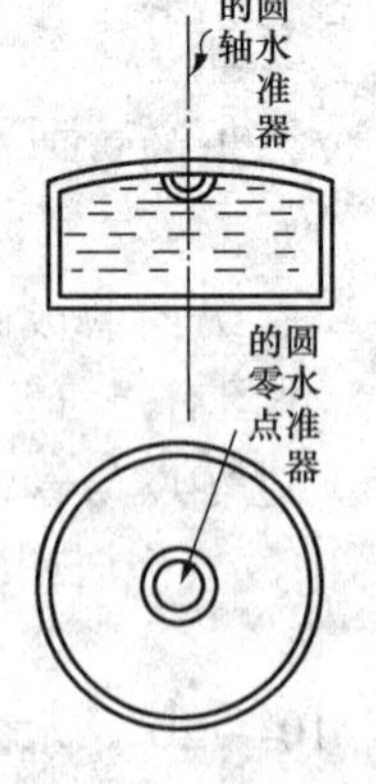

图 2-8　圆气泡

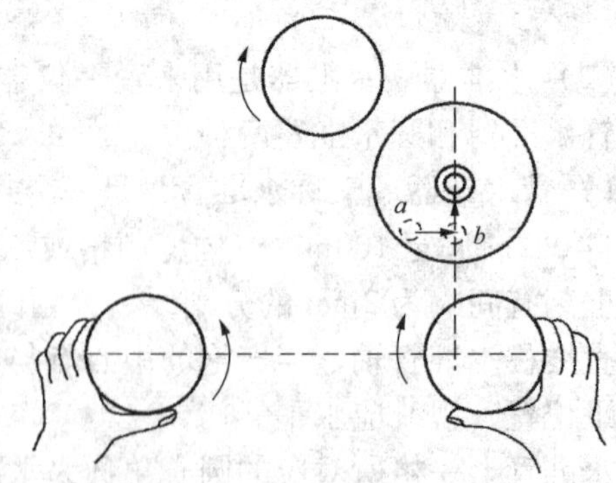

图 2-9　粗略整平

（3）照准目标。用望远镜照准目标，旋紧水平制动螺旋，调节目镜使十字丝清晰。然后利用望远镜的粗瞄器从外部瞄准水准尺，再旋转调焦螺旋使尺像清晰。这两步不可颠倒。最后用微动螺旋使十字丝竖丝照准水准尺。当照准不同距离处的水准尺时，需重新调节调焦螺旋才能使尺像清晰。

照准目标时必须要消除视差。视差使十字丝或目标成像不清晰，它是观测时眼睛稍作上下移动，目标与十字丝相互错动的现象。存在视差时会造成读数不准确。消除视差的方法是调节目镜调焦螺旋和物镜调焦螺旋，直至十字丝和尺像都清晰为止。

（4）视线的精确整平。由于圆水准器的灵敏度较低，所以用圆水准器只能使水准仪粗略地整平。因此在每次读数前还必须用微倾螺旋使水准管气泡影像符合，使视线精确整平。由于微倾螺旋旋转时，经常在改变望远镜和竖轴的关系，当望远镜由一个方向转变到另一个方向时，水准管气泡一般不再符合。所以望远镜每次变动方向后，每次读数前，都需要用微倾螺旋重新使气泡符合。

（5）读数。每个读数应有四位数，一般从尺上可读出米、分米和厘米数，然后估读出毫米数，零不可省略，如1.020m、0.027m等。读数前应先认清水准尺的分划，熟悉尺子的读数。在读数前后都应该检查水准管气泡是否仍然符合。

2.2.2 水准尺和尺垫

水准尺通常用优质木材、铝合金或玻璃钢制成，最常用的形状有直尺、塔尺和折尺三种（图2－10），长度有2m、3m和5m几种。塔尺和折尺多用于普通水准测量。塔尺能伸缩，携带方便，但接合处容易产生误差；直尺比较坚固可靠。水准尺尺面绘有1cm或5mm黑白相间的分格，米和分米处注有数字。另外水准尺中还有双面尺，一面为黑白相间刻度，另一面为红白相间刻度的直尺，每两根为一对。两根的黑面都以尺底为零，而红面常用的尺底刻度分别为4.687m和4.787m。双面尺用于较高等级的水准测量。

尺垫是用于转点上的一种工具，用钢板或铸铁制成（图2－11）。使用时把三个尖脚踩入土中，把水准尺立在突出的圆顶上。尺垫可使转点稳固防止平移和下沉。

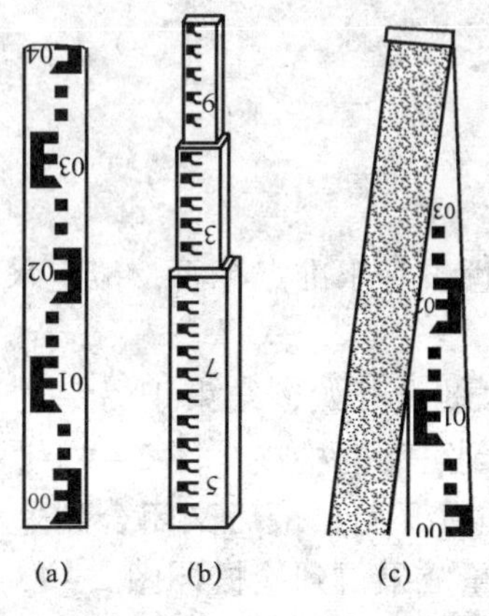

图2－10 水准尺

（a）直尺；（b）塔尺；（c）折尺

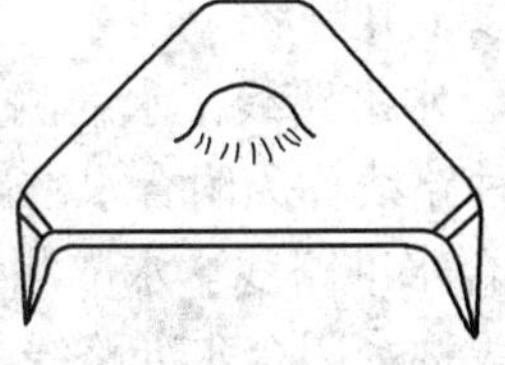

图2－11 尺垫

2.3 普通水准测量

2.3.1 水准点和水准路线

1. 水准点

为了统一全国的高程系统和满足各种工程建设的需要，我国已建立了统一的高程控制网。它是以黄海平均海水面做为高程起算面，称为1985年国家高程基准。水准原点设在青岛，高程为72.260m。全网分为一、二、三、四共4个等级，低一级控制网依据高一级控制网建立。

在水准测量中，已知高程控制点和待定高程控制点都称为水准点，记为BM。水准点有永久性和临时性两种。国家等级永久性水准点如图2－12（a）所示，一般用石料或混凝土制成，埋到地面冻土以下，顶面镶嵌不易锈蚀材料制成的半球形标志。也可以用金属标志埋设于稳固的建筑物墙脚上，称为墙上水准点。

等级较低的永久性水准点，制作和埋设可简单些，如图2－12（b）所示。

临时性水准点可利用地面上突出稳定的坚硬岩石、门廊台阶角等，用红色油漆标记忆；也可用木桩、钢钉等打入地面，并在桩顶标记点位，如图2－12（c）所示。

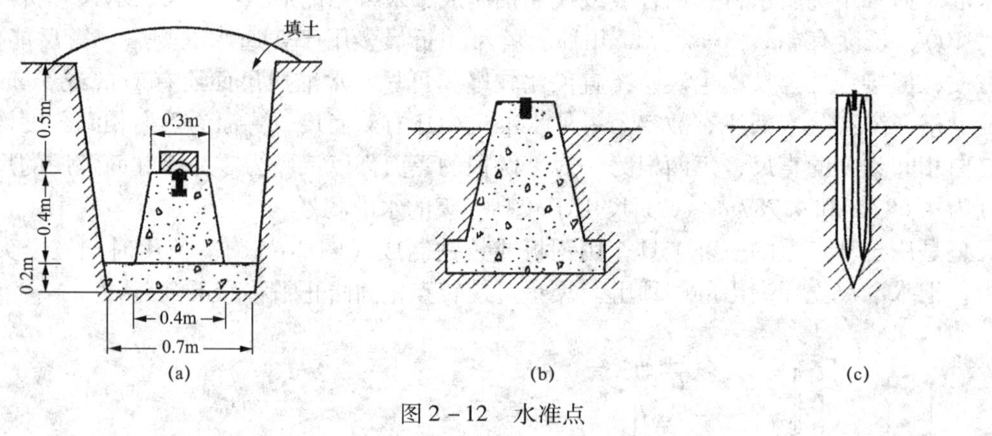

图2－12 水准点

2. 水准路线

水准测量前应根据要求布置并选定水准点的位置，埋设好水准点标石，拟定水准路线形式。一般有以下几种：

（1）附合水准路线。水准测量从一个已知高程的水准点开始，结束于另一已知高程的水准点。这种路线称为附合水准路线，可使测量成果得到可靠的检核［图2－13（a）］。

（2）闭合水准路线。水准测量从一已知高程的水准点开始，最后又闭合到这个水准点上的水准路线称为闭合水准路线。这种路线也可以使测量成果得到检核［图2－13（b）］。

（3）支水准路线。是由一已知高程的水准点开始，最后既不附合也不闭合到已知高程的水准点上的一种水准路线。这种水准路线不能对测量成果自行检核，因此必须进行往返测，或每站高差进行两次观测［图2－13（c）］。

（4）水准网。当几条附合水准路线或闭合水准路线连接在一起时，就形成了水准网［图 2－13（d）、（e）］。水准网可使检核成果的条件增多，从而提高成果的精度。

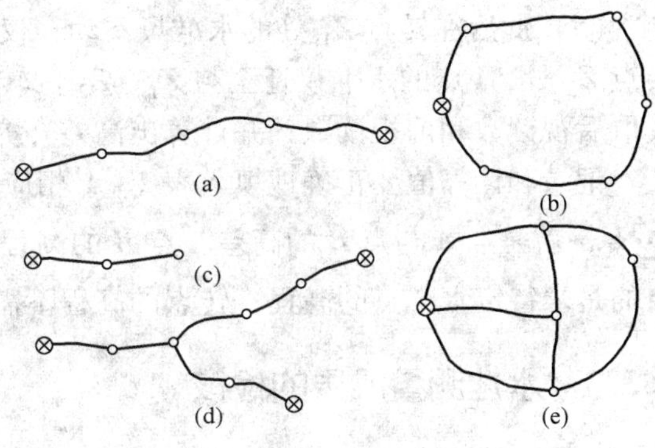

图 2－13　水准路线

2.3.2　普通水准测量的施测

在实际工作中，应先拟定水准路线，埋设水准点标石，并绘制点之记。普通水准测量施测方法如图 2－14 所示，图中 A 为已知高程点，B、C 为待求高程点。施测过程如下：

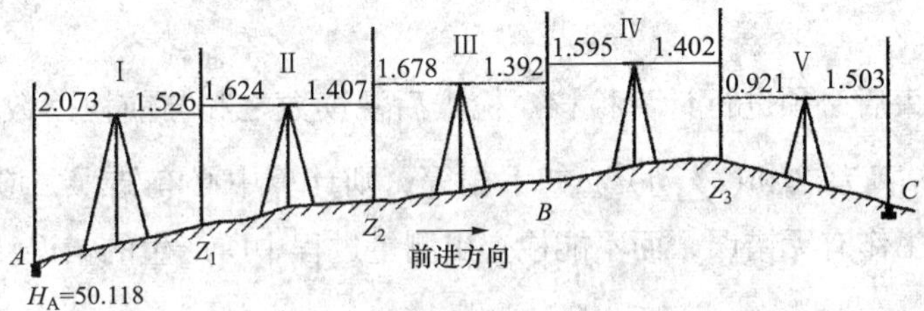

图 2－14　普通水准测量的施测

（1）首先在已知高程点 A 上竖立水准尺，若 AB 间存在距离较远或不通视等情况，可在测量前进方向设立第一个转点 Z_1，必要时放置尺垫，并竖立水准尺。

（2）在离 A、Z_1 两点等距离的 I 处安置水准仪。粗略整平后照准起始点 A 上的水准尺，用微倾螺旋使管水准气泡符合后，读取 A 点的后视读数 2.073，记入表 2－1 后视栏。

表 2－1　　普通水准测量手簿

测站	测点	后视读数	前视读数	高差 +	高差 －	高程	备注
I	A Z_1	2.073	 1.526	0.547		50.118	A 点高程已知
II	Z_1 Z_2	1.624	 1.407	0.217			
III	Z_2 B	1.678	 1.392	0.286		51.168	
$\sum$		5.375	4.325	1.050			
计算检核	$\sum a - \sum b = 1.050$　$\sum h = 1.050$　$H_B - H_A = 1.050$						

（3）旋转望远镜照准转点 Z_1 上的水准尺，符合管水准气泡后读取 Z_1 点的前视读数 1.526，记入表 2－1 前视栏。

（4）计算出这两点间的高差。后视读数与前视读数的差值，即 2.073－1.526＝0.547，记入表 2－1 高差栏。

（5）此后在转点 Z_1 处的水准尺不动，仅把尺面转向前进方向。在 A 点的水准尺竖立在转点 Z_2 处，Ⅰ点的水准仪迁至与 Z_1、Z_2 两转点等距离的Ⅱ处。按第Ⅰ站同样的步骤和方法读取后视读数和前视读数，并计算出高差。如此继续进行直至点 B。B 至 C 点同样测得。

记录和计算值要正确地填入表 2－1 相应的格内。测段 AB 间各测站所得的高差代数和 $\sum h$，就是点 A 与点 B 的高差。点 B 的高程等于点 A 的高程与 A、B 间高差的和。测量的目的是求待定水准点的高程，转点的高程不需计算。

2.3.3 水准测量成果的检核

为了保证水准测量成果的正确可靠，对水准测量的成果必须进行检核。检核方法有计算检核、测站检核和路线检核。

1. 计算检核

在每一测段结束后必须进行计算检核。检查后视读数之和与前视读数之和的差（$\sum a - \sum b$）是否等于各站高差之和（$\sum h$）。如不相等，则计算中必有错误，应进行检查。但这种检核只能检查计算工作有无错误，而不能检查出测量过程中所产生的错误（如读错记错）。

2. 测站检核

为防止在一个测站上所测高差发生错误，可在每个测站上对观测结果进行检核，方法如下：

（1）两次仪器高法。在每个测站上一次测得两尺间的高差后，改变一下水准仪的高度，再次测量两转点间的高差。对于一般水准测量，当两次所得高差之差小于 5mm 时可认为合格，取其平均值作为该测站所得高差，否则应进行检查或重测。

（2）双面尺法。利用双面水准尺分别由黑面和红面读数测出的高差，扣除一对水准尺的常数差后，两个高差之差应符合限差，否则应进行检查或重测。

3. 水准路线的检核

（1）附合水准路线。为使测量成果得到可靠的检核，最好把水准路线布设成附合水准路线。对于附合水准路线，理论上在两已知高程水准点间所测得各站高差之和应等于起止两水准点间高程之差。如果它们不能相等，其差值称为高差闭合差，用 f_h 表示。所以附合水准路线的高差闭合差为

$$f_h = \sum h - (H_{终} - H_{起}) \tag{2-5}$$

高程闭合差的大小在一定程度上反映了测量成果的质量。

（2）闭合水准路线。在闭合水准路线上也可对测量成果进行检核。因为它起闭于同一个点，所以理论上全线各站高差之和应等于零。如果高差之和不等于零，则其差值即 $\sum h$ 就是闭合水准路线的高差闭合差。即

$$f_h = \sum h \tag{2-6}$$

（3）水准支线。水准支线必须在起终点间用往返测进行检核。理论上往返测所得高差的绝对值应相等，但符号相反，或者是往返测高差的代数和应等于零。如果往返测高差的代数和不等于零，其值即为水准支线的高程闭合差。即

$$f_h = \sum h_{往} + \sum h_{返} \tag{2-7}$$

有时也可以用两组并测来代替一组的往返测以加快工作进度。两组所得高差差值即为水准支线的高程闭合差。即

$$f_h = \sum h_1 - \sum h_2 \tag{2-8}$$

闭合差的大小反映了测量成果的精度。在各种不同等级的水准测量中，都规定了高差闭合差的限值即容许高差闭合差，用$f_{h容}$（mm）表示。普通水准测量的容许高程闭合差为

$$平地\quad f_{h容} = \pm 40\sqrt{L} \tag{2-9}$$

$$山地\quad f_{h容} = \pm 12\sqrt{n} \tag{2-10}$$

式中 L——附合水准路线或闭合水准路线的长度，在水准支线上，L为测段的长度，以km为单位；

n——测站数。

当实际闭合差小于容许闭合差时，表示观测精度满足要求，否则应对外业资料进行检查，必要时返工重测。

2.4 三、四等水准测量

三、四等水准测量较普通水准测量的精度高，除用于国家高程控制点的加密外，还用于建立小地区首级高程控制点。三、四等水准点应从更高等级的水准点引测，可组成附合路线或闭合路线。水准点应选在土质坚实、便于长期保存的地方。

2.4.1 三、四等水准测量的技术要求

三、四等水准测量技术要求见表2-2，每站观测的技术要求见表2-3。

表2-2　三、四等水准测量的技术要求

等级	路线长度/km	水准仪型号	水准尺	观测次数		往返较差、附合或环线闭合差	
				与已知点联测	附合或环线	平地/mm	山地/mm
三等	≤50	DS_1	因瓦	往返各一次	往一次	$12\sqrt{L}$	$4\sqrt{n}$
		DS_3	双面		往返各一次		
四等	≤16	DS_3	双面	往返各一次	往一次	$20\sqrt{L}$	$6\sqrt{n}$

表2-3　三、四等水准测量每站观测的主要技术要求

等级	水准仪型号	视线长度/m	前后视距较差/m	前后视距累积差/m	视线离地面最低高度/m	黑、红面读数较差/mm	黑、红面所测高差较差/mm
三等	DS_1	100	2	5	三丝能读数	1.0	1.5
	DS_3	75				2.0	3.0
四等	DS_3	100	3	10	三丝能读数	3.0	5.0

2.4.2 三、四等水准测量的施测

三、四等水准测量观测工作应在通视良好、成像清晰稳定的情况下进行。常用的观测方法有双面尺法和变动仪器高法。下面介绍双面尺法的观测程序。其记录、计算与校核见表 2－4。

表 2－4　三、四等水准测量记录

测站编号	点号	后尺 上丝 下丝 后视距 视距差	后尺 上丝 下丝 前视距 累积差 $\sum d$	方向及尺号	水准尺读数 黑面	水准尺读数 红面	K＋黑－红/mm	平均高差/m
		(1) (2) (9) (11)	(4) (5) (10) (12)	后尺 前尺 后－前	(3) (6) (15)	(8) (7) (16)	(14) (13) (17)	(18)
1	BM2 ~ TP1	1426 0995 43.1 +0.1	0801 0371 43.0 +0.1	后 106 前 107 后－前	1211 0586 +0.625	5998 5273 +0.725	0 0 0	+0.625 0
2	TP1 ~ TP2	1812 1296 51.6 +0.2	0570 0052 51.8 −0.1	后 107 前 106 后－前	1554 0311 +1.243	6241 5097 +1.144	0 +1 −1	+1.2435
3	TP2 ~ TP3	0889 0507 38.2 +0.2	1713 1333 38.0 +0.1	后 106 前 107 后－前	0698 1523 −0.825	5486 6210 −0.724	−1 0 −1	−0.824 5
4	TP3 ~ BM1	1891 1525 36.6 −0.2	0758 0390 36.8 −0.1	后 107 前 106 后－前	1708 0574 +1.134	6395 5361 +1.034	0 0 0	+1.1340
检核计算	$\sum(9)=169.5$ $\sum(10)=169.6$ $\sum(9)-\sum(10)=-0.1$ $\sum(9)+\sum(10)=339.1$			$\sum(3)=5.171$ $\sum(6)=2.994$ $\sum(15)=+2.177$ $\sum(15)+\sum(16)=+4.356$		$\sum(8)=24.120$ $\sum(7)=21.941$ $\sum(16)=+2.179$ $2\sum(18)=+4.356$		

1. 每站观测顺序

(1) 在测站上安置水准仪，使圆水准气泡居中，后视水准尺黑面，用上、下视距丝读数，并记入表 2－4 中的 (1)、(2) 位置，转动微倾螺旋，使符合水准气泡居中，用中丝读数，记入表 2－4 中的 (3) 位置。

(2) 前视水准尺黑面，用上、下视距丝读数，并记入表 2－4 中的 (4)、(5) 位置，转

动微倾螺旋，使符合水准气泡居中，用中丝读数，记入表2－4中的（6）位置。

（3）前视水准尺红面，旋转微倾螺旋，使管水准气泡居中，用中丝读数，记入表2－4中（7）位置。

（4）后视水准尺红面，转动微倾螺旋，使符合水准气泡居中，用中丝读数，记入表2－4中（8）位置。以上（1）、（2）、…、（8）表示观测与记录的顺序，见表2－4。

这样的观测顺序称为“后、前、前、后”。其优点是可以大大减弱仪器下沉等误差的影响。对四等水准测量每站观测顺序也可为“后、后、前、前”。

2. 每站计算与检核

（1）视距计算与检核。根据前、后视的上、下丝读数计算前、后视的视距（9）和（10）：

后视距离　　(9)＝(1)－(2)

前视距离　　(10)＝(4)－(5)

计算前、后视距差（11）：(11)＝(9)－(10)，对于三等水准测量，（11）不得超过3m，对于四等水准测量，（11）不得超过5m。

计算前、后视距累积差（12）：(12)＝上站之(12)＋本站(11)，对于三等水准测量，（12）不得超过6m，对于四等水准测量，（12）不得超过10m。

（2）同一水准尺红、黑面中丝读数的检核。K为双面水准尺的红面分划与黑面分划的零点差，配套使用的两把尺其K为4687或4787，同一把水准尺其红、黑面中丝读数差按下式计算：

$$(13)=(6)+K-(7)$$

$$(14)=(3)+K-(8)$$

(13)、(14）的大小，对于三等水准测量，不得超过2mm；对于四等水准测量，不得超过3mm。

（3）高差计算与检核。按前、后视水准尺红、黑面中丝读数分别计算一站高差。

计算黑面高差（15）：(15)＝(3)－(6)

计算红面高差（16）：(16)＝(8)－(7)

红黑面高差之差（17）：(17)＝(15)－(16)±0.100＝(14)－(13)（检核用）

对于三等水准测量，（17）不得超过3mm；对于四等水准测量，（17）不得超过5mm。式中0.100为单、双号两根水准尺红面零点注记之差，以米（m）为单位。

（4）计算平均高差。红、黑面高差之差在容许范围以内时，取其平均值作为该站的观测高差（18）。

3. 每页计算与校核

（1）高差部分。红、黑面后视总和减红、黑面前视总和应等于红、黑面高差总和，还应等于平均高差总和的两倍。即

当测站数为偶数时，$\sum[(3)+(8)]-\sum[(6)+(7)]=\sum[(15)+(16)]=2\sum(18)$

当测站数为奇数时，$\sum[(3)+(8)]-\sum[(6)+(7)]=\sum[(15)+(16)]=2\sum(18)\pm0.100$

（2）视距部分。后视距离总和减前视距离总和应等于末站视距累积差，即

$$\sum(9) - \sum(10) = \text{末站}(12)$$

校核无误后，算出总视距

$$\text{总视距} = \sum(9) + (10)$$

三、四等水准采用变动仪器高法观测时，所测两次高差较差，应与黑、红面所测高差之差的要求相同。

2.5 水准测量的成果计算

2.5.1 闭合差的分配和高程的计算

当实测的高差闭合差f_h在容许值以内时，可把闭合差分配到各测段的高差上。对于普通水准测量的高差闭合差分配原则是把闭合差以相反的符号根据各测段路线的长度或测站数按比例分配到各测段的高差上，然后根据改正后的高差来求取各未知点的高程。各测段高差的改正数为

$$v_i = -\frac{f_h}{\sum L}L_i \tag{2-11}$$

或

$$v_i = -\frac{f_h}{\sum n}n_i \tag{2-12}$$

式中 L_i——各测段路线之长；

n_i——测站数；

$\sum L$——水准路线总长；

$\sum n$——测站总数。

【例 2-1】 一附合水准路线的已知数据及观测数据如图 2-15 所示，利用这些数据求取各未知点 BM1、BM2、BM3、BM4、BM5 的高程。

解：解题步骤如下：

1. 绘制路线略图

标注已知数据和观测数据，如图 2-15 所示。

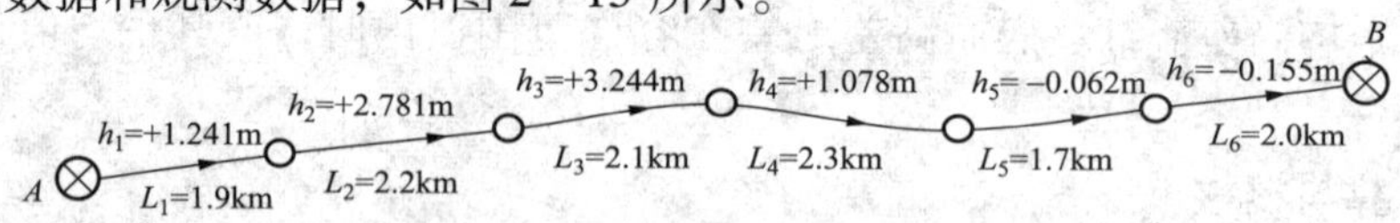

图 2-15 附合水准路线图

2. 高差闭合差计算

$$\begin{aligned} f_h &= \sum h_{\text{测}} - (H_B - H_A) \\ &= +8.127\text{m} - (71.527 - 63.475)\text{m} \\ &= +0.075\text{m} \end{aligned}$$

实际高程闭合差为 $f_h < f_{h容} = 40\sqrt{L} = \pm 0.140\text{m}$，符合精度要求，可以进行调整。

3. 计算高差改正数

高差的改正数是按式（2－11）计算表中记入表中，改正数总和必须等于实际闭合差的相反数。实测高差加上高差改正数得各测段改正后的高差，其和应与两已知点高差相等。

4. 高程计算

根据检核过的改正后的高差，由起点 I_1 的高程累计加上各测段改正后的高差，就得出相应各点的高程。最后计算出终点 I_2 的高程应与该点的已知高程完全符合。

表 2－5 为该附合水准路线的闭合差计算和分配以及高程计算的表格。

表 2－5　附合水准路线的高程计算

点号	距离 /km	实测高差 m	改正数 /mm	改正后高差 /m	高程 /m
I_1					63.475
	1.9	+1.241	－12	+1.229	
BM1					64.704
	2.2	+2.781	－14	+2.767	
BM2					67.471
	2.1	+3.244	－13	+3.231	
BM3					70.702
	2.3	+1.078	－14	+1.064	
BM4					71.766
	1.7	－0.062	－10	－0.072	
BM5					71.694
	2.0	－0.155	－12	－0.167	
I_2					71.527
$\sum$	12.2	+8.127	－75	+8.052	

闭合水准路线闭合差调整与高程计算与附合水准路线相同，只是闭合水准路线各测段高差和理论值为零。其高差闭合差为 $f_h = \sum h_{测}$。

对于水准支线，应在高程闭合差符合要求后，将各段往测高差与返测高差的相反数的平均值作为改正后的高差，来计算各点高程。

这里的成果处理方法是一种近似平差的方法。对于三、四等水准测量的成果处理，测量规范中规定，各等级高程控制网（指一、二、三、四等水准网）应采用条件平差或间接平差的方法进行成果计算，条件平差或间接平差是严密平差方法，本书不作叙述。

2.5.2　利用 Excel 表格进行水准测量内业计算

1. 计算路线总长和实测高差总和

如图 2－16 所示，首先将测段编号、测段距离、实测高差及已知高程值填入 Excel 表格内，然后用光标选中 B8 的位置，在 B8 位置或在编辑栏内输入“=SUM（B2：B7）”后回车；或者选中 B8 的位置后，用鼠标单击插入菜单中的“函数”功能，而后选择 SUM 函数，按“确定”后输入 B2：B7 并单击“确定”按纽，则 B8 位置显示出距离的总和 12.2（图 2-16）。同样的方法可计算出实测高差的总和 8.127。

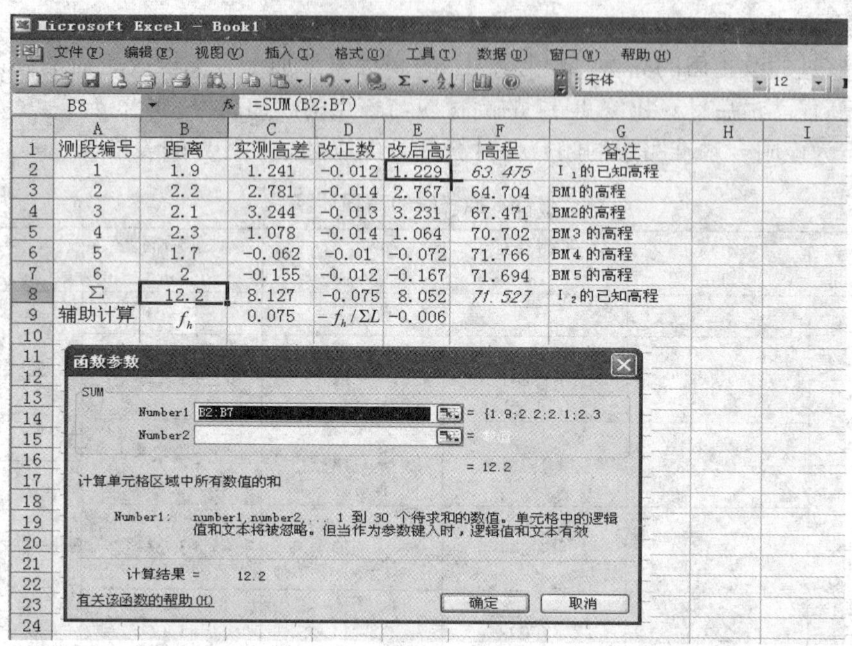

图 2-16 利用 Excel 表格进行水准测量内业计算

2. 辅助计算

在 C9 位置进行辅助计算中的高差闭合的计算，光标选中 C9 位置，在 C9 位置或在编辑栏中输入“=C8-（F8-F2）”后回车，即可得高差闭合差 $f_h=8.127-(71.527-63.475)=+0.075$。再在 E9 位置或在编辑栏输入“=-C9/B8”后回车，则可得每千米改正数 $-f_h/\sum L=-0.006$。

3. 计算改正数和改正后高差

选中 D2 位置或在编辑栏输入“=E9*B2”后回车，即可得改正数-0.012，然后在 D3 位置输入“=E9*B3”，可得改正数-0.014，依次类推，最后在 D8 位置用上述方法求出改正数之和。改正后高差计算首先选中 E2 位置，然后在编辑栏输入“=C2+D2”并回车，可得 1.229，这时 1.229 方框的右下角有一小点，当光标落在小点上时，光标变为小的黑十字，然后竖向拖动光标至 E7 位置，则可得所有的改正后高差（图 2-16），然后在 E8 位置用以上求和方法处得改正后高差的总和，应正好等于两已知高程之差。

4. 计算高程

在 F3 位置或在编辑栏内输入“=F2+E2”回车，可得 BM1 的高程。然后对准 F3 框的右下角小点，当光标变为黑色十字后下拉至 F7，可得各未知点的高程，下拉至 F8 可对 I_2 点高程进行检核，应正好等于 71.527。

2.6 水准仪的检验和校正

仪器在经过运输或长期使用，其各轴线之间的关系会发生变化。为保证测量成果的正确性，要定期对仪器进行检验和校正。

2.6.1 水准仪应满足的条件

微倾式水准仪的主要轴线如图2－17所示，它们之间应满足的几何条件是：

（1）圆水准器轴应平行于仪器的竖轴。

（2）十字丝的横丝应垂直于仪器的竖轴。

（3）水准管轴应平行于视准轴。

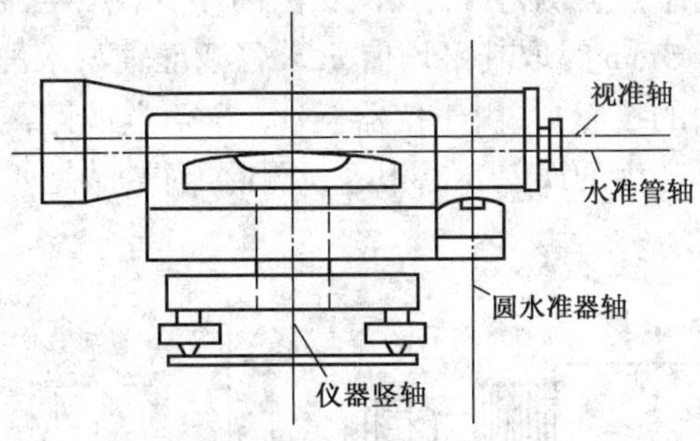

图2－17 水准仪的主要轴线

2.6.2 微倾式水准仪的检验与校正

1. 圆水准器轴平行于仪器竖轴的检验与校正

（1）检验。旋转脚螺旋使圆水准器气泡居中，然后将仪器上部在水平方向绕竖轴旋转180°，若气泡仍居中，则表示圆水准器轴已平行于竖轴，若气泡偏离中央则需进行校正。

（2）校正。用脚螺旋使气泡向中央方向移动偏离量的一半，然后拨圆水准器的校正螺钉使气泡居中，如图2－18所示。

上述检验与校正需反复进行，使仪器上部旋转到任何位置气泡都能居中为止，然后拧紧螺钉。当校正某个螺钉时，必须先旋松后拧紧，以免破坏螺钉，校正完毕时，必须使校正螺旋都处于拧紧状态。

2. 十字丝横丝垂直于仪器竖轴的检验和校正

（1）检验。距墙面10～20m处安置仪器，先用横丝的一端照准墙上一固定清晰的目标点或在水准尺上读一个数，然后用微动螺旋转动望远镜，用横丝的另一端观测同一目标或读数。如果目标仍在横丝上或水准尺上读数不变［图2－19（a）］，说明横丝已与竖轴垂直。若目标点偏离了横丝或水准尺读数有变化［图2－19（b）］，则说明横丝与竖轴没有垂直，应予校正。

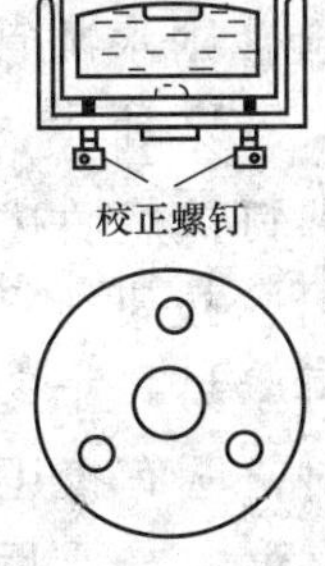

图2－18 圆水准器的校正

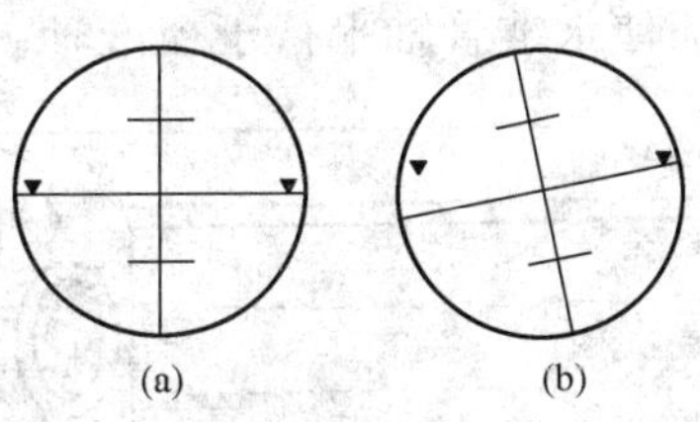

图2－19 十字丝的检验

（2）校正。打开十字丝分划板的护罩，可见到三个或四个分划板的固定螺钉（图2-20）。松开这些固定螺钉，用手转动十字丝分划板座，使横丝的两端都能与目标重合或使横丝两端所得水准尺读数相同，则校正完成，最后旋紧所有固定螺钉。此项校正也需反复进行。

3. 视准轴平行于水准管轴的检验和校正

（1）检验。在平坦地面上选定相距40~60m的A、B两点，水准仪首先置于离A、B等距的Ⅰ点，测得A、B两点的高差［图2-21（a）］，重复测2~3次，当所得各高差之差不大于3mm时取其平均值h_{I}。若视准轴与水准管轴不平行而存在i角误差（两轴的夹角在竖直面的投影），由于仪器至A、B两点的距离相等，因此由于视准轴倾斜，而在前、后视读数所产生的误差δ也相等，因此所得h_{I}是A、B两点的正确高差。

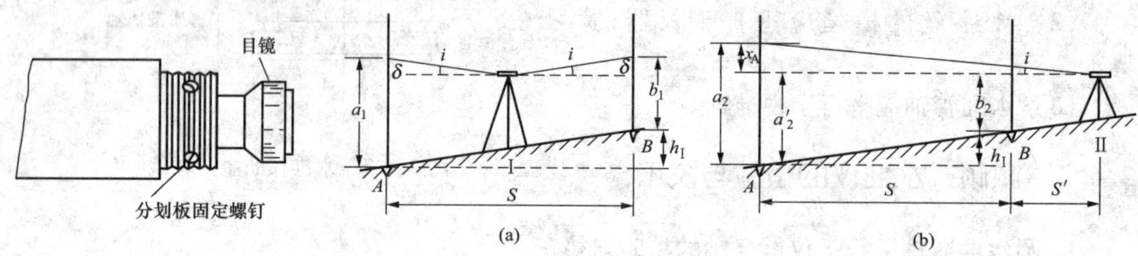

图2-20　十字丝的校正

图2-21　视准轴与水准管轴平行的检验

然后把水准仪移到AB延长方向上靠近B的Ⅱ点，再次观测A、B两点的尺上读数［图2-21（b）］。由于仪器距B点很近，S'可忽略，两轴不平行造成在B点尺上的读数b_2的误差也可忽略不计。由图2-21（b）可知，此时A点尺上的读数为a_2，而正确读数应为

$$a_2' = b_2 + h_{\mathrm{I}}$$

此时可计算出i角值为

$$i = \frac{a_2 - a_2'}{S}\rho'' = \frac{a_2 - b_2 - h_{\mathrm{I}}}{S}\rho'' \qquad (2-13)$$

S为A、B两点间的距离，对DS_3水准仪，当后、前视距差未作具体限制时，一般规定在100m的水准尺上读数误差不超过4mm，即a_2与a_2'的差值超过4mm时应校正。当后、前视距差给以较严格的限制时，一般规定i角不得大于20″，否则应进行校正。

（2）校正。为了使水准管轴和视准轴平行，转动微倾螺旋使远点A的尺上读数a_2改变到正确读数a_2'。此时视准轴由倾斜位置改变到水平位置，但水准管也因随之变动而气泡不再符合。用校正针拨动水准管一端的校正螺钉使气泡符合，则水准管轴也处于水平位置从而使水准管轴平行于视准轴。水准管的校正螺钉如图2-22所示，校正时先松动左右两校正螺钉，然后拨上下两校正螺钉使气泡符合。拨动上下校正螺钉时，应先松一个再紧另一个逐渐改正，当最后校正完毕时，所有校正螺钉都应适度拧紧。检验校正也需要反复进行，直到满足要求为止。

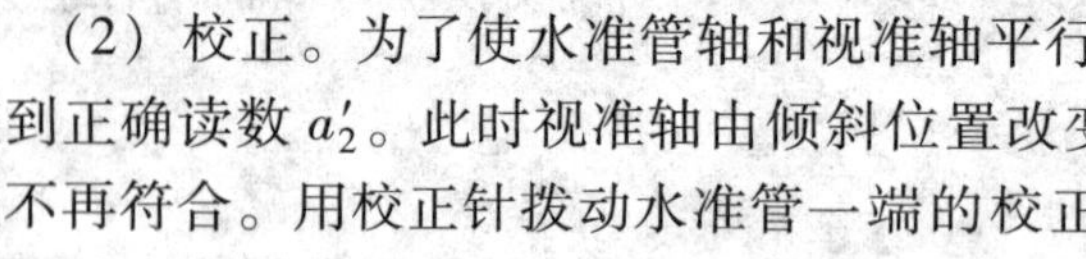

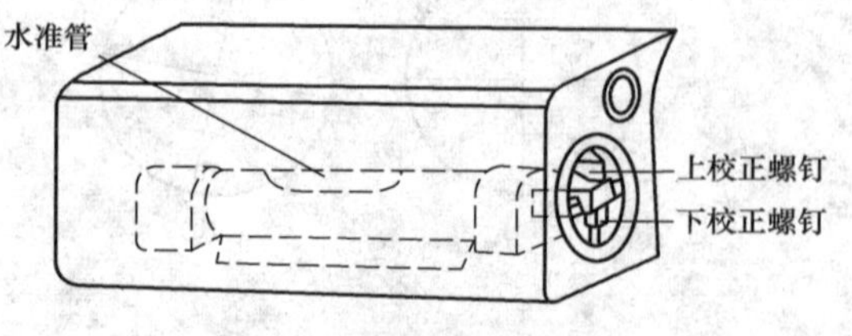

图2-22　水准管的校正

2.6.3 自动安平水准仪的检验与校正

自动安平水准仪的检验步骤如下：

（1）在一处放置好水准尺，要稳定。

（2）将自动安平水准仪置于尺子附近，其中两个脚螺旋在视线方向的两侧，另外一个置于视线方向，将水准仪圆气泡居中。

（3）读取水准尺上的读数。

（4）稍稍旋转视线方向的脚螺旋，圆气泡不要偏出，再次读取尺上读数。

比较两次读数，如没有变化，说明仪器状态良好，若变化较大，则需要校正，送专业维修人员修理。

2.7 水准测量误差及注意事项

测量工作中由于仪器工具、人、外界条件等因素的影响，使测量成果中都带有误差。为了保证测量成果的精度，测量过程中应杜绝错误，并提出水准测量中应注意的一些事项，从而采取一定的措施消除和减小误差的影响。

2.7.1 水准测量的误差来源

1. 仪器误差

（1）残余误差。由于仪器校正的不完善，校正后仍存在部分余留误差，如视准轴与水准管轴不平行引起的误差、调焦引起的误差，观测中可保持前视和后视的距离相等，来消除这些误差。

（2）水准尺的误差。水准尺的误差包括分划误差和构造上的误差，构造上的误差如零点误差和接头误差。另外受其他因素影响，造成的尺长变化、弯曲、零点磨损等，都会影响水准测量的成果。所以使用前应对水准尺进行检验。

2. 观测误差

（1）气泡居中误差。视线水平是以气泡居中或符合为根据的，气泡的居中或符合凭眼来判断，也存在判断误差。气泡居中的精度主要决定于水准管的分划值。一般认为水准管居中的误差约为0.1分划值，采用符合水准器气泡居中的误差大约是直接观察气泡居中误差的1/2。因此它对读数产生的误差 m_τ 为

$$m_\tau = \pm \frac{0.1\tau''}{2\rho}S \tag{2-14}$$

式中 τ''——水准管的分划值；

ρ——弧度秒值，$\rho = 206\ 265''$；

S——视线长。

为了减小气泡居中误差的影响，应对视线长加以限制，观测时应使气泡精确地居中或符合。

（2）水准尺的估读误差。水准尺上的毫米数都是估读的，估读误差 m_v 与望远镜的放大

率及视线的长度有关。通常按下式计算其影响

$$m_v = \frac{60''}{V} \times \frac{S}{\rho} \tag{2-15}$$

式中 V——望远镜的放大倍率；

$60''$——人眼的分辨能力。

在各种等级的水准测量中，对望远镜的放大率和视线长的限制都有一定的要求。此外，在观测中还应注意消除视差，并避免在成像不清晰时进行读数。

（3）水准尺不直的误差。水准尺没有立直，无论向哪一侧倾斜都使读数偏大。这种误差随尺的倾斜角和读数的增大而增大。例如尺有3°的倾斜，读数超过1m时，可产生2mm的误差。为使尺能扶直，水准尺上最好装有水准器。

3. 外界条件的影响

（1）仪器下沉和水准尺下沉。在读取后视读数和前视读数之间若仪器下沉了Δ，由于前视读数减少了Δ从而使高差增大了Δ（图2-23）。在松软的土地上，每一测站都可能产生这种误差。当采用双面尺或两次仪器高时，第二次观测可先读前视点B，然后读后视点A，即“后前前后”的顺序读数，则可使所测高差减小，两次高差的平均值可消除一部分仪器下沉的误差。用往测和返测时，同样也可消除部分的误差。

水准尺在仪器从一个测站迁到下一个测站的过程中下沉了，即转点下沉了，则会使下一测站的后视读数偏大，使高差也增大。在同样情况下返测，则使高差的绝对值减小。所以取往返测的平均高差，可以减弱水准尺下沉的影响。

当然，在进行水准测量时，应选择坚实的地点安置仪器和转点，转点须垫上尺垫并踩实，以避免仪器和水准尺的下沉。

（2）地球曲率和大气折光的误差。地球曲率引起的误差是由于理论上水准测量应根据水准面来求出两点的高差（图2-24），但视准轴是一直线，因此使读数中含有由地球曲率引起的误差p

$$p = \frac{S^2}{2R} \tag{2-16}$$

式中 R——地球的半径。

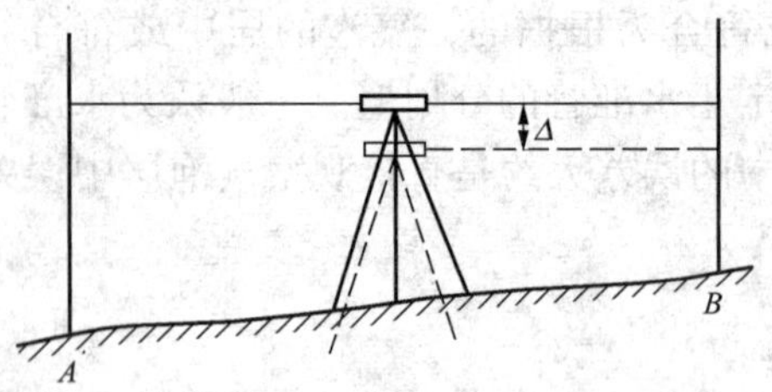

图2-23 仪器下沉的影响

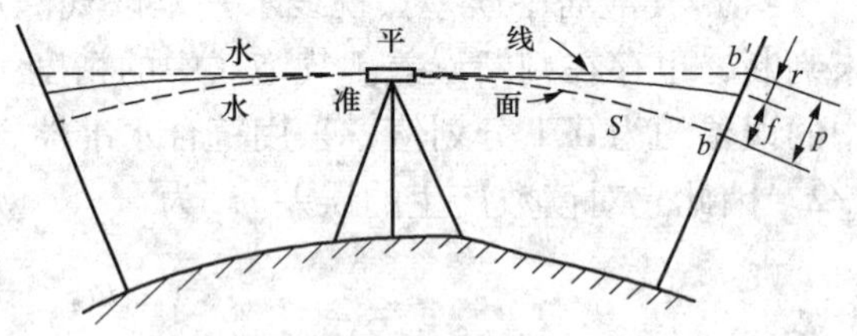

图2-24 地球曲率和大气折光的影响

大气折光引起的误差是由于水平视线经过密度不同的空气层被折射，一般情况下形成向下弯曲的曲线，它与理论水平线的读数之差，就是由大气折光引起的误差r（图2-24）。试验得出：大气折光误差比地球曲率误差要小，是地球曲率误差的K倍，在一般大气情况下，$K=1/7$，故

$$r = K\frac{S^2}{2R} = \frac{S^2}{14R} \tag{2-17}$$

所以水平视线在水准尺上的实际读数位于 b'，它与按水准面得出的读数 b 之差，就是地球曲率和大气折光总的影响值 f。故

$$f = p - r = 0.43\frac{S^2}{R} \tag{2-18}$$

当前视后视距离相等时，这种误差在计算高差时可自行消除。但是离近地面的大气折光变化十分复杂，即使保持前视后视距离相等，大气折光误差也不能完全消除。由于 f 值与距离的平方成正比，所以限制视线的长可以使这种误差大为减小，此外使视线离地面尽可能高些，也可减弱折光变化的影响。

(3) 自然环境的影响。除了上述各种误差来源外，测量工作中的影响也会带来误差，如风吹、日晒、温度的变化和地面水分的蒸发等引起的仪器状态变化、视线跳动等。所以观测时应注意自然环境带来的影响。为了防止日光暴晒，仪器应打伞保护。无风的阴天是最理想的观测天气。

2.7.2 水准测量的注意事项

水准测量应根据测量规范规定的要求进行，以减小误差和防止错误发生。另外在水准测量过程中，还应注意以下事项：

(1) 水准仪和水准尺必须经过检验和校正才能使用。

(2) 水准仪应安置在坚固的地面上，并尽可能使前后视距离相等。观测时手不能放在仪器或三脚架上。

(3) 水准尺要立直，尺垫要踩实。

(4) 读数前要消除视差并使符合水准气泡严格居中，读数要准确，快速，不可读错。

(5) 记录要及时、规范、清楚。记录前要复诵观测者报出的读数，确认无误后方可记入观测手簿中。

(6) 不得涂改或用橡皮擦掉外业数据。观测时若所记数据不能按要求更改时，要用斜线划去，另起行重记。

(7) 测站上观测和记录计算完成后要检核，发现错误或超出限差要立即重测。

(8) 注意保护测量仪器和工具，装箱时脚螺旋、微倾螺旋和微动螺旋要在中间位置。

2.8 其他类型水准仪简介

2.8.1 自动安平水准仪

自动安平水准仪是一种不用水准管而能自动获得水平视线的水准仪（图2-25）。由于水准管水准仪在用微倾螺旋使气泡符合时要花一定的时间，水准管灵敏度越高，整平需要的时间越长。观测时还要随时注意气泡

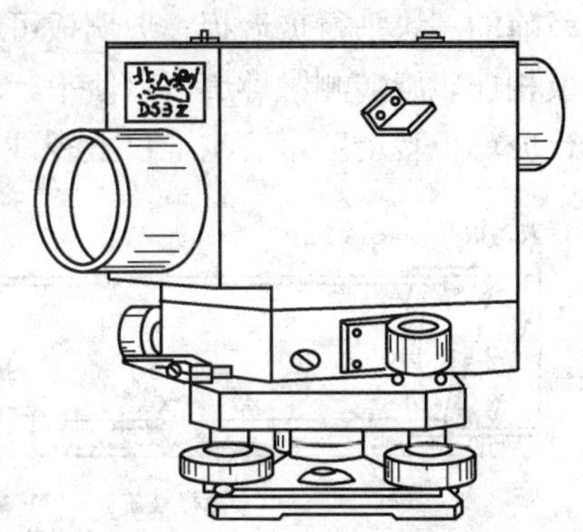

图2-25 自动安平水准仪

有无变动。而自动安平水准仪在用圆水准器使仪器粗略整平后，即可借助自动补偿器的功能直接得到水平视线进行读数。当仪器有微小的倾斜变化时，补偿器能随时调整，始终视线水平。因此它具有观测速度快、精度高的优点，被广泛地应用在各种等级的水准测量中。

自动安平水准仪的使用方法较微倾式水准仪简便。首先也是用脚螺旋使圆水准器气泡居中，完成仪器的粗略整平。然后用望远镜照准水准尺，即可用十字丝横丝读取水准尺读数，所得的就是水平视线读数。有的自动安平水准仪配有一个补偿器检查按钮，每次读数前按一下该按钮，确认补偿器能正常作用再读数。

为了保证自动安平水准仪的使用状态，也要对其定期进行检验和校正。自动安平水准仪应满足的条件是：

（1）圆水准器轴应平行于仪器的竖轴。

（2）十字丝横丝应垂直于竖轴。以上两项的检验校正方法与微倾式水准仪方法完全相同。

（3）补偿器处于正常状态，起到补偿作用。

检验方法如下：将水准仪安置在一点，在离仪器约 50m 处立一水准尺。安置仪器时使其中两个脚螺旋的连线垂直于仪器到水准尺连线的方向。用圆水准器整平仪器，读取水准尺上读数。旋转视线方向上的第三个脚螺旋，让气泡中心偏离圆水准零点少许，使竖轴向前稍倾斜，读取水准尺上读数。然后再次旋转这个脚螺旋，使气泡中心向相反方向偏离零点并读数。如果仪器竖轴向前后左右倾斜时所得读数与仪器整平时所得读数之差不超过 2mm，则可认为补偿器工作正常，否则应检查原因或送工厂修理。

（4）视准轴经过补偿后应为水平线。若视准轴经补偿后不能与水平线一致，则也构成 i 角，产生读数误差。这种误差的检验方法与微倾式水准仪 i 角的检验方法相同，但校正时应校正十字丝，使其交点对准正确读数。

2.8.2 精密水准仪和精密水准尺

1. 精密水准仪

我国水准仪系列中 DS_{05}、DS_1 均属精密水准仪，主要用于国家一、二等水准测量和高精度的工程测量中。精密水准仪有水准管式也有自动安平式的。除了有较高的置平精度外，构造上主要特点是都附有一个供读数用的光学测微装置，如图 2－26 所示。它包括装在望远镜物镜前的一块平行玻璃板，玻璃板可绕一横轴作俯仰转动；另有一个测微尺通过连杆与平行玻璃板相连。旋转测微螺旋可以使平行玻璃板绕横轴转动，同时也带动了测微尺，从而可以测出平行玻璃板转动的量。水准仪上视线的最大平移量有 5mm 和 10mm 两种，相当于水准尺上一个分划。测微尺上的最小分划值为最大平移量的 1/100，即可直接读出 0.05mm 或 0.1mm。测微尺读数为 0 时，视线向上平移水准尺的半个分划［图 2－27（a）］，这就是测量高差时直接的视线高。

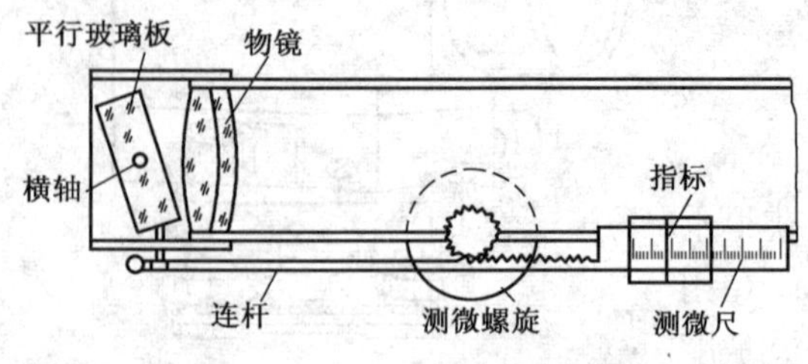

图 2－26　精密水准仪望远镜

精密水准仪的使用与普通水准仪基本相同，望远镜瞄准水准尺和精平后，旋转测微螺旋使楔形横丝精确照准水准尺的分划线，测微尺上即可精确读出视线平移量Δ，即水准尺上不足一分划的量。如图2－27（b）所示，从水准尺可直接读出厘米以上的值为152，从测微尺上读出毫米及以下的值为61，故全部读数为15 261，单位为0.1mm。

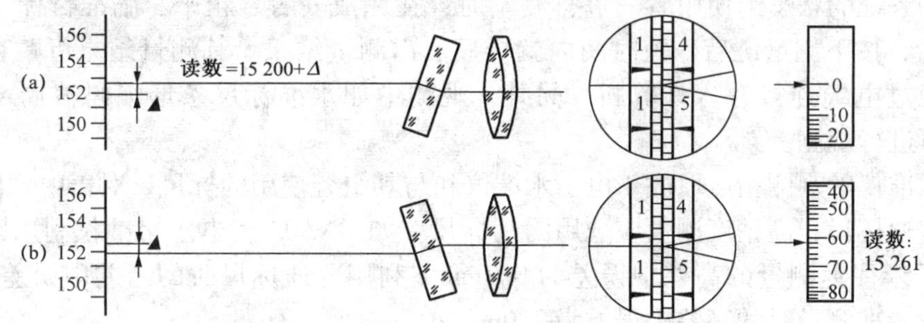

图2－27　精密水准仪读数

2. 精密水准尺

精密水准仪必须配有精密水准尺。这种尺一般是因瓦水准尺，因瓦是一种膨胀系数极小的合金。用因瓦做成一根长3m的带尺，带上标有刻划，安装在木质尺身内，数字注在木尺上。

精密水准尺上的分划注记形式一般有两种：一种是尺身上两排均为基本划分，其最小分划为10mm，但彼此错开5mm。尺身一侧注记米数，另一种侧注记分米数。尺身标有大、小三角形，小三角形表示半分米处，大三角形表示分米的起始线。这种水准尺上的注记数字比实际长度增大了一倍，即5mm注记为1cm。因此使用这种水准尺进行测量时，要将观测高差除以2才是实际高差（图2－28）。另一种是尺身上刻有左右两排分划，右边为基本分划，左边为辅助分划。基本分划的注记从零开始，辅助分划的注记从某一常数K开始，K称为基辅差。其作用如同双面水准尺，可检核读数用。

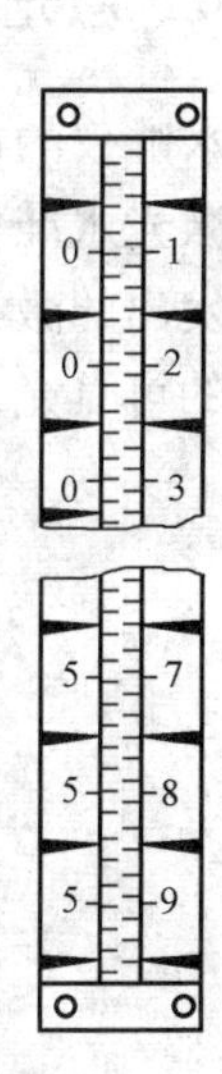

图2－28　精密水准尺

2.8.3　电子水准仪

如图2－29所示为瑞士徕卡公司生产的DNA03/10型电子水准仪，它可以利用条形编码标尺进行自动水准测量。条形编码标尺是与电子水准仪配套使用的水准尺，通常由玻璃纤维或因瓦制成。在水准测量时，电子水准仪中的线译码器捕获仪器视场内的标尺影像作为测量信号，然后与仪器的参考信号进行比较，即可获得数据，在显示屏上直接显示中丝读数和视距，测量时标尺也一定要竖直。电子水准仪可进行夜间作业，只要标尺被照亮，即可进行测量。另外本仪器也可利用普通水准尺与光学仪器一样进行水准测量。

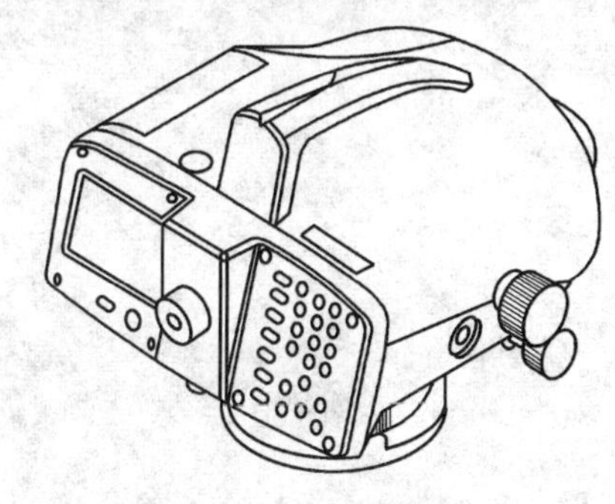

图2－29　电子水准仪

电子水准仪的主要优点是：① 操作简捷，自动观测和记录，并立即用数字显示测量结果。② 整个观测速度快，可大大减少观测误差。③ 仪器还附有数据处理器及与之配套的软件，可将观测结果输入计算机进行后处理，实现测量工作自动化和流水线作业，大大提高功效。

电子水准仪的使用时，用键盘上的键和侧面的测量按纽来操作。在 LCD 显示屏上显示测量结果和系统的状态给使用者。进行测量时，在完成安置、粗平、瞄准目标（条形编码水准尺）后，按下测量键后，短时间内就会显示出测量结果。其测量结果可贮存在电子水准仪内或通过电缆连接存入计算机。另外，观测中如水准标尺条形编码被局部遮挡小于 30%，仍可进行观测。

电子水准仪的观测精度取决于电子水准仪和与其组合使用的标尺，对于中、低精度的测量可选用普通标尺，高精度测量应选用因瓦标尺。如 DNA03 型电子水准仪利用因瓦水准尺测量时每千米往返测量的高差中误差为 0.3mm，利用普通标尺时的高差中误差为 1.0mm，而进行光学水准测量时的高差中误差为 2.0mm。

2.8.4 激光水准仪

水准仪的视准轴一般是不可见的，因此在有的的工程如设备安装抄平中用起来不太方便。激光水准仪的出现解决了这一问题，它主要由氦氖激光器和水准仪两部分组成。它将激光器发出的激光束，经过棱镜系统导入水准仪的望远镜镜筒内，使之沿视准轴方向射出一束红色的可见光，利用这束可见光就可以进行必要的水准测量。

第3章

角度测量

确定点的空间位置时，通常要用到角度测量。角度测量时测量的三项基本任务之一。角度测量的仪器有经纬仪和全站仪。角度测量分为水平角（horizontal angle）测量和竖直角（vertical angle）测量。水平角测量目的是用于求算地面点的平面位置。竖直角测量目的，一是测定地面两点的高差；二是将地面两点的倾斜距离改化成水平距离。

3.1 角度测量原理

3.1.1 水平角测量原理

水平角是指地面一点与两个目标点的连线在水平面投影的夹角，或过 B，C 两点铅垂面与过 B，A 两点铅垂面的两面角。其角值取值范围为［0°，360°），如图 3－1 所示。

在 B 点水平安置刻度圆盘（顺时针注记），测出 BA 方向在度盘的读数 a，BC 方向在度盘的读数 c，则水平角 $\beta = c - a$。

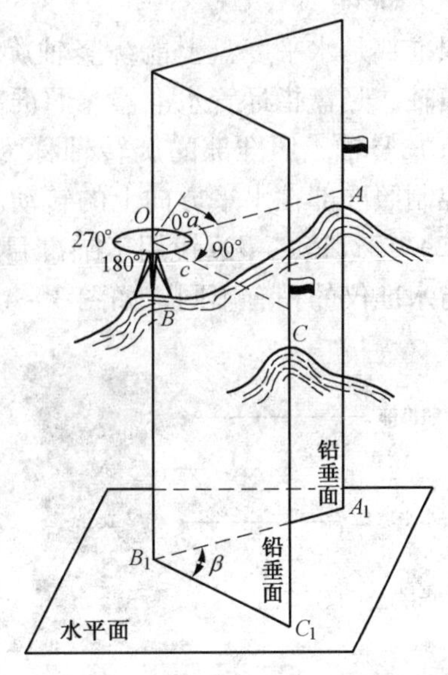

图 3－1　水平角测量原理图

3.1.2 竖直角测量原理

竖直面内，水平视线与倾斜视线的夹角称为竖直角。竖直角有正负之分，仰角为正（＋），俯角为负（－）。竖直角的取值范围：［－90°，＋90°］。

同水平角一样，竖直角的角值也是度盘上两个方向的读数之差。如图 3－2 所示，望远镜瞄准目标的视线与水平线分别在竖直度盘上有对应读数，两读数之差即为竖直角的角值。所不同的是，竖直角的两方向中的一个方向是水平方向。无论对哪一种经纬仪来说，视线水平时的竖盘读数都应为90°的倍数。所以，测量竖直角时，只要瞄准目标读出竖盘读数，即可计算出竖直角。

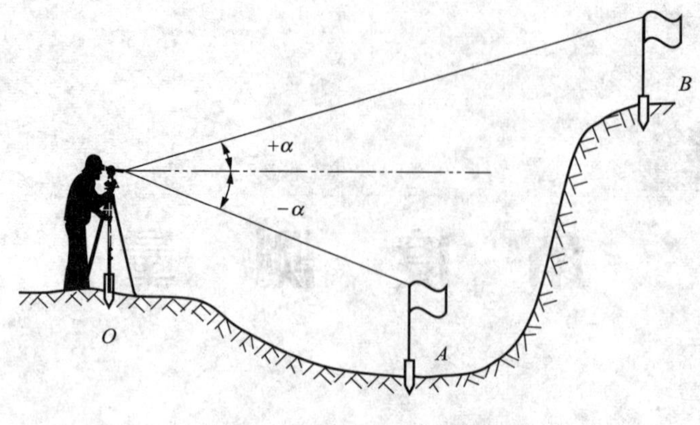

图 3－2　竖直角测量原理

3.2　光学经纬仪及其使用

国产光学经纬仪型号主要有 DJ_{07}，DJ_1，DJ_2，DJ_6，DJ_{15}，D 和 J 代表“大地测量”和“经纬仪”，07，1，2，6，15 分别为一测回方向观测中误差秒数。工程测量常用 DJ_6 级。

3.2.1　光学经纬仪的构造

如图 3－3 所示，光学经纬仪主要由基座、水平度盘和照准部三大部分组成。后两个为主要部分。

1. 照准部

照准部是水平度盘上能绕竖轴旋转的全部部件总称，主要包括竖轴、U 形支架、望远镜、横轴、竖盘指标管水准器、照准部水准管和读数装置。

（1）竖轴。照准部的旋转轴称为仪器的竖轴。通过调节照准部制动螺旋和微动螺旋，可以控制照准部在水平方向上的转动。

（2）望远镜。望远镜用于瞄准目标。另外为了便于精确瞄准目标，经纬仪的十字丝分划板与水准仪的稍有不同，如图 3－4 所示。

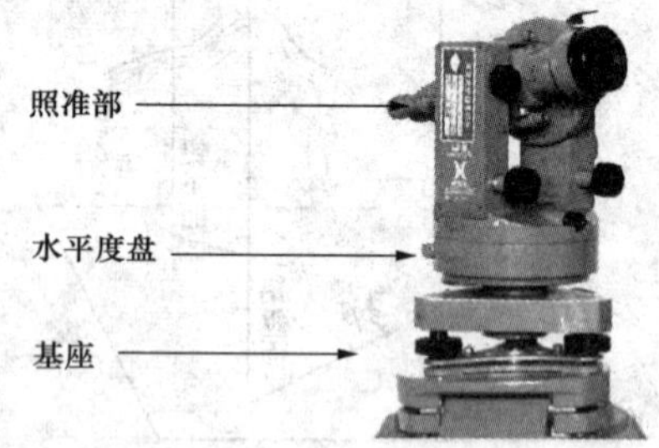

图 3－3　经纬仪的主要构造

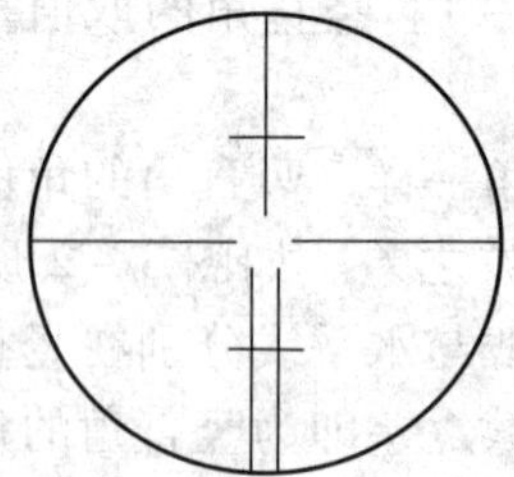

图 3－4　经纬仪十字丝的分划板

望远镜的旋转轴称为横轴。通过调节望远镜制动螺旋和微动螺旋，可以控制望远镜的上下转动。

望远镜的视准轴垂直于横轴，横轴垂直于仪器竖轴。因此，在仪器竖轴铅直时，望远镜绕横轴转动扫出一个铅垂面。

（3）竖直度盘。竖直度盘用于测量竖直角，竖直度盘固定在横轴的一端，随望远镜一起转动。

（4）读数装置。读数装置用于读取水平度盘和竖直度盘的读数。

（5）照准部水准管。照准部水准管用于精确整平仪器。

水准管轴垂直于仪器竖轴，当照准部水准管气泡居中时，经纬仪的竖轴铅直，水平度盘处于水平位置。

（6）光学对中器。光学对中器用于使水平度盘中心位于测站点的铅垂线上，其结构如图 3－5 所示。当仪器精确水平时，若从目镜中看到地面点与视场内的圆圈或十字交点重合，说明仪器竖轴与过测站点的铅垂线一致。

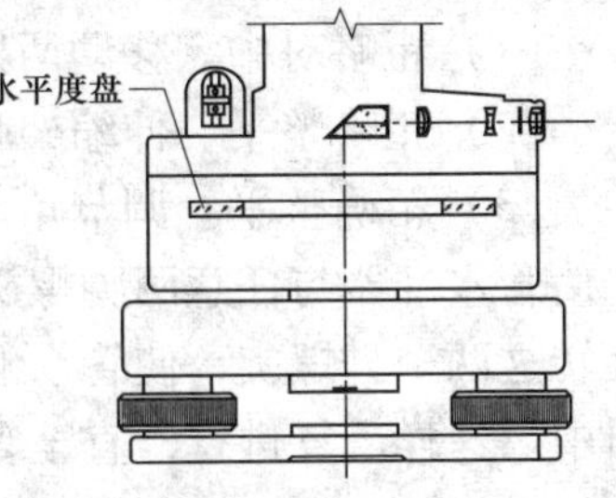

图 3－5　光学对中器

2. 水平度盘

水平度盘用于测量水平角。它是由光学玻璃制成的圆环，环上刻有 0°～360°的分划线，在整度分划线上标有注记，并按顺时针方向注记，其度盘分划值为 1°或 30′。

水平度盘与照准部是分离的，当照准部转动时，水平度盘并不随之转动。当需要改变水平度盘的位置时，可通过照准部上的水平度盘变换手轮，将度盘变换到所需要的位置。

3. 基座

基座用于支承整个仪器，并通过中心连接螺旋将经纬仪固定在三脚架上。基座上有三个脚螺旋，用于精平仪器。在基座上还有一个轴座固定螺旋，用于控制照准部和基座之间的衔接。

3.2.2　DJ_6 级光学经纬仪的读数装置及读数方法

DJ_6 级光学经纬仪的读数装置包括度盘、光路系统及测微器等。水平度盘和竖盘上的分划线经棱镜和透镜成像，显示在望远镜旁的读数显微镜内。按测微方法和读数方法的不同，大致可分为分微尺读数装置和单平板玻璃读数装置两种。现只介绍最常用的分微尺测微读数法。

分微尺测微，也称带尺显微镜法，是利用度盘刻度线在分微尺上读数。度盘上 1°分划的间隔经放大后，与分微尺全长相等。分微尺全长分 60 格，因此其最小格值为 1°＝60″。读数时，秒数必须估读，估读至 0.1 格（因此，估读的秒数都应是 6″的倍数）。从读数显微镜中看到的影像如图 3－6 所示。其中，H 和 V 分别代表水平度盘和竖直度盘的影像，读数时，先读出位于分微尺中的度盘分划线的注记度数，然后以度盘分划线为指标，在分微尺上读取不足 1°的分数，并估读秒数。如图 3－6 所示，其水平度盘读数为 214°54′42″，竖直度盘读数为 79°05′30″。

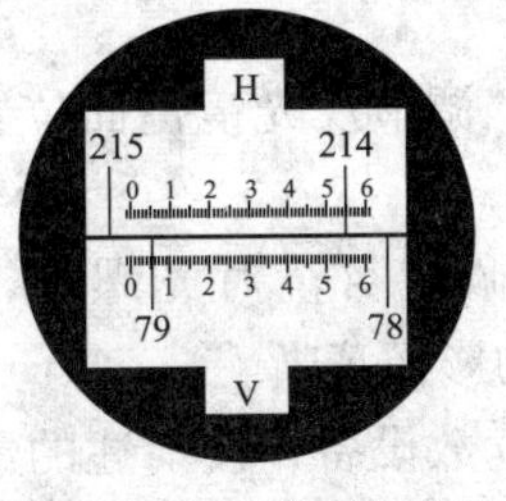

图 3－6　显微镜读数窗

3.2.3 DJ_6 光学经纬仪的使用

DJ_6 光学经纬仪的使用步骤如下：

1. 安置仪器

利用光学对中法进行经纬仪安置的步骤总结如下：

（1）粗略对中。移动两架脚同时观察光学对中器，使其刻线中心与测站中心大致对准。

（2）粗略整平。伸缩架腿长度，使圆气泡居中。

（3）精确整平。调节角螺旋，使管水准器的气泡各方向上居中。如图 3-7 所示，可以先使管水准器与任意两脚螺旋连线的方向平行，以左手拇指原则，双手以相同的速度反方向旋转这两个脚螺旋，使管水准器气泡居中，再将照准部旋转 90°，用另外一个脚螺旋使气泡居中。这样反复进行，直至管水准器在任一方向上气泡都居中为止。

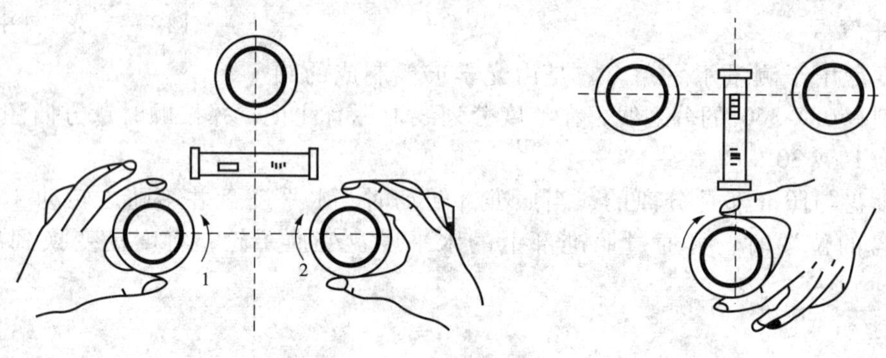

图 3-7　精确整平

（4）精确对中。旋松中心连接螺旋平移仪器，使光学对中器刻线中心与测站中心精确对准。

2. 瞄准目标

（1）松开望远镜制动螺旋和照准部制动螺旋，将望远镜朝向明亮背景，调节目镜对光螺旋，使十字丝清晰。

（2）利用望远镜上的照门和准星粗略对准目标，拧紧照准部及望远镜制动螺旋；调节物镜对光螺旋，使目标影像清晰，并注意消除视差。

（3）转动照准部和望远镜微动螺旋，精确瞄准目标。测量水平角时，应用十字丝交点附近的竖丝瞄准目标底部，如图 3-8 所示。

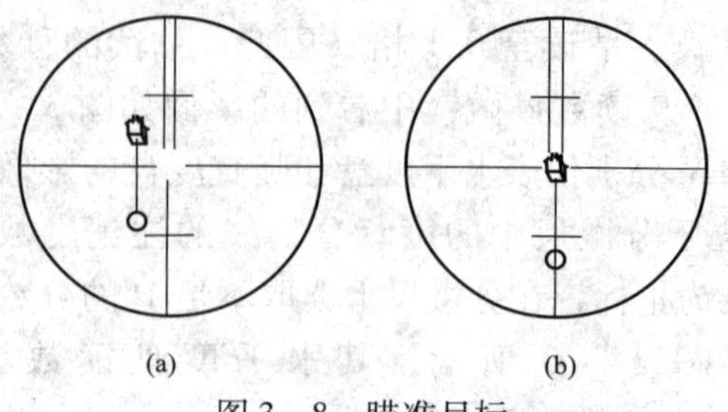

图 3-8　瞄准目标

3. 读数

（1）打开反光镜，调节反光镜镜面位置，使读数窗亮度适中。

（2）转动读数显微镜目镜对光螺旋，使度盘、测微尺及指标线的影像清晰。

（3）根据仪器的读数设备，按前述的经纬仪读数方法进行读数。

3.3 水平角测量的方法

水平角测量常用的方法有测回法和方向观测法。无论采用哪种方法，为了消除一起的某些误差，一般要用盘左盘右两个盘位进行观测。当望远镜照准目标时，若竖盘在望远镜的左侧，称为“盘左”（又称“正镜”），竖盘位于望远镜的右侧时称为“盘右”（又称“倒镜”）。

3.3.1 测回法

1. 测回法的观测方法

测回法适用于观测两个方向之间的单角。

如图3-9所示，设 O 为测站点，A、B 为观测目标，用测回法观测 OA 与 OB 两方向之间的水平角 β，具体施测步骤如下：

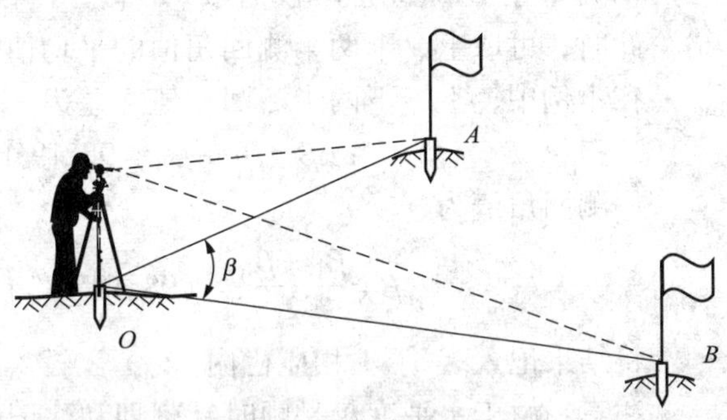

图3-9 水平角测量（测回法）

（1）在测站点 O 安置经纬仪，在 A、B 两点竖立测杆或测钎等，作为目标标志。

（2）将仪器置于盘左位置，转动照准部，先瞄准左目标 A，读取水平度盘读数 a_L，设读数为0°01′30″，记入水平角观测手簿表3-1相应栏内。松开照准部制动螺旋，顺时针转动照准部，瞄准右目标 B，读取水平度盘读数 b_L，设读数为98°20′48″，记入表3-1相应栏内。

表3-1 水平角测量手簿

日期： 仪器： 观测者：

天气： 地点： 记录者：

测站	竖盘位置	目标	水平度盘读数	半测回角值	一测回角值	各测回平均值
1	2	3	4	5	6	7
第一测回 O	左	A	0°01′30″	98°19′18″	98°19′24″	98°19′30″
		B	98°20′48″			
	右	A	180°01′42″	98°19′30″		
		B	278°21′12″			
第二测回 O	左	A	90°01′06″	98°19′30″	98°19′36″	
		B	188°20′36″			
	右	A	270°00′54″	98°19′42″		
		B	8°20′36″			

以上称为上半测回，盘左位置的水平角角值（也称上半测回角值）β_L 为

$$\beta_L = b_L - a_L = 98°20'48'' - 0°01'30'' = 98°19'18''$$

(3) 松开照准部制动螺旋，倒转望远镜成盘右位置，先瞄准右目标 B，读取水平度盘读数 b_R，设读数为 278°21′12″，记入表 3 - 1 相应栏内。松开照准部制动螺旋，逆时针转动照准部，瞄准左目标 A，读取水平度盘读数 a_R，设读数为 180°01′42″，记入表 3 - 1 相应栏内。

以上称为下半测回，盘右位置的水平角角值（也称下半测回角值）β_R 为

$$\beta_R = b_R - a_R = 278°21'12'' - 180°01'42'' = 98°19'30''$$

上半测回和下半测回构成一测回。

(4) 对于 DJ_6 型光学经纬仪，如果上、下两半测回角值之差不大于 ±40″，认为观测合格。此时，可取上、下两半测回角值的平均值作为一测回角值 β。

在本例中，上、下两半测回角值之差为

$$\Delta\beta = \beta_L - \beta_R = 98°19'18'' - 98°19'30'' = -12''$$

一测回角值为

$$\beta = \frac{\beta_L + \beta_R}{2} = (98°19'18'' + 98°19'30'')/2 = 98°19'24''$$

将结果记入表 3 - 1 相应栏内。

注意：由于水平度盘是顺时针刻划和注记的，所以在计算水平角时，总是用右目标的读数减去左目标的读数，如果不够减，则应在右目标的读数上加上 360°，再减去左目标的读数，绝不可以倒过来减。

当测角精度要求较高时，需对一个角度观测多个测回，应根据测回数 n，以 180°/n 的差值，安置水平度盘读数。例如，当测回数 $n=2$ 时，第一测回的起始方向读数可安置在略大于 0°处；第二测回的起始方向读数可安置在略大于(180°/2) = 90°处。各测回角值互差如果不超过 ±40″（对于 DJ_6 型），取各测回角值的平均值作为最后角值，记入表 3 - 1 相应栏内。

2. 安置水平度盘读数的方法

先转动照准部瞄准起始目标；然后，按下度盘变换手轮下的保险手柄，将手轮推压进去，并转动手轮，直至从读数窗看到所需读数；最后，将手松开，手轮退出，把保险手柄倒回。

3.3.2 方向观测法

1. 方向观测法的观测方法

方向观测法简称方向法，又称全圆测回法，适用于在一个测站上观测两个以上的方向。如图 3 - 10 所示，设 O 为测站点，A，B，C，D 为观测目标，用方向观测法观测各方向间的水平角，具体施测步骤如下：

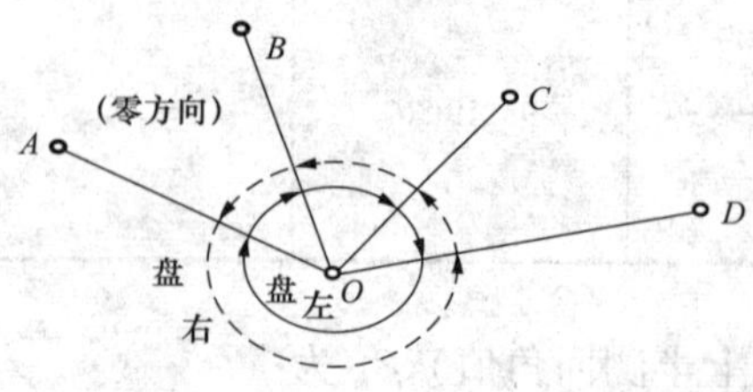

图 3 - 10　水平角测量（方向观测法）

(1) 在测站点 O 安置经纬仪，在 A，B，C，D 观测目标处竖立观测标志。

(2) 盘左位置。选择一个明显目标 A 作为起始方向，瞄准零方向 A，将水平度盘读数安置在稍大于 0°处，读取水平度盘读数，记入表 3 - 2 方向观测法观测手簿第 4 栏。

表3－2　　方向观测法观测手簿

日期：　　仪器：　　观测者：

天气：　　地点：　　记录者：

测站	测回数	目标	水平度盘读数		2c	平均读数	归零后方向值	各测回归零方向值的平均值
			盘左	盘右				
			(° ′ ″)	(° ′ ″)	(″)	(° ′ ″)	(° ′ ″)	(° ′ ″)
1	2	3	4	5	6	7	8	9
O	1	A	0 02 12	180 02 00	+12	(0 02 10) 0 02 06	0 00 00	0 00 00
		B	37 44 15	217 44 05	+10	37 44 10	37 42 00	37 42 01
		C	110 29 04	290 28 52	+12	110 28 58	110 26 48	110 26 52
		D	150 14 51	330 14 43	+8	150 14 47	150 12 37	150 12 33
		A	0 02 18	180 02 08	+10	0 02 13		
	2	A	90 03 30	270 03 22	+8	(90 03 24) 90 03 26	0 00 00	
		B	127 45 34	307 45 28	+6	127 45 31	37 42 07	
		C	200 30 24	20 30 18	+6	200 30 21	110 26 57	
		D	240 15 57	60 15 49	+8	240 15 53	150 12 29	
		A	90 03 25	270 03 18	+7	90 03 22		

松开照准部制动螺旋，顺时针方向旋转照准部，依次瞄准 B，C，D 各目标，分别读取水平度盘读数，记入表3－2第4栏，为了校核，再次瞄准零方向 A，称为上半测回归零，读取水平度盘读数，记入表3－2第4栏。

零方向 A 的两次读数之差的绝对值，称为半测回归零差，归零差不应超过表3－3中的规定，如果归零差超限，应重新观测。以上称为上半测回。

（3）盘右位置。逆时针方向依次照准目标 A，D，C，B，A，并将水平度盘读数由下向上记入表3－2第5栏，此为下半测回。

上、下两个半测回合称一测回。为了提高精度，有时需要观测 n 个测回，则各测回起始方向仍按 $180°/n$ 的差值，安置水平度盘读数。

2. 方向观测法的计算方法

（1）计算两倍视准轴误差 $2c$ 值。

$$2c = 盘左读数 - (盘右读数 \pm 180°)$$

上式中，盘右读数大于180°时取“－”号，盘右读数小于180°时取“＋”号。计算各方向的 $2c$ 值，填入表3－2第6栏。一测回内各方向 $2c$ 值互差不应超过表3－3中的规定。如果超限，应在原度盘位置重测。

（2）计算各方向的平均读数。平均读数又称为各方向的方向值。

$$平均读数 = \frac{1}{2}[盘左读数 + (盘右读数 \pm 180°)]$$

计算时，以盘左读数为准，将盘右读数加或减180°后，和盘左读数取平均值。计算各方向的平均读数，填入表3－2第7栏。起始方向有两个平均读数，故应再取其平均值，填入表3－2第7栏上方小括号内。

（3）计算归零后的方向值。将各方向的平均读数减去起始方向的平均读数（括号内数值），即得各方向的“归零后方向值”，填入表3－2第8栏。起始方向归零后的方向值为零。

（4）计算各测回归零后方向值的平均值。多测回观测时，同一方向值各测回互差，符合表3－3中的规定，则取各测回归零后方向值的平均值，作为该方向的最后结果，填入表3－2第9栏。

（5）计算各目标间水平角角值。将第9栏相邻两方向值相减即可求得，注于第10栏略图的相应位置上。

当需要观测的方向为三个时，除不做归零观测外，其他均与三个以上方向的观测方法相同。

3. 方向观测法的技术要求

表3－3　方向观测法的技术要求

经纬仪型号	半测回归零差	一测回内 $2c$ 互差	同一方向值各测回互差
DJ_2	12″	18″	12″
DJ_6	18″	—	24″

3.4　竖直角测量

3.4.1　竖直度盘的构造

如图3－11所示，光学经纬仪竖直度盘的构造包括竖直度盘、竖盘指标、竖盘指标水准管和竖盘指标水准管微动螺旋。

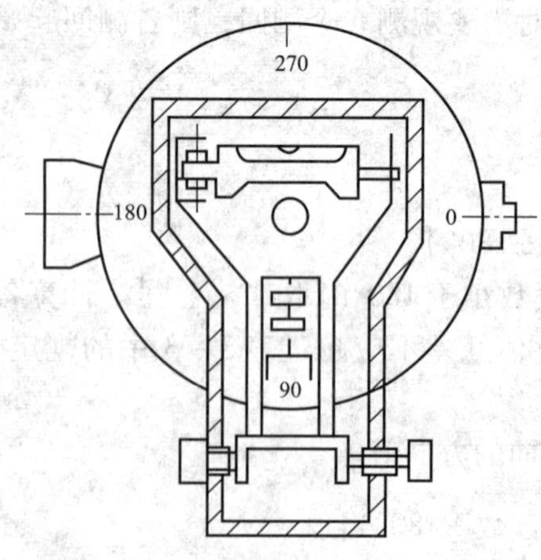

图3－11　竖直度盘的构造

竖直度盘固定在横轴的一端，当望远镜在竖直面内转动时，竖直度盘也随之转动，而用于读数的竖盘指标则不动。当竖盘指标水准管气泡居中时，竖盘指标所处的位置称为正确位置。

光学经纬仪的竖直度盘也是一个玻璃圆环，分划与水平度盘相似，度盘刻度0°～360°的注记有顺时针方向和逆时针方向两种。如图3－12（a）所示为顺时针方向注记，如图3－12（b）所示为逆时针方向注记。

竖直度盘构造的特点是：当望远镜视线水平，竖盘指标水准管气泡居中时，盘左位置的竖盘读数为90°，盘右位置的竖盘读数为270°。

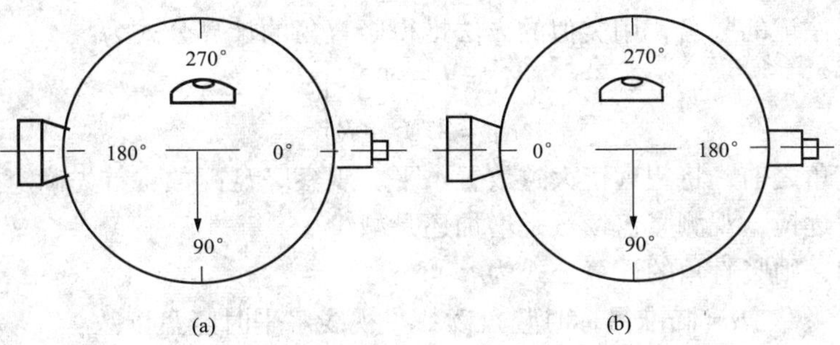

图3－12　竖直度盘刻度注记（盘左位置）

3.4.2　竖直角计算公式

由于竖盘注记形式不同，竖直角计算的公式也不一样。现在以顺时针注记的竖盘为例，推导竖直角计算的公式。

如图3－13（a）所示，盘左位置：视线水平时，竖盘读数为90°。当瞄准一目标时，竖盘读数为L，则盘左竖直角α_L为

$$\alpha_L = 90° - L \tag{3-1}$$

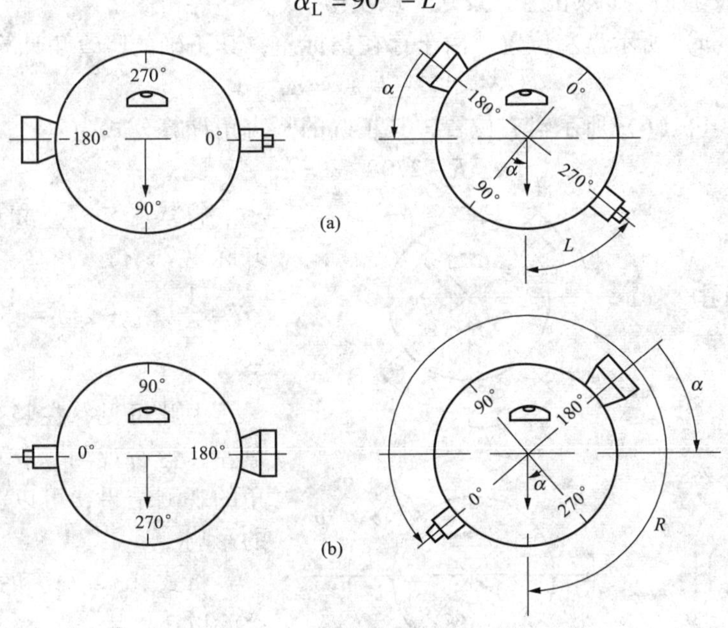

图3－13　竖盘读数与竖直角计算

（a）盘左位置；（b）盘右位置

如图3－13（b）所示，盘右位置：视线水平时，竖盘读数为270°。当瞄准原目标时，竖盘读数为R，则盘右竖直角α_R为

$$\alpha_R = R - 270° \tag{3-2}$$

将盘左、盘右位置的两个竖直角取平均值，即得竖直角α计算公式为

$$\alpha = \frac{1}{2}(\alpha_L + \alpha_R) \tag{3-3}$$

对于逆时针注记的竖盘，用类似的方法推得竖直角的计算公式为

$$\left.\begin{aligned}\alpha_L &= L - 90^\circ \\ \alpha_R &= 270^\circ - R\end{aligned}\right\} \tag{3-4}$$

在观测竖直角之前，将望远镜大致放置水平，观察竖盘读数，首先确定视线水平时的读数；然后上仰望远镜，观测竖盘读数是增加还是减少。

若读数增加，则竖直角的计算公式为

$$\alpha = \text{瞄准目标时竖盘读数} - \text{视线水平时竖盘读数} \tag{3-5}$$

若读数减少，则竖直角的计算公式为

$$\alpha = \text{视线水平时竖盘读数} - \text{瞄准目标时竖盘读数} \tag{3-6}$$

以上规定，适合任何竖直度盘注记形式和盘左盘右观测。

3.4.3 竖盘指标差

在竖直角计算公式中，认为当视准轴水平、竖盘指标水准管气泡居中时，竖盘读数应是90°的整数倍。但是实际上这个条件往往不能满足，竖盘指标常常偏离正确位置，这个偏离的差值 x 角，称为竖盘指标差。竖盘指标差 x 本身有正负号，一般规定当竖盘指标偏移方向与竖盘注记方向一致时，x 取正号，反之 x 取负号。

如图 3-14（a）所示盘左位置，由于存在指标差，其正确的竖直角计算公式为

$$\alpha = 90^\circ - L + x = \alpha_L + x \tag{3-7}$$

同样如图 3-14（b）所示盘右位置，其正确的竖直角计算公式为

$$\alpha = R - 270^\circ - x = \alpha_R - x \tag{3-8}$$

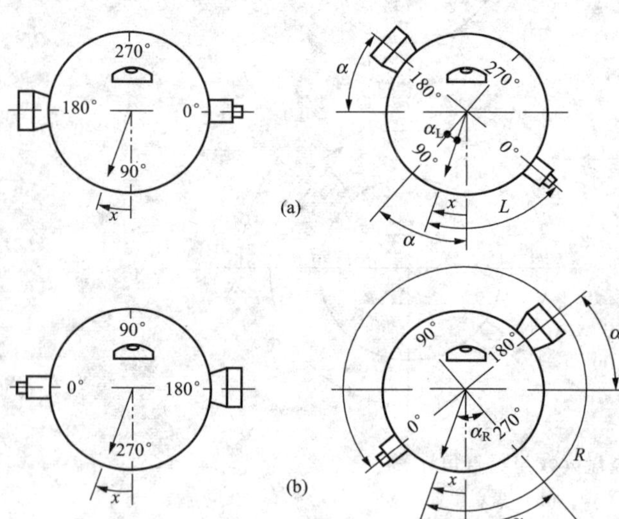

图 3-14 竖盘指标差

（a）盘左位置；（b）盘右位置

将式（3-7）和式（3-8）相加并除以 2，得

$$\alpha = \frac{1}{2}(\alpha_L + \alpha_R) = \frac{1}{2}(R - L - 180^\circ) \tag{3-9}$$

由此可见，在竖直角测量时，用盘左、盘右观测，取平均值作为竖直角的观测结果，可以消除竖盘指标差的影响。

将式（3-7）和式（3-8）相减并除以 2，得

$$x = \frac{1}{2}(\alpha_R - \alpha_L) = \frac{1}{2}(L + R - 360^\circ) \tag{3-10}$$

式（3-10）为竖盘指标差的计算公式。指标差互差（即所求指标差之间的差值）可以反映观测成果的精度。有关规范规定：竖直角观测时，指标差互差的限差，DJ_2 型仪器不得超过 ±15″；DJ_6 型仪器不得超过 ±25″。

3.4.4 竖直角观测

以瞄准目标 A 点为例，竖直角的观测、记录和计算步骤如下：

（1）在测站点 O 安置经纬仪，在目标点 A 竖立观测标志，按前述方法确定该仪器竖直角计算公式，为方便应用，可将公式记录于竖直角观测手簿表3－4备注栏中。

（2）盘左位置：瞄准目标 A，使十字丝横丝精确地切于目标顶端如图3－15所示。转动竖盘指标水准管微动螺旋，使水准管气泡严格居中，然后读取竖盘读数 L，设为95°22′00″，记入竖直角观测手簿表3－4相应栏内。

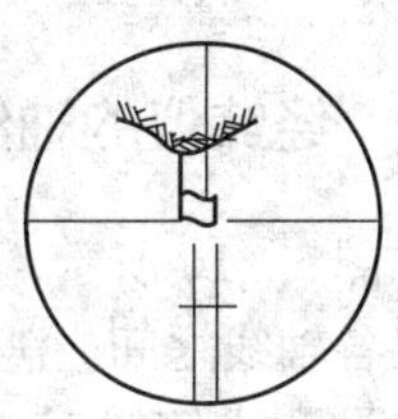

图3－15　竖直角测量瞄准

（3）盘右位置：重复步骤2，设其读数 R 为264°36′48″，记入表3－4相应栏内。

表3－4　竖直角观测手簿

日期：　　仪器：　　观测者：
天气：　　地点：　　记录者：

测站	目标	竖盘位置	竖盘读数 (° ′ ″)	半测回竖直角 (° ′ ″)	指标差 (″)	一测回竖直角 (° ′ ″)	备注
1	2	3	4	5	6	7	8
O	A	左	95 22 00	−5 22 00	−36	−5 22 36	
		右	264 36 48	−5 23 12			
	B	左	81 12 36	+8 47 24	−45	+8 46 39	
		右	278 45 54	+8 45 54			

（4）根据竖直角计算公式计算，得

$$\alpha_L = 90° - L = 90° - 95°22'00'' = -5°22'00''$$

$$\alpha_R = R - 270° = 264°36'48'' - R = -5°23'12''$$

那么一测回竖直角为

$$\alpha = \frac{1}{2}(\alpha_L + \alpha_R) = \frac{1}{2}[(-5°22'00'') + (-5°23'12'')] = -5°22'36''$$

竖盘指标差为

$$x = \frac{1}{2}(\alpha_R - \alpha_L) = \frac{1}{2}[(-5°23'12'') - (-5°22'00'')] = -36''$$

将计算结果分别填入表3－4相应栏内。

现在的经纬仪，基本上都采用了竖盘指标自动归零装置，其原理与自动安平水准仪补偿器基本相同。当经纬仪整平后，瞄准目标，打开自动补偿器，竖盘指标即居于正确位置，从而明显提高了竖直角观测的速度和精度。

3.5 经纬仪的检验与校正

3.5.1 经纬仪的轴线及各轴线间应满足的几何条件

如图 3－16 所示，经纬仪的主要轴线有竖轴 *VV*、横轴 *HH*、视准轴 *CC* 和水准管轴 *LL*。经纬仪各轴线之间应满足以下几何条件：

（1）水准管轴 *LL* 应垂直于竖轴 *VV*。

（2）十字丝竖丝应垂直于横轴 *HH*。

（3）视准轴 *CC* 应垂直于横轴 *HH*。

（4）横轴 *HH* 应垂直于竖轴 *VV*。

（5）竖盘指标差为零。

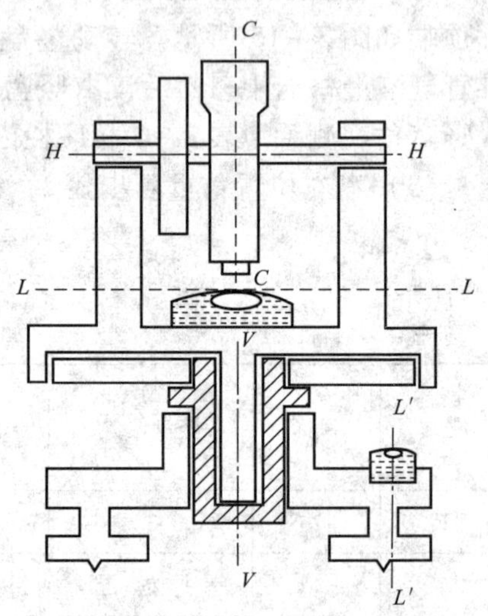

图 3－16 经纬仪的主要轴线

经纬仪应满足的上述几何条件的，经纬仪在使用前或使用一段时间后，应进行检验，如发现上述几何条件不满足，则需要进行校正。

3.5.2 经纬仪的检验与校正

1. 水准管轴 *LL* 垂直于竖轴 *VV* 的检验与校正

（1）检验。首先利用圆水准器粗略整平仪器，然后转动照准部使水准管平行于任意两个脚螺旋的连线方向，调节这两个脚螺旋使水准管气泡居中，再将仪器旋转 180°，如水准管气泡仍居中，说明水准管轴与竖轴垂直；若气泡不再居中，则说明水准管轴与竖轴不垂直，需要校正。

（2）校正。校正时，先相对旋转这两个脚螺旋，使气泡向中心移动偏离值的一半，此时竖轴处于竖直位置。然后用校正针拨动水准管一端的校正螺钉，使气泡居中，此时水准管轴处于水平位置。

此项检验与校正比较精细，应反复进行，直至照准部旋转到任何位置，气泡偏离零点不超过半格为止。

2. 十字丝竖丝的检验与校正

（1）检验。首先整平仪器，用十字丝交点精确瞄准一明显的点状目标，如图 3－17 所示，然后制动照准部和望远镜，转动望远镜微动螺旋使望远镜绕横轴作微小俯仰，如果目标点始终在竖丝上移动，说明条件满足，如图 3－17（a）所示；否则需要校正，如图 3－17（b）所示。

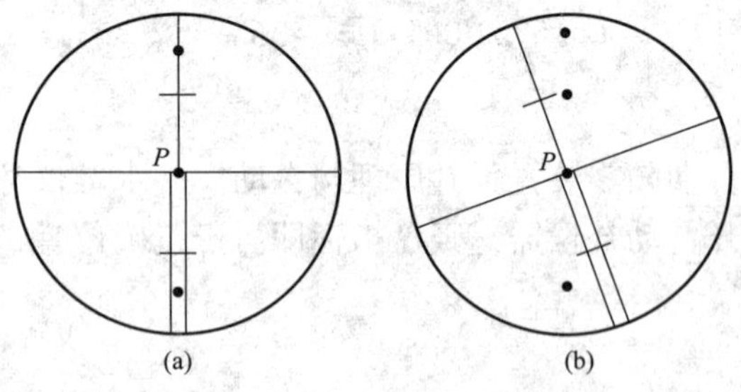

图 3－17 十字丝竖丝的检验

（2）校正。与水准仪中横丝应垂直于竖轴的校正方法相同，此处只是应使竖丝竖直。如图 3－18 所示，校正时，先打开望远镜目镜端护盖，松开十字丝环的四个固定螺钉，按竖丝偏离的反方向微微转动十字丝环，使目标点在望远镜上下俯仰时始终在十字丝竖丝上移动为止，最后旋紧固定螺钉拧紧，旋上护盖。

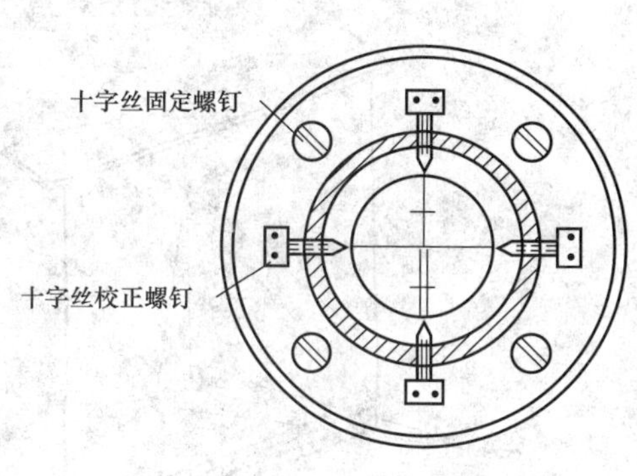

图3-18 十字丝竖丝的校正

3. 视准轴 *CC* 垂直于横轴 *HH* 的检验与校正

视准轴不垂直于横轴轴所偏离的角值 c 称为视准轴误差。具有视准轴误差的望远镜绕水平轴旋转时，视准轴将扫过一个圆锥面，而不是一个平面。

（1）检验。视准轴误差的检验方法有盘左盘右读数法和1/4法两种，下面具体介绍1/4法的检验方法。

1）在平坦地面上，选择相距约100m的 A、B 两点，在 AB 连线中点 O 处安置经纬仪，如图3-19所示，并在 A 点设置一瞄准标志，在 B 点横放一根刻有毫米分划的直尺，使直尺垂直于视线 OB，A 点的标志、B 点横放的直尺应与仪器大致同高。

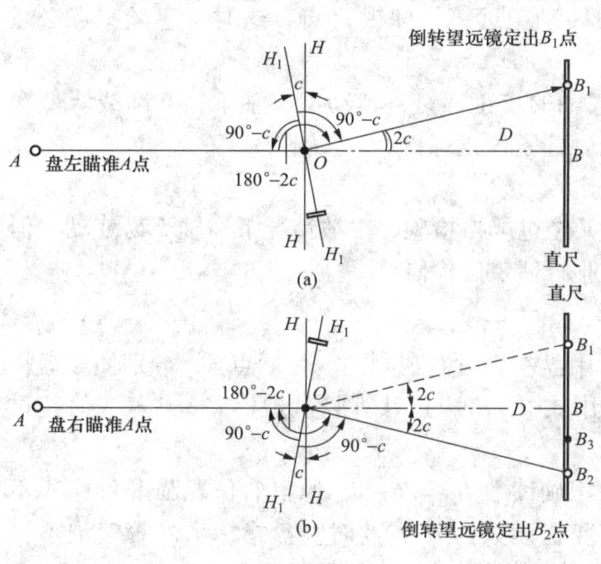

图3-19 视准轴误差的检验（1/4法）

2）用盘左位置瞄准 A 点，制动照准部，然后纵转望远镜，在 B 点尺上读得 B_1，如图3-19（a）所示。

3）用盘右位置再瞄准 A 点，制动照准部，然后纵转望远镜，再在 B 点尺上读得 B_2，如图3-19（b）所示。

如果 B_1 与 B_2 两读数相同，说明视准轴垂直于横轴。如果 B_1 与 B_2 两读数不相同，由图3-19（b）可知，$\angle B_1OB_2=4c$ 由此算得

$$c=\frac{B_1B_2}{4D}\rho \qquad (3-11)$$

式中 D——O 到 B 点的水平距离（m）；

B_1B_2——B_1 与 B_2 的读数差值（m）；

ρ——一弧度秒值，$\rho=206\,265''$。

对于 DJ_6 型经纬仪，如果 $c>60''$，则需要校正。

（2）校正。校正时，在直尺上定出一点 B_3，使 $B_2B_3=\frac{1}{4}B_1B_2$，OB_3 便与横轴垂直。打开望远镜目镜端护盖，如图3-18所示，用校正针先松十字丝上、下的十字丝校正螺钉，再拨动左右两个十字丝校正螺钉，一松一紧，左右移动十字丝分划板，直至十字丝交点对准 B_3。此项检验与校正也需反复进行。

4. 横轴 *HH* 垂直于竖轴 *VV* 的检验与校正

若横轴不垂直于竖轴，则仪器整平后竖轴虽已竖直，横轴并不水平，因而视准轴绕倾斜的横轴旋转所形成的轨迹是一个倾斜面。这样，当瞄准同一铅垂面内高度不同的目标点时，水平度盘的读数并不相同，从而产生测角误差，影响测角精度，因此必须进行检验与校正。

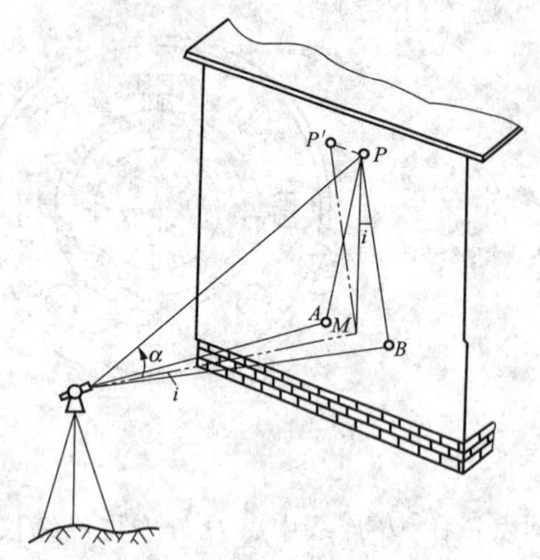

图 3－20 横轴垂直于竖轴的检验与校正

（1）检验。检验方法如下：

1）在距一垂直墙面 20～30m 处，安置经纬仪，整平仪器，如图 3－20 所示。

2）盘左位置，瞄准墙面上高处一明显目标 P，仰角宜在 30°左右。

3）固定照准部，将望远镜置于水平位置，根据十字丝交点在墙上定出一点 A。

4）倒转望远镜成盘右位置，瞄准 P 点，固定照准部，再将望远镜置于水平位置，定出点 B。

如果 A、B 两点重合，说明横轴是水平的，横轴垂直于竖轴；否则，需要校正。

（2）校正。校正方法如下：

1）在墙上定出 A、B 两点连线的中点 M，仍以盘右位置转动水平微动螺旋，照准 M 点，转动望远镜，仰视 P 点，这时十字丝交点必然偏离 P 点，设为 P' 点。

2）打开仪器支架的护盖，松开望远镜横轴的校正螺钉，转动偏心轴承，升高或降低横轴的一端，使十字丝交点准确照准 P 点，最后拧紧校正螺钉。

此项检验与校正也需反复进行。

由于光学经纬仪密封性好，仪器出厂时又经过严格检验，一般情况下横轴不易变动。但测量前仍应加以检验，如有问题，最好送专业修理单位检修。

5. 竖盘水准管的检验与校正

（1）检验。安置经纬仪，仪器整平后，用盘左、盘右观测同一目标点 A，分别使竖盘指标水准管气泡居中，读取竖盘读数 L 和 R，用式（3－10）计算竖盘指标差 x，若 x 值超过 1′时，需要校正。

（2）校正。先计算出盘右位置时竖盘的正确读数 $R_0 = R - x$，原盘右位置瞄准目标 A 不动，然后转动竖盘指标水准管微动螺旋，使竖盘读数为 R_0，此时竖盘指标水准管气泡不再居中了，用校正针拨动竖盘指标水准管一端的校正螺钉，使气泡居中。

此项检校需反复进行，直至指标差小于规定的限度为止。

3.6 角度测量误差及注意事项

3.6.1 角度测量的误差来源

造成角度测量的误差的因素与其他测量误差一样，也有三种因素，即仪器误差、观测误差、外界条件影响引起的误差。

3.6.2 仪器误差

仪器误差是指仪器不能满足设计理论要求而产生的误差，包括由于仪器制造和加工不完善而引起的误差以及由于仪器检校不完善而引起的残余误差。

消除或减弱上述误差的具体方法如下：

（1）采用盘左、盘右观测取平均值的方法，可以消除视准轴不垂直于水平轴、水平轴不垂直于竖轴和水平度盘偏心差的影响。

（2）采用在各测回间变换度盘位置观测，取各测回平均值的方法，可以减弱由于水平度盘刻划不均匀给测角带来的影响。

（3）仪器竖轴倾斜引起的水平角测量误差，无法采用一定的观测方法来消除。因此，在经纬仪使用之前应严格检校，确保水准管轴垂直于竖轴；同时，在观测过程中，应特别注意仪器的严格整平。

3.6.3 观测误差

观测误差主要有：仪器对中误差（测站偏心）、目标偏心、整平误差、照准误差及读数误差。

1. 对中误差

在安置仪器时，由于对中不准确，使仪器中心与测站点不在同一铅垂线上，称为对中误差。如图 3－21 所示，A、B 为两目标点，O 为测站点，O'为仪器中心，OO'的长度称为测站偏心距，用 e 表示，其方向与 $O'A$ 之间的夹角 θ 称为偏心角。β 为正确角值，β'为观测角值，由对中误差引起的角度误差 $\Delta\beta$ 为

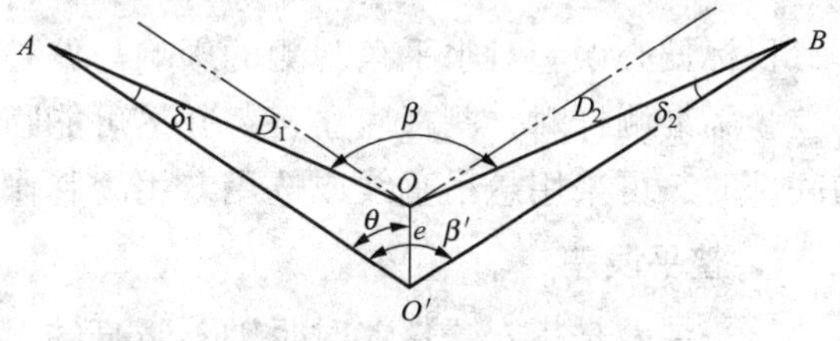

图 3－21　仪器对中误差

$$\Delta\beta = \beta - \beta' = \delta_1 + \delta_2$$

因 δ_1 和 δ_2 很小，故

$$\delta_1 \approx \frac{e\sin\theta}{D_1}\rho$$

$$\delta_2 \approx \frac{e\sin(\beta' - \theta)}{D_2}\rho$$

$$\Delta\beta = \delta_1 + \delta_2 = e\rho\left[\frac{\sin\theta}{D_1} + \frac{\sin(\beta' - \theta)}{D_2}\right]$$

分析上式可知，对中误差对水平角的影响有以下特点：

（1）$\Delta\beta$ 与偏心距 e 成正比，e 越大，$\Delta\beta$ 越大。

（2）$\Delta\beta$ 与测站点到目标的距离 D 成反比，距离越短，误差越大。

（3）$\Delta\beta$ 与水平角 β'和偏心角 θ 的大小有关，当 $\beta' = 180°$，$\theta = 90°$时，$\Delta\beta$ 最大，为

$$\Delta\beta = e\rho\left(\frac{1}{D_1} + \frac{1}{D_2}\right)$$

例如，当 $\beta' = 180°$，$\theta = 90°$，$e = 0.002\text{m}$，$D_1 = D_2 = 100\text{m}$ 时

$$\Delta\beta = 0.002\text{m} \times 206\ 265'' \left(\frac{1}{100\text{m}} + \frac{1}{100\text{m}}\right) = 8.2''$$

对中误差引起的角度误差不能通过观测方法消除，所以观测水平角时应仔细对中，当边

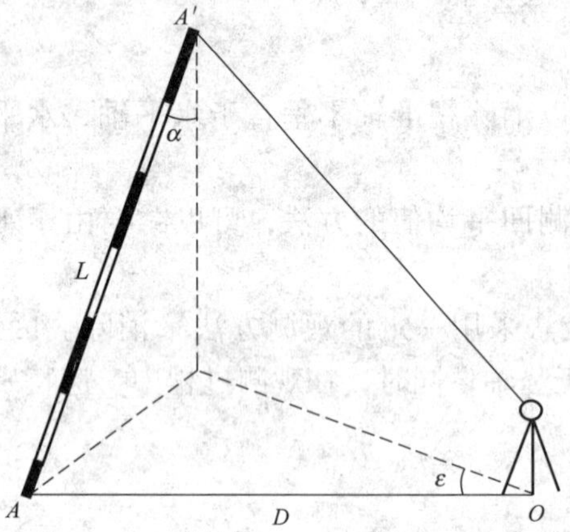

长较短或两目标与仪器接近在一条直线上时，要特别注意仪器的对中，避免引起较大的误差。一般规定对中误差不超过3mm。

图3－22 目标偏心误差

2. 目标偏心误差

水平角观测时，常用测钎、测杆或觇牌等立于目标点上作为观测标志，当观测标志倾斜或没有立在目标点的中心时，将产生目标偏心误差。如图3－22所示，O为测站，A为地面目标点，AA'为测杆，测杆长度为L，倾斜角度为α，则目标偏心距e为

$$e = L\sin\alpha \tag{3-12}$$

目标偏心对观测方向影响为

$$\delta = \frac{e}{D}\rho = \frac{L\sin\alpha}{D}\rho \tag{3-13}$$

目标偏心误差对水平角观测的影响与偏心距e成正比，与距离成反比。为了减小目标偏心差，瞄准测杆时，测杆应立直，并尽可能瞄准测杆的底部。当目标较近，又不能瞄准目标的底部时，可采用悬吊垂线或选用专用觇牌作为目标。

3. 整平误差

整平误差是指安置仪器时竖轴不竖直的误差。倾角越大，影响也越大。一般规定在观测过程中，水准管偏离零点不得超过一格。

4. 照准误差

照准误差主要与人眼的分辨能力和望远镜的放大倍率有关，人眼分辨两点的最小视角一般为60″。设经纬仪望远镜的放大倍率为V，则用该仪器观测时，其照准误差为

$$m_v = \pm\frac{60''}{V} \tag{3-14}$$

一般DJ_6型光学经纬仪望远镜的放大倍率V为25～30倍，因此照准误差m_v一般为2.0″～2.4″。

另外，照准误差与目标的大小、形状、颜色和大气的透明度等也有关。因此，在观测中我们应尽量消除视差，选择适宜的照准标志，熟练操作仪器，掌握照准方法，并仔细照准以减小误差。

5. 读数误差

读数误差主要取决于仪器的读数设备，同时也与照明情况和观测者的经验有关。对于DJ_6型光学经纬仪，用分微尺测微器读数，一般估读误差不超过分微尺最小分划的1/10，即不超过±6″；对于DJ_2型光学经纬仪一般不超过±1″。如果反光镜进光情况不佳，读数显微镜调焦没有调到位，或者观测者操作不熟练，则估读的误差可能会超限。因此，读数时必须仔细调节读数显微镜，使度盘与测微尺影像清晰，也要仔细调整反光镜，使影像亮度适中，然后再仔细读数。使用测微轮时，一定要使度盘分划线位于双指标线正中央。

3.6.4 外界条件的影响

外界条件的影响很多，如大风、松软的土质会影响仪器的稳定，地面的辐射热会引起物像的跳动，观测时大气透明度和光线的不足会影响瞄准精度，温度变化影响仪器的正常状态等，这些因素都直接影响测角的精度。因此，要选择有利的观测时间和避开不利的观测条件，使这些外界条件的影响降低到较小的程度。

第 4 章 距离测量与直线定向

4.1 钢尺量距

4.1.1 钢尺量距的基本工具

同角度测量一样，测量地面上两点之间的距离也是最基本的测量工作之一。根据测量距离的精度要求和采用的方法、工具的不同，可分为直接量距和间接量距。

直接量距常用工具有钢尺和皮尺等。

钢尺又称为钢卷尺，如图 4 -1 所示。还有一种稍薄一些的钢卷尺，称为轻便钢卷尺，其长度有 10m、20m、50m 等，通常收卷在一皮盒或铁皮盒内，如图 4 -2 所示。

图 4 -1 钢卷尺

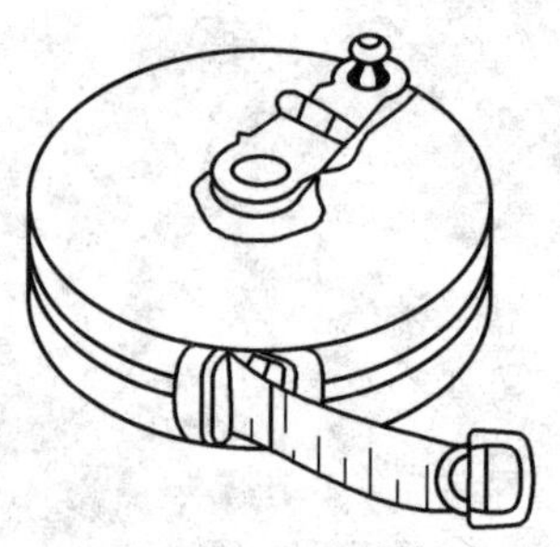

图 4 -2 轻便钢卷尺

钢卷尺因长度起算的零点位置不同，有端点尺和刻线尺两种。端点尺的起算零点位置是以尺端的扣环起算，如图 4 -3（a）所示。刻线尺是以刻在尺端附近的零分化线起算的，如图 4 -3（b）所示。端点尺使用比较方便，但量距精度较刻线尺低一些。

其他量距工具主要还有测钎和花杆等。

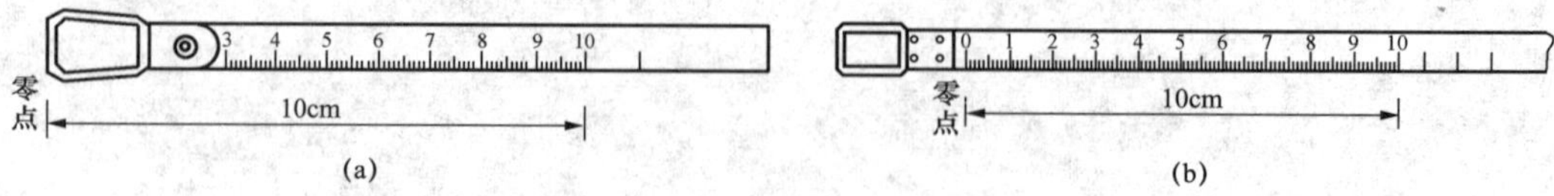

图 4 -3 端点尺和刻线尺

（a）端点尺；（b）刻线尺

4.1.2 钢尺量距的一般方法

1. 直线定线

用木桩在地面上标定欲丈量直线走向的工作称为直线定线。定线工作一般用目估或用仪器进行。用钢尺量距的一般方法中，量距的精度要求较低，故只用目估法进行直线定向。

设两点为 A 和 B，且能互相通视，分别在 A、B 点上竖立标杆，由一测量员站在 A 点标杆后 1 ~ 2m 处，观测另一测量员持标杆在大致 AB 方向附近移动，当与 A、B 两点的标杆重合时，即在同一直线上。通常，定线时，点与点之间的距离宜稍短于一整尺子长，地面起伏较大时则宜更短。在平坦地区，这项工作常与丈量同时进行，即边丈量边定线。

2. 平坦地面量距

目估定线后即可进行丈量工作。丈量工作一般需要三人，分别担任前司尺员、后司尺员和记录员。

丈量时后司尺员持钢尺零点端，前司尺员持钢尺末端，通常在土质地面上用测钎标示尺端端点位置。丈量时尽量用整尺段，一般仅末段用零尺段测量，如图 4 – 4 所示。整尺段数用 n 表示，余长用 q 表示，则地面两点间的水平距离为

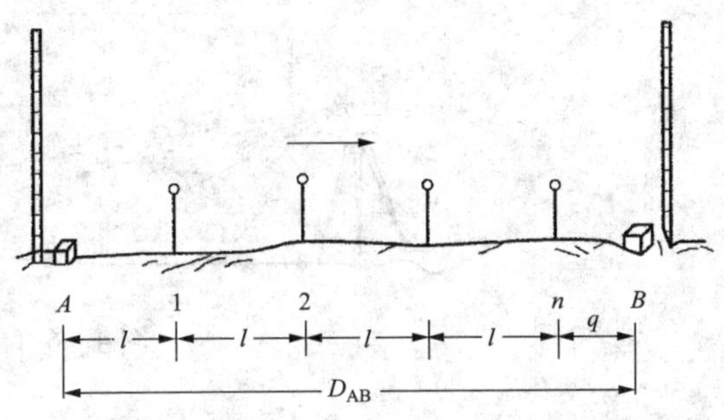

图 4 – 4　平坦地面量距

$$D = nl + q \tag{4-1}$$

为了防止错误和提高丈量结果的精度，需进行往返测量。一般用相对误差来表示成果的精度。计算相对误差时，往返测量数取绝对值，分母取往返测量的平均值，并化为分子为 1 的分数形式。

【例 4 – 1】 AB 往测长为 400.08m，返测长为 399.98m，则相对误差为

$$K = \frac{|D_{往} - D_{返}|}{D} = \frac{0.10}{400.03} = \frac{1}{4000.3}$$

一般要求 K 在 1/3000 ~ 1/1000 之间，当量距相对误差没有超过规范要求时，取往返丈量结果的平均值作为两点间的水平距离。

3. 倾斜地面量距

如果丈量是在倾斜不大的地面量距，一般采取抬高尺子一端或两端，使尺子呈水平以量得直线的水平距离，如图 4 – 5 所示。

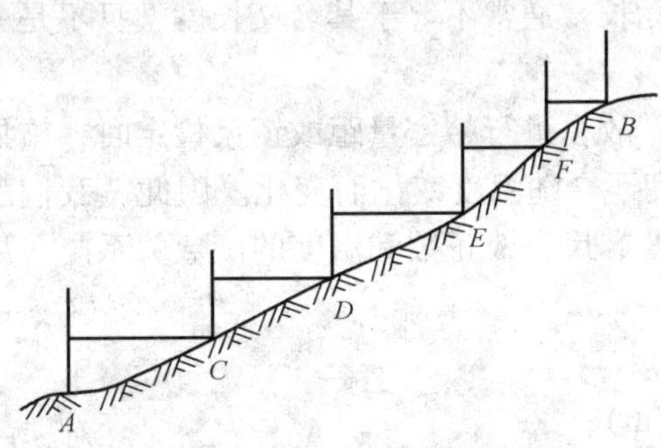

图 4 – 5　倾斜地面量距

当倾斜地面的坡度均匀，大致成一倾斜面时，可以沿斜坡丈量 AB 的斜距 L，测得 A、B 两点间的高差 h，则水平距离为

$$D = \sqrt{L^2 - h^2} \tag{4-2}$$

若测得地面的倾角 α，则

$$D = L\cos\alpha \tag{4-3}$$

4.1.3 钢尺量距精密方法

1. 直线定线

用钢尺量距精密方法中，量距的精度要求较高，故一般用仪器定线法进行直线定向。

如图4－6所示，在直线的A端整置经纬仪，照准B点标杆底部或标志中心，固定照准部，松开望远镜制动螺旋，俯仰望远镜，在AB方向的照准面内按略小于尺段长的各节点打下木桩，并按经纬仪十字丝中心指挥另一人在木桩顶面划十字，表示中心点位置。如果目标远看不清定线，或中心点低洼看不见定线可将经纬仪搬到已定线的节点上设站，并注意对中，然后按前述方法继续定线。

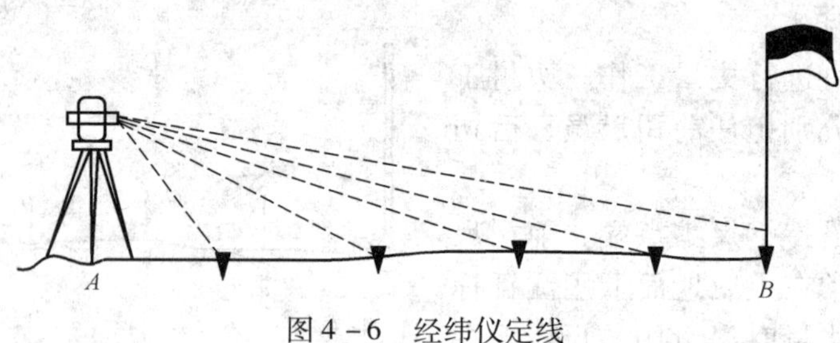

图4－6　经纬仪定线

2. 直线精密丈量

当丈量的精度要求较高时，可以采用钢尺悬空丈量，并在尺段两端同时读数的方法进行。丈量前，先用仪器定线，并在方向线上标定出略短于测尺长度的若干线段。各线段的端点用大木桩标志，桩顶面刻划一个"十"字表示端点点位。丈量时，从直线一端开始，将钢尺一端连接在弹簧秤上，钢尺零端在前，末端在后。然后将钢尺两端置于木桩上，两司尺员用检定时的拉力把钢尺拉直后，由前、后读尺员按柱顶"十"字标志进行读数，先读后端，后读前端（读到mm位）。记簿员随即将读数计入手簿。以同样的方法进行往返逐段丈量。

这种丈量方法要求每尺段应进行3次读数，以减小误差。在丈量前和丈量后，应使用仪器测定每尺段的高差，并记录丈量时的温度。

3. 钢尺尺长方程式

钢尺表面标注的长度称为名义长度。钢尺的实际长度通常不等于其名义长度，且不是一个固定值，而是随丈量时的拉力和温度的变化而异。

钢尺受到不同的拉力，其尺长会有微小的变化，故在进行精密量距或钢尺检定时，施加规定的拉力，如50m钢尺用200N拉力。钢尺的长度还会随温度变化而变化。因此，我们引入钢尺尺长方程式来表示钢尺的真实长度与名义长度、尺长改正数和温度的函数关系。

$$l_t = l + \Delta l + \alpha l(t - t_0) \tag{4-4}$$

式中　l_t——丈量时温度为t时的钢尺实际长度（m）；

l——钢尺刻划上注记的长度，即名义长度（m）；

Δl——钢尺在检定温度为t_0时的尺长改正数；

α——钢尺膨胀系数，其值约为（11.6×10^{-6} ~ 12.5×10^{-6}）/℃；

t_0——钢尺检定时的温度，又称标准温度，一般取20℃；

t——钢尺丈量时的温度。

每根钢尺都应有尺长方程式才能测得实际长度，但尺长方程式中的 Δl 会因一些客观因素影响而变化，所以钢尺每使用一定时期后必须重新检定。

4. 距离丈量成果整理

对某一段距离丈量的结果 L，须按规范要求进行尺长改正、温度改正和倾斜改正，才能得到实际的水平距离。丈量距离，通常总是分段较多，每段长不一定是整尺段，且每段的地面倾斜也不相同，所以一般要分段改正。关于三项改正的公式如下：

（1）尺长改正

$$\Delta D_l = L\frac{\Delta l}{l} \tag{4-5}$$

式中 ΔD_l——该段距离的尺长改正；

l——钢尺名义长度；

Δl——钢尺检定温度时整尺长的改正数，即尺长方程式中的尺长改正数。

（2）温度改正

$$\Delta D_t = L\alpha(t-t_0) \tag{4-6}$$

式中 ΔD_t——该段距离的温度改正；

t_0——钢尺检定温度；

t——钢尺丈量时温度。

（3）倾斜改正

$$\Delta D_h = D - L = -\frac{h^2}{2L} \tag{4-7}$$

式中 h——A、B 两点间的高差，如图4-7所示。

经以上三项改正后就可求得水平距离

$$D = L + \Delta D_l + \Delta D_t + \Delta D_h \tag{4-8}$$

将改正后的各段水平距离相加，即得丈量距离的全长。若往返距离差数的相对误差在限差内，则取往返测距离平均值作为最后成果。

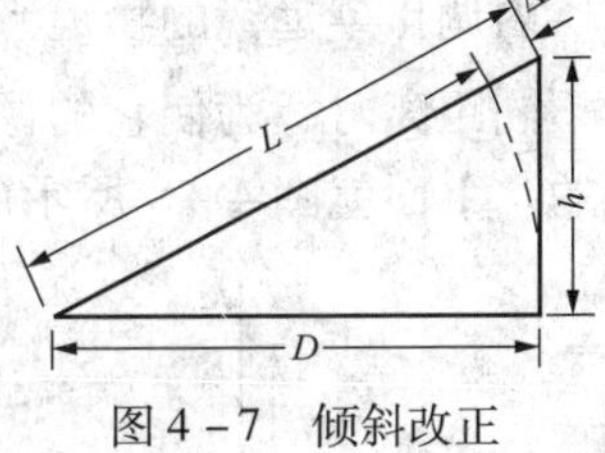

图4-7 倾斜改正

【例4-2】 某测量员使用一钢尺丈量了 AB 两点间的直线距离，丈量出 AB 之间距离为48.868m。已知该钢尺的名义长度为50.000m，钢尺检定温度为20℃，此时整尺长的改正数0.002m，丈量时温度为30℃，钢尺温度改正常数 $\alpha = 0.000\,011$，求 AB 两点间的实际距离。

解：

（1）尺长改正

$$\Delta D_l = L\frac{\Delta l}{l} = 48.868 \times \frac{0.002}{50.000} = 0.001\,95\text{m}$$

（2）温度改正

$$\Delta D_t = L\alpha(t-t_0) = 48.868 \times 0.000\,011 \times (30-20) = 0.005\,38\text{m}$$

AB两点的实际距离为

$$D = L + \Delta D_l + \Delta D_t = 48.868 + 0.001\,95 + 0.005\,38 = 48.875\text{m}$$

5. 钢尺量距注意事项

伸展钢卷尺时，要小心慢拉，钢尺不可卷扭、打结。若发现扭曲、打结情况，应细心解开，不能用力抖动，否则容易折断。

丈量前，应辨认清钢尺的零端和末端。丈量时，钢尺应逐渐用力拉平、拉直、拉紧，不能突然猛拉。丈量过程中，钢尺拉力应尽量保持恒定。

转移尺段时，前、后拉尺员应将钢尺提高，不应在地面上拖拉摩擦。钢尺伸展开后，不能让行人、车辆等从钢尺上通过，否则极易损坏钢尺。

测钎应对准钢尺的分划并插直。单程丈量完毕，前、后拉尺员应检查手中测钎数目，避免加错或算错整尺段数。一测回丈量完毕，应立即检查限差是否合乎要求。不合乎要求时，应重测。

丈量工作结束后，要用干净布将钢尺擦干净，然后上油防止生锈。

4.2 视距测量

在地面高低起伏较大，直接量距遇到困难时，可采用经纬仪视距法测距。这是一种同时测定两地间的水平距离和高差的间接测量方法，其精度虽不如直接量距，但因操作方便，速度较快，又不受地形起伏的限制，故广泛使用。视距法测距所用的仪器和工具为经纬仪和视距尺。视距尺是一种漆有黑白相间的、带有厘米分划值的尺子，每分米注有数字。

4.2.1 视距测量原理

1. 视准轴水平时的视距公式

内调焦望远镜的物镜系统是由物镜 L_1 和调焦透镜 L_2 两部分组成（图 4－8），当标尺 R 在不同距离时，为使它的像落在十字丝平面上，必须移动 L_2。因此，物镜系统的焦距是变化的。下面就图 4－8 所示的情况讨论内调焦望远镜的视距公式。

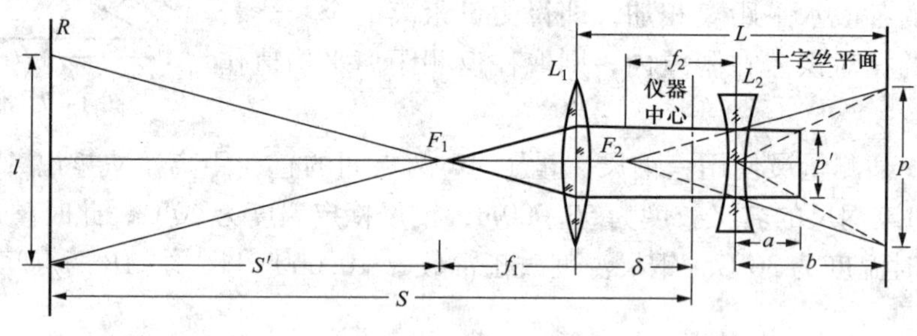

图 4－8 视距测量原理

设望远镜的视准轴水平，并瞄准一竖立的视距尺 R，由上、下视距丝在尺面的两个读数之差，即得到视距间隔 l。标尺至仪器中心的距离 S 为

$$S = Kl + c \tag{4-9}$$

通常设计望远镜时，适当选择有关参数后，可使 $K = 100$，于是式（4－8）为

$$S = Kl = 100l \tag{4-10}$$

2. 视准轴倾斜时的视距公式

如图4－9所示，B点高出A点较多，不可能用水平视线进行视距测量，必须把望远镜视准轴放在倾斜位置。因此在推导水平距离的公式时，必须导入两项改正：一是对于视距尺不垂直于视准轴的改正；二是视线倾斜的改正。

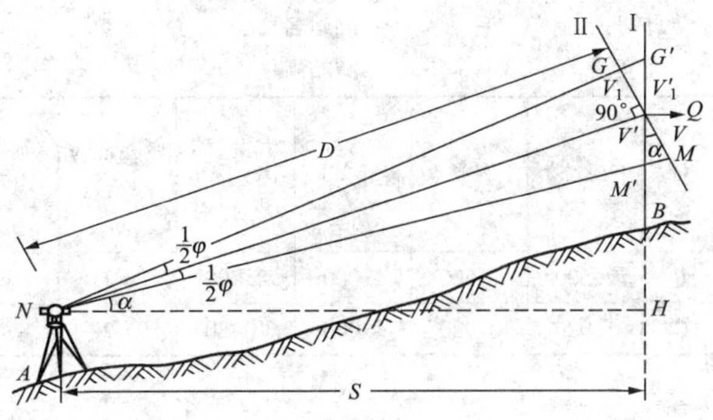

图4－9 视准轴倾斜

测定倾斜地面线AB的水平投影S时，在A点安置仪器，在B点竖立视距尺，望远镜内上、下视距丝和中丝分别截在尺上M'、G'和Q点。若视距尺安放得与视准轴垂直，则视距丝将分别截在尺上的M和G两点。因为

$$\angle MQM' = \angle GQG' = \alpha \qquad (4-11)$$

则

$$\angle QMM' = 90° - \frac{1}{2}\varphi$$

$$\angle QGG' = 90° + \frac{1}{2}\varphi$$

由于$\frac{\varphi}{2}$很小，故可以把$\angle QMM'$和$\angle QGG'$当作直角。由图4－9可知

$$V + V_1 = V'\cos\alpha + V'_1\cos\alpha \qquad (4-12)$$

式中$V' + V'_1$是两视距丝所截竖直视距尺的间隔l，而$V + V_1$是假设视距尺与视准轴垂直时两视距丝在尺上的间隔l_0，因此上式可写为

$$l_0 = l\cos\alpha \qquad (4-13)$$

应用式（4－10），得出倾斜直线NQ的长度为

$$D = Kl_0 = Kl\cos\alpha \qquad (4-14)$$

将倾斜距离折算成水平距离S需乘以$\cos\alpha$，则

$$S = Kl\cos^2\alpha \qquad (4-15)$$

4.2.2 视距测量作业方法

视距测量作业流程如下：

（1）将经纬仪安置在测站A上，对中、整平。

（2）量仪器高i。

（3）将视距尺竖立于待测点上，用望远镜瞄准视距尺，分别读出上、下视距丝和中丝读数。然后，再读竖盘读数。并将所有读得的数据记入视距测量手簿中（见表4－1）。

（4）根据上、下视距丝读数，算出尺间隔t；把竖盘读数换算为竖角δ，再计算出测点至测站的水平距离和高程。

视距测量记录格式见表4－1。

表 4-1　　视距测量记录

日期：　　测站名称：　　仪　器：　　观测者：

天气：　　测站高程：　　仪器高：　　记录者：

测点	下丝读数	上丝读数	视距间隔	中丝读数	竖盘读数 (°　′)	竖角 (°　′)	初算高差 /m	改正数 /m	高差 /m	观测点高程 /m	水平距离 /m
B	2.500	1.500	1.000	2.000	83 11	+6 49	+11.78	-0.58	+11.20	57.74	98.6
C	1.920	0.920	1.000	1.420	94 27	-4 27	-7.74	0.00	-7.74	38.80	99.4

4.3 光电测距仪及其使用

钢尺量距是一项十分繁重的工作，在山区及沼泽地区使用钢尺量距更为困难。视距测量精度低，一般只能满足地形测图时测量碎部点的需要。20 世纪 60 年代初，随着激光技术的出现及电子技术的发展，各国家相继研制出各类型光电测距仪，有激光测距仪、微波测距仪、红外测距仪，其中尤以红外测距仪发展更为迅速。近几年测距仪与电子经纬仪结合，组成全站仪，它可以同时进行角度和距离的测量，并能显示平距、高差和坐标增量。配合电子记录手簿，可以自动记录、存储、输出观测数据，使测量工作大为简化，所以在小面积控制测量、地形测量及各种工程测量中得到广泛应用，从而使距离测量发生了革命性的变化。

4.3.1 光电测距原理

电磁波测距的基本原理是通过测定电磁波在待测距离两端点间往返一次的传播时间 t，利用电磁波在大气中的传播速度 c 来计算两点间的距离。

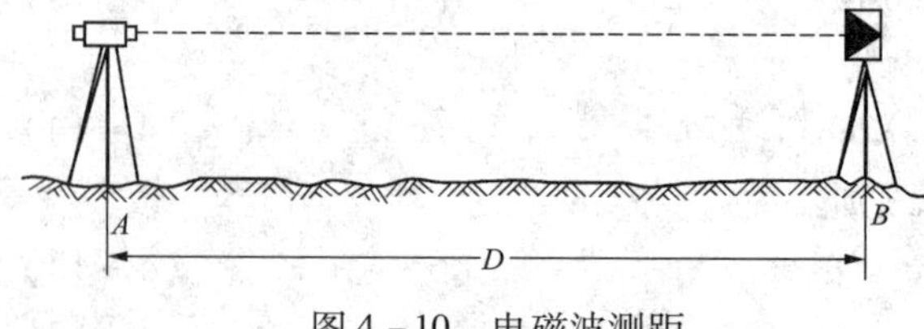

图 4-10　电磁波测距

若测定 A、B 两点间的距离 D，如图 4-10 所示。把测距仪安置在 A 点，反射镜安置在 B 点，则其距离 D 可按下式计算

$$D=\frac{1}{2}ct \tag{4-16}$$

以电磁波为载波传输测距信号的测距仪器统称为电磁波测距仪，按其所采用的载波可分为

（1）微波测距仪：采用微波段的无线电波作为载波。

（2）光电测距仪：采用光波作为载波，主要分为激光测距仪和红外测距仪两类。

微波测距仪和激光测距仪多用于远程测距，测程可达数十千米，一般用于大地测量领域。红外测距仪用于中、短程测距，一般用于小面积控制测量、地形测量和各种工程测量。

4.3.2 红外测距仪的使用

在待测边一端整置测距仪（对中、整平），另一端设置棱镜（对中、整平），可测得单测斜距，在测距作业过程中应注意以下事项：

（1）测距前应先检查电池电压是否符合要求。在气温较低的条件下作业时，应有一定的预热时间。

(2) 测距时应使用相配套的反射棱镜。未经检验，不得与其他型号的设备互换棱镜。

(3) 反射棱镜背面应避免有散射光的干扰，镜面要保持清洁。

(4) 测距应在成像清晰、稳定的情况下进行。

(5) 当观测数据出现错误（如分群现象等）时，应分析原因，待仪器或环境稳定后重新进行观测。

(6) 距离测量人工记录时，每测回开始要读、记完整的数字，以后可读、记小数点后的数。厘米位以下数字不得划改。米和分米位部分的读记错误，在同一距离的往返测量中，不得多次更改。

4.3.3 测距成果整理

通过使用光电测距仪进行外业作业后，需对测距成果进行整理计算，得出所求的成果资料。下面主要对这些改正参数进行讨论。

1. 加常数改正

由于测距仪的距离起算中心与仪器的安置中心不一致，以及反射镜等效反射面与反射镜安置中心不一致，使仪器测得距离 D' 与所要测定的实际距离 D 不相等，其差数与所测的距离长短无关，称为测距仪的加常数。

$$a = D - D' \tag{4-17}$$

实际上，测距仪的加常数包含仪器加常数和反射镜加常数，当测距仪和反射镜构成固定的一套设备后，其加常数可以测出。

由于加常数为一固定值，可预置在仪器中，使之测距时自动加以改正。但是仪器在使用一段时间后，此加常数会有所变化，故仪器使用一段时间后，需要进行加常数检定。

2. 乘常数改正

测距仪在使用过程中，实际的调制光频率与设计的标准频率之间有偏差时，将会影响测距成果的精度，其影响与距离的长度成正比。所谓乘常数，就是当频率偏离其标准值而引起的一个计算改正数的乘系数，也称为比例因子。

设 f 为标准频率，f' 为实际工作频率，则乘常数为

$$b = \frac{f' - f}{f'} \tag{4-18}$$

乘常数改正值为

$$\Delta D_{\mathrm{R}} = -bD' \tag{4-19}$$

式中 D'——实测距离值，(km)；

b——单位为 mm/km。

3. 气象改正

气象改正为

$$\Delta S_1 = D'(n_0 - n_i) \times 10^6 \tag{4-20}$$

式中 ΔS_1——气象改正值，(mm)；

n_0——仪器气象参考点的群折射率；

n_i——测量时气象条件下实际的群折射率。

4. 折光改正值的计算

$$\Delta S_2 = -(k-k^2)\frac{S^3}{12r^2} \tag{4-21}$$

式中 ΔS_2——折光改正值，(m)；

k——常量。

注：10km 以上的距离作此项改正。

4.4 直线定向

4.4.1 标准方向

在测量工作中，经常需要确定两点间平面位置相对关系。除了需要测定两点间的距离之外，还需要确定两点连线的方向。一条直线的方向是根据某一基本方向来确定的。确定一条直线与标准方向之间的水平角，称为直线定向。

在测量工作中，常用的标准方向主要有真北方向、磁北方向和坐标北方向，如图 4－11 所示。

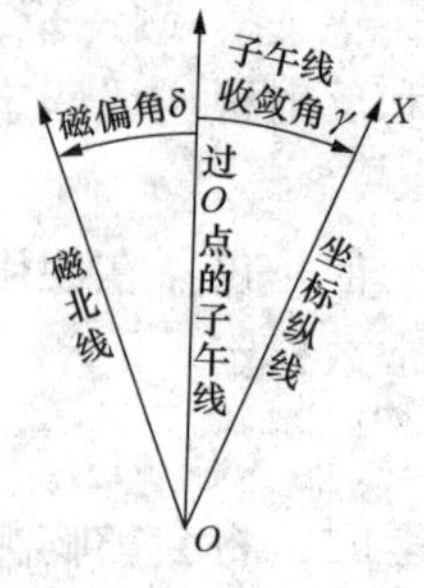

图 4－11 三北方向

1. 真北方向

真北方向为过地面某点真子午线的切线北端所指示的方向。真北方向可采用天文测量的方法测定（如观测北极星，太阳等），也可采用陀螺经纬仪测定。

2. 磁北方向

磁北方向为磁针自由静止时其北端所指的方向。可用罗盘仪测定。

3. 坐标北方向

坐标北方向为坐标纵轴（X 轴）正向所指的方向。一般常取与高斯平面直角坐标系中 X 坐标轴平行的方向为坐标北方向。

4.4.2 方位角

由直线一端的基本方向起，顺时针量至直线的水平角称为该直线的方位角，方位角的取值范围是 0°～360°。

根据选定的标准方向的不同，方位角可分为真方位角、磁方位角和坐标方位角三种。

真方位角：由真北方向起算的方位角。

磁方位角：由磁北方向起算的方位角。

坐标方位角：由坐标北方向起算的方位角。

一条直线的坐标方位角，由于起始点的不同而存在着两个值（图 4－12），α_{12} 表示点 1 到点 2 方向的坐标方位角，

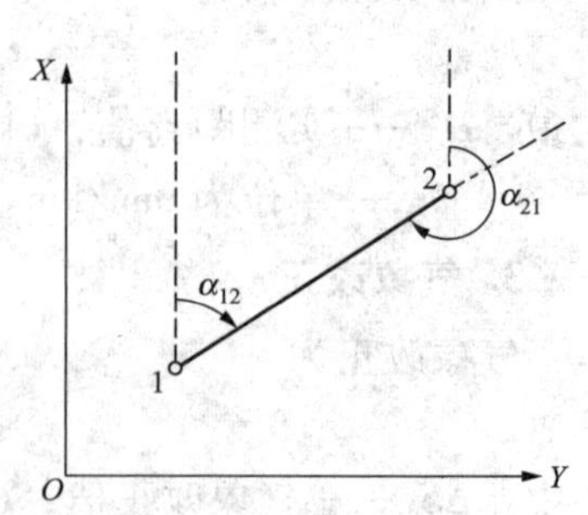

图 4－12 正、反坐标方位角

α_{21}表示点 2 到点 1 方向的坐标方位角。α_{12}和α_{21}互称为正、反坐标方位角。如果称α_{12}为正坐标方位角，则α_{21}为反坐标方位角；反之，如果称α_{21}为正坐标方位角，则α_{12}为反坐标方位角。

由于在同一高斯平面直角坐标系内各点处坐标北方向均是平行的，所以一条直线的正反坐标方位角相差 180°，即

$$\alpha_{12} = \alpha_{21} \pm 180° \tag{4-22}$$

4.4.3 方位角推算

如图 4-13 所示，已知直线 AB 的坐标方位角 α_{AB}，在 B 点观测了转折角 β，则直线 BC 的坐标方位角为

$$\alpha_{BC} = \alpha_{AB} \pm 180° \pm \beta \tag{4-23}$$

式（4-23）中，$\alpha_{AB} \pm 180°$实际上是直线 BA 的坐标方位角 α_{BA}，又称直线 AB 的反坐标方位角。图中 $\alpha_{AB} < 180°$，则 $\alpha_{BA} = \alpha_{AB} + 180°$，否则 $\alpha_{BA} = \alpha_{AB} - 180°$。图中 β 角在传递方向的左边，式（4-23）中取加上β；若β角在传递方向的右边，则式（4-23）中取减去β。计算的坐标方位角 α_{BC}若超过 360°，则应减去 360°；若 α_{BC}为负值，则应加上 360°。

4.4.4 象限角

直线定向时有时也用小于 90°的角度来表示。从 X 轴的一端顺时针或逆时针转至某直线的锐角称为象限角，用 R 表示，如图 4-14 所示。

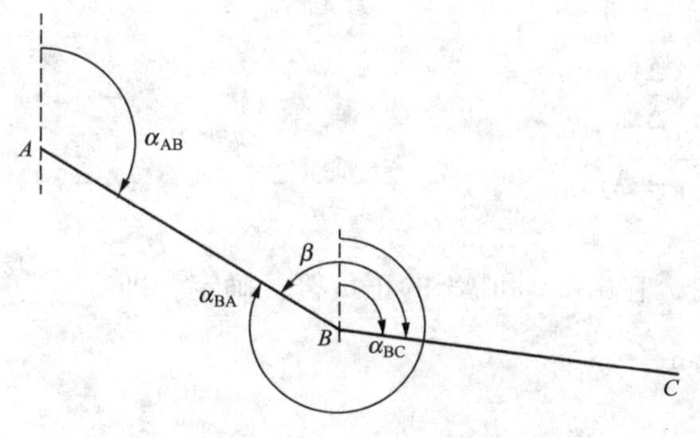

图 4-13 坐标方位角传递

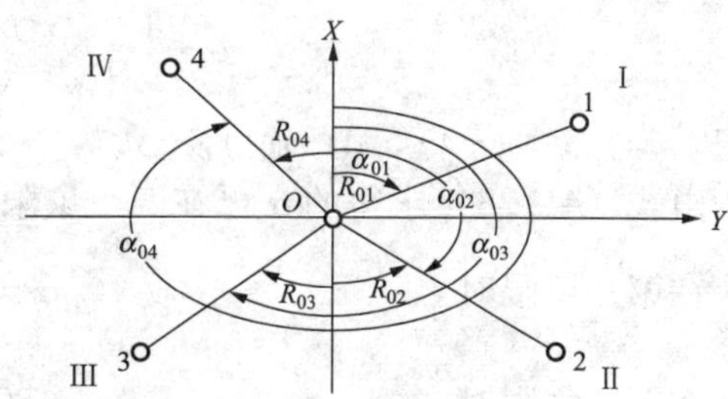

图 4-14 两点间方位角和象限角的关系

象限角与坐标方位角的换算关系见表 4-2，由于两点间连线的象限角与坐标增量之间存在下列关系：

$$\tan R_{12} = \left|\frac{\Delta y_{12}}{\Delta x_{12}}\right| \tag{4-24}$$

根据象限角的定义，象限角的定义域为 0°~90°。

表 4-2　　象限角与坐标方位角的换算关系

象限	关系	象限	关系
Ⅰ	$\alpha = R$	Ⅱ	$\alpha = 180° - R$
Ⅲ	$\alpha = 180° + R$	Ⅳ	$\alpha = 360° - R$

4.4.5　坐标正反算

如图 4-15 所示，已知一点 A 的坐标 x_A、y_A，边长 D_{AB} 和坐标方位角 α_{AB}，求 B 点的坐标 x_B、y_B，称为坐标正算问题。由图可知

$$\left.\begin{aligned} x_B &= x_A + \Delta x_{AB} \\ y_B &= y_A + \Delta y_{AB} \end{aligned}\right\} \tag{4-25}$$

式中　Δx——纵坐标增量；

Δy——横坐标增量，是边长在坐标轴上的投影，即

$$\left.\begin{aligned} \Delta x_{AB} &= D_{AB}\cos\alpha_{AB} \\ \Delta y_{AB} &= D_{AB}\sin\alpha_{AB} \end{aligned}\right\} \tag{4-26}$$

Δx、Δy 的正负取决于 $\cos\alpha$、$\sin\alpha$ 的符号，要根据 α 的大小、所在象限来判别，如图 4-16所示。将式（4-26）代入式（4-25）得

$$\left.\begin{aligned} x_B &= x_A + D_{AB}\cos\alpha_{AB} \\ y_B &= y_A + D_{AB}\sin\alpha_{AB} \end{aligned}\right\} \tag{4-27}$$

如图 4-15 所示，设已知两点 A、B 的坐标，求边长 D_{AB} 和坐标方位角 α_{AB}，称为坐标反算。则可得

$$\alpha_{AB} = \tan^{-1}\frac{\Delta y_{AB}}{\Delta x_{AB}} \tag{4-28}$$

$$D_{AB} = \sqrt{\Delta x_{AB}^2 + \Delta y_{AB}^2} \tag{4-29}$$

式中，$\Delta x_{AB} = x_B - x_A$，$\Delta y_{AB} = y_B - y_A$。

由式（4-28）求得的 α 可在四个象限之内，它由 Δy 和 Δx 的正负符号确定，即

在第一象限时　$\alpha = \arctan\dfrac{\Delta y}{\Delta x}$

在第二象限时　$\alpha = 180° + \arctan\dfrac{\Delta y}{\Delta x}$

在第三象限时　$\alpha = 180° + \arctan\dfrac{\Delta y}{\Delta x}$

在第四象限时　$\alpha = 360° + \arctan\dfrac{\Delta y}{\Delta x}$

实际上，由图 4-16 可知，$\alpha = \arctan\left|\dfrac{\Delta y}{\Delta x}\right| = R$（象限角），根据 R 所在的象限，将象限角换算为方位角，也可得到同样结果。

【例 4-3】 已知 $x_A = 1874.43\text{m}$，$y_A = 43\ 579.64$，$x_B = 1666.52\text{m}$，$y_B = 43\ 667.85\text{m}$，求 α_{AB}。

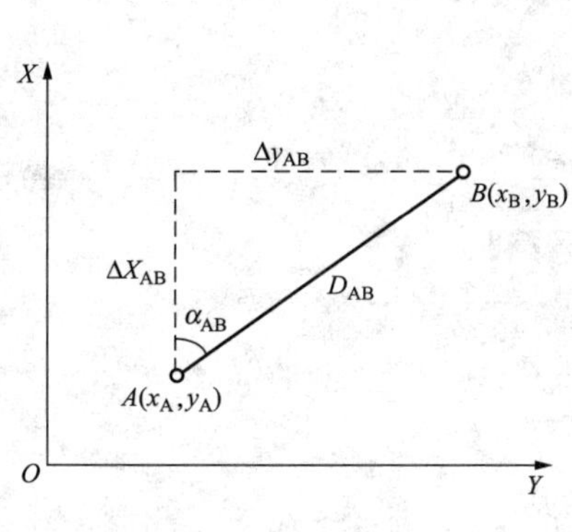

图 4－15　坐标正、反算

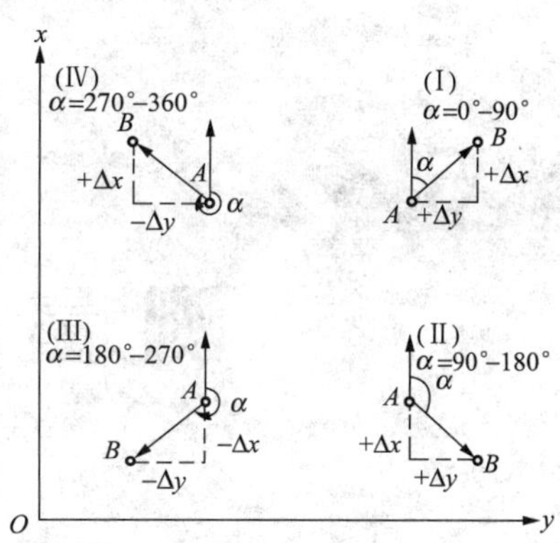

图 4－16　坐标增量的正负

解： 由已知坐标得

$$\Delta y_{AB} = 43\ 667.85 - 43\ 579.64 = 88.21\text{m}$$

$$\Delta x_{AB} = 1666.52 - 1874.43 = -207.91\text{m}$$

由上知 α_{AB} 在第二象限，则

$$\alpha_{AB} = 180° + \arctan\frac{88.21}{-207.91} = 180° - 22°59'24'' = 157°00'36''$$

第5章 测量误差理论

研究测量误差的来源、性质及其产生和传播的规律，解决测量工作实际问题而建立的概念和原理的体系，称为测量误差理论。

用仪器对某个量进行观测，就会产生误差。例如：在测回法测角，$\beta_{上} \neq \beta_{下}$；三角形内角和不等于180°；距离丈量时，$D_{往} \neq D_{返}$；水准测量时，闭合路线 $\sum h \neq 0$。表现为：在同等条件下对某个量进行多次重复观测，所得观测值 l_1，l_2，…，l_n 一般互不相等。

5.1 测量误差来源与分类

5.1.1 测量误差产生的原因

误差的来源主要有三个方面：

1. 测量仪器和工具

由于仪器和工具加工制造不完善或校正之后残余误差存在所引起的误差。如：经纬仪的视准轴误差 $2c$、竖盘指标差 x；水准仪的视准轴不严格平行于水准管轴的 i 角误差；钢尺的尺长误差 Δ_l 等。

2. 观测者

由于观测者感觉器官鉴别能力的局限性所引起的误差。如：照准误差、估读误差、对中整平误差、插测钎误差等。

3. 外界条件的影响

外界条件的变化所引起的误差。如：风力、温度、气压、松软的土地、大气折光和地球曲率等。

人、仪器和外界条件是引起测量误差的主要因素，通常称为观测条件。

观测条件相同的各次观测，称为等精度观测；观测条件不相同的各次观测，称为非等精度观测。

在观测结果中，有时还会出现错误，称之为粗差。粗差在观测结果中是不允许出现的，为了杜绝粗差，除认真仔细作业外，还必须采取必要的检核措施。

5.1.2 测量误差的分类

误差按其特性可分为系统误差和偶然误差两大类。

1. 系统误差

在相同观测条件下，对某量进行一系列的观测，如果误差出现的符号和大小均相同，或按一定的规律变化，这种误差称为系统误差。

例如：用没有检定过、名义长度为30m、实际长度为30.005m的钢尺量距，每丈量一整尺段距离就量短了0.005m，产生-0.005m的量距误差。各整尺段的量距误差大小都是-0.005m，符号都是负，不能抵消。

由此可见系统误差在测量成果中具有累积性、单向性，对测量成果影响较大，但它具有一定的规律性，找到规律就可在观测过程采取某种消除措施或对观测值施加改正数以消除或削弱系统误差的影响。如：进行计算改正，选择适当的观测方法等。

2. 偶然误差

在相同的观测条件下，对某量进行一系列的观测，如果观测误差的符号和大小都不一致，表面上没有任何规律性，这种误差称为偶然误差。

在观测中，系统误差和偶然误差往往是同时产生的。当系统误差设法消除或减弱后，决定观测精度的关键是偶然误差。所以本章讨论的测量误差，仅指偶然误差。

5.1.3 偶然误差的特性

偶然误差从表面上看没有任何规律性，但是随着对同一量观测次数的增加，大量的偶然误差就表现出一定的统计规律性。

例如，对一个三角形的三个内角进行测量，三角形各内角之和 l 不等于其真值180°。用 X 表示真值，则 l 与 X 的差值 Δ 称为真误差（即偶然误差），即

$$\Delta = l - X \tag{5-1}$$

现在相同的观测条件下观测了358个三角形，按式（5-1）计算出358个内角和观测值的真误差。再按绝对值大小，分区间统计相应的误差个数，列入表5-1中。

表5-1 偶然误差的统计

误差区间	正误差		负误差		合计	
$d\Delta$/（″）	个数 V	频率 V/n	个数 V	频率 V/n	个数 V	频率 V/n
0.0~0.2	45	0.126	46	0.128	91	0.254
0.2~0.4	40	0.112	41	0.115	81	0.226
0.4~0.6	33	0.092	33	0.092	66	0.184
0.6~0.8	23	0.064	21	0.059	44	0.123
0.8~1.0	17	0.047	16	0.045	33	0.092
1.0~1.2	13	0.036	13	0.036	26	0.073
1.2~1.4	6	0.017	5	0.014	11	0.031
1.4~1.6	4	0.011	2	0.006	6	0.017
1.6以上	0	0	0	0	0	0
合计	181	0.505	177	0.495	358	1.000

从表 5-1 可以看出：

（1）绝对值较小的误差比绝对值较大的误差个数多。

（2）绝对值相等的正负误差的个数大致相等。

（3）最大误差不超过 27″。

通过长期对大量测量数据分析和统计计算，人们总结出了偶然误差的四个特性：

（1）有界性：在一定观测条件下，偶然误差的绝对值有一定的限值，或者说，超出该限值的误差出现的概率为零。

（2）单峰性：绝对值较小的误差比绝对值较大的误差出现的概率大。

（3）对称性：绝对值相等的正、负误差出现的概率相同。

（4）抵偿性：同一量的等精度观测，其偶然误差的算术平均值，随着观测次数 n 的无限增大而趋于零，即

$$\lim_{n \to \infty} \frac{[\Delta]}{n} = 0 \tag{5-2}$$

式中 $[\Delta]$ ——偶然误差的代数和，$[\Delta] = \Delta_1 + \Delta_2 + \cdots + \Delta_n$。

上述第四个特性是由第三个特性导出的，具有实际意义。

5.2 衡量精度的指标

在测量工作中，常采用以下几种标准评定测量成果的精度。

5.2.1 中误差

设在相同的观测条件下，对某量进行 n 次重复观测，其观测值为 l_1，l_2，…，l_n，相应的真误差为 Δ_1，Δ_2，…，Δ_n。则观测值的中误差 m 为

$$m = \pm\sqrt{\frac{[\Delta\Delta]}{n}} \tag{5-3}$$

式中 $[\Delta\Delta]$ ——真误差的平方和，$[\Delta\Delta] = \Delta_1^2 + \Delta_2^2 + \cdots, + \Delta_n^2$。

中误差 m 的几何意义：代表了误差分布曲线拐点的横坐标值。可见：m 较小的分布曲线误差分布较为集中，反之，m 较大的分布曲线误差分布较为离散。

所谓的集中和离散是指：向着误差为零的真值点集中或离散，因此，中误差 m 表示了误差分布的离散程度。

【例 5-1】 设有 1、2 两组观测值，各组均为等精度观测，它们的真误差分别为：

甲组：+3″，-2″，-4″，+2″，0″，-4″，+3″，+2″，-3″，-1″；

乙组：0″，-1″，-7″，+2″，+1″，+1″，-8″，0″，+3″，-1″；

试计算 1、2 两组各自的观测精度。

解：根据式（5-3）计算 1、2 两组观测值的中误差为

$$m_1 = \pm\sqrt{\frac{(+3'')^2 + (-2'')^2 + (-4'')^2 + (+2'')^2 + (0'')^2 + (-4'')^2 + (+3'')^2 + (+2'')^2 + (-3'')^2 + (-1'')^2}{10}} = \pm 2.7''$$

$$m_2 = \pm\sqrt{\frac{(0'')^2+(-1'')^2+(-7'')^2+(+2'')^2+(+1'')^2+(+1'')^2+(-8'')^2+(0'')^2+(+3'')^2+(-1'')^2}{10}} = \pm 3.6''$$

比较 m_1 和 m_2 可知，1 组观测值的误差分布比较集中，说明 1 组的观测精度比 2 组高。中误差所代表的是某一组观测值的精度，而不是这组观测中某一次的观测精度。

5.2.2 极限误差

在一定观测条件下，偶然误差的绝对值不应超过的限值，称为极限误差，也称限差或容许误差。

概率论的研究结果表明：

$$P(-\sigma < \Delta < +\sigma) = 68.3\% \quad P(-2\sigma < \Delta < +2\sigma) = 95.5\%$$

$$P(-3\sigma < \Delta < +3\sigma) = 99.7\%$$

故通常将 2 倍或 3 倍中误差作为偶然误差的容许值，即

$$\Delta_{容} = 2m \text{ 或 } \Delta_{容} = 3m$$

如果某个观测值的偶然误差超过了容许误差，就可以认为该观测值含有粗差，应舍去不用或返工重测。

5.2.3 相对中误差

中误差是绝对误差。在距离丈量中，中误差不能准确地反映出观测值的精度。例如丈量两段距离，$D_1 = 100\text{m}$、$m_1 = \pm 1\text{cm}$ 和 $D_2 = 30\text{m}$、$m_2 = \pm 1\text{cm}$，虽然两者中误差相等，$m_1 = m_2$，显然，不能认为这两段距离丈量精度是相同的，这时应采用相对中误差 K 来作为衡量精度的标准。

相对中误差是中误差的绝对值与相应观测结果之比，并化为分子为 1 的分数，即

$$K = \frac{|m|}{D} = \frac{1}{\dfrac{D}{|m|}}$$

在上面所举的例子中

$$K_1 = \frac{|m_1|}{D_1} = \frac{0.01\text{m}}{100\text{m}} = \frac{1}{10\,000}$$

$$K_2 = \frac{|m_2|}{D_2} = \frac{0.01\text{m}}{30\text{m}} = \frac{1}{3000}$$

显然前者的精度比后者高。

5.3 误差传播定律

在测量工作中，有些未知量往往不能直接测得，而需要由其他的直接观测值按一定的函数关系计算出来。例如：水准仪一个测站的高差 $h = a - b$。由于独立观测值存在误差，导致其函数也必然存在误差，这种关系称为误差传播。阐述观测值中误差与观测值函数中误差之间关系的定律称为误差传播律。

5.3.1 倍数函数的中误差

设有函数式 $z=kx$（x 为观测值，k 为 x 的系数）

全微分得
$$dz=kdx$$

得中误差式
$$m_z=\pm\sqrt{k^2m_x^2}=\pm km_x \qquad (5-4)$$

【例 5-2】 量得 1:1000 地形图上两点间长度 $l=168.5\text{mm}\pm0.2\text{mm}$，计算该两点实地距离 S 及其中误差 m_s。

解：列函数式 $S=1000\times l$

求全微分 $dS=1000\times dL$

中误差式

$$m_S=1000\times m_l=1000\times0.2=\pm200\text{mm}=\pm0.2\text{m}$$

所以
$$S=168.5\text{m}\pm0.2\text{m}$$

5.3.2 和或差函数的中误差

函数式：$z=k_1x+k_2y$

全微分：$dz=dx_1\pm dx_2\pm\cdots\pm dx_n$

中误差式：
$$m_z=\pm\sqrt{m_1^2+m_2^2+\cdots+m_n^2} \qquad (5-5)$$

【例 5-3】 测定 A、B 间的高差 h_{AB}，共连续测了 9 站。设测量每站高差的中误差 $m=\pm2\text{mm}$，求总高差 h_{AB} 的中误差 m_h。

解：$h_{AB}=h_1+h_2+\cdots+h_9$

$$m_h=\pm m\sqrt{n}=\pm2\sqrt{9}=\pm6\text{mm}$$

5.3.3 线性函数的中误差

z 是一组观测值 x_1，x_2，…，x_n 的线性函数，有

$$z=k_1x_1+k_2x_2+\cdots+k_nx_n$$

式中 k_1，k_2——常数；

x_1，x_2，…，x_n——独立直接观测值。

则 z 的中误差为
$$m_z=\pm\sqrt{k_1^2m_1^2+k_2^2m_2^2+\cdots+k_n^2m_n^2} \qquad (5-6)$$

【例 5-4】 有一函数 $z=2x_1+x_2+3x_3$，其中 x_1，x_2，x_3 的中误差分别为 $\pm3\text{mm}$，$\pm2\text{mm}$，$\pm1\text{mm}$，试计算 z 的中误差。

解：应用线性函数中误差公式，可得

$$\begin{aligned}m_z^2&=2^2m_{x_1}^2+m_{x_2}^2+3^2m_{x_3}^2\\&=2^2\times3^2+2^2+3^2\times1^2\\&=49\text{mm}^2\end{aligned}$$

所以
$$m_z=\pm7\text{mm}$$

5.3.4 非线性函数的中误差

设非线性函数为
$$z = f(x_1, x_2, \cdots, x_n) \tag{5-7}$$
式中 x_1，x_2，…，x_n——独立直接观测值；

z——未知量。

式（5-7）用泰勒级数展开成线性函数的形式，再对线性函数取全微分，得
$$dx = \frac{\partial f}{\partial x_1}dx_1 + \frac{\partial f}{\partial x_2}dx_2 + \cdots + \frac{\partial f}{\partial x_n}dx_n \tag{5-8}$$

由于真误差均很小，用其近似地代替式（5-8）中的 dz，dx_1，dx_2，…，dx_n，可得真误差关系式
$$\Delta z = \frac{\partial f}{\partial x_1}\Delta x_1 + \frac{\partial f}{\partial x_2}\Delta x_2 + \cdots + \frac{\partial f}{\partial x_n}\Delta x_n \tag{5-9}$$

式中，$\frac{\partial f}{\partial x_i}$是函数对各独立观测值 x_i 的偏导数，由于各独立观测值 x_i 的值可知，代入函数中，可计算出它们的数值，并视为常数。因此，式（5-9）可认为是线性函数的真误差关系式。由式（5-6）可得函数 z 的中误差为
$$m_z = \pm\sqrt{\left(\frac{\partial f}{\partial x_1}\right)^2 m_1^2 + \left(\frac{\partial f}{\partial x_2}\right)^2 m_2^2 + \cdots + \left(\frac{\partial f}{\partial x_n}\right)^2 m_n^2} \tag{5-10}$$

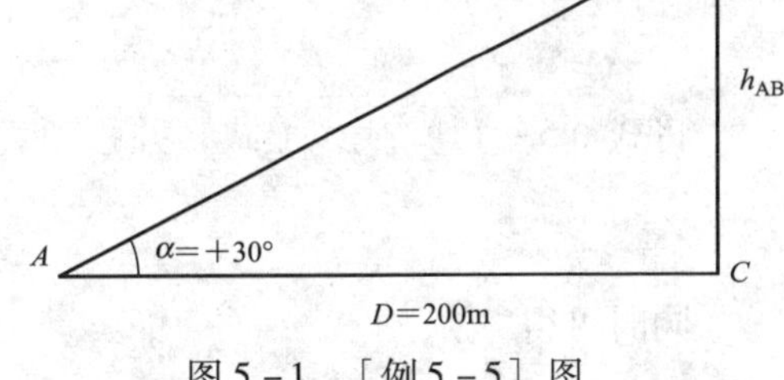

图5-1 ［例5-5］图

【例5-5】 如图5-1所示，测得 AB 的垂直角为 $\alpha = 30°00'00'' \pm 30''$，平距 AC 为 $D = 200.00\text{m} \pm 0.05\text{ m}$，求 A、B 两点间高差 h 及其中误差 m_h。

解： A、B 两点间高差为
$$h_{AB} = D\tan\alpha = 200.00\text{m} \times \tan 30° = 115.47\text{m}$$

对函数式求其偏导数得
$$\frac{\partial h_{AB}}{\partial D} = \tan\alpha = \tan 30° = 0.577$$
$$\frac{\partial h_{AB}}{\partial \alpha} = D\sec^2\alpha = 200\text{m} \times (\sec 30°)^2 = 266.670\text{m}$$

由式（5-10）得高差的中误差为
$$\begin{aligned} m_h &= \pm\sqrt{\left(\frac{\partial h_{AB}}{\partial D}\right)^2 m_D^2 + \left(\frac{\partial h_{AB}}{\partial \alpha}\right)^2\left(\frac{m_\alpha}{\rho}\right)^2} \\ &= \pm\sqrt{0.577^2 \times (\pm 0.05\text{m})^2 + (266.670\text{m})^2 \times \left(\frac{\pm 30''}{206\,265''}\right)^2} \\ &= \pm 0.048\text{m} \end{aligned}$$

5.4 算术平均值及其中误差

5.4.1 算术平均值

在相同的观测条件下，对某量进行多次重复观测，根据偶然误差特性，可取其算术平均值作为最终观测结果。

设对某量进行了 n 次等精度观测，观测值分别为 l_1，l_2，…，l_n，其算术平均值为

$$L=\frac{l_1+l_2+\cdots+l_n}{n}=\frac{[l]}{n} \tag{5-11}$$

设观测量的真值为 X，观测值为 l_i，则观测值的真误差为

$$\left.\begin{aligned}\Delta_1&=l_1-X\\\Delta_2&=l_2-X\\&\vdots\\\Delta_n&=l_n-X\end{aligned}\right\} \tag{5-12}$$

将式（5－12）内各式两边相加，并除以 n，得

$$\frac{[\Delta]}{n}=X-\frac{[l]}{n}$$

将式（5－11）代入上式，并移项，得

$$L=X+\frac{[\Delta]}{n}$$

同时可得

$$\lim_{n\to\infty}L=X \tag{5-13}$$

由式（5－13）可知，当观测次数 n 无限增大时，算术平均值趋近于真值。但在实际测量工作中，观测次数总是有限的，因此，算术平均值较观测值更接近于真值。我们将最接近于真值的算术平均值称为最或然值或最可靠值。

5.4.2 观测值改正数

观测量的算术平均值与观测值之差，称为观测值改正数，用 v 表示。当观测次数为 n 时，有

$$\left.\begin{aligned}v_1&=L-l_1\\v_2&=L-l_2\\&\vdots\\v_n&=L-l_n\end{aligned}\right\} \tag{5-14}$$

将式（5－14）内各式两边相加，得

$$[v]=nL-[l]$$

将 $L=\frac{[l]}{n}$ 代入上式，得

$$[v]=0$$

观测值改正数的重要特性，即对于等精度观测，观测值改正数的总和为零。

5.4.3　由观测值改正数计算观测值中误差

按式（5－3）计算中误差时，需要知道观测值的真误差，但在测量中，我们常常无法求得观测值的真误差。一般用观测值改正数来计算观测值的中误差。

由真误差与观测值改正数的定义可知

$$\left.\begin{aligned}\Delta_1 &= l_1 - X\\ \Delta_2 &= l_2 - X\\ &\vdots\\ \Delta_n &= l_n - X\end{aligned}\right\} \tag{5-15}$$

$$\left.\begin{aligned}v_1 &= L - l_1\\ v_2 &= L - l_2\\ &\vdots\\ v_n &= L - l_i\end{aligned}\right\} \tag{5-16}$$

由式（5－15）和式（5－16）以及偶然误差的特性，整理后得

$$m=\pm\sqrt{\frac{vv}{n-1}}$$

这就是用观测值改正数求观测值中误差的计算公式，也称为白塞尔公式。

5.4.4　算术平均值的中误差

根据误差传播定律，算术平均值 L 的中误差 M，按下式计算

$$M=\frac{m}{\sqrt{n}}=\sqrt{\frac{[vv]}{n(n-1)}} \tag{5-17}$$

【例 5－6】 某一段距离共丈量了六次，结果见表 5－2，求算术平均值、观测中误差、算术平均值的中误差及相对误差。

表 5－2　　**［例 5－6］表**

测次	观测值/m	观测值改正数 v/mm	vv	计　算
1	148.643	+15	225	$L=\frac{[l]}{n}=148.628\text{m}$
2	148.590	−38	1444	
3	148.610	−18	324	$m=\pm\sqrt{\frac{[vv]}{n-1}}=\pm\sqrt{\frac{3046}{6-1}}\text{mm}=\pm24.7\text{mm}$
4	148.624	−4	16	
5	148.654	+26	676	$M=\pm\sqrt{\frac{vv}{n(n-1)}}=\pm\sqrt{\frac{3046}{6\times(6-1)}}\text{mm}=\pm10.1\text{mm}$
6	148.647	+19	361	$K=\frac{\lvert M\rvert}{D}=\frac{0.0101}{148.628}=\frac{1}{14\,716}$
平均值	148.628	$[v]=0$	3046	

第 6 章

小地区控制测量

6.1 控制测量概述

控制测量是研究精确测定和描绘地面控制点空间位置及其变化的学科。其任务是作为较低等级测量工作的依据，在精度上起控制作用。为了防止误差的积累，提高测量精度，在实际测量中必须遵循“从整体到局部，先控制后碎部”的测量实施原则，即先在测区内建立控制网，以控制网为基础，分别从各个控制点开始施测控制点附近的碎部点。

在测量中，首先在测区内选择一些具有控制意义的点，组成一定的几何图形，形成测区的骨架，用相对精确的测量手段和计算方法，在统一坐标系中确定这些点的平面坐标和高程，然后以它为基础测定其他地面点的点位或进行施工放样，或进行其他测量工作。其中，这些具有控制意义的点称为控制点；由控制点组成的几何图形称为控制网；对控制网进行布设、观测、计算，确定控制点位置的工作称为控制测量。

控制测量分为平面控制测量和高程控制测量。平面控制测量确定控制点的平面坐标，高程控制测量确定控制点的高程。在传统测量工作中，平面控制网与高程控制网通常分别单独布设。目前，有时候也将两种控制网合起来布设成三维控制网。

6.1.1 平面控制测量

在传统测量工作中，平面控制通常采用三角网测量、导线测量和交会测量等常规方法建立。现今，全球定位系统 GPS 也成为建立平面控制网的主要方法。

1. 三角网测量

三角网测量是在地面上选定一系列的控制点，构成相互连接的若干个三角形，组成各种网（锁）状图形。通过观测三角形的内角或（和）边长，再根据已知控制点的坐标、起始边的边长和坐标方位角，经解算三角形和坐标方位角推算可得到三角形各边的边长和坐标方位角，进而由直角坐标正算公式计算待定点的平面坐标。三角形的各个顶点称为三角点，各三角形连成网状的称为三角网（图 6－1），连成锁状的称为三角锁（图 6－2）。按观测值的不同，三角网测量可分为三角测量、三边测量和边角测量。

2. 导线测量

导线是一种将控制点用直线连接起来所形成的折线形式的控制网，其控制点称为导线点，点间的折线边称为导线边，相邻导线边之间的夹角称为转折角（又称导线折角，导线角）。其中，与坐标方位角已知的导线边（称为定向边）相连接的转折角，称为连接角（又称定向角）。通过观测导线边的边长和转折角，依据起算数据经计算而获得导线点的平面坐标，即为导线测量。导线测量布设简单，每点仅需与前、后两点通视，选点方便，特别是在隐蔽地区和建筑物多而通视困难的城市，应用起来很是方便灵活。

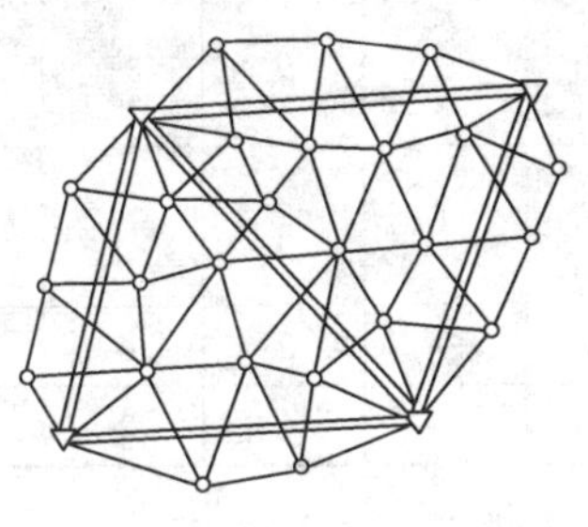

图6-1　三角网

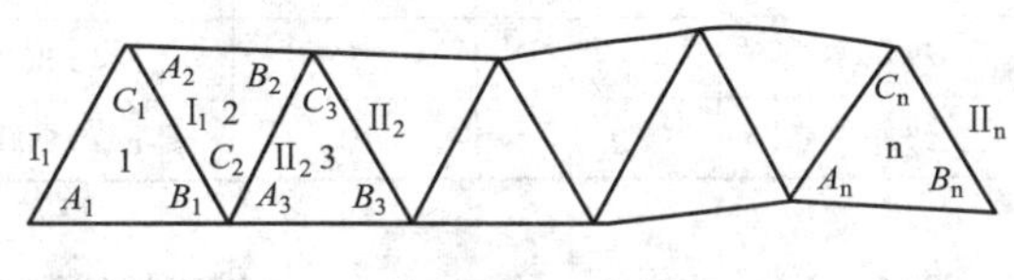

图6-2　三角锁

3. 交会测量

交会测量是利用交会定点法来加密平面控制点的一种控制测量方法。通过观测水平角来确定交会点平面位置的工作称为测角交会；通过测边来确定交会点平面位置的工作称为测边交会；通过同时测边长和水平角来确定交会点的平面位置的工作称为边角交会。

在全国范围内建立的控制网，称为国家平面控制网。我国原有国家平面控制网主要按三角网方法布设，分为一、二、三、四共四个等级，其中一等三角网作为低等级平面控制网的基础精度最高，精度由高到低逐级降低。一等三角网由沿经线、纬线方向的三角锁构成，并在锁段交叉处测定起始边，如图6-3所示，三角形平均边长为20~25km。二等三角网布设在一等三角锁所围成的范围内，构成全面三角网，平均边长为13km。二等三角网是扩展低等平面控制网的基础。三、四等三角网的布设采用插网和插点的方法，作为一、二等三角网的进一步加密，三等三角网平均边长为8km，四等三角网平均边长为2~6km。四等三角点每点控制面积为15~20km^2，可以满足1:10 000和1:5000比例尺地形测图需要。国家平面控制网是采用精密测量仪器和方法依照施测精度建立的，它的低等级点受高等级点逐级控制。

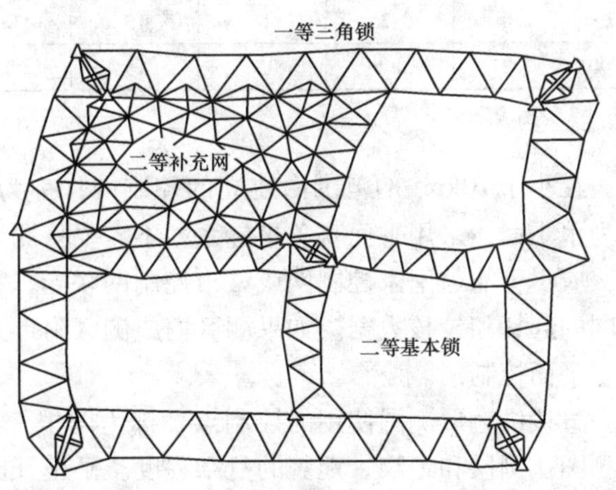

图6-3　国家平面控制三角网

在城市或工程建设地区，为满足1:500~1:2000比例尺地形测图和城市工程建设施工放样的需要，应进一步布设城市或工程平面控制网。城市或工程平面控制网是在国家控制网的控制下布设，并按城市或工程建设范围大小布设成不同等级的平面控制网，分为二、三、四等三角网或三、四等导线网和一、二级小三角网或一、二、三级导线网。城市三角测量和导线测量的主要技术指标见表6-1和表6-2。

表 6－1　城市三角测量的主要技术指标

等级		平均边长/km	测角中误差（″）	起始边边长相对中误差	最弱边边长相对中误差	测回数			三角形最大闭合差（″）
						DJ_1	DJ_2	DJ_6	
二等		9	1	≤1/250 000	≤1/120 000	12	—	—	3.5
三等	首级	4.5	1.8	≤1/150 000	≤1/70 000	6	9	—	7
	加密			≤1/120 000					
四等	首级	2	2.5	≤1/100 000	≤1/40 000	4	6	—	9
	加密			≤1/70 000					
一级小三角		1	5	≤1/40 000	≤1/20 000	—	2	4	15
二级小三角		0.5	10	≤1/20 000	≤1/10 000	—	1	2	30

表 6－2　城市导线测量主要技术指标

等级	导线长度/km	平均边长/km	测角中误差（″）	测距中误差/mm	测距相对中误差	测回数			方位角闭合差（″）	相对闭合差
						DJ_1	DJ_2	DJ_6		
三等	14	3	1.8	20	≤1/150 000	6	10	—	$3.6\sqrt{n}$	≤1/55 000
四等	9	1.5	2.5	18	≤1/80 000	4	6	—	$5\sqrt{n}$	≤1/35 000
一级	4	0.5	5	15	≤1/30 000	—	2	4	$10\sqrt{n}$	≤1/15 000
二级	2.4	0.25	8	15	≤1/14 000	—	1	3	$16\sqrt{n}$	≤1/10 000
三级	1.2	0.1	12	15	≤1/7000	—	1	2	$24\sqrt{n}$	≤1/5000

注：n 为测站数。

在小于 10km² 的范围内建立的控制网，称为小区域控制网。在这个范围内，水准面可视为水平面，采用平面直角坐标系，不需要将测量成果归算到高斯平面上。小区域平面控制网，应尽可能与国家控制网或城市控制网联测，将国家或城市高级控制点坐标作为小区域控制网的起算和校核数据。如果测区内或测区附近无高级控制点，或联测较为困难，也可建立独立平面控制网。

直接供地形测图使用的控制点，称为图根控制点。图根点的密度（包括高级点）取决于测图比例尺和地物、地貌的复杂程度。平坦开阔地区图根点的密度可参考表 6－3 的规定；困难地区、山区，表中规定的点数可适当增加。

表 6－3　平坦地区图根点的密度

测图比例尺	1:500	1:1000	1:2000	1:5000
图根点密度/（点/km²）	150	50	15	5

至于布设何级别的控制网作为首级控制，应根据城市或工程建设的规模来定。中小城市一般以四等网作为首级控制网。面积在 15km² 以下的小城镇，可用小三角网或一级导线网作为首级控制。面积在 0.5km² 以下的测区，图根控制网可作为首级控制。

平面控制测量方法的选择应因地制宜，既满足当前需要，又兼顾今后发展，做到技术先进、经济合理、确保质量、长期适用。

4. GPS 测量

GPS 测量是以分布在空中的多个 GPS 卫星为观测目标来确定地面点三维坐标的定位方法。20 世纪 80 年代末，全球卫星定位系统（GPS）开始在我国用于建立平面控制网。现今，GPS 已成为建立平面控制网的主要方法。应用 GPS 定位技术建立的控制网成为 GPS 控制网，按其精度分为 A、B、C、D、E 五个不同精度等级的 GPS 控制网。在全国范围内，已建立了国家（GPS）A 级网 27 个点、B 级网 818 个点。

6.1.2 高程控制测量

高程控制主要通过水准测量方法建立，而在地形起伏大、直接进行水准测量较困难的地区以及图根高程控制网，可采用三角高程测量方法建立。

在全国范围内采用水准测量方法建立的高程控制网，称为国家水准网，它是全国范围内施测各种比例尺地形图和各类工程建设的高程控制基础。国家水准网遵循从整体到局部、由高级到低级、逐级控制、逐级加密的原则分四个等级布设。国家一、二等水准网采用精密水准测量建立，是研究地球形状和大小、海洋平均海水面变化的重要资料。国家一等水准网如图 6 – 4 所示，它是国家高程控制网的骨干；二等水准网布设于一等水准网内，是国家高程控制网的基础。国家三、四等水准网为国家高程控制网的进一步加密，为地形测图和工程建设提供高程控制点。

图 6 – 4　国家一等水准网

以国家水准网为基础，城市高程控制测量分为二、三、四等，根据城市范围的大小，其首级高程控制网可布设成二等或三等水准网，用三等或四等水准网作进一步加密，在四等以下再布设直接为测图用的图根水准网。水准点间的距离，一般地区为 2 ~ 3km，城市建筑区为 1 ~ 2km，工业厂区小于 1km。一个测区至少设立三个水准点。城市各等级水准网测量的主要技术要求见表 6 – 4。

表 6 – 4　城市及工程各等级水准测量主要技术指标

等级	每千米高差全中误差/mm	路线长度/km	水准仪的型号	水准尺	观测次数		往返较差、附合或环线闭合差	
					与已知点联测	附合或环线	平地/mm	山地/mm
二等	2	—	DS_1	因瓦	往返各一次	往返各一次	$4\sqrt{L}$	—
三等	6	≤50	DS_1	因瓦	往返各一次	往一次	$12\sqrt{L}$	$4\sqrt{n}$
			DS_3	双面		往返各一次		

续表

等级	每千米高差全中误差/mm	路线长度/km	水准仪的型号	水准尺	观测次数		往返较差、附合或环线闭合差	
					与已知点联测	附合或环线	平地/mm	山地/mm
四等	10	≤16	DS_3	双面	往返各一次	往一次	$20\sqrt{L}$	$6\sqrt{n}$
五等	15	—	DS_3	单面	往返各一次	往一次	$30\sqrt{L}$	—

注：L 为附合路线或环线的长度，单位为 km。

在小区域范围内建立高程控制网，应根据测区面积大小和工程要求，采用分级建设的方法。一般情况下，是以国家或城市等级水准点为基础，在整个测区建立三、四等水准网或水准路线，用图根水准测量或三角高程测量测定图根点的高程。

6.1.3 控制测量的一般作业流程

控制测量作业流程包括技术设计、实地选点、标石埋设、观测和平差计算等主要步骤。在常规的高等级平面控制测量中，若某些方向因受地形条件限制而不能使相邻控制点间直接通视时，必须在选定的控制点上建造测量标。当采用 GPS 定位技术建立平面控制网时，因为不要求相邻控制点间通视，所以选定控制点后不需要建立测量标。

控制测量的技术设计主要包括确定精度指标和设计控制网的网形。在测量工程实践活动中，控制网的等级和精度标准须根据测区范围大小和控制网的用途来确定。若范围较大时，为了既能使控制网形成一个整体，又能相互独立的进行工作，必须采用"从整体到局部，分级布网，逐级控制"的布网原则。若范围不大，则可布设成同级全面网。设计控制网网形时，首先应收集测区的地形图、已有控制点成果及测区的人文、地理、气象、交通、电力等技术资料，然后进行控制网的图上设计。并在收集到的地形图上标出已有的控制点的位置和待工作的测区范围，依据测量目的对控制网的具体要求，结合地形条件在图上设计出控制网的网形，且选定控制点的位置。然后到实地踏勘，以判明图上标定的已有的控制点是否与实地相符，并查明标石是否完好；查看预选的路线和控制点点位是否合适，通视是否良好；若有必要可作适当的调整并在图上标明。最终根据图上设计的控制网方案到实地选点，确定控制点的最适宜位置。实地选点的点位一般应满足的条件为：点位稳定，等级控制点应能长期保存，便于扩展、加密和观测。经选点确定的控制点点位，要进行标石埋设，并将它们在地面上固定下来，绘制点之记图。

控制网中控制点的坐标或高程是由起算数据和观测数据经平差计算得到的。控制网中只有一套必要起算数据（三角网中已知一个点的坐标、一条边的边长和一边的坐标方位角；水准网中已知一个点的高程）的控制网称为独立网。如果控制网中多于一套必要起算数据，则这种控制网成为附合网。控制网中的观测数据按控制网的种类不同而不同，有水平角或方向、边长、高差以及三角高程的竖直角或天顶距。观测工作完后，应对观测数据进行检核，保证观测成果满足要求，然后进行平差计算。对于低等级控制网（例如图根控制网）允许采用近似平差计算。

6.1.4 平面控制网的定向、定位与坐标正反算

在新布设的平面控制网中，至少需要已知一条边的坐标方位角才可以确定控制网的方向，简称定向；至少需要已知一个点的平面坐标才可以确定控制网的位置，简称定位。所以，在平面控制测量中，为了计算出待定控制点的坐标，一般需要至少一组起算数据。我们把已知一点的坐标和一条边的坐标方位角称为平面控制网的必要起算数据。控制网的起算数据可以通过与已有国家控制网或城市控制网联测获得。通过已知点的坐标和已知边的坐标方位角，就可以确定控制网的方向和位置，再根据观测的角度和边长，便可推算出控制网中各边的坐标方位角和水平距离，进而求得待定点的坐标。

如图6－5所示，设A为已知点，B为未知点，当A点坐标（x_A，y_A）、A点至B点的水平距离S_{AB}和坐标方位角α_{AB}均为已知时，则可求得B点坐标（x_B，y_B），通常称为坐标正算问题。由图6－5可知

$$\left.\begin{aligned} x_B &= x_A + \Delta x_{AB} \\ y_B &= y_A + \Delta y_{AB} \end{aligned}\right\} \tag{6-1}$$

式中

$$\left.\begin{aligned} \Delta x_{AB} &= S_{AB}\cos\alpha_{AB} \\ \Delta y_{AB} &= S_{AB}\sin\alpha_{AB} \end{aligned}\right\} \tag{6-2}$$

式中，Δx_{AB}和Δy_{AB}称之为坐标增量。

所以，式（6－1）也可写成

$$\left.\begin{aligned} x_B &= x_A + S_{AB}\cos\alpha_{AB} \\ y_B &= y_A + S_{AB}\sin\alpha_{AB} \end{aligned}\right\} \tag{6-3}$$

直线的坐标方位角和水平距离可根据两端点的已知坐标反算出来，这称之为坐标反算问题。仍以图6－5为例，直线AB的坐标方位角α_{AB}和水平距离S_{AB}为

$$\alpha_{AB} = \arctan\frac{\Delta y_{AB}}{\Delta x_{AB}} \tag{6-4}$$

$$S_{AB} = \frac{\Delta y_{AB}}{\sin\alpha_{AB}} = \frac{\Delta x_{AB}}{\cos\alpha_{AB}} = \sqrt{\Delta x_{AB}^2 + \Delta y_{AB}^2} \tag{6-5}$$

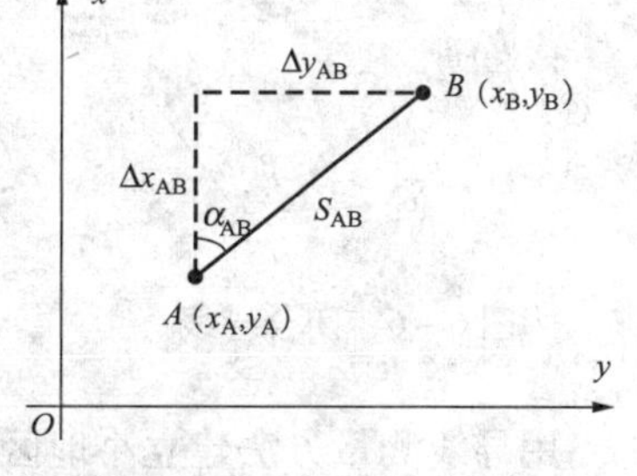

图6－5 坐标正、反算

以上两式中，$\Delta x_{AB} = x_B - x_A$，$\Delta y_{AB} = y_B - y_A$。

通过式（6－5）能算出多个S_{AB}，可作相互校核。

在此指出，式（6－4）中Δy_{AB}，Δx_{AB}应取绝对值，计算得到的为象限角R_{AB}，象限角取值范围为0°～90°。而测量工作通常用坐标方位角表示直线的方向，因此，计算出象限角R_{AB}后，应将其转化为坐标方位角α_{AB}。

6.2 导线测量

6.2.1 导线的布设形式

导线是建立小地区平面控制网的一种常用的方法，特别是在地物分布较复杂的城市建筑

区、视线障碍较多的隐蔽区和带状地区，多采用导线测量的方法。根据测区的不同情况和要求，导线可布设成单一导线和导线网。两条以上导线的交会点，称为导线的结点。单一导线与导线网的区别，主要在于单一导线不具有结点，而导线网则有结点，有些情况下，可能有多个结点。在此，只介绍单一导线的布设方法及外业、内业工作。

按照不同的测量需要，单一导线可布设为闭合导线、附合导线和支导线三种形式。

1. 闭合导线

从一个已知点出发，最后又回到该已知点，所形成的一个闭合多边形的导线，称为闭合导线，如图6-6所示。在闭合导线的已知控制点上至少应有一条已知方向边与之相连接。特别指出，由于闭合导线是一种可靠性极差的控制网图形，在实际工作中应尽量避免单独采用。

2. 附合导线

导线起始于一个已知控制点而终止于另一个已知控制点，形成的导线称为附合导线，如图6-7所示。其已知控制点上可以有一条或几条已知方向边与之相连接，特殊情况下，也可以没有定向边与之相连接。此种布设形式，具有检核观测成果的作用，并能提高成果的精度。

3. 支导线

由一个已知控制点出发，既不附合到另一已知控制点，又不闭合到原起始控制点的导线，称为支导线，如图6-8所示。因为支导线缺乏检核条件，故一般只限于地形测量的图根导线中采用，且其支出的控制点数一般不超过2个。

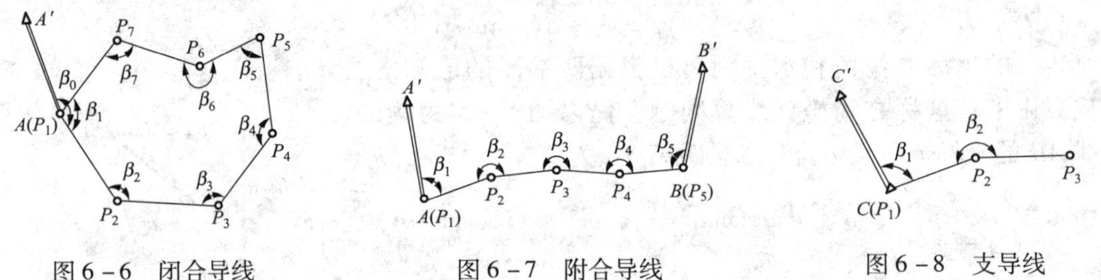

图6-6　闭合导线　　图6-7　附合导线　　图6-8　支导线

用导线测量方法建立小地区平面控制网，通常分为三、四等导线，一级、二级、三级导线和图根导线等几种等级，在本章只介绍图根导线测量方法。常规测量中，根据采用的仪器的不同，又分为光电测距导线和钢尺量距导线。其相应的主要技术要求参见表6-5和表6-6。

表6-5　**光电测距图根导线的主要技术要求**

比例尺	附合导线长度/m	平均边长/m	导线相对闭合差	测回数 DJ_6	方位角闭合差(″)	测距	
						仪器类型	方法与测回数
1:500	900	80	≤1/4000	1	$\leqslant \pm 40\sqrt{n}$	Ⅱ级	单程观测1
1:1000	1800	150					
1:2000	3000	250					

注：n为测站数。

表6－6　钢尺量距图根导线的主要技术要求

比例尺	配合导线长度/m	平均边长/m	导线相对闭合差	测回数 DJ_6	方位角闭合差（″）
1∶500	500	75	≤1/2000	1	$\leqslant \pm 60\sqrt{n}$
1∶1000	1000	120			
1∶2000	2000	200			

注：n 为测站数。

6.2.2　图根导线测量的外业工作

图根导线测量的外业工作包括：踏勘选点及建立标志、测边、测角和联测，分述如下。

1. 踏勘选点及建立标志

踏勘选点前，应到有关部门收集测区原有的地形图、高一等级控制点的成果资料，然后在地形图上展绘原有控制点，并初步拟定、设计好图根导线的布设路线，最后按照设计方案到实地踏勘，核对、修改、落实点位和建立标志。如果测区内没有地形图资料，则需详细踏勘现场，根据已知控制点的分布、测区地形条件及城市建设和施工的需要等具体情况，合理地选定导线点的位置。

实地选点时，应注意下列几点：

（1）相邻点间通视良好，地势较平坦，便于测角和测距。如采用钢尺量距丈量导线边长，则沿线地势应较平坦，没有丈量的障碍物。

（2）点位应选在土质坚实处，便于保存标志和安置仪器。

（3）在点位上，视野应开阔，便于测绘周围的地物和地貌。

（4）导线各边的边长应参照表6－2、表6－5、表6－6的规定，最长不超过平均边长的2倍，相邻边长尽量不使其长短相差悬殊。

（5）导线点应有足够的密度，且均匀分布在测区，便于控制整个测区。

导线点选定后，若在泥土地面上，要在每一点位上打一大木桩，其周围浇灌一圈混凝土，并在桩顶钉一小钉，作为临时性标志（图6－9）；在碎石或沥青路面上，可以用顶上凿有十字纹的大铁钉代替木桩；在混凝土场地或路面上，可以用钢凿凿一十字纹，再涂上红油漆使标志明显。

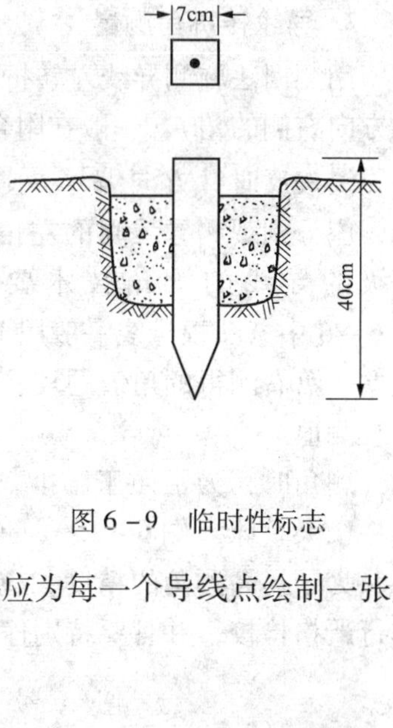

若导线点需要保存的时间较长，就要埋设混凝土桩（图6－10）或石桩，桩顶刻“十”字，作为永久性标志。导线点应统一编号，导线点在地形图上的表示符号如图6－11所示，图中的2.0表示符号正方形的长宽为2mm，1.6表示符号圆的直径为1.6mm。

图6－9　临时性标志

导线点埋设后，为便于观测时寻找，可以在点位附近房角或电线杆等明显地物上用红油漆标明指示导线点的位置，并应为每一个导线点绘制一张点之记，如图6－12所示。

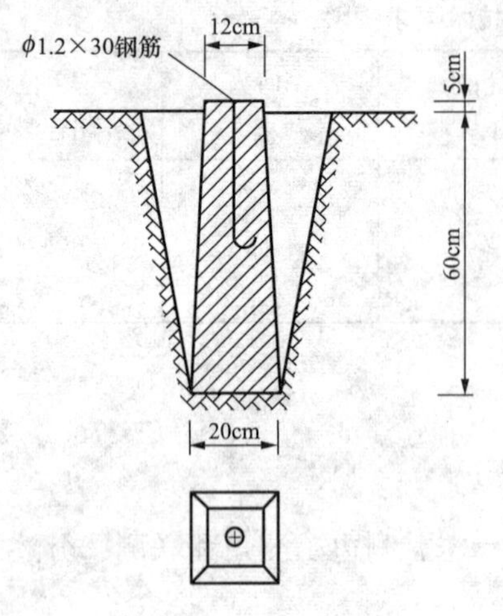

图 6－10　永久性标志

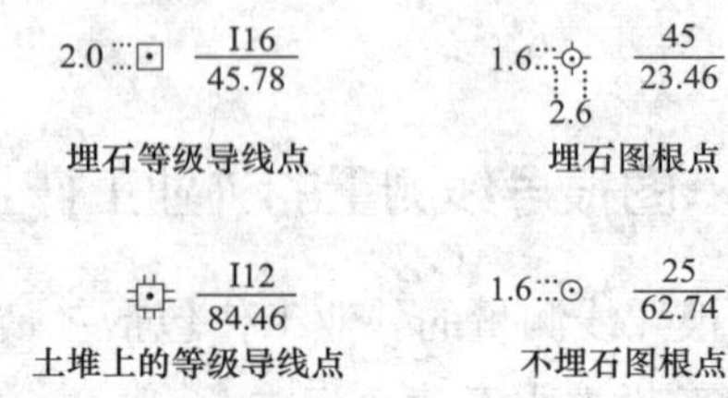

图 6－11　导线点图式符号

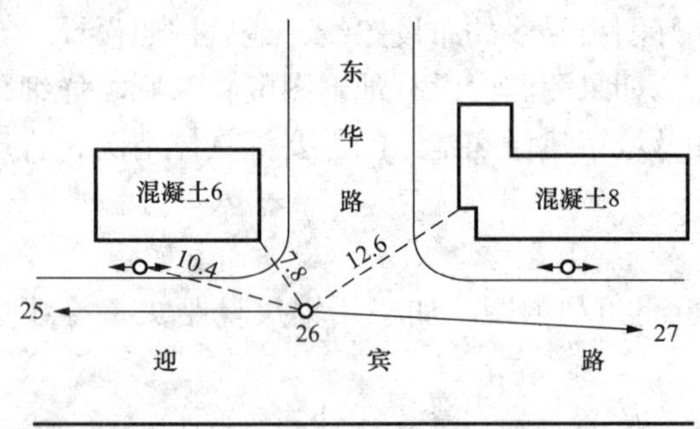

图 6－12　点之记

2. 导线边长测量

图根导线的边长可用检定过的光电测距仪测量，也可采用全站仪在测取导线转折角的同时测取导线边的边长。测量时要同时观测竖角，供倾斜改正之用，其技术要求见表 6－6。

若用钢尺丈量，钢尺必须经过检定。对于一、二、三级导线，应按钢尺精密测距的方法进行。对于图根导线，用一般方法往返丈量或同一方向量两次；当尺长改正数较大时，应该加尺长改正；量距时平均尺温与检定时温度相差 ±10℃时，应进行温度改正；尺面倾斜大于 1.5% 时，应进行倾斜改正，最后取往返丈量的平均值作为观测成果，并要求其相对误差不大于 1/3000。

3. 导线转折角测量

用测回法施测导线左转折角（位于导线前进方向左侧的角）或右转折角（位于导线前进方向右侧的角）。一般在附合导线中，测量导线左转折角；在闭合导线中均测内角，若闭合导线按反时针方向编号，则其左转折角就是内角。对于支导线，应分别观测导线间的左角和右角，以增加检核条件。不同等级的导线的测角技术要求已列入表 6－2、表 6－5、表 6－6 中，图根导线一般用 DJ_6 级光学经纬仪测一个测回。若盘左、盘右测得的角值的较差不超过 40″，则取其平均值作为最后观测值。

测角时，为了便于瞄准，可在已埋设的标志上用三根竹竿吊一个大垂球（图 6－13），或用测钎、觇牌作为照准标志。另外，为了提高测角的精度，应对所用仪器、觇牌和光学对中器进行严格检校，并且要特别仔细地进行对中和精确照准。

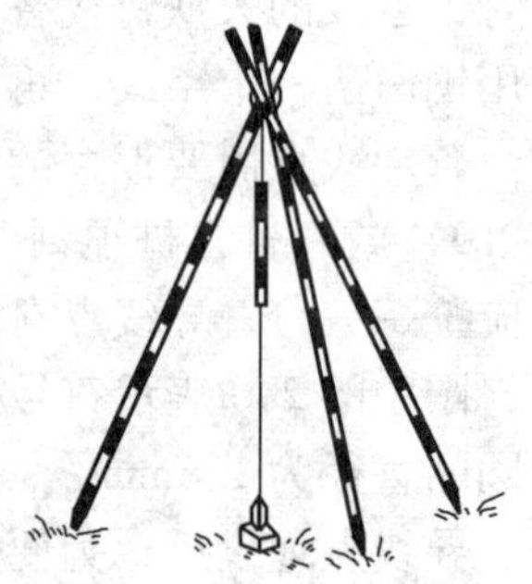

图 6－13　照准标志

4. 联测

为了使导线与高级控制点连接，在图6－6中，必须观测连接角β_0；在图6－7中，必须观测连接角β_1和β_5，作为推算导线各边的坐标方位角之用。如果附近无高级控制点，则用罗盘仪施测导线起始边的磁方位角，并假定起始点的坐标作为起算数据（为无约束导线网）。参照第2、3章角度和距离测量的记录格式，做好导线测量的外业记录，并要妥善保存。

6.2.3 图根导线测量的内业计算

导线测量的目的是获得各导线点的平面直角坐标。计算的起始数据是已知点坐标、已知坐标方位角，观测数据为角度观测值和观测边长。对于图根导线而言，其内业计算的基本思路是将角度误差和边长误差分别进行简单平差处理，先进行角度闭合差的分配，在此基础上再进行坐标增量闭合差的分配，通过对坐标闭合差的调整，以达到处理角度误差和边长误差的目的。故图根导线内业计算的目的是评定外业观测数据的精度，且在满足相应等级的技术要求下，计算出各待定导线点的平面直角坐标。

计算之前，应按规范技术要求对导线测量外业成果进行全面检查和验算，看数据是否齐全，有无记错、算错的地方，确保观测成果正确无误并符合各项限差要求，然后对观测边长进行相应改正，以消除或减弱系统误差的影响。并确保起算数据准确。然后绘制导线略图，把各项数据标注于图上的相应位置，如图6－14所示。

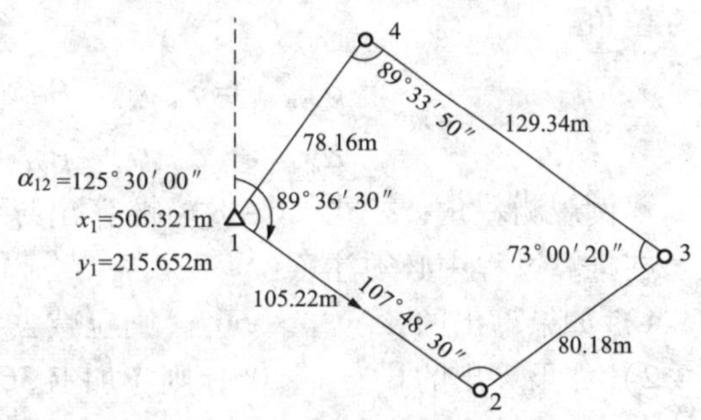

图6－14 闭合导线略图

1. 内业计算中数字取位的规定

导线内业计算中数字的取位，对于四等以下的小三角及导线，角度值取至秒，边长及平面直角坐标取至毫米位。而对于图根三角锁和图根导线，角度值取至秒，边长和平面直角坐标取至厘米位。

2. 闭合导线坐标计算

现以图6－14中的实测数据为例，说明闭合导线坐标计算的步骤。

（1）填写起算数据及观测数据。图中已知1号点的坐标（x_1，y_1）和12边的坐标方位角α_{12}，如果令导线的前进方向为1→2→3→4→1，则图中观测的导线内角为左转折角。内业计算的目的是计算出导线点2、3、4点的平面直角坐标。计算时，首先将校核过的外业观测数据及起算数据填入“闭合导线坐标计算表”（表6－7）中，起算数据用双下划线标明。

（2）角度闭合差的计算与调整。根据平面几何原理，n边形的内角和应为$(n-2)\times 180°$，如设n边形闭合导线的各内角分别为β_1，β_2，…，β_n，则其内角和的理论值为

$$\sum \beta_{理} = (n-2)\times 180° \tag{6-6}$$

由于观测角不可避免地含有误差，致使实测的内角之和 $\sum\beta_测$ 不等于内角和的理论值，而产生角度闭合差 f_β，为

$$f_\beta = \sum\beta_测 - \sum\beta_理 = \sum\beta_测 - (n-2)\times 180° \tag{6-7}$$

对图根光电测距导线，角度闭合差的容许值 $f_{\beta容}$ 为 $f_{\beta容}=\pm 40''\sqrt{n}$；对图根钢尺测距导线，角度闭合差的容许值 $f_{\beta容}$ 为 $f_{\beta容}=\pm 60''\sqrt{n}$。若 $f_\beta > f_{\beta容}$，则说明所测角度不符合要求，应重新观测角度。若 $f_\beta \leqslant f_{\beta容}$，则可将角度闭合差 f_β 按“反号平均分配”的原则，计算各观测角的改正数 v_β，其角度改正数为 $v_\beta=-f_\beta/n$；然后将 v_β 加到各观测角 β_i 上，最终计算出改正后的角值 $\hat{\beta}_i$，即 $\hat{\beta}_i=\beta_i+v_\beta$。

改正后的内角和应为 $(n-2)\times 180°$，本例应为 360°，以作计算校核。

（3）用改正后的导线左角或右角推算导线各边的坐标方位角。

根据起始边的已知坐标方位角 α_{12} 及改正后的角值 $\hat{\beta}_i$ 按下列公式推算其他各导线边的坐标方位角。

$$\alpha_{n.n+1}=\alpha_{n-1.n}+\hat{\beta}_左-180°\text{（所测角为左角）} \tag{6-8}$$

$$\alpha_{n.n+1}=\alpha_{n-1.n}-\hat{\beta}_右+180°\text{（所测角为右角）} \tag{6-9}$$

本例观测左角，按式（6-8）推算出导线各边的坐标方位角，列入表 6-7 中的第 5 栏。在推算过程中必须注意：

1）如果算出的 $\alpha_{n.n+1}>360°$，则应减去 360°。

2）如果算出的 $\alpha_{n.n+1}<0°$，则应加上 360°，保证 $0°<\alpha_{n.n+1}<360°$。

3）推算闭合导线各边坐标方位角时，最后应推算回起始边的坐标方位角，其推算值应与原有的起始边的坐标方位角值相等，否则应重新检查、计算。

（4）坐标增量的计算及其闭合差的调整。

1）坐标增量的计算。计算出导线各边的两端点间的纵横坐标增量 Δx 及 Δy，并填入表 6-8 的第 7、8 两栏中。如：$\Delta x_{12}=D_{12}\cos\alpha_{12}=-61.10\text{m}$，$\Delta y_{12}=D_{12}\sin\alpha_{12}=85.66\text{m}$。

2）坐标增量闭合差的计算与调整。从图 6-15 可以看出，闭合导线纵、横坐标增量代数和的理论值应分别为零，即

$$\sum\Delta x_理 = 0 \tag{6-10}$$

$$\sum\Delta y_理 = 0 \tag{6-11}$$

实际上由于测边的误差和角度闭合差调整后的残余误差，往往使 $\sum\Delta x_测$、$\sum\Delta y_测$ 不等于零（图 6-16），而产生纵坐标增量闭合差 f_x 与横坐标增量闭合差 f_y，即

$$f_x = \sum\Delta x_测 - \sum\Delta x_理 = \sum\Delta x_测 \tag{6-12}$$

$$f_y = \sum\Delta y_测 - \sum\Delta y_理 = \sum\Delta y_测 \tag{6-13}$$

从图 6-16 中明显看出，由于 f_x，f_y 的存在，使导线不能闭合，1～1′之长度 f_D 称为导线全长闭合差，并用下式计算

$$f_D=\sqrt{f_x^2+f_y^2} \tag{6-14}$$

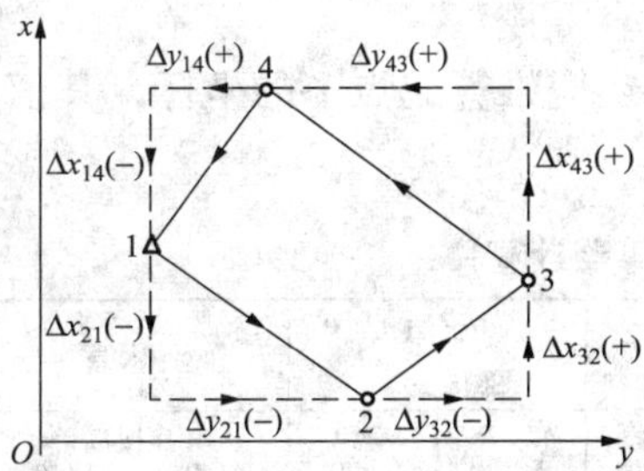

图6－15 闭合导线坐标增量理论闭合差

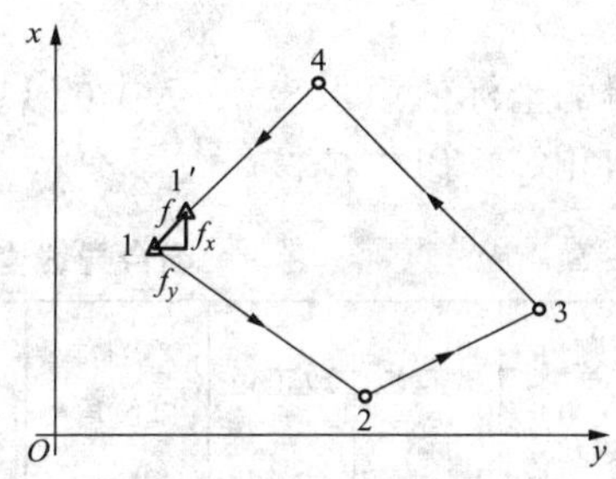

图6－16 闭合导线坐标增量实测闭合差

仅从f_D值的大小还不能真正反映出导线测量的精度，应当将f_D与导线全长$\sum D$相比，用相对误差K来表示导线测量的精度水平，即

$$K=\frac{f_D}{\sum D}=\frac{1}{\sum D/f_D} \tag{6-15}$$

以导线全长相对闭合差K来衡量导线测量的精度，K的分母越大，精度越高。不同等级的导线全长相对闭合差的容许值$K_容$已列入表6－2、表6－5和表6－6中。对光电测距导线，其$K_容=1/4000$；对钢尺量距导线，其$K_容=1/2000$。

若$K>K_容$，则说明测量不合格，首先应检查内业计算过程有无错误，若无误，再检查外业观测成果资料，必要时应重测。若$K\leqslant K_容$，则说明测量符合相应等级的精度要求，可以对闭合差进行分配调整，即将f_x，f_y反其符号按边长成正比的原则计算导线各边的纵、横坐标增量改正数，然后相应加到导线各边的纵、横坐标增量中去，求得各边改正后的坐标增量。以v_{xi}，v_{yi}分别表示第i边的纵、横坐标增量改正数，则有

$$v_{xi}=-\frac{f_x}{\sum D}D_i \tag{6-16}$$

$$v_{yi}=-\frac{f_y}{\sum D}D_i \tag{6-17}$$

纵、横坐标增量改正数之和应满足下式

$$\sum v_{xi}=-f_x \tag{6-18}$$

$$\sum v_{yi}=-f_y \tag{6-19}$$

计算出的各导线边长纵、横增量的改正数（取位到厘米）填入表6－7中的7、8两栏增量计算值的上方（如－2、＋2等）。

纵、横增量的改正数加上导线各边纵、横坐标增量值，即得导线各边改正后的纵、横坐标增量，并填入表6－7中的9、10两栏。即：$\Delta\hat{x}_{12}=\Delta x_{12}+v_{x12}=-61.12\text{m}$，$\Delta\hat{y}_{12}=\Delta y_{12}+v_{y12}=85.68\text{m}$等。

改正后的导线纵、横坐标增量之代数和应分别为零，以作计算校核。

（5）计算导线各点的坐标。根据起算点1的坐标（本例为：$x_1=506.321\text{m}$，$y_1=215.652\text{m}$）及改正后的纵、横坐标增量，用下式依次推算2、3、4各点的坐标

$$\hat{x}_{n+1}=\hat{x}_n+\Delta\hat{x}_改 \tag{6-20}$$

$$\hat{y}_{n+1} = \hat{y}_n + \Delta\hat{y}_{改} \qquad (6-21)$$

算得的坐标值填入表 6－7 中的 11、12 两栏。最后还应推算起点 1 的坐标，其值应与原有的数值相等，以作校核。

表 6－7　　闭合导线坐标计算表（使用计算器计算）

点号	观测角（左角）(° ′ ″)	改正数 (″)	改正角 (° ′ ″)	坐标方位角/(° ′ ″)	距离/m	坐标增量 Δx/m	坐标增量 Δy/m	改正后的坐标增量 $\Delta\hat{x}$/m	改正后的坐标增量 $\Delta\hat{y}$/m	坐标值 $\hat{x}$/m	坐标值 $\hat{y}$/m	点号
1	2	3	4	5	6	7	8	9	10	11	12	13
1										**506.321**	**215.652**	1
				125 30 00	105.22	−2 −61.10	+2 +85.66	−61.12	+85.68			
2	107 48 30	+13	107 48 43							445.20	301.33	2
				53 18 43	80.18	−2 +47.90	+2 +64.30	+47.88	+64.32			
3	73 00 20	+12	73 00 32							493.08	365.64	3
				306 19 15	129.34	−3 +76.61	+2 −104.21	+76.58	−104.19			
4	89 33 50	+12	89 34 02							569.66	261.46	4
				215 53 17	78.16	−2 −63.32	+1 −45.82	−63.34	−45.81			
1	89 36 30	+13	89 36 43							**506.321**	**215.652**	1
				125 30 00								
2												
总和	359 59 10	+50			392.90	+0.09	−0.07	0.00	0.00			
辅助计算	$\sum\beta_{测}=359°59'10''$ $\sum\beta_{理}=360°$ $f_\beta=\sum\beta_{测}-\sum\beta_{理}=-50''$ $f_{\beta允}=\pm 60''\sqrt{n}=\pm 120''$					$f_x=\sum\Delta x_{测}=0.09\text{m}$，$f_y=\sum\Delta y_{测}=-0.07\text{m}$ 导线全长闭合差 $f=\sqrt{f_x^2+f_y^2}=0.11\text{m}$ 导线相对闭合差 $K=\dfrac{1}{\sum D/f}\approx\dfrac{1}{3500}$ 允许相对闭合差 $K_{允}=1/2000$						

3. 附合导线内业计算

附合导线的内业计算步骤与闭合导线基本相同。两者的差异主要在于：由于导线布设形式的不同，至使角度闭合差 f_β 与纵、横坐标增量闭合差 f_x，f_y 的计算有所区别。下面着重介绍其不同点。

（1）角度闭合差的计算。附合导线的角度闭合差是指坐标方位角的闭合差。如图 6－17 所示，为某附合导线略图，计算时，可根据起始边 BA 的已知坐标方位角 α_{BA} 及所观测的左转折角 β_A，β_1，β_2，β_3，β_4 和 β_C，可以依次推算出导线各边直至终边 CD 的坐标方位角，设推算出的 CD 边的坐标方位角为 α'_{CD}，则角度闭合差 f_β 的计算式为

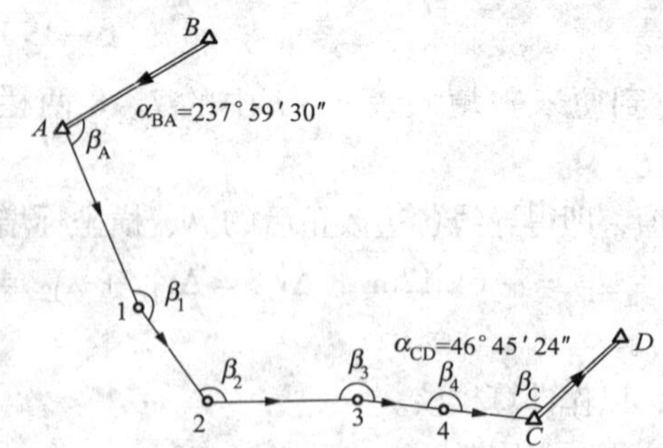

图 6－17　附合导线略图

$$f_\beta = \alpha'_{CD} - \alpha_{CD} = \sum\beta_i - n\times 180° - (\alpha_{CD} - \alpha_{AB}) \qquad (6-22)$$

关于角度闭合差 f_β 的调整计算，即各角度的改正数的计算，同闭合导线内业计算方法相同，可

将角度闭合差f_β按“反号平均分配”的原则，计算出各观测角的改正数v_β为：$v_\beta = -f_\beta/n$；然后将v_β加到各观测角β_i上，最终计算出改正后的角值$\hat{\beta}_i$，即：$\hat{\beta}_i = \beta_i + v_\beta$。

同样的，将所算出的结果填写在附合导线内业计算表相应的栏内，本例计算见表6－8。

表6－8　附合导线坐标计算表（使用计算器计算）

点号	观测角（左角）(° ′ ″)	改正数 (″)	改正角 (° ′ ″)	坐标方位角 (° ′ ″)	距离 /m	坐标增量		改正后的坐标增量		坐标值		点号
						Δx/m	Δy/m	$\Delta\hat{x}$/m	$\Delta\hat{y}$/m	$\hat{x}$/m	$\hat{y}$/m	
1	2	3	4	5	6	7	8	9	10	11	12	13
B												
				237 59 30								
A	99 01 00	+6	99 01 06							**2507.69**	**1215.63**	A
				157 00 36	225.85	+5 −207.91	−4 +88.21	−207.86	+88.17			
1	167 45 36	+6	167 45 42							2299.83	1303.80	1
				144 46 18	139.03	+3 −113.57	−3 +80.20	−113.54	+80.17			
2	123 11 24	+6	123 11 30							2186.29	1383.97	2
				87 57 48	172.57	+3 +6.13	−3 +172.46	+6.16	+172.43			
3	189 20 36	+6	189 20 42							2192.45	1556.40	3
				97 18 30	100.07	+2 −12.73	−2 +99.26	+12.71	+99.24			
4	179 59 18	+6	179 59 24							2179.74	1655.64	4
				97 17 54	102.48	+2 −13.02	−2 +101.65	−13.00	+101.63			
C	129 27 24	+6	129 27 30							**2166.74**	**1757.27**	C
				46 45 24								
D												
总和	888 45 18	+36	888 45 54		740.00	−341.10	+541.78	−340.95	+541.64			

辅助计算：

$\alpha'_{CD} = 46°44'48''$　　$f_x = \sum \Delta x_{测} - (x_C - x_A) = -0.15m$，$f_y = \sum \Delta y_{测} - (y_C - y_A) = +0.14m$

$\alpha_{CD} = 46°45'24''$　　导线全长闭合差$f = \sqrt{f_x^2 + f_y^2} = 0.20m$

$f_\beta = \alpha'_{CD} - \alpha_{CD} = -36''$　　导线相对闭合差$K = \frac{1}{\sum D/f} \approx \frac{1}{3700}$

$f_{\beta允} = \pm 60''\sqrt{n} = \pm 147''$　　允许相对闭合差$K_{允} = 1/2000$

（2）坐标增量闭合差的计算。依据附合导线的工作原理，其线路的各导线边的纵、横平面坐标增量的代数和理论值应分别等于终、始两点的纵、横已知平面坐标值之差，即

$$\sum \Delta x_{理} = x_C - x_A \tag{6-23}$$

$$\sum \Delta y_{理} = y_C - y_A \tag{6-24}$$

而按实测边长计算出的导线各边纵、横坐标增量之和分别为$\Delta x_{测}$和$\Delta y_{测}$，则纵、横坐标增量闭合差f_x，f_y按下式计算

$$f_x = \sum \Delta x_{测} - \sum \Delta x_{理} = \sum \Delta x_{测} - (x_C - x_A) \tag{6-25}$$

$$f_y = \sum \Delta y_{测} - \sum \Delta y_{理} = \sum \Delta y_{测} - (y_C - y_A) \tag{6-26}$$

附合导线的导线全长闭合差f_D、全长相对闭合差K和容许相对闭合差$K_{容}$的计算，以及纵、横坐标增量闭合差f_x，f_y的调整，与闭合导线内业计算方法完全相同。附合导线内业计

算的结果，见表 6－8 的算例。

4. 支导线的内业计算

支导线的内业计算与闭合导线的计算原理基本相同，只不过在计算时一般直接利用外业观测的角度及边长，进行导线边的坐标方位角的推算和导线边坐标增量的计算，最终依据起算点坐标，依次求取支导线点的平面坐标。以图 6－8 为例，其具体计算步骤如下：

（1）设直线 $C'C$ 的坐标方位角为 $\alpha_{C'C}$，按式（6－4）计算各导线边的坐标方位角。

（2）由各边的坐标方位角和边长，按式（6－2）计算各相邻导线点的纵、横坐标增量。

（3）依据 C 点的平面坐标，按式（6－1）或式（6－3）依次推算 P_2、P_3 各导线点的坐标。

6.3 交会定点测量

交会定点测量是加密控制点的常用方法，它可以在数个已知控制点上设站，分别向待定点观测方向或距离，也可以在待定点上设站向数个已知控制点观测方向或距离，最后计算出待定点的坐标。常用的交会测量方法有前方交会、后方交会和测边交会等。

6.3.1 前方交会

前方交会即在已知控制点上设站观测水平角，根据已知点坐标和观测角值，计算待定点坐标的一种控制测量方法。如图 6－18 所示，在已知点 A（x_A，y_A）、B（x_B，y_B）上安置经纬仪（或全站仪）分别向待定点 P 观测水平角 α 和 β，便可以计算出 P 点的坐标。为保证交会定点的精度，在选定 P 点时，应使交会角 γ 处于 30°～150°之间，最好接近 90°。

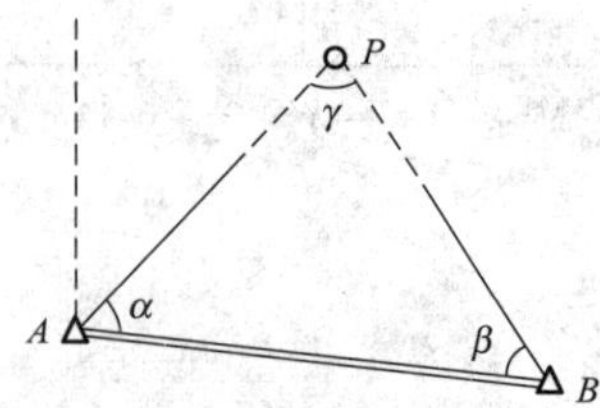

图 6－18 前方交会

通过坐标反算，求得已知边 AB 的坐标方位角 α_{AB} 和边长 S_{AB}，然后根据观测角 α 可推算出 AP 边的坐标方位角 α_{AP}，由正弦定理可求的 AP 边的边长 S_{AP}。最终，依据坐标正算公式，即可求得待定点 P 的坐标，即

$$\left.\begin{aligned} x_P &= x_A + S_{AP}\cos\alpha_{AP} \\ y_P &= y_A + S_{AP}\sin\alpha_{AP} \end{aligned}\right\} \tag{6-27}$$

当△ABP 的点号 A（已知点）、B（已知点）、P（待定点）按逆时针编号时，可得到前方交会求待定点 P 的坐标的一种余切公式，即

$$\left.\begin{aligned} x_P &= \frac{x_A\cot\beta + x_B\cot\alpha + (y_B - y_A)}{\cot\alpha + \cot\beta} \\ y_P &= \frac{y_A\cot\beta + y_B\cot\alpha - (x_B - x_A)}{\cot\alpha + \cot\beta} \end{aligned}\right\} \tag{6-28}$$

若 A、B、P 按顺时针编号，则相应的余切公式为

$$x_P = \frac{x_A \cot\beta + x_B \cot\alpha - (y_B - y_A)}{\cot\alpha + \cot\beta}$$
$$y_P = \frac{y_A \cot\beta + y_B \cot\alpha + (x_B - x_A)}{\cot\alpha + \cot\beta} \quad (6-29)$$

在实际工作中，为了检核交会点的精度，通常从三个已知点 A、B、C 上分别向待定点点 P 进行角度观测，分成两个三角形利用余切公式解算交会点 P 的坐标。若两组计算出的坐标的较差 e 在允许限差之内，则取两组坐标的平均值为待定点 P 的最后坐标。对于图根控制测量，两组坐标较差的限差规定为不大于两倍测图比例尺精度，即

$$e = \sqrt{(x'_P - x''_P)^2 + (y'_P - y''_P)^2} \leqslant 2 \times 0.1 \times M(\text{mm}) \quad (6-30)$$

式中 M——测图比例尺分母。

6.3.2 后方交会

若只在待定点安置经纬仪（或全站仪），向三个已知控制点观测两个水平角 α 和 β，从而解求出待定点的坐标，此种交会的方法称为后方交会。

如图 6-19 所示的后方交会中，A、B、C 为已知控制点，P 为待定点，通过在 P 点安置仪器，观测水平角 α、β、γ 和检查角 θ，即可唯一确定出 P 点的坐标。测量上，称由不在同一条直线上的三个已知点 A、B、C 所构成的外接圆为危险圆，若 P 点处在危险圆的圆周上，则 P 点将不能唯一确定；若接近危险圆（待定点 P 到危险圆圆周的距离小于危险圆半径的 1/5），确定 P 点的可靠性将很低，所以，在用后方交会法布设野外交会点时应避免上述情形。具体布点时，待定点 P 可以在已知点所构成的三角形 ABC 之外，也可以在其内(图 6-19)。

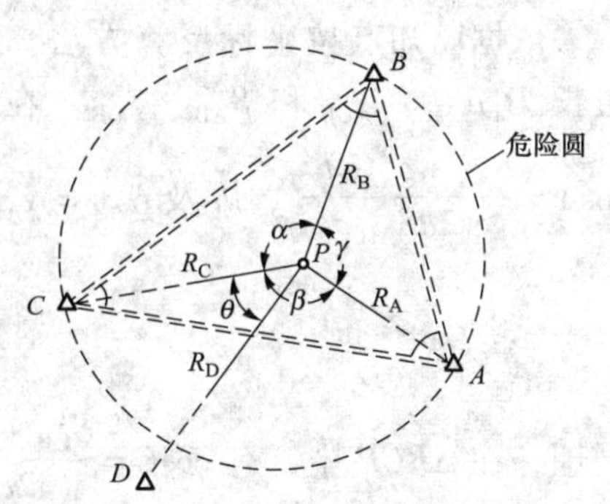

图 6-19 后方交会

后方交会的计算方法很多，下面给出一种实用公式（推导略）。

在图 6-19 中，设由三个已知点 A、B、C 所组成的三角形的三个内角分别表示为 A、B、C，在 P 点对 A、B、C 三点观测的水平方向值分别为 R_A、R_B、R_C，构成的三个水平角 α、β、γ 为

$$\left.\begin{aligned} \alpha &= R_B - R_C \\ \beta &= R_C - R_A \\ \gamma &= R_A - R_B \end{aligned}\right\} \quad (6-31)$$

设 A、B、C 三个已知点的平面坐标为 (x_A, y_A)、(x_B, y_B)、(x_C, y_C)，令

$$\left.\begin{aligned} P_A &= \frac{1}{\cot A - \cot\alpha} = \frac{\tan\alpha \tan A}{\tan\alpha - \tan A} \\ P_B &= \frac{1}{\cot B - \cot\beta} = \frac{\tan\beta \tan B}{\tan\beta - \tan B} \\ P_C &= \frac{1}{\cot C - \cot\gamma} = \frac{\tan\gamma \tan C}{\tan\gamma - \tan C} \end{aligned}\right\} \quad (6-32)$$

则待定点 P 的坐标计算公式为

$$\left.\begin{aligned} x_P &= \frac{P_A x_A + P_B x_B + P_C x_C}{P_A + P_B + P_C} \\ y_P &= \frac{P_A y_A + P_B y_B + P_C y_C}{P_A + P_B + P_C} \end{aligned}\right\} \tag{6-33}$$

如果将 P_A、P_B、P_C 看作是 A、B、C 三个已知点的权，则待定点 P 的平面坐标值就是三个已知点坐标的加权平均值。

实际作业时，为避免错误发生，通常应从 A、B、C、D 四个已知点分成两组，并观测出交会角，计算出待定点 P 的两组坐标值，求其较差，若较差在限差之内，取两组坐标值的平均值作为待定点 P 的最终平面坐标。

6.3.3 测边交会

测边交会又称三边交会，是一种测量边长交会定点的控制方法。如图 6－20 所示，A、B、C 三个已知点，P 为待定点，A、B、C 按逆时针排列，a、b、c 为边长观测数据。

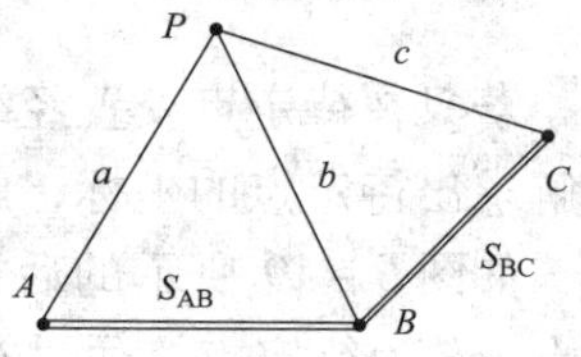

图 6－20 平面测边交会

依据已知点按坐标反算方法，反求已知边的坐标方位角和边长为 α_{AB}、α_{CB} 和 S_{AB}、S_{CB}。在 $\triangle ABP$ 中，由余弦定理得：$\cos A = \dfrac{S_{AB}^2 + a^2 - b^2}{2aS_{AB}}$，顾及 $\alpha_{AP} = \alpha_{AB} - A$，则

$$\left.\begin{aligned} x'_P &= x_A + a \times \cos\alpha_{AP} \\ y'_P &= y_A + a \times \sin\alpha_{AP} \end{aligned}\right\} \tag{6-34}$$

同理，在 ΔBCP 中，有 $\cos C = \dfrac{S_{CB}^2 + c^2 - b^2}{2cS_{CB}}$，顾及 $\alpha_{CP} = \alpha_{CB} + C$，则

$$\left.\begin{aligned} x''_P &= x_C + c \times \cos\alpha_{CP} \\ y''_P &= y_C + c \times \sin\alpha_{CP} \end{aligned}\right\} \tag{6-35}$$

根据此两式计算出待定点的两组坐标，并计算其较差，若较差在允许限差之内，则可取两组坐标值的算术平均值作为待定点 P 的最终坐标。

6.4 高程控制测量

高程控制测量主要采用水准测量和三角高程测量方法，测定各等级水准点和平面控制点的高程。按用途可分为国家高程控制测量、城市高程控制测量和工程高程控制测量。城市水准测量按精度分为二、三、四等以及用于地形测量的图根水准测量。而工程水准测量按精度分为二、三、四、五等以及用于地形测量的图根水准测量。三角高程用于测定各等级平面控制点的高程。工程水准测量和图根水准测量通常统称为普通水准测量，也称等外水准测量。

国家高程系统，现采用“1985 国家高程基准”。对城市和工程高程控制，凡有条件的都应采用国家高程系统。

三四等水准测量已在第二章介绍，此处重点介绍三角高程测量。

在地面高低起伏较大的地区测定地面点的高程时，若用水准测量的方法进行测量，则速度慢、困难大，因而在实际工作中常采用三角高程测量的方法来测取地面点的高程。三角高程测量的基本思想是根据三角原理，利用由测站向照准点所观测的竖角和它们间的距离，计算测站点与照准点之间的高差。

6.4.1 三角高程测量的基本原理

三角高程测量是根据两点的水平距离和竖直角计算两点的高差。如图6-21所示，已知A点高程H_A，要测定B点高程H_B，可在A点安置经纬仪，在B点竖立标杆，用望远镜中丝瞄准标杆的顶点M，测得竖直角α，量出标杆高v及仪器高i，再根据AB的平距D，则可算出AB的高差

$$h = D\tan\alpha + i - v \tag{6-36}$$

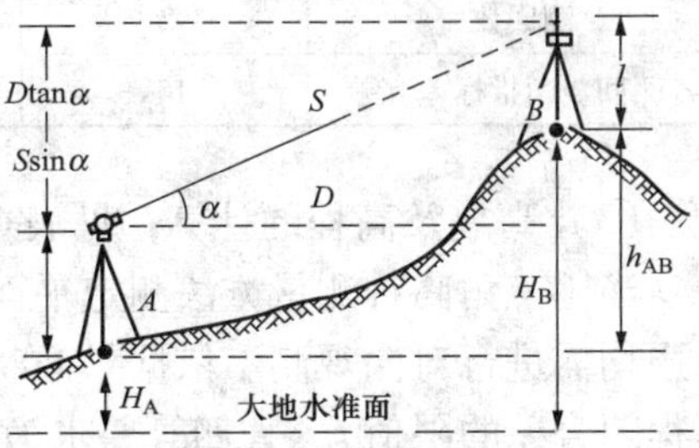

图6-21 三角高程测量

B点的高程为

$$H_B = H_A + h = H_A + D\tan\alpha + i - v \tag{6-37}$$

当两点的距离大于300m时，式（6-40）应考虑地球曲率和大气折光对高差的影响，其值f（称为两差改正）为$0.43\dfrac{D^2}{R}$，D为两点间水平距离，R为地球平均曲率半径。

三角高程测量，一般应进行往返观测，即由A（为已知高程点）向B（为未知点）观测称为直觇；反之，由B向A观测称为反觇。这样的观测方法，称为对向观测，或称双向观测。该种观测方法可以消除地球曲率和大气折光的影响。三角高程测量对向观测所求得的高差较差不应大于$0.1D$（D为平距，以km为单位），若符合要求，取两次高差的平均值作为两点的测量高差。

6.4.2 三角高程测量的观测和计算

（1）在测站上安置经纬仪或全站仪，量仪器高i；在目标点上安置觇牌或反光棱镜，量取觇牌高v，量高度时，要求读至0.5cm，并量两次，若两次测量较差不超过1cm时，取其平均值作为最终值高度值（取至厘米位）记入表6-9。

表6-9 三角高程测量观测数据与计算

起算点	A		B	
待定点	B		C	
往返测	往	返	往	返
斜距S	593.391	593.400	491.360	491.301
竖直角α	+11°32′49″	−11°33′06″	+6°41′48″	−6°42′04″
$S\sin\alpha$	118.780	−118.829	57.299	−57.330
仪器高i	1.440	1.491	1.491	1.502
觇牌高v	1.502	1.400	1.522	1.441
两差改正f	0.022	0.022	0.016	0.016
单向高差h	+118.740	−118.716	+57.284	−57.253
往返平均高差$\bar{h}$	+118.728		+57.268	

（2）用中横丝瞄准目标，将竖盘水准管气泡居中，读取竖盘读数，盘左、盘右观测为一个测回，计算竖直角记入表中。其竖直角观测的测回数及限差见表6-10。

表6-10　竖直角观测测回数及限差

等　级	一、二级小三角		一、二、三级导线		图根控制
仪器	DJ_2	DJ_6	DJ_2	DJ_6	DJ_6
测回数	2	4	1	2	1
各测回竖角指标差互差	15″	25″	15″	25″	25″

（3）高差及高程的计算，见表6-9。

当用三角高程测量方法测定平面控制点的高程时，应组成闭合或符合的三角高程路线。每边均需进行对向观测。依据对向观测所求得的高差平均值，计算出闭合环线或符合路线的高程闭合差的限值$f_{h容}$，四等要求为

$$f_{h容} = \pm 20\sqrt{\sum D}\ \text{mm}$$

式中　D——各边的水平距离，以km为单位。

当f_h不超过$f_{h容}$时，按边长成正比例的原则，将f_h反符号分配于各高差之中，然后用改正后的高差，由起始点的高程计算出各待求点的高程。

第 7 章

大比例尺地形图测绘

地球表面上复杂多样的物体和千姿百态的地表形状，在测量工作中可概括为地物和地貌。地物是指地球表面上自然和人造的固定性物体，如河流、湖泊、道路、建（构）筑物和植被等；地貌是指高低起伏、倾斜缓急的地表形态，如山地、盆地、凹地、陡壁和悬崖等。地物和地貌总称为地形。

当测区面积不大，不考虑地球曲率影响，可以将地面上的各地物及地貌点位和图形沿铅垂线方向投影到水平面上，然后依相似原理将投影点位与图形按一定的比例尺缩小绘在图纸上，这种图称为平面图。若测区范围很大，顾及地球的曲率影响，采用特殊的投影方法，将地面上的图形缩小编绘在图纸上的这种图称为地图。而在工程建设中常将表示地物平面位置的图称为平面图，也称为地物图。如果图上不仅表示地物的位置，而且用等高线符号把地面的高低起伏的地貌情况表示出来，即按一定的比例尺，用规定的符号来表示地物、地貌平面位置和高程的正射投影图就称为地形图。

各项经济建设和国防建设，都需要利用地形图这一基础资料来进行规划和设计，这是因为在地形图上处理和研究问题，有时要比在实地来得方便和迅速，考虑的问题也更加周全。同时在地形图上可以直接量测出地面点之间的距离、高差和方向，从而为进一步认识整个工作区域的地形情况，以便合理开发利用、改造自然、保护环境打下了数据基础，为规划设计建立方案提供了详细的原始地面资料。因而，掌握地形图的基本要素、地形图的测绘方法以及地形图在工程建设中的应用方法，对工程人员来说，显得非常重要。

7.1　地形图的要素

地形图描绘的内容主要是地物和地貌，必须用国家规定的地形图图示符号和注记来表示。规定的符号和注记构成了地形图的基本要素，借助于这些要素便可以认识地球表面的自然形态与特征，了解本区域的地物与地貌的相互位置关系及地理概况。借助于工程建设地区的地形图，便可以了解待建地区的自然结构、地形和环境条件等信息，以便使勘测、规划、设计能充分利用地形条件，优化设计施工方案，使工程建设更加合理、适用、经济、安全。

图 7－1 为某地马家河村地形图的内、外图廓的示意图。要掌握地形图的基本构成，首先要了解地形图图廓外的信息、熟悉图示符号、掌握地物、地貌等要素的表达方法，下面，首先介绍地形图图廓外的要素信息。

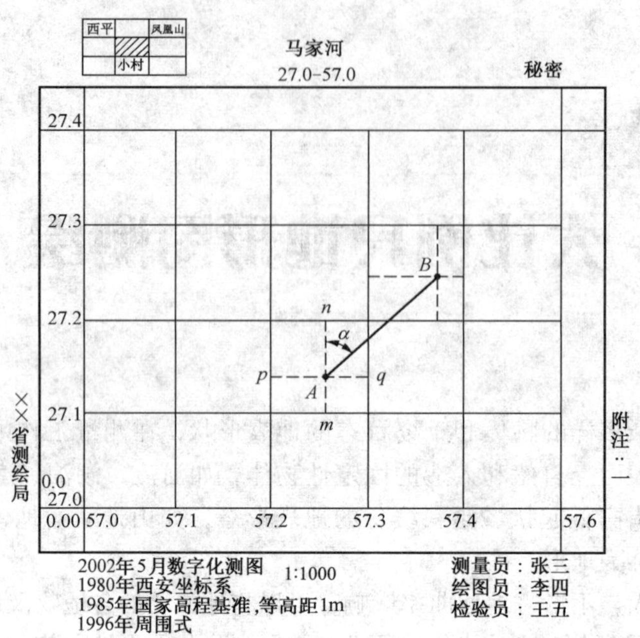

图 7－1 地形图

7.1.1 地形图图廓外注记的基本要素

地形图图廓外注记的内容包括图号、图名、接图表、比例尺、坐标系、使用图式、等高距、测图日期、测绘单位、图廓线、坐标格网、测量人员、附注等，它们分布在东、南、西、北四面图廓线外。

1. 图名、图号和接图表

为了区别各幅地形图所在的位置和拼接关系，每一幅地形图都编有图号和图名。图号是根据统一的分幅进行编号的，图名是用本图内最著名的地名、最大的村庄或突出的地物、地貌等的名称来命名的。图号、图名注记在北图廓上方的中央，如图 7－1 所示。

在图的北图廓左上方，画有该幅图四邻各图号（或图名）的略图，称为接图表。中间一格画有斜线的代表本图幅，四邻分别注明相应的图号（或图名）。接图表的作用是便于查找到相邻的图幅，以便于图样的拼接。

2. 测图比例尺与比例尺精度

地形图上一段直线的长度与地面上相应线段的实际水平长度之比，称为地形图的比例尺。比例尺有数字比例尺和直线比例尺两类。在工程建设中，通常使用的是 1∶5000，1∶2000，1∶1000 和 1∶500 这四种大比例尺地形图，此类地形图一般只标注数字比例尺。

数字比例尺取分子为 1，分母为整数的分数表达。设图上某一直线长度为 d，相应的实地水平距离为 D，则图的比例尺为$\frac{d}{D}=\frac{1}{M}$，其中，$M=\frac{D}{d}$，为比例尺的分母。该比例尺也可写成 1∶M，M 越大，分数值越小，则比例尺就越小。图 7－1 的比例尺为 1∶1000。

由于人们在图上用肉眼能分辨的最小距离一般为 0.1mm，因此在图上度量或者实地测图描绘时，就只能达到图上 0.1mm 的精确性。如果地形图的比例尺为 1∶M，则将图上 0.1mm 所表示的实地水平距离 0.1M（单位为 mm）称为比例尺精度。根据比例尺精度，可以确定测绘地形图的距离测量精度。例如，测绘 1∶1000 比例尺地形图时，其比例尺精度为 0.1m，故量距的精度只需到 0.1m，因为小于 0.1m 的距离在地形图上是表示不出来的。由其定义可知，比例尺越大，其图纸表达地物、地貌就越详细和精确，但相应的测绘工作量和支出的测绘经费也会成倍增加。

比例尺精度的概念对测图和设计用图都有重要的意义。在进行工程设计时，若规定了在基础地形图上应能量出的最短长度时，此时即可根据设计精度要求，反过来也可以确定基础地形图的测图比例尺。例如某项工程，要求在图上能反映地面上 30cm 的精度，则采用的最适合的比例尺应为 1∶2000。也就是说，在工程建设中，欲采用何种测图比例尺，应从工程规划、施工实际需要的精度而定。

3. 平面坐标系统和高程系统

对于大比例尺地形图，通常采用国家统一的高斯平面坐标系，如“1954 北京坐标系”或“1980 西安坐标系”。图 7－1 采用的是 1980 西安坐标系。

城市地形图一般采用以通过城市中心的某一子午线为中央子午线的任意带的高斯平面坐标系，称为城市独立平面坐标系。

当工程建设范围比较小时，也可采用把测区作为平面看待的假定平面直角坐标系

高程系统一般使用“1956 年黄海高程系”或“1985 国家高程基准”。

地形图采用的坐标系和高程系统在南图廓外的左下方用文字说明，如图 7－1 所示。

4. 图廓与图幅

图廓是图幅四周的范围线。图幅是指地形图的分幅方式，通常分为矩形分幅和梯形分幅两种。在图 7－1 中为矩形分幅。矩形图幅有内图廓和外图廓之分。内图廓是地形图分幅时的坐标格网线，也是图幅的边界线。外图廓是距内图廓以外一定距离绘制的加粗平行线，仅起装饰作用。在内图廓外四角处注有坐标值，并在内图廓线内侧，每隔 10cm 绘有 5mm 的短线，表示坐标格网线位置。在图幅内每隔 10cm 绘有坐标格网交叉点，如图 7－1 所示。

在实际测绘较大区域的地形图时，由于单张图纸的尺寸有限，不可能将测区内的所有地形都绘制在一幅图内，因此，需要分幅测绘地形图，即必须根据测区情况和比例尺的大小，进行地形图的分幅，并对每一图幅予以编号。按国家《1∶500　1∶1000　1∶2000 地形图图式》的规定：1∶500～1∶2000 比例尺地形图一般采用 50cm×50cm 正方形分幅或 40cm×50cm 矩形分幅；根据需要，也可以采用其他规格的分幅。1∶2000 地形图也可以采用经纬度统一分幅。

地形图编号一般采用图廓西南角坐标公里数编号法，也可选用流水编号法或行列编号法等。

采用图廓西南角坐标公里数编号法时 x 坐标在前，y 坐标在后（如图 7－1 中的 27.0～57.0）。1∶500 地形图取至 0.01km（如 10.40～21.75），1∶1000、1∶2000 地形图取至 0.1km（如 10.0～21.0）。

带状测区或小面积测区，可按测区统一顺序进行编号，一般从左到右，从上到下用数字 1，2，3，4 等编定，如图 7－2 所示的“关山－7”，其中“关山”为测区地名。

也可按行列进行编号，行列编号法一般以代号（如A，B，C，D…）为横行，由上到下排列，以数字1，2，3等为代号的纵列，从左到右排列来编定，先行后列，如图7－3中的A－4。

	关山-1	关山-2	关山-3	关山-4	
关山-5	关山-6	关山-7	关山-8	关山-9	关山-10
关山-11	关山-12	关山-13	关山-14	关山-15	关山-16

图7－2　按测区统一顺序进行编号

A-1	A-2	A-3	A-4	A-5	A-6
B-1	B-2	B-3	B-4		
	C-2	C-3	C-4	C-5	C-6

图7－3　按行列进行编号

当采用国家统一坐标系时，图廓间的公里数根据需要应加注带号和百公里数，如$X:{}^{43}27.8$，$Y:{}^{374}57.0$。

5. 测图日期和测图单位及人员

测量时间标注在图廓外的左下端，测量人员标注在图廓外的右下端。有时还要确定图纸的保密等级和绘制单位等信息，如图7－1所示。

7.1.2　地形图的内图廓的地形要素

地形图内图廓的地形要素主要为地物和地貌信息。地形图上的地物、地貌是用不同的地物符号、地貌符号和文字注记和数字注记表示的。比例尺不同，地物、地貌的取舍标准也不同，所以，在绘制地形图时，应按照一定的原则在图纸上表达地物和地貌。

1. 地物符号

（1）地物测绘的一般原则。地物在地形图上进行表示的一般原则是：凡能按比例尺表示的地物，应将它们的水平投影位置的几何形状依照测图比例尺描绘在地形图上，如建筑物、铁路、双线河等；或将其边界位置按比例尺表示在图上，边界内绘上相应的符号，如果园、森林、农田等。不能按比例尺表示的地物，在地形图上应用相应的地物符号表示出地物的中心位置，如水塔、烟囱、控制点等；凡是长度能按比例尺表示，而宽度不能按比例尺表示的地物，则应将其长度按比例尺如实表示，宽度以相应的符号表示。

地物测绘时，必须根据规定的比例尺，按规范和地形图图式的要求，进行综合取舍，将各种地物表示在地形图上。

（2）地物符号。地形图上表示地物类别、形状、大小和位置的符号称为地物符号。如房屋、道路、河流和森林等均为地物。这些地物在图上是采用国家统一编制的《地形图图式》中的地物符号来表示的。根据地物的大小及描绘方法的不同，地物符号分为比例符号、非比例符号、半比例符号和地物注记。

1）比例符号。能将地物的形状和大小按测图比例尺如实缩小，并描绘在图纸上所用规定的符号称为比例符号，如房屋、湖泊、农田等。这些符号与地面上实际地物的形状相似。

可以在图上量测地物的面积。

当用比例符号仅能表示地物的形状和大小，而不能表示出其地物类别时，应在轮廓内加绘相应符号，以指明其地物类别。

2）半比例符号。某些带状的狭长地物，如铁路、电线、管道等，其长度可以按比例缩绘，但宽度不能按比例缩绘的狭长地物符号，称为半比例符号或线性符号。半比例符号的中心线即为实际地物的中心线。这种符号可以在图上量测地物的长度，而不能量测其宽度。

3）非比例符号。当地物的实际轮廓较小，无法按测图比例尺直接缩绘到图纸上，但因其重要性又必须表示时，可不管其实际尺寸大小，均用规定的符号来表示，这类地物符号称为非比例符号，如测量控制点、独立树、烟囱等。这种地物符号和有些比例符号随着测图比例尺的不同是可以转化的。

非比例符号只能表示物体的位置和类别，不能用来确定物体的实际尺寸。

4）地物注记。当应用上述三种符号还不能清楚表达地物的属性时，如建筑物的结构及层数、河流的流速、农作物、森林种类等，而采用文字、数字来说明各地物的属性及名称。这种对地物加以说明的文字、数字或特有符号，称为地物注记。单个的注记符号既不表示位置，也不表示大小，仅起注解说明的作用。

地物注记可分为地理名称注记、说明文字注记、数字注记三类。

在地形图上对于某个具体地物的表示，是采用何种类型的地物符号，主要由测图比例尺和地物的大小而定，一般而言，测图比例尺越大，用比例符号描绘的地物就越多；反之，就越少。随着比例尺的增大，说明文字注记和数字注记的数量也相应增多。

2. 地貌符号

地貌是地球表面上高低起伏的各种形态的总称，是地形图上最主要的要素之一。地表起伏变化的形状，常分为平坦地、丘陵地、山地、高山地等几类。在地形图上，表示地貌的方法很多，一般常用的表示方法为等高线法。对于等高线不能表示或不能单独表示的地貌，通常用地貌符号和必要的地貌注记来表示。

（1）等高线、等高距和示坡线。一定区域范围内的地面上高程相等的相邻点所连成的封闭曲线称为等高线。事实上，等高线为一组高度不同的空间平面曲线，地形图上表示的仅是它们在投影面上的投影，在没有特别指明时，通常将地形图上的等高线投影简称为等高线，如图7－4所示。

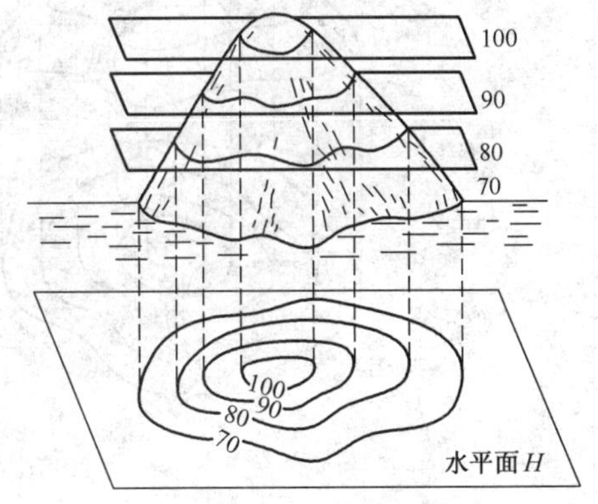

图7－4 等高线表示地貌

地形图上相邻两高程不同的等高线之间的高差，称为等高距，用h表示。等高距越小则图上等高线越密，地貌显示就越详细、确切，但图面的清晰程度相应较低，且测绘工作量大大增加；反之，等高距越大则图上等高线越稀，地貌显示就越粗略。因此，在测绘地形图时，等高距的选择必须根据地形高低起伏程度、测图比例尺的大小和使用地形图的目的等因素来决定，对同一幅地形图而言，其等高距是相等的，因此地形图的等高距也称为基本等高距。根据测图比例尺和地面的坡度关系对基本等高距有不同的要求，见表7－1。

表 7-1 大比例尺地形图的基本等高距

地形类别与地面倾角		比例尺			
		1:500	1:1000	1:2000	1:5000
平地	$\alpha<30$	0.5	0.5	1	2
山地	$3\leqslant\alpha<10$	0.5	1	2	5
山地	$10\leqslant\alpha<25$	1	1	2	5
高山地	$\alpha\geqslant25$	1	2	2	5

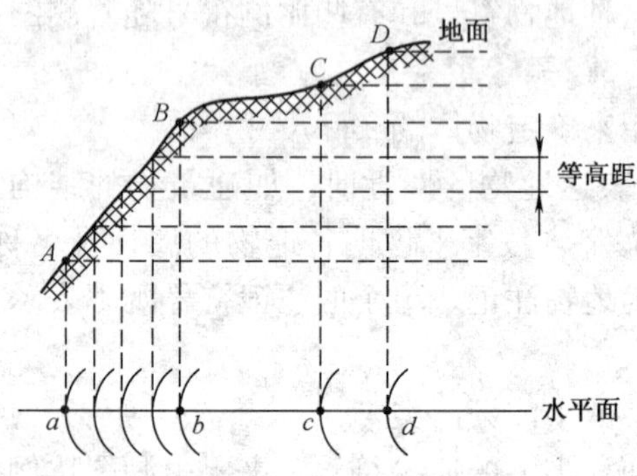

图 7-5 等高线平距与地面坡度的关系

地形图上相邻等高线间的水平距离，称为等高线平距。由于同一地形图上的等高距相同，故等高线平距的大小与地面坡度的陡缓有着直接的关系。等高线平距越小，地面坡度越陡；平距越大，则地面坡度越缓；地面坡度相等，等高线平距相等。等高距 h 与等高线平距 D 的比值即为地面坡度 i，即 $i=h/D$。等高线平距与地面坡度的关系如图 7-5 所示。

在描绘盆地和山头、山脊和山谷等典型地貌时，通常在某些等高线的斜坡下降方向绘一短线来表示坡向，此种短线称为示坡线。如图 7-6 所示，山头的示坡线仅表示在高程最大的等高线上；而盆地的示坡线却一般选择在最高、最低两条等高线上表示，以便能明显地表示出坡度方向。

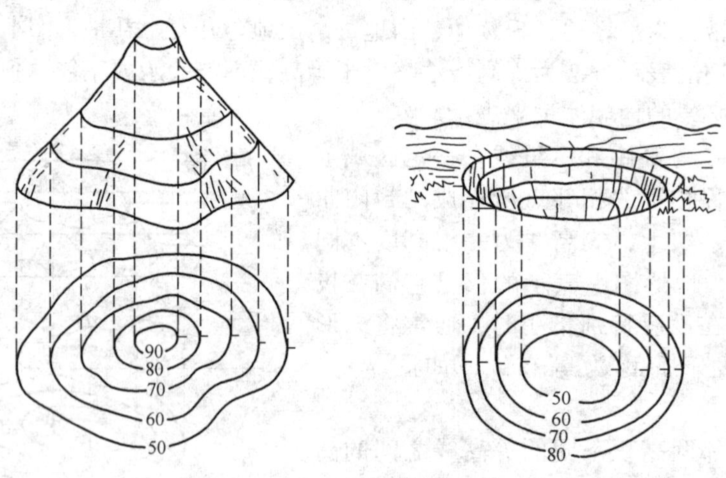

图 7-6 山头和盆地的等高线及示坡线

（2）等高线的分类。为了更好地描绘地貌的特征，便于识图和用图，地形图的等高线又分为首曲线、计曲线、间曲线、助曲线四种，如图 7-7 所示。

1）首曲线。在地形图上，按规定的等高距（即基本等高距）描绘的等高线称为首曲线，又称基本等高线，首曲线用 0.15mm 的细实线描绘。

2）计曲线。凡是高程能被5倍基本等高距整除的等高线称为计曲线，也称加粗等高线，计曲线用0.3mm的粗实线描绘并标上等高线的高程。

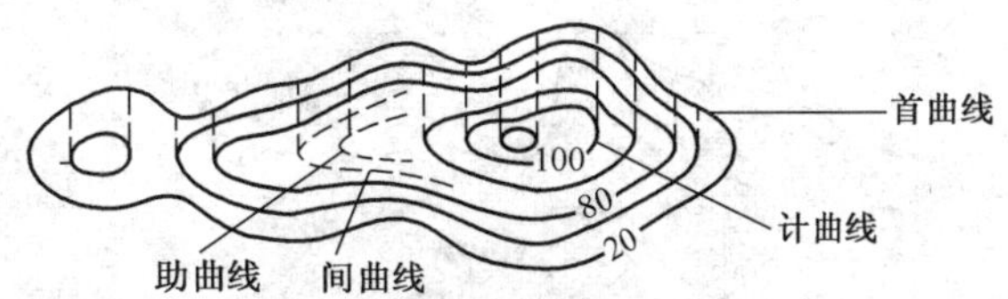

图7－7　等高线的分类

3）间曲线。当用首曲线不能表示某些微型地貌而又需要表示，可加绘按1/2基本等高距描绘的等高线，称为间曲线，间曲线用0.15mm的长虚线描绘。在平坦地当首曲线间距过稀时，可加绘间曲线。间曲线可不闭合而绘至坡度变化均匀为止，但一般应对称。

4）助曲线。当用间曲线还不能表示应该表示的微型地貌时，还可在间曲线的基础上再加绘按1/4基本等高距描绘的等高线，称为助曲线，助曲线用0.15mm的短虚线描绘。同样，助曲线可不闭合而绘至坡度变化均匀为止，但一般应对称。

（3）等高线的特性。根据等高线表示地貌的规律性，可以归纳出等高线的特性如下：

1）同一条等高线上各点的高程相等。

2）等高线是闭合曲线，不能中断（间曲线除外），如果不在同一幅图内闭合，则必定在相邻的其他图幅内闭合。

3）等高线只有在陡崖或悬崖处才会重合或相交。

4）等高线经过山脊或山谷时改变方向，因此山脊线与山谷线应和改变方向处的等高线的切线垂直相交。

5）在同一幅地形图内，基本高线距是相同的，因此，等高线平距大表示地面坡度小；等高线平距小则表示地面坡度大；平距相等则坡度相同。倾斜平面的等高线是一组间距相等且平行的直线。

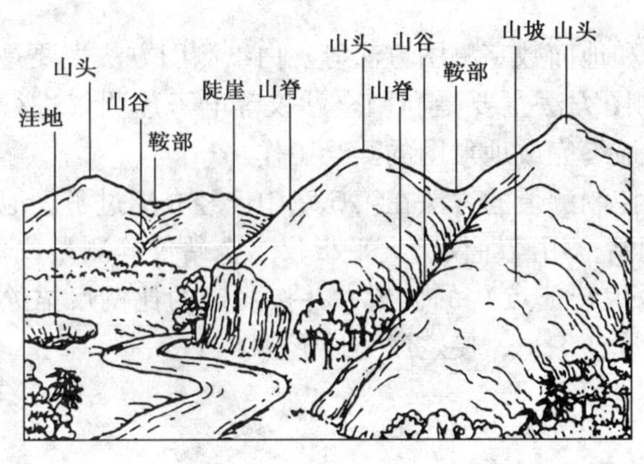

图7－8　几种典型地貌

（4）几种典型地貌的等高线。地球表面高低起伏的形态千变万化，但经过仔细研究分析就会发现它们都是由几种典型的地貌综合而成的。了解和熟悉典型地貌的等高线，有助于正确地识读、应用和测绘地形图。典型地貌主要有：山头和洼地、山脊和山谷、鞍部、陡崖和悬崖等，如图7－8所示。

1）山头和洼地。如图7－6所示，分别表示出山头和洼地的等高线，两者都是一组闭合曲线，极其相似。山头的等高线由外圈向内圈高程逐渐增加，洼地的等高线外圈向内圈高程逐渐减小，这样就可以根据高程注记区分山头和洼地。也可以用示坡线来指示斜坡向下的方向。在山头、洼地的等高线上绘出示坡线，有助于地貌的识别。

2）山脊和山谷、鞍部。山坡的坡度和走向发生改变时，在转折处就会出现山脊或山谷地貌（图7－9）。

山脊的等高线均向下坡方向凸出，两侧基本对称。山脊线是山体延伸的最高棱线，也称分水线。山谷的等高线均凸向高处，两侧也基本对称。山谷线是谷底点的连线，也称集水

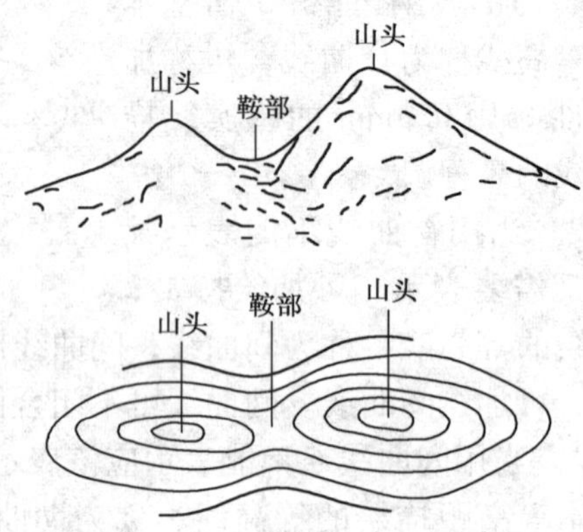

图 7 - 9　山脊和山谷、鞍部的等高线

线。相邻两个山头之间呈马鞍形的低凹部分称为鞍部。鞍部是山区道路选线的重要位置。鞍部左右两侧的等高线是近似对称的两组山脊线和两组山谷线。

另外，还有陡崖和悬崖等。陡崖是坡度在 70°以上的陡峭崖壁，有石质和土质之分。如果用等高线表示，将是非常密集或重合为一条线，因此采用陡崖符号来表示。悬崖是上部突出、下部凹进的陡崖。悬崖上部的等高线投影到水平面时，与下部的等高线相交，下部凹进的等高线部分用虚线表示。

7.2　大比例尺地形图的测绘

地形图的测绘方法有传统白纸测图方法和地面数字测图方法等。白纸测图方法主要是用大平板仪、经纬仪等进行测绘；地面数字测图方法主要是利用全站仪等电子速测仪进行工作，其将野外数据采集和室内成图一体化，最终完成地形图的测绘工作。

测图过程应遵循先控制后碎部的原则，控制测量的方法在第 5 章中已经介绍过了。地形图碎部测量是以测图控制点（图根点）为测站，用经纬仪、大平板仪、全站仪等测量仪器，采用碎部测量方法，测定碎部点（地物、地貌特征点）的位置，并按规定的比例尺描绘到图纸上，加注地物、地貌符号，最后经过整饰、编辑，使之成为地形图。

7.2.1　测图前的准备工作

1. 图纸的准备

一般选用有毛面的伸缩性非常小的厚度为 0.07 ~ 0.1mm 的半透明聚酯薄膜纸，其伸缩率应小于 0.02%。此薄膜坚韧耐湿，弄脏后沾可水洗，便于野外作业，也便于图的装饰，但此薄膜易燃、易折。

2. 绘制坐标方格网

图纸准备好后，可采用如下几种方法之一绘制坐标格网。

（1）坐标展点仪：直角坐标展点仪是一种专门用于绘制坐标格网和展绘控制点的仪器，

但由于价格昂贵，只有大的测绘单位才备有。

（2）方眼尺绘制：此尺又称格网尺，是一种专用于手工操作绘制方格网和展点的钢尺。这种尺小巧精密，便于携带，测量人员多有备用。

（3）针刺透点法：将已展好格网的图纸覆盖在要绘制坐标的薄膜上，用针对准格网顶点垂直刺下，然后用铅笔和直尺对准顶点连成格网。

还可以直接用已印刷好的带有方格网的规格聚酯薄膜图样。

3. 展绘控制点

展点前，根据地形图的分幅位置，将坐标格网线的坐标值注记在图框外相应的位置，如图7－10所示，然后进行控制点的展绘。

展点时，先根据控制点的坐标，确定其所在的方格。如图7－10所示，控制点 A 的坐标为 $x_A = 214.60\text{m}$，$y_A = 256.78\text{m}$，可知该点在方格1，2，3，4内，从1，2点分别向右量取 $\Delta y_{2A} = (256.78 - 200)/1000 = 5.678\text{cm}$，定出 a，b 两点；从2，4两点分别向上量取 $\Delta x_{2A} = (214.60 - 200)/1000 = 1.460\text{cm}$，定出 c，d 两点。连接 ab，cd 得到交点即为 A 点的图上位置。然后按控制点的等级采用相应的地物符号，进行点号和高程的标注。

用同样的方法可将其他控制点展绘在图上。展完后，应对图上所展控制点进行检核，要求控制点之间的图上长度与其理论长度之差不应大于图上±0.2mm。

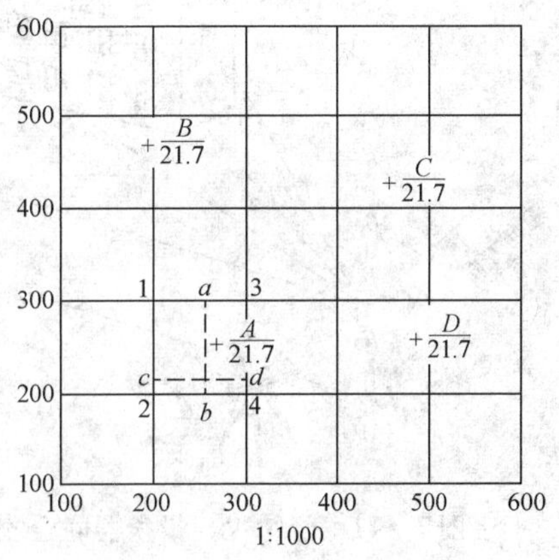

图7－10 控制点的展绘

7.2.2 碎部点的测绘方法

有了控制点后，就可利用控制点作为测站点，把地物、地貌等地形特征点，如房屋的主要轮廓点、道路转弯点、河流岸线的转折点、地类边线的折角点、独立地物的中心点、山头、鞍部以及山脊和山谷的变换点等测定出来，连成图形或绘以相应符号，便可得到地物、地貌的图上形状或中心位置。以下介绍测定碎部点的主要方法。

1. 极坐标法

极坐标法是地形测图中测定碎部点的一种主要方法。极坐标法又分为图解法和解析法。经纬仪图解极坐标法（又称经纬仪、量角器联合测图法，见图7－11）是指用经纬仪直接测定各碎部点相对起始方向（已知控制边）的角度、视距和垂直角，计算出平距和高程，绘图员根据所测水平角、距离，利用半圆规将碎部点描绘在图纸上。经纬仪解析坐标法则是将所测得的数据，依据测站控制点的坐标计算出碎部点的坐标，采用展点法将碎部点按比例尺绘在图纸上。

极坐标法适用于通视良好的开阔地区，每一测站所能测绘的范围较大，且各碎部点都是独立测定的，不会产生累积误差，相互间不会发生影响，如有测错的点便于查找、改正，不影响全局。但该法由于须逐点竖立标尺，故工作量和劳动量较大，对于难以到达的碎部点，用此法困难较大。

2. 距离交会法

对于隐蔽地区，尤其是居民区内通视条件不好的少数地物的测绘，采用距离交会比较方便。其方法如图 7－12 所示。在测站Ⅰ上用极坐标法直接测定 1，2 点的平面位置，并量取 1A，2B 距离，按几何作图方法绘出大房轮廓，再利用大房投影点推求其背后看不到的小房，在已测点 A，B 处分别向 3，4 各点丈量其距离，然后在图上按测图比例尺用两脚规截取图上长度，分别以 A，B 的投影点为圆心，相应各点至圆心的图上长度为半径画弧，取两相应弧线的交点，即得所求碎部点的图上位置。

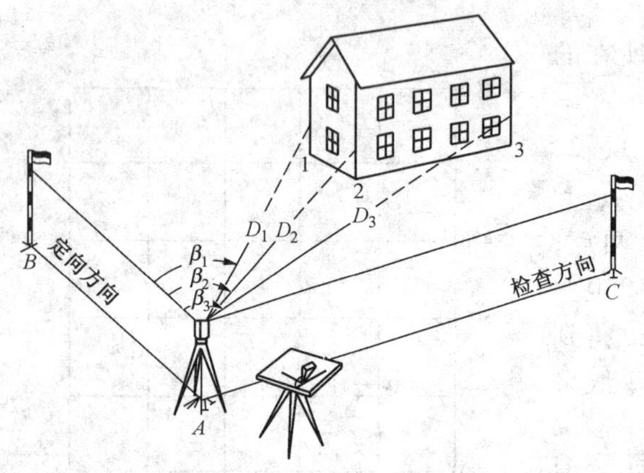

图 7－11　经纬仪、量角器联合测图法

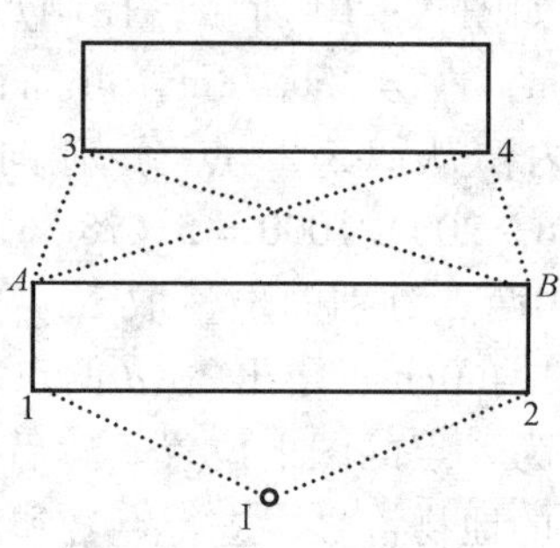

图 7－12　距离交会法

3. 方向交会法

该方法适用于通视良好、特征点目标明显但距离较远或不便于测距的情况。其方法是：在两相邻控制点上分别建立测站，并对同一地面特征点进行照准，在图纸上描绘其对应方向线，则相应的两方向的交点即为所测特征点在图上的平面位置。应用方向交会时，要注意交会角应在 30°～150°范围内，以保证点位的准确性，同时最好有第三个方向作检核。

其优点是可以不测距离而求得碎部点的位置，若使用恰当，可减少立尺点的数量，以提高作业速度。

7.2.3　经纬仪、量角器联合测图法

1. 地物、地貌的测绘

测绘地形图的关键在于正确选择地物、地貌特征点进行测绘，点位选得恰当，就会事倍功半，提高测图效率。

地物特征点是指能反映地物轮廓范围、形状大小的点。如各类建筑物、构筑物及其主要附属设施等房屋外廓墙角点，道路、河流、管线这类线状延伸的地物的拐弯点、交叉点，独立地物的中心点等。由于地物形状极不规则，一般规定地物轮廓凹凸部分在图上小于 0.5mm 或 1∶500 比例尺图上小于 1mm 时，可用直线连接所绘特征点，以此绘出与实地地物相似的地物图形。水系及其附属物，宜按实际形状测绘。

地貌特征点是指对地形的高低起伏、转折变化具有特殊性且又有代表性的点，可通过选

择山顶、山脚、鞍部、山脊线或山谷线上坡度变化处或地形走向转折处等作为特征点。只要测定这些点的平面位置及高程，就可按比例尺把它们展绘在图纸上，最后用内插法描绘出等高线。对天然形成的斜坡、陡坎，其比高小于等高距的0.5或图上长度小于10mm时，可不表示；当坡、坎较密时，可适当取舍。

地形点间距和视距长度的要求，不应超过表7－2的规定。

表7－2　　地形点间距和视距长度

测图比例尺	地形点间距/m	视距长度/m			
		地物点		地貌点	
		一般地区	城市建筑区	一般地区	城市建筑区
1:500	15	60	50	100	70
1:1000	30	100	80	150	120
1:2000	50	180	120	250	200
1:5000	100	300		350	

注：垂直角超过±10°的范围时，视距长度应适当缩短；平坦地区成像清晰时，视距长度可放长20%。

2. 经纬仪、量角器联合测图法的工作步骤

采用经纬仪测图法在一个测站上的测绘工作包括选点、观测、记录、计算、绘图等几步。

（1）选点。首先熟悉地形，并选择好待测的地物、地貌特征点。立尺者应对测站周围的地形地物有全局观点，事先计划好选点跑尺的路线，在一个点上立尺时，就要想到下一个立尺点的位置。跑点的一般原则是：在平坦地区，可由近及远，再由远及近，测站工作完成时应结束于测站附近；在地性线明显的地区，可沿山脊线、山谷线或大致沿等高线跑点，立尺点要分布均匀，尽量一点多用。碎部点的密度见表7－2。此外跑点者要将所选各点的编号、位置、地形、地物的大体情况等画成草图或示意图，以供绘图员参考。草图可以一个测站一张，也可几个测站一张。

（2）观测。观测时在控制点上安置经纬仪，进行对中、整平，量取仪器高 i，调节望远镜，照准相邻可见的控制点，配好水平度盘，定好零方向，建立好测站，以待选点者立尺后即可观测。观测顺序如下：照准碎部点上的视距尺，先读上、中、下三丝读数，后读水平角读数、竖直角读数，对于碎部测量，只须在盘左位置测半测回，角度值读至分即可。若操作熟练后可将下或上丝对准视距尺某一整米数或整分米数，直接读出下丝与上丝的尺间隔 l 乘以100，即得视距，这样可以节省时间，加快测图速度。

为了防止仪器中途被碰或仪器偏心，当观测若干碎部点后，应转动望远镜，瞄准零方向目标，检查是否仍为0°00′。若有偏差，不能超过±5′，如果超限，则前面所测各点都得报废，返工重测。若偏差在允许范围内，必须再次配置零方向。

（3）记录和计算。到达测站后，在开始观测之前，记录者应首先把测站点的点号名称、高程数据、定向点的点号名称及该测站的仪器高等记录下来。

当观测开始后，记录者必须及时、准确地记下所有观测数据，并立即计算，求得各测点的水平距离及高程。最后将测点的点号、水平角、水平距离、高程等数据报给绘图者，以便及时展点绘图。

（4）展点绘图。绘图者将图板架在测站点附近，并将图板定向。展点时，首先在图上轻轻画出零方向线，然后根据记录者报出的数据，以测站点为圆心，自零方向线起，用半圆规按顺时针方向量出所测的水平角，在此方向上，按测图比例尺在半圆规的直尺边上量出所测的水平距离予以刺点，即得该点的平面位置，并在该点上注以高程数字。

碎部点展绘到一定数量之后，便可着手勾绘地形图。绘图时必须对照实际地形、地物，并参考草图，把同一山脊上或同一山谷上的点，分别以实线和虚线连接起来，构成地性线。然后，在地性线上内插勾绘出等高线。对于地物点，把相邻点连接起来，形成其轮廓形状，如画建筑物、构筑物等，只须把相邻的房角点用直线连接，而道路、河流等，则在其转弯处逐点连成圆滑的曲线。

（5）内插法描绘等高线。地貌主要用等高线来表示。等高线是根据相邻地貌特征点的高程，按规定的等高距勾绘的。由于地形特征点是选在地面坡度和方向变化处，因此两相邻地形点之间的坡度可视为是不变的，其高差与平距成正比关系。所以，尽管所测的地形点高程不等于所求等高线的高程，但可通过上述比例关系，求出等高线通过点。如图 7－13 所示，A、C 为同坡度上的两个地形点，其高程分别为 207.4m 和 202.8m，则当等高距 $h=1\text{m}$ 时，就有 203m、204m、205m、206m 及 207m 五条等高线通过，依平距与等高线成比例的关系，求出它们在地图上的位置 m、n、o、p、q。同样可以求出其他相邻地形点之间的等高线通过点，最后根据地性线正确描绘等高线，如图 7－14 所示。当测图熟练后，可采用目估法勾绘相邻地形点之间的等高线，以提高勾绘等高线的速度。应当注意：在两点间进行内插时，这两点间的坡度必须均匀。另外勾绘等高线时，要对照实地情况，先画计曲线，后画首曲线，并注意等高线通过山脊线、山谷线的走向。

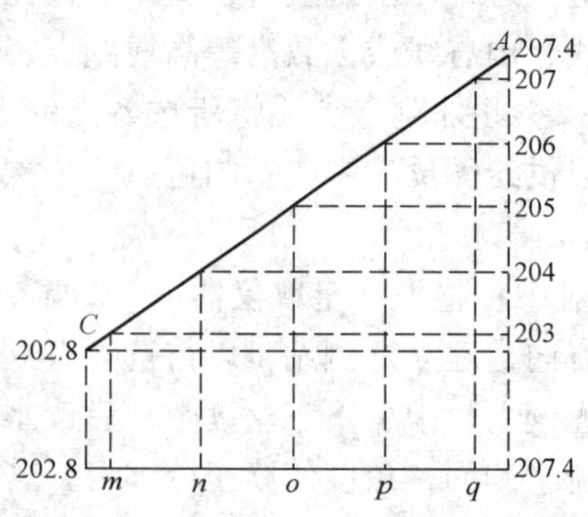

图 7－13　内插法绘等高线点

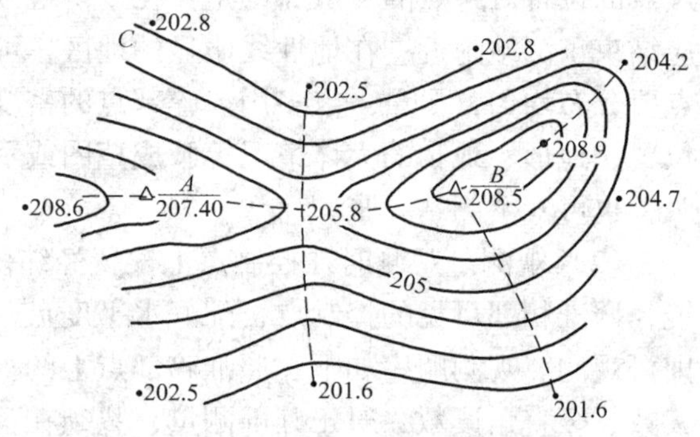

图 7－14　等高线的勾绘

当一个测站上的工作完成后，就可搬迁到另一个控制点上，按照相同的工作步骤，一片一片地进行测绘，最后衔接起来，成为一幅完整的地形图。为了相邻图幅的拼接，每幅图应测出图廓外 5～10mm。

7.3　全站仪

全站仪又称全站型电子速测仪，是一种可以同时进行角度测量和距离测量，由机械、光学、电子元件组合而成的测量仪器。其由电子测距仪、电子经纬仪和电子记录装置三部分组成。从结构上分，全站仪可分为组合式和整体式两种。

全站仪的电子记录装置由存储器、微处理器、输入和输出部分组成。在只读存储器中固化了一些常用的测量程序，如坐标测量、导线测量、放样测量、后方交会等，只要进入相应的测量程序模式，输入已知数据，便可依据程序进行测量，获取观测数据，并解算出相应的测量结果。通过输入、输出设备，可以与计算机交互通讯，将测量数据直接传输给计算机，在软件的支持下，进行计算、编辑和绘图。测量作业所需要的已知数据也可以从计算机输入全站仪，可以实现整个测量作业的高度自动化。

全站仪的应用可归纳为四个方面：一是在地形测量中，可进行数字测图的野外数据采集；二是可用于施工放样测量，将设计好的管线、道路、工程建设中的建筑物、构筑物等的位置按图纸设计数据测设到地面上；三是可用全站仪进行导线测量、前方交会、后方交会等；四是通过数据输入/输出接口设备，将全站仪与计算机、绘图仪连接在一起，形成一套完整的测绘系统，从而大大提高测绘工作的质量和效率。

7.3.1 全站仪的基本设置

全站仪的种类很多，各种型号的仪器结构大致相同。仪器使用时，应进行一些必要的准备工作，即完成一些必要的设置，如仪器参数和使用单位的设置、棱镜常数改正值和气象改正值的设置、水平度盘及竖直度盘指标设置等。

单位设置界面，一般包括温度和气压单位、角度单位、距离单位四项。按仪器的相关说明进行设置即可。

模式设置主要是确定仪器在工作时的状态。在模式设置菜单界面下，主要有开机模式、精测/粗测/跟踪、平距/斜距、竖角测量、ESC 键模式及坐标检查等若干模式，其设置内容即设置方法可根据工作需要，按菜单提示予以设置并确认即可。

仪器工作参数的设置，需根据工作时的气候条件、所处的地理位置即工作时的海拔高度和工作成果要达到的精度要求，来进行相关工作参数的设置。设置时应如实对环境的温度及气压进行测量，以测得准确的设置数据。

测量时，还必须设置仪器的棱镜常数。若使用的是不同厂家生产的棱镜，要按其棱镜的参数予以相应设置，如：使用的是拓普康仪器配套的棱镜，其棱镜常数设置为 0（即在 S/A 菜单中将 PSM 值设为 0 即可）；若使用南方公司生产的棱镜，其常数为 -30，则 PSM 值设为 -30 即可。

7.3.2 仪器的基本使用方法

全站仪有三种常规测量模式，即角度测量模式、距离测量模式和坐标测量模式。另外还具备菜单测量模式（下面均以南方全站仪和拓普康全站仪的使用为例进行介绍）。

全站仪的安置方法同光学经纬仪的安置步骤基本相同。一般采用光学对中器完成对中；利用长水准管精平仪器。对于带有激光对中器的全站仪其安置过程，则更为方便。

安置好仪器后，即可按电源开关 POWER 键，完成仪器的正常开机。一般而言，开机即进入到标准的测角模式，并且可以切换到其他标准测量模式或菜单模式。

1. 角度测量

全站仪测量角度，一般用测回法，在方向数较多的情况下，还可使用方向观测法。依据测角原理，在测水平角时，为了提高测量精度，一般需按规范要求采用多测回进行观测，因而每一测回，必须配置度盘，即仪器在盘左状态下，应进行度盘零方向的设置。在第一测回时，将零方向置零，而在其他测回，需按相应的度盘间隔来设置起始方向的度盘读数，然后对观测方向在不同的盘位状态依次予以观测，并记录相应方向读数，最终进行角度值的计算，完成水平角的观测。

对于竖直角观测，则更为方便，因为按照其测角原理，测量时不必像水平角观测那样来设置起始方向，只需在不同的盘位状态，照准观测目标，得到相应的观测数据即可。

2. 距离测量

在进行距离测量及坐标测量时，仪器必须设置好相关参数，如温度大气改正、棱镜常数、距离测量模式是连续测量还是N次测量/单次测量、以及是精测还是粗测等，然后由测角模式切换为距离模式或是坐标模式，进行相关测量，测得合格观测值。

开机后，完成或核对仪器相关设置参数，并准备好棱镜，将其立在目标点上，然后将仪器由角度测量模式切换为距离测量模式，旋转仪器，以照准观测目标（照准棱镜的照准中心）然后按照菜单提示来测取距离。

3. 坐标测量

在某已知点上，欲测定某未知点的坐标，即可采用仪器的坐标测量模式来完成。一般说来，进行坐标测量，要先设置测站点坐标、测站仪器高、棱镜高及后视方位角（即后视定向方向，该方向值一般需根据站点与定向点的已知坐标通过反算得到），然后即可在坐标测量模式下通过已知站点测量出未知点的坐标。

4. 施工放样测量

首先，在施工测量控制点上安置仪器，然后开机，进入标准测量模式，再按MENU键进入菜单模式，然后选择放样模式，进入施工放样菜单（在放样之前，一般可先建立控制点坐标文件，方便建立测站时进行数据调用操作）。

在放样程序界面下，按相应功能键，进入到测站点设置界面。此时首先通过调用方式找到该施工控制点对应的点号，再按功能键确认，仪器自动显示该点的坐标，并予以询问，看其坐标是否有误。若无误，按功能键进行设置，仪器又自动跳转到仪器高的设置页面。此时将量好的仪器高数据输入进去，并按确定键，完成站点设置。仪器自动跳转回放样程序界面。

测站点设置好后，按相应功能键，进入到后视方向的设置页面。同样可以通过调用方式找到该定向控制点对应的点号，再按对应功能键确认，仪器自动显示该点的坐标，并予以询问，看其坐标是否有误。若无误，按功能键进行设置，此时仪器完成后视方向方位角的计算，并要求进行定向点目标照准，所以立即旋转仪器，照准定向点，然后按功能键，完成后视方向的设置。仪器又自动跳转回放样程序主界面。

在放样程序主界面中，按对应功能键进入到放样工作界面。首先要求确定放样点号，此时同样采用调用方式，打开坐标文件，从中选择待放样点，找到后按功能键确认，仪器自动显示该点的坐标，并询问其坐标是否有误。若无误，按功能键，仪器进入镜高设置界面，按照实际的棱镜高度设置好，并按功能键，仪器即显示出测设数据（计算出的角度HR和距离HD），按功能键，进行角度差的计算，并显示出目前照准方向与待测设方向之间的角差，随后操作者旋动仪器，减小角差直至为 0，并用固定螺旋锁定方向，并用微动螺旋精确调整使角差达到要求。方向定准后，指挥跑尺员在地面标记该方向。随后按对应功能键，进入距离放样状态，在界面中可选择坐标或是测距模式，以便通过实际测量，计算出 dHD，根据该数值即可指挥跑尺员在该方向上移动棱镜，直至 dHD 为零，最后用桩标定该待测点，得到待放样点的平面位置。

如若还需进行高度放样，参照仪器说明书继续进行。

放完一点后，务必进行检核，最终保证点位误差在施工对象的建筑限差所允许的限度内，即应满足建筑限差对放样工作的要求。

当在进行放样工作之前，若没有建立坐标文件，那么在设置测站点和后视方向时，便不能采用坐标调用的方式来输入控制点坐标，而只能采用键盘输入方式来输入站点坐标（或定向点坐标）进行设置，测站点的设置方法与上述介绍的方法基本相同。

5. 数据采集测量

由于数据采集模式是数字测图中的主要野外数据的采集手段，其测量原理是依据控制点来测取其所控制范围内的大量碎步特征点，一般按三角高程原理进行工作。因而为了野外数据采集的方便，必须事先建立控制点坐标数据文件，以便于在建立测站时调用；同时在测量时还需建立碎步点数据采集文件，以便测完后，进行文件的存储、传输、增删、编辑与管理等工作，最终利用采集的数据来完成测绘图纸的编辑工作，形成测绘产品。

数据采集的操作的基本步骤为：在控制点上安置全站仪建立测站（对中、整平），按 POWER 键开机，并进入菜单模式下，然后依次完成测站点及定向点的设置工作，便可建立数据采集文件进行碎步点的坐标采集工作，直至将本站点所控制的范围内的地物、地貌特征点全部采集完毕。最终当测区任务采集完后，即可利用仪器的通讯功能来传输数据。然后借助于测绘软件，对野外数据进行编辑，最终形成数字地图。

注：记点密度为图上 $100cm^2$ 内 8 ~ 20 个。

第 8 章

地形图的应用

地形图是工程建设中必不可少的基础性资料。在每一项新建工程开始之前，都要先进行地形测量工作，以获得规定比例尺的现状地形图。在地形图上可以确定拟建建筑物的位置，从图上可以直接确定点的概略坐标、点与点之间的水平距离和直线间夹角、直线的方位，还可以确定点的高程和两点间高差，也能从地形图上计算出面积和体积、决定设计对象的施工数据。所以说工程建设离不开地形图，识图、用图是工程技术人员必须具备的基本技能。

8.1 地形图的识读

为了正确地应用地形图，首先要能看懂地形图。地形图是用各种规定的符号和注记表示地物、地貌及其他有关资料。通过对这些符号的注记的识读，可使地形图成为展现在人们面前的实地立体模型，以判断其相互关系和自然形态。这就是地形图识图的主要目的。

阅读的步骤：先图外后图内，先地物后地貌，先主要后次要，先注记后符号。

8.1.1 图廓和图廓外注记

识读一幅地形图，首先要从图廓外了解这幅图的相关信息，如编号和图名、图的比例尺、图的方向以及采用什么坐标系统和高程系统，这样就可以确定图幅所在的位置、图幅所包括的面积和长宽等。

读图廓外信息时可从图名开始，如图 8 – 1 所示，图的正上方的有图名、图的编号；正下方有图的比例尺、图幅左下角注明测绘日期，测图采用经纬测绘法，采用的坐标系，高程系统；左侧注明测绘单位；右上角注明接图表；图廓四个角标注的数字是它的直角坐标值；图内的十字交叉线是坐标格网的交点。

对于小于 1:10 000 的地形图，一般采用国家统一规定的高斯平面直角坐标系（1980 年国家坐标系）。城市地形图一般采用城市坐标系，工程项目总平面图大多采用施工坐标系。自 1956 年起，我国统一规定以黄海平均海水面作为高程起算面，所以绝大多数地形图都属于这个高程系统。我国自 1987 年启用“1985 国家高程基准”，全国均以新的水准原点高程为准。但也有若干老的地形图和有关资料，使用的是其他高程系或假定高程系，如天津沿海一带，常使用大沽高程系，为避免工程上应用的混淆，在使用地形图时应严加区别。

地形图的测绘时间和图的类别反映的是测绘时的现状，因此要知道图样的测绘时间，对于未能在图样上反映的地面上的新变化，应组织力量予以修测与补测，以免影响设计工作。

8.1.2 地物识读

地形图左下方注明了所使用的图式，要熟悉一些常用的地物符号，了解符号和注记的确切含义。根据地物符号，了解主要地物的分布情况，如村庄名称、公路走向、河流分布、地面植被、农田、山村等。如图8－1为李庄子地形图，图中有一条公路，和公路方向大致一致的还有一条河流，路、河两侧有数栋3层砖混结构的楼房。

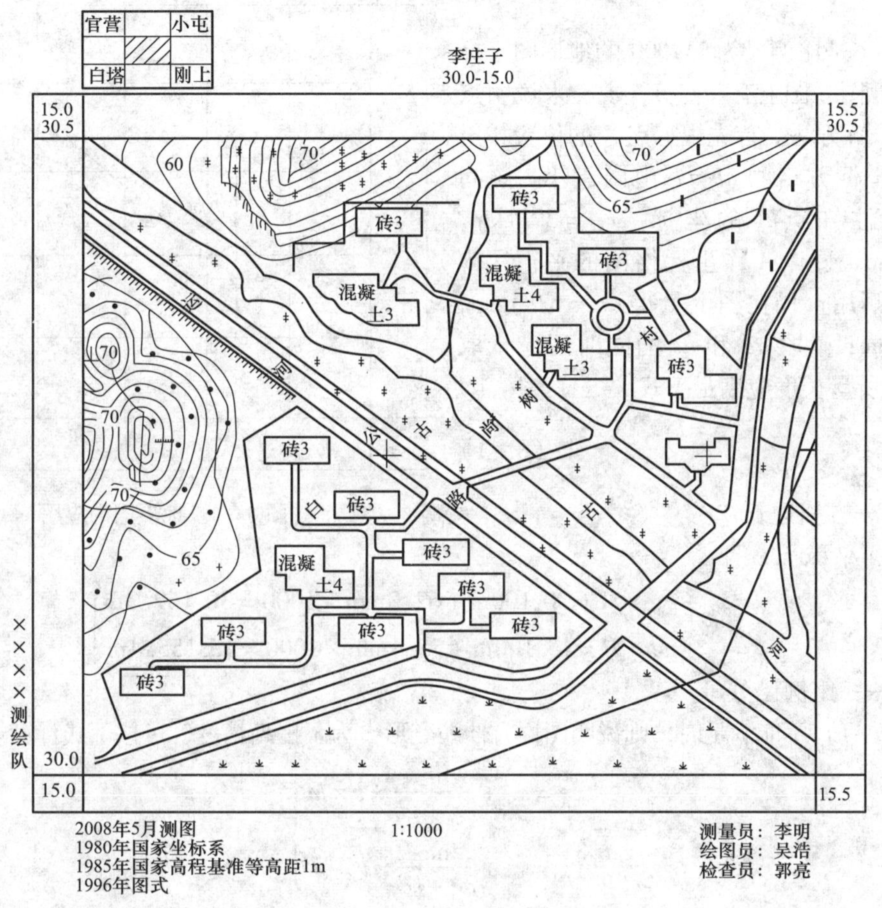

图8－1 地形图识别

8.1.3 地貌识读

熟悉典型地貌符号，能够看懂整个地区地貌，例如，山头、洼地、山脊、山谷、鞍部、峭壁等。要正确理解等高线的特性，根据等高线了解图内的地貌情况，首先要知道等高距是多少，然后根据等高线的疏密判断地面坡度及地形走势。由图8－1中可以看出李庄子村中地势较平坦，北部、西部地势较高，有小山头，等高距为1m。

8.2 地形图的基本应用

在工程建设规划设计时，往往要用解析法或图解法在地形图上求出任意点的坐标和高程，确定两点之间的距离、方向和坡度，利用地形图绘制断面图等，这就是地形图的基本应用内容。

8.2.1 确定图上点的坐标

图 8-2 是比例尺为 1∶1000 的地形图坐标格网的示意图，图上有一点 A，现在来说明点 A 坐标的求解方法。首先根据点 A 的位置找出它所在的坐标方格网 $abcd$，由内、外图廓间的坐标标注知点 A 的坐标：$x_a = 30.1\text{km}$，$y_a = 15.1\text{km}$。过点 A 作坐标格网的平行线 ef 和 gh。然后用直尺在图上量得 $ag = 62.3\text{mm}$，$ae = 55.4\text{mm}$；量取 ag 和 ae 的同时还应量取 gb 和 ed，所量长度应满足下式

$$\left.\begin{aligned} ag + gb = l \\ ae + ed = l \end{aligned}\right\} \tag{8-1}$$

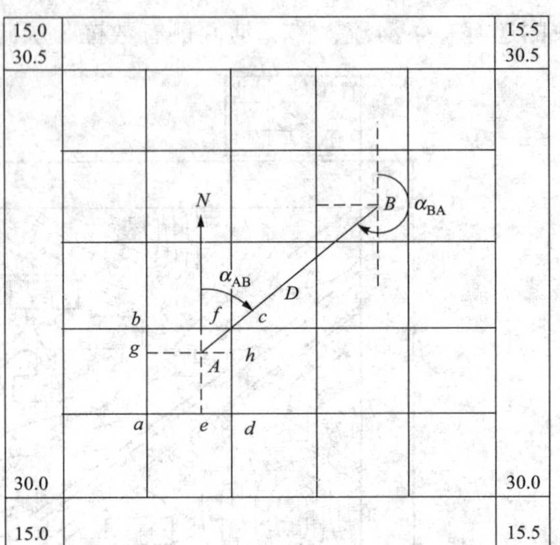

图 8-2 地形图的应用

式中 l——方格边长。

则点 A 坐标为

$$\left.\begin{aligned} x_A = x_a + ag \times M = 30\ 100\text{m} + 62.3\text{mm} \times 1000 = 30\ 162.3\text{m} \\ y_A = y_a + ae \times M = 15\ 100\text{m} + 55.4\text{mm} \times 1000 = 15\ 155.4\text{m} \end{aligned}\right\} \tag{8-2}$$

式中 M——比例尺分母。

式（8-1）不能满足时，则说明图样有伸缩变形，为了提高精度，可按下式计算点 A 坐标

$$\left.\begin{aligned} x_A = x_a + \frac{ag}{ag + gb} \times l \times M \\ y_A = y_a + \frac{ae}{ae + ed} \times l \times M \end{aligned}\right\} \tag{8-3}$$

用相同方法，可以求出图上点 B 坐标 x_B，y_B 和图上任一点的平面直角坐标。

8.2.2 确定两点间的水平距离

如图 8-2 所示，欲确定 AB 间的水平距离，可用如下两种方法求得。

1. 直接量测（图解法）

用卡规在图上直接卡出线段长度，再与图示比例尺比量，即可得其水平距离。也可以用刻有毫米的直尺量取图上长度 d_{AB} 并按比例尺（M 为比例尺分母）换算为实地水平距离，即

$$D_{AB} = d_{AB} M \tag{8-4}$$

或用比例尺直接量取直线长度。

2. 解析法

按式（8－2）或式（8－3），先求出 A、B 两点的坐标，再根据 A、B 两点坐标由式（8－5）计算。

$$D_{AB}=\sqrt{(x_B-x_A)^2+(y_B-y_A)^2} \tag{8-5}$$

8.2.3 确定两点间直线的坐标方位角

求图8－2上直线 AB 的坐标方位角，可有下述两种方法。

1. 解析法

首先确定 A、B 两点的坐标，然后按式（8－5）确定直线 AB 的坐标方位角。

$$\alpha_{AB}=\arctan\frac{y_B-y_A}{x_B-x_A}=\arctan\frac{\Delta y_{AB}}{\Delta x_{AB}} \tag{8-6}$$

象限由 Δy、Δx 的正负号或图上确定。

2. 图解法

在图上先过点 A、点 B 分别作出平行于纵坐标轴的直线，然后用量角器分别度量出直线 AB 的正、反坐标方位角 α'_{AB} 和 α'_{BA}，取这两个量测值的平均值作为直线 AB 的坐标方位角，即

$$\alpha_{AB}=\frac{1}{2}(\alpha'_{AB}+\alpha'_{BA}\pm180°) \tag{8-7}$$

式中，若 $\alpha'_{BA}>180°$，取“－180°”；若 $\alpha'_{BA}<180°$，取“＋180°”。

8.2.4 确定点的高程

利用等高线，可以确定点的高程。分两种情况：

（1）点在等高线，点的高程＝等高线的高程；如图8－3中点 A 在27m等高线上，则它的高程为27m。

（2）不在等高线上的任意点，用内插法。

如图8－3中的点 N 在27m和28m等高线之间，过点 N 作直线基本垂直这两条等高线，得交点 P、Q，则点 N 高程为

$$H_N=H_P+\frac{d_{PN}}{d_{PQ}}h \tag{8-8}$$

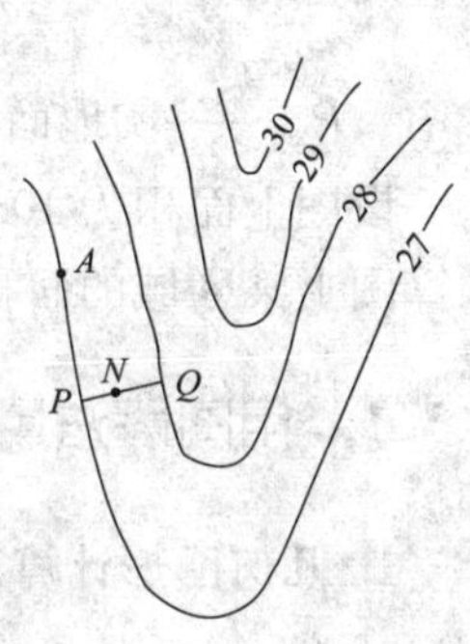

图8－3 确定点的高程

式中 H_P——P 点高程；

h——等高距；

d_{PN}、d_{PQ}——图上 PN、PQ 线段的长度。

例如，设用直尺在图上量得 $d_{PN}=4\text{mm}$、$d_{PQ}=10\text{mm}$，已知 $H_P=27\text{m}$，等高距 $h=1\text{m}$，把这些数据代入式（8－8）得

$$h_{PN}=\frac{d_{PN}}{d_{PQ}}h=\frac{4}{10}\times1\text{m}=0.4\text{m}$$

$$H_N=27\text{m}+0.4\text{m}=27.4\text{m}$$

8.2.5 确定两点间直线的坡度

如图 8－4 所示，A、B 两点间的高差 h_{AB} 与水平距离 D_{AB} 之比，就是 A、B 间的平均坡度 i_{AB}，即

$$i_{AB}=\frac{h_{AB}}{D_{AB}} \tag{8-9}$$

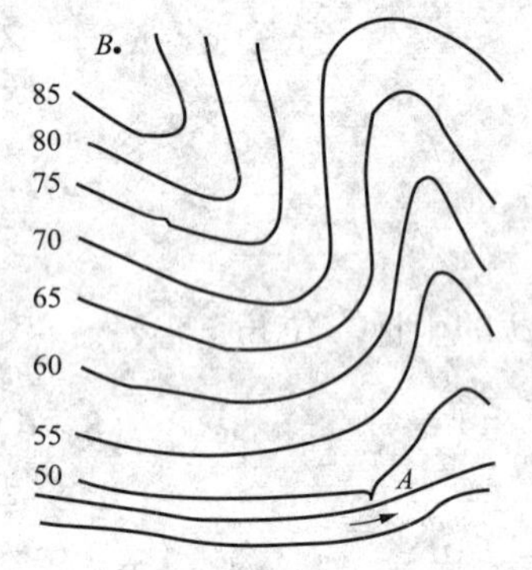

图 8－4　确定两点间直线的坡度

例如：

$h_{AB}=H_B-H_A=85.9\text{m}-49.9\text{m}=+36.0\text{m}$，设 $D_{AB}=857\text{m}$，则

$$i_{AB}=\frac{+36.0}{857}=+4.2\%$$

坡度一般用百分数或千分数表示。$i_{AB}>0$ 表示上坡；$i_{AB}<0$，表示下坡。若以坡度角表示，则

$$\alpha=\arctan\frac{h_{AB}}{D_{AB}}$$

应该注意到，虽然 A、B 是地面点，但 A、B 连线坡度不一定是地面坡度。

8.3 地形图上面积的量算

在规划设计中，往往需要测定某一地区或某一图形的面积。例如，林场面积、农田水利灌溉面积调查，土地面积规划，工业厂区面积计算等。

设图上面积为 $P_{图}$，则

$$P_{实}=P_{图}M^2$$

式中　$P_{实}$——实地面积。

设图上面积为 10mm^2，比例尺为 1∶2000，则实地面积 $P_{实}=10\text{m}^2\times1000^2/10^6=10\text{m}^2$。求算图上某区域的面积 $P_{图}$，一般有以下几种方法。

8.3.1 用图解法量测面积

1. 几何图形计算法

如图 8－5 是一个不规则的图形，可将平面图上描绘的区域分成三角形、梯形或平行四边形等最简单规则的图形，用直尺量出面积计算的元素，根据三角形、梯形等图形面积计算公式计算其面积，则各图形面积之和就是所要求的面积。

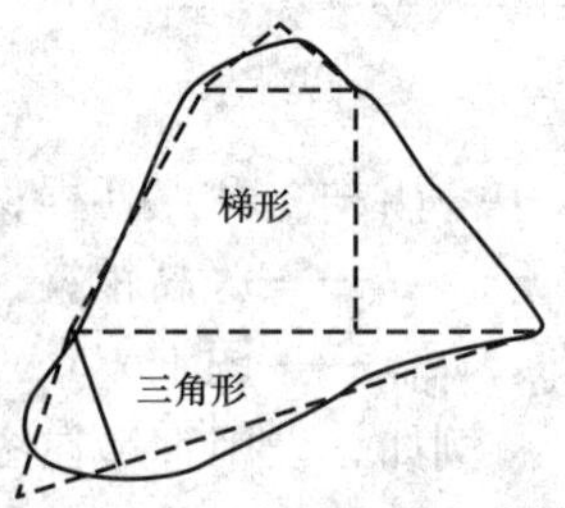

图 8－5　几何图形计算法

计算面积的一切数据，都是用图解法取自图上，因受图解精度的限制，此法测定面积的相对误差大约为 1/100。

2. 透明方格纸法

将透明方格纸覆盖在图形上，然后数出该图形包含的整方格数和不完整的方格数。先计算出每一个小方格的面积，这样就可以很快算出整个图形的面积。

如图 8－6 所示，先数整格数 n_1，再数不完整的方格数 n_2，则总方格数约为 $n=n_1+\frac{1}{2}n_2$，然后计算其总面积 $A(\mathrm{m}^2)$。则

$$A=\left(\frac{d\times M}{1000}\right)^2 n \tag{8-10}$$

式中　d——以 mm 为单位的网点间距；

　　　n——总网点数。

【例 8－1】 在图 8－7 中，位于图形内的网点数为 40，位于图形边界上的共 10 点，折算一半为 5 点，网点间距为 4mm，测图比例尺为 1∶2.5 万，试求所测图形面积。

解：

$$A=(4\times 25\ 000)^2/(1000)^2\times 46\mathrm{m}^2=460\ 000\mathrm{m}^2$$

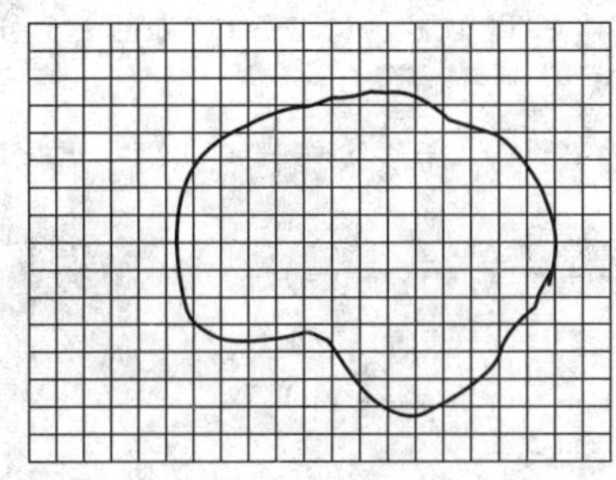

图 8－6　透明方格纸法图

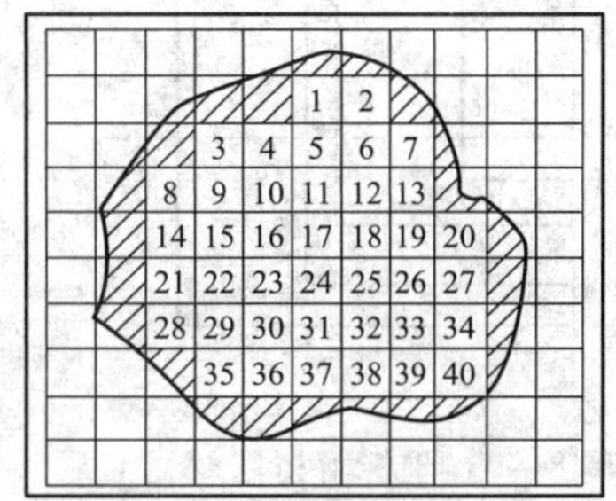

图 8－7　透明方格纸法举例图

为了提高量测面积的精度，应任意移动网点板，对同一图形需测 2～3 次，并取各次点数的平均值作为最后结果。

3. 平行线法

先在透明纸上，画出间隔相等的平行线，如图 8－8 所示。为了计算方便，间隔距离取整数为好。将绘有平行线的透明纸覆盖在图形上，旋转平行线，使两条平行线与图形边缘相切，则相邻两平行线间截割的图形面积可全部看成是梯形，梯形的高为平行线间距 h，图形截割各平行线的长度为 l_1，l_2，…，l_n，则各梯形面积分别为

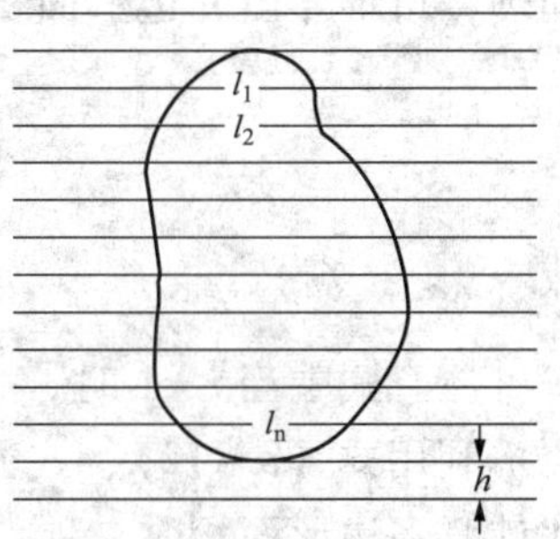

图 8－8　平行线法

$$A_1=\frac{1}{2}\times h\times(0+l_1)$$

$$A_2=\frac{1}{2}\times h\times(l_1+l_2)$$

$$\vdots$$

$$A_n=\frac{1}{2}\times h\times(l_{n-1}+l_n)$$

$$A_{n+1}=\frac{1}{2}\times h\times(l_n+0)$$

则总面积 A 为

$$A=A_1+A_2+\cdots+A_n+A_{n+1}=h\sum_{n=1}^{n}l_n \tag{8-11}$$

8.3.2 用坐标解析法计算面积

若待测图形为多边形，可根据多边形顶点的坐标计算面积。由图 8－9 可知：多边形 1234 的面积等于梯形 144′1′面积 $A_{144'1'}$ 加梯形 433′4′面积减梯形 233′2′面积 $A_{233'2'}$ 减梯形 122′1′ 面积 $A_{122'1'}$，即

$$A = A_{144'1'} + A_{433'4'} - A_{233'2'} - A_{122'1'}$$

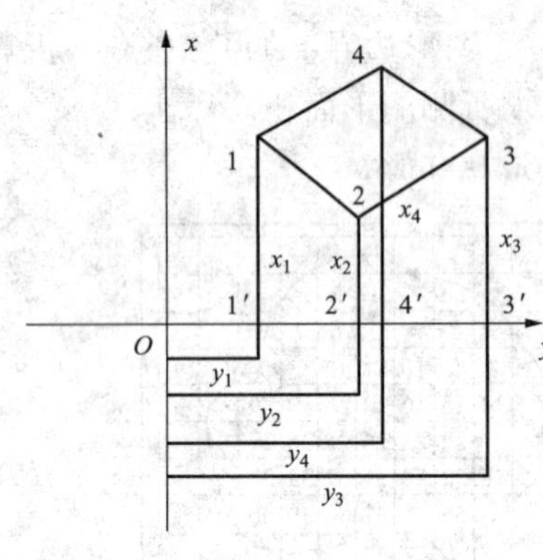

图 8－9　坐标解析法

设多边形顶点 1、2、3、4 的坐标分别为（x_1、y_1）、（x_2、y_2）、（x_3、y_3）、（x_4、y_4）。将上式中各梯形面积用坐标值表示，即

$$\begin{aligned} A &= \frac{1}{2}(x_4+x_1)(y_4-y_1)+\frac{1}{2}(x_3+x_4)(y_3-y_4)-\\ &\quad \frac{1}{2}(x_3+x_2)(y_3-y_2)-\frac{1}{2}(x_2+x_1)(y_2-y_1)\\ &=\frac{1}{2}x_1(y_4-y_2)+\frac{1}{2}x_2(y_1-y_3)+\\ &\quad \frac{1}{2}x_3(y_2-y_4)+\frac{1}{2}x_4(y_3-y_1) \end{aligned}$$

即

$$A = \frac{1}{2}\sum_{i=1}^{4} x_i(y_{i-1} - y_{i+1})$$

同理，可推导出 n 边形面积的坐标解析法计算公式为

$$P = \frac{1}{2}\sum_{i=1}^{n} x_i(y_{i-1} - y_{i+1}) \tag{8-12}$$

或

$$P = \frac{1}{2}\sum_{i=1}^{n} y_i(x_{i+1} - x_{i-1}) \tag{8-13}$$

注意式中当 $i=1$ 时，令 $i-1=n$；当 $i=n$ 时，令 $i+1=1$。

利用式（8－12）、式（8－13）计算同一图形面积，可检核计算的正确性。采用以上两式计算多边形面积时，顶点 1，2，3，…，n 是按逆时针方向编号。若把顶点依顺时针编号，按上两式计算，其结果都与原结果绝对值相等，符号相反。

8.3.3 求积仪法量测面积

求积仪是一种测定图形面积的仪器，它的优点是量测速度快，操作简便，能测定任意形状的图形面积，故得到广泛的应用。

电子求积仪是采用集成电路制造的一种新型求积仪，其性能优越，可靠性好，操作简便。图 8－10 为 KP－90N 型动极式电子求积仪。

若量测不规则图形的面积（图 8－11），具体操作步骤如下：

（1）打开电源。按下 ON 键，显示窗立即显示。

（2）设定单位。用 UNIT－1 键及 UNIT－2 键设定。

（3）设定比例尺。用数字键设定比例尺分母，按 SCALE 键，再按 R－S 键即可。若纵横比例尺不同时，如某些纵断面的图形，设横比例尺 1∶x，纵比例尺 1∶y 时，按键顺序为 x，

SCALE，y，SCALE，R－S 即可。

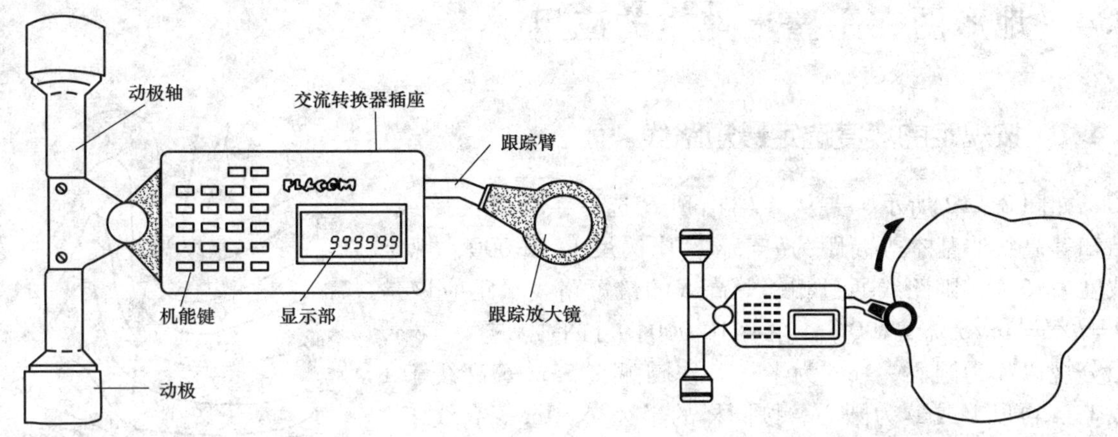

图 8－10　KP－90N 型电子求积仪　　　　图 8－11　KP－90N 电子求积仪使用

（4）面积测定。将跟踪放大镜十字丝中心，瞄准图形上一起点，按 START 即可开始，对一图形重复测量两次取平均值，见表 8－1。

表 8－1　**KP－90N 型电子求积仪操作过程**

键操作	符号显示	操作内容
START	cm^2 0.0	蜂鸣器发生音响，开始测量
第一次测量	cm^2 3202	脉冲计数表示
MEMO	MEMO cm^2 320.2	符号 MEMO 显示，从脉冲计数变为面积值，第一次测定值 320.2cm^2 被存储
START	MEMO cm^2 0.0	第二次测量开始，蜂鸣器发出音响，数字显示为 0
第二次测量	MEMO cm^2 3204	脉冲计数表示
MEMO	MEMO cm^2 320.4	从脉冲计数变为面积值，第二次测定值 320.4cm^2 被存储
AVER	MEMO cm^2 320.3	重复二次的平均值是 320.3cm^2

电子求积仪使用中应注意以下事项：

（1）电子求积仪不能在太阳直射、高温、高湿的地方，特别要远离暖气装置。

（2）严防强烈冲撞和粗暴使用。

（3）不能使用稀释剂、挥发油及湿布等擦洗，而应用柔软、干燥的布擦拭。

（4）除更换电池外，不允许随便打开电池盒盖。当电池取出后，严禁把仪器和交流转换器连接使用，这样会使仪器遭受严重损坏。

8.4 地形图在平整土地中的应用

8.4.1 按规定的坡度选定最短路线

如图8-12所示，要从A向山顶B选一条公路的路线。已知等高线的基本等高距为$h=5\text{m}$，比例尺1:10 000，规定坡度$i=5\%$，则路线通过相邻等高线的最短路线平距应该是$D=h/i=5\text{m}/5\%=100\text{m}$。在1:10 000图上平距应为1cm，用分规以$A$为圆心，1cm为半径，作圆弧交55m等高线于1或1′。再以1或1′为圆心，按同样的半径交60m等高线于2或2′。同法可得一系列交点，直到B。把相邻点连接，即得两条符合于设计要求的路线的大致方向。然后通过实地踏勘，综合考虑选出施工方便，经济合理的一条较理想的公路路线。

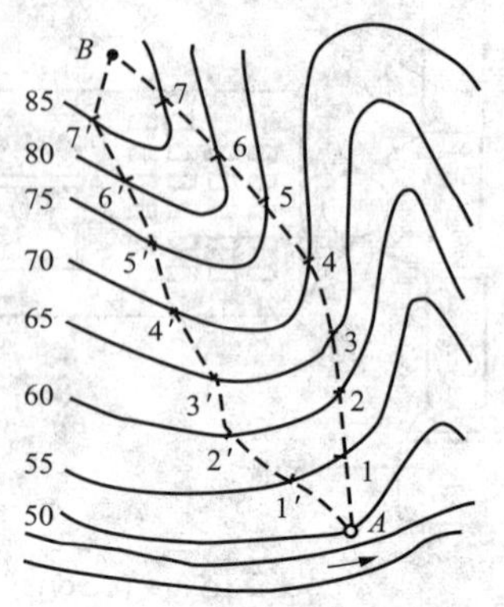

图8-12 按规定坡度选最短路线

由图中可以看出，$A-1'-2'-3'-\cdots-B$线路的线形，不如$A-1-2-3-\cdots-B$线路线形好。

8.4.2 绘制已知方向纵断面图

在道路、管道设计和土方计算中常利用地形图绘制沿线方向的断面图。如图8-13（a）所示，要了解和判断图AB方向的地面起伏、坡度陡缓以及该方向内的通视情况，必须绘出AB方向的断面图。要绘制AB方向的断面图，首先要确定直线AB与等高线交点1，2，3，…，B的高程及各交点至起点A的水平距离，再根据点的高程和水平距离，按一定比例尺绘制成断面图。绘制方法如下：

1. 绘制直角坐标系

以横坐标轴表示水平距离，其比例尺与地形图比例尺相同（也可以不相同）；纵坐标轴表示高程，为了更突出地显示地面的起伏形态，其比例尺一般是水平距离比例尺的10～20倍。在纵轴上注明高程，应注意，在纵轴注记的起始高程应比AB断面上最低点B的高程略小一些。这样绘出的断面线完全在横轴的上部，使断面图位置适中。

2. 确定断面点

首先用两脚规（或直尺）在地形图上分别量取A—1，1—2，…，12—B的距离；在横坐标轴上，以A为起点，量出长度A1，12，…，12B，以定出A，1，2，…，B点，通过这些点，作垂线与相应高程的交点即为断面点。最后，根据地形图，将各断面点用光滑曲线连接起来，即为方向线AB的断面图，如图8-13（b）所示。

8.4.3 确定汇水面积的边界线

当在山谷或河流修建大坝、架设桥梁或敷设涵洞时，都要知道有多大面积的雨水汇集在这里，这个面积称为汇水面积。

汇水面积的边界是根据等高线的分水线（山脊线）来确定的。如图 8－14 所示，通过山谷，在 *AM* 处要修建水库的水坝，就须确定该处的汇水面积，即由图中分水线 *AB*，*BC*，*CD*，*DE*，*EF*，*FG*，*GH*，*HM* 与 *MA* 线段所围成的面积；再根据该地区的降雨量就可确定流经 *AM* 处的水流量。这是设计桥梁、涵洞或水坝容量的重要数据。

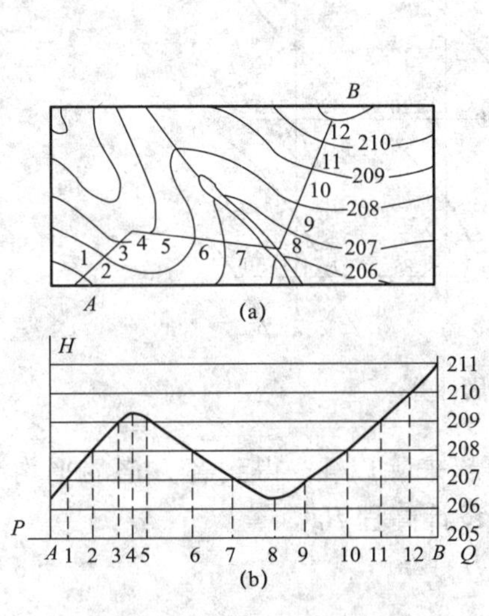

图 8－13　绘制纵断面图

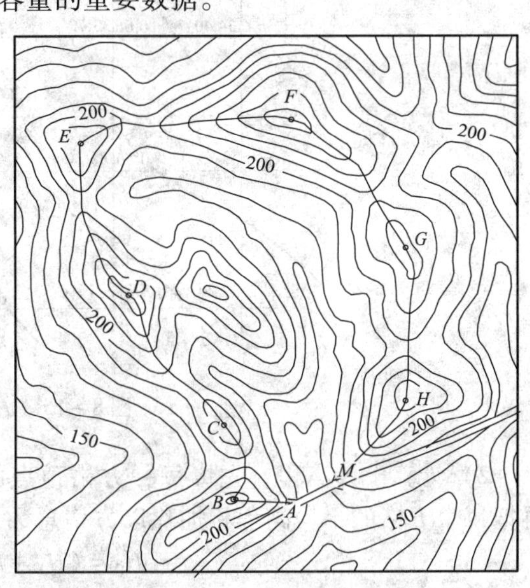

图 8－14　确定汇水面积边界线

汇水面积边界线的特点是：边界线是通过一系列山脊线以及各山头、鞍部的曲线，并与河道指定断面形成的闭合环线。

8.4.4　地形图在平整土地中的应用

在各种工程建设中，除对建筑物要作合理的平面布置外，往往还要对原地貌作必要的改造，以便适于布置各类建筑物，排除地面水以及满足交通运输和敷设地下管道等。这种地貌改造称之为平整土地。

在平整土地工作中，常需预算土、石方的工程量，即利用地形图进行填挖土（石）方量的概算。其方法有多种，其中方格法（或设计等高线法）是应用最广泛的一种。下面分两种情况介绍该方法。

1. 方格网法

（1）要求平整成水平面。如图 8－15 所示，假设要求将原地貌按挖填土方量平衡的原则改造成水平面，其步骤如下：

1）在地形图上绘方格网。在地形图上拟建场地内绘制方格网。方格网的大小取决于地形复杂程度，地形图比例尺大小，以及土方概算的精度要求。例如在设计阶段采用 1∶500 的地形图时，根据地形复杂情况，一般边长为 10m 或 20m。方格网绘制完后，根据地形图上的等高线，用内插法求出每一方格顶点的地面高程，并注记在相应方格顶点的右上方，如图 8－15 所示。

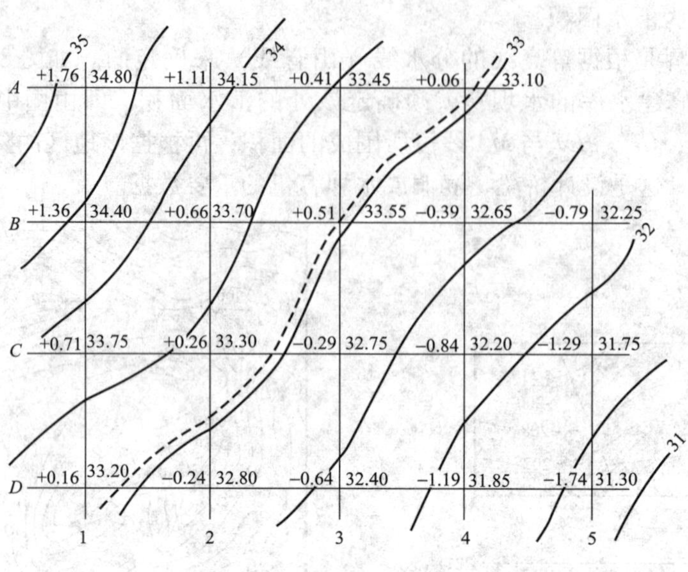

图 8－15 方格法土方量计算

2）计算设计高程。先将每一方格顶点的高程加起来除以 4，得到各方格的平均高程，再把每个方格的平均高程相加除以方格总数，就得到设计高程 H_0。

$$H_0=(H_1+H_2+\cdots+H_n)/n \qquad (8-14)$$

式中 H_i——每一方格的平均高程；

n——方格总数。

从设计高程 H_0 的计算方法和图 8－15 可以看出：方格网的角点 $A1$，$A4$，$B5$，$D1$，$D5$ 的高程只用了一次，边点 $A2$，$A3$，$B1$，$C1$，$D2$，$D3$ 等的高程用了二次，拐点 $B4$ 的高程用了三次，而中间点 $B2$，$B3$，$C2$，$C3$ 等的高程都用了四次，因此，设计高程的计算公式也可写为

$$H_0=\left(\sum H_{角}+2\sum H_{边}+3\sum H_{拐}+4H_{中}\right)/4n \qquad (8-15)$$

将方格顶点的高程（图 8－11）代入式（8－15），即可计算出设计高程为 33.04m 。在图上内插出 33.04m 等高线（图中虚线），称为填挖边界线（或称零线）。

3）计算挖、填高度。根据设计高程和方格顶点的高程，可以计算出每一方格顶点的挖、填高度，即

$$填、挖高度=地面高程-设计高程 \qquad (8-16)$$

将图中各方格顶点的挖、填高度写于相应方格顶点的左上方。正号为挖深，负号为填高。

4）计算挖、填土方量。挖、填土方量可按角点、边点、拐点和中点分别按下式计算。

$$\left.\begin{aligned}&角点：挖(填)高\times\frac{1}{4}方格面积\\&边点：挖(填)高\times\frac{1}{2}方格面积\\&拐点：挖(填)高\times\frac{3}{4}方格面积\\&中点：挖(填)高\times 1 方格面积\end{aligned}\right\} \qquad (8-17)$$

（2）要求按设计等高线整理成倾斜面。将原地形改造成某一坡度的倾斜面，一般可根据填、挖平衡的原则，绘出设计倾斜面的等高线。但是有时要求所设计的倾斜面必须包含不能改动的某些高程点（称为设计斜面的控制高程点），例如，已有道路的中线高程点；永久性或大型建筑物的外墙地坪高程等。如图 8－16 所示，设 *A*，*B*，*C* 三点为控制高程点，其地面高程分别为 54.6m，51.3m 和 53.7m。要求将原地形改造成通过 *A*，*B*，*C* 三点的斜面，其步骤如下：

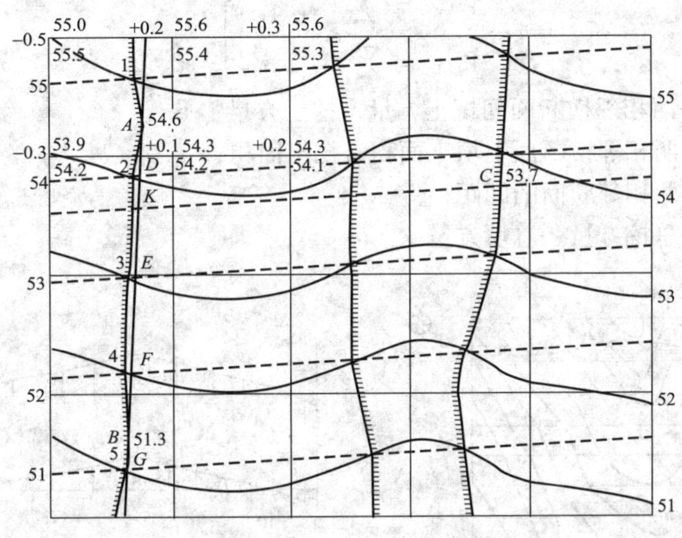

图 8－16 倾斜面土方量计算

1）确定设计等高线的平距。过 *A*、*B* 二点作直线，用比例内插法在 *AB* 曲线上求出高程为 54，53，52 等各点的位置，也就是设计等高线应经过 *ab* 线上的相应位置，如 *D*，*E*，*F*，*G* 等点。

2）确定设计等高线的方向。在 *AB* 直线上求出一点 *K*，使其高程等于 *C* 点的高程（53.7m）。过 *KC* 连一线，则 *KC* 方向就是设计等高线的方向。

3）插绘设计倾斜面的等高线。过 *D*，*E*，*F*，*G* 各点作 *KC* 的平行线（图中的虚线），即为设计倾斜面的等高线。过设计等高线和原同高程的等高线交点的连线，如图中连接 1，2，3，4，5 等点，就可得到挖、填边界线。图中绘有短线的一侧为填土区，另一侧为挖土区。

4）计算挖、填土方量。与前一方法相同，首先在图上绘方格网，并确定各方格顶点的挖深和填高量。不同之处是各方格顶点的设计高程是根据设计等高线内插求得的，并注记在方格顶点的右下方。其填高和挖深量仍记在各顶点的左上方。挖方量和填方量的计算和前一方法相同。

2. 断面法

断面法根据其取断面的方向不同主要分为垂直断面法和水平断面法（等高线法）两种。

（1）垂直断面法（横断面法）。以一组等距（或不等距）的相互平行的截面将拟平整的地形分截成若干“段”，如图 8－17（a）所示，将施工场地的范围内，以一定的间隔分成 *MN*，11，22，…，99，*CD* 几个段，然后绘出个断面图，图 8－17（b）是 *MN*，11，88 断面图。

计算这每一“段”的体积，再将各段的体积累加，从而求得总的土方量。

断面法的计算公式如下：

$$\left.\begin{aligned}V_{T(1-2)} &= \frac{1}{2}[A_{T(1-1)} + A_{T(2-2)}]L \\ V_{W(1-2)} &= \frac{1}{2}[A_{W(1-1)} + A_{W(2-2)}]L\end{aligned}\right\} \quad (8-18)$$

$$\left.\begin{aligned}V_{总W} &= \sum V_{W(i-i+1)} \\ V_{总T} &= \sum V_{T(i-i+1)}\end{aligned}\right\} \quad (8-19)$$

式中 V_T，V_W——两相邻横断面间填土方量、挖土方量；

A_T，A_W——两相邻横断面上填土面积、挖土面积；

L——两相邻断面的间距；

$V_{总W}$，$V_{总T}$——总挖方量、总填方量。

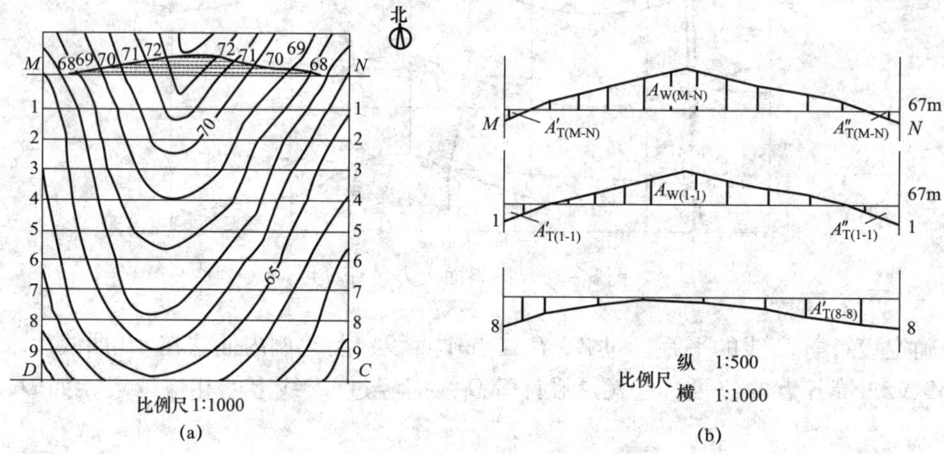

图 8－17 断面法求土方量

（2）水平断面法（等高线法）。地面高低起伏较大且变化较多时，可以采用等高线法。此法是先在地形图上求出各相邻等高线所包围的面积，乘以等高距，得各等高线间的土方量，再求总和，即为场地内最低等高线以上的总土方量。如图 8－18 所示，要求出从等高线 35m 以上的土方量，先量出各等高线所包围的面积，相邻两等高线包围的面积平均值乘以等高距，就是两等高线间的体积（土方量）。

$$\left.\begin{aligned}V_1 &= \frac{1}{2}(A_{35} + A_{36}) \times 1 \\ V_2 &= \frac{1}{2}(A_{36} + A_{38}) \times 2 \\ &\vdots \\ V_5 &= \frac{1}{3}A_{42} \times 0.8\end{aligned}\right\}$$

$$V = V_1 + V_2 + V_3 + V_4 + V_5$$

如要平整为一水平面的场地，其设计高程 $H_{设计}$ 可按下式计算

$$H_{设计} = H_0 + \frac{V}{A}$$

式中 H_0——场地内的最低高程，一般不在某一条等高线上，需根据相邻等高线用内插法求出；

V——场地内最低高程以上的总土方量；

A——场地总面积，由场地外轮廓线决定。

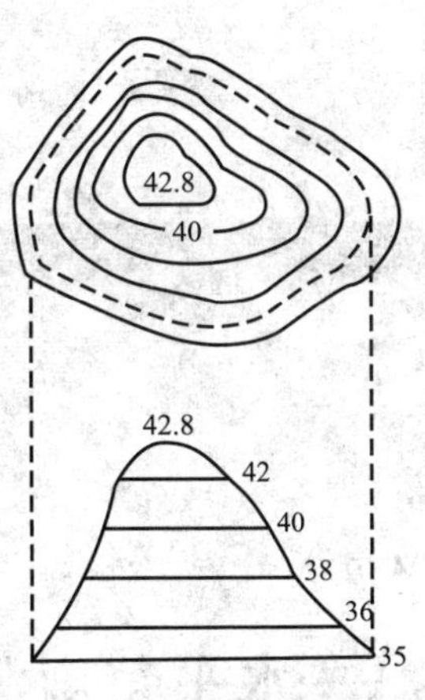

图 8－18 等高线法求土方量

当设计高程求出以后，后续的计算工作可按方格网法进行。

目前 CAD 技术应用已非常广泛，在工程实际中地形图的绘制工作大多已是数字化成图。在数字化成图软件中，用的较多的是南方测绘公司 CASS。CASS 是在 CAD 平台进一步开发的专业测绘软件。如果在工程中有电子版的地形图，本章所讲的地形图的各种应用，在 CASS 中非常容易就可实现。比如点位坐标，直线长度、方向，任意图形面积的查询这是 CAD 提供的基本查询功能。CASS 进一步开发出大量的地形图绘制和应用的众多功能，如断面图的自动绘制、土方量的计算等功能，为使用地形图提供了极大的方便。

第 9 章

测设的基本工作

9.1 水平角度测设

水平角测设是根据地面上已有的一个方向和设计角度，利用经纬仪或全站仪在地面上标定出另一个方向。

9.1.1 一般方法

又称正倒镜分中法，如图 9－1（a）所示，设 AB 为地面上已知方向线，要在 A 点，AB 方向右侧测设出设计水平角 β。其测设步骤如下：

（1）将经纬仪（或全站仪）安置在 A 点，盘左瞄准 B 点，读取水平度盘读数为 L（一般置零）。

（2）顺时针转动照准部，当水平度盘读数为 $L+\beta$ 时，在视线方向上定出 C' 点。

（3）倒转望远镜成盘右位置，瞄准 B 点，按与（2）相同的操作方法定出 C''。

（4）取 C'、C''的中点 C_0，则 $\angle BAC_0$ 即为所测设的 β 角。

9.1.2 精密方法

又称垂线改正法，如图 9－1（b）所示，测设步骤如下：

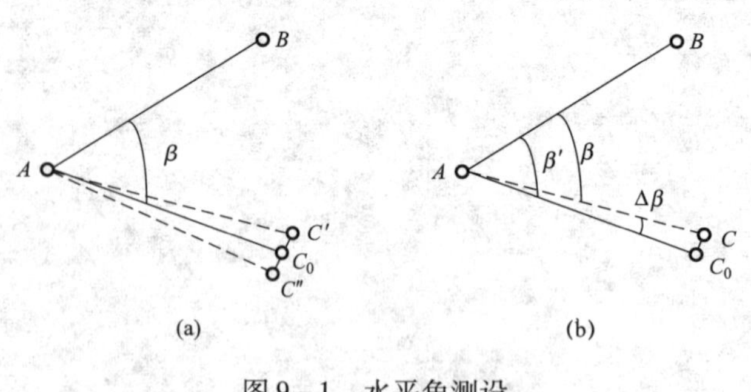

图 9－1 水平角测设

（a）一般方法；（b）精密方法

（1）先用一般方法测设角度 β，定出 C_0。

（2）然后用多测回测量 $\angle BAC_0$（测回数据测设精度定），设其平均值为 β'，根据 β' 与设计角值 β 的差 $\Delta\beta=\beta'-\beta$ 和 AC_0 的水平距离，计算出垂直距离 CC_0 为

$$CC_0=AC_0\times\frac{\Delta\beta''}{\rho''} \qquad (9-1)$$

（3）根据 $\Delta\beta$ 的正负，测设时可用小尺从 C_0 点起沿垂直于 AC_0 方向的垂线向内或向外量 CC_0 长定出 C 点，则 $\angle BAC$ 为最终测设的 β 角。

9.2 水平距离测设

水平距离测设是在要求的方向上，利用仪器或者工具定出另一个点，使其与已知点之间的距离为设计长度。

9.2.1 一般方法

如图9-2（a）所示，测设过程如下：

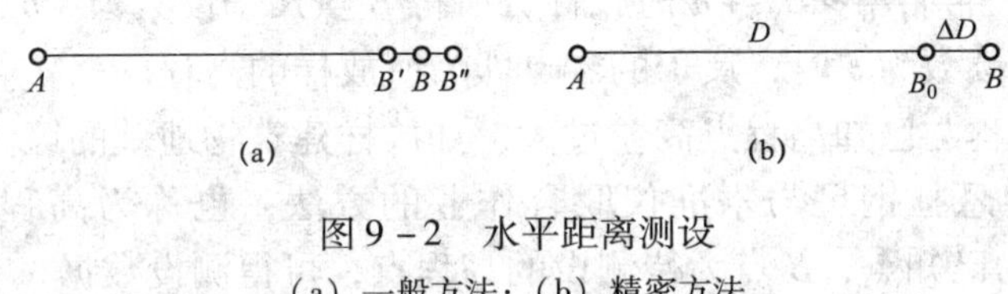

图9-2 水平距离测设
（a）一般方法；（b）精密方法

（1）在地面上，由已知点A开始，沿给定方向，用钢尺量出设计水平距离D定出B'点。

（2）在点A处改变钢尺读数，按同法定出B''点。

（3）其相对误差在允许范围内时，则取两点的中点作为B点的位置。

9.2.2 精密方法

如图9-2（b）所示，当水平距离的测设精度要求较高时，精密方法测设距离的过程如下：

（1）按照一般方法测设出B_0点。

（2）加上尺长ΔD_d、温度改正ΔD_t和倾斜改正ΔD_h，计算实际所测设的水平距离D'。

（3）在B_0点处根据$\triangle D = D' - D$的正负向后或向前再测设ΔD，确定最终的点位B，AB就是要测设的距离。

现在测设距离的方法多用全站仪距离测量功能或点位坐标放样功能直接来实现。

9.3 高程及坡度线测设

9.3.1 高程测设

工程中的高程测设，主要采用几何水准测量的方法，有时也采用钢尺直接丈量竖直距离或三角高程测量的方法。

应用几何水准测量方法测设高程时，首先应在工作区域内引测高程控制点，所引测的高程控制点要相对稳定，并利于保存和便于测设，其密度应保证只架设一次仪器就可以测设出所需要的高程。

几何水准测量方法测设已知高程如图9-3所示，已知水准点A的高程$H_A = 212.780$m，欲在B点测设出某建筑物的室内地坪高程$H_B = 213.056$m（建筑物的±0.000标高）。

测设过程如下：

（1）首先在 A 点竖立水准尺，将水准仪在 A、B 两点的中间位置安置好，后视 A 点水准尺，读取中丝读数 $a=1.368\text{m}$。

（2）在 B 点木桩侧面立水准尺，并计算 B 点的水准尺中丝读数 b。

$$b=H_A+a-H_B=212.780\text{m}+1.368\text{m}-213.056\text{m}=1.092\text{m}$$

（3）将水准仪瞄准 B 点水准尺，观测者指挥立尺者，上下移动水准尺，当中丝读数刚好为 1.092m 时，沿尺底在木桩侧面画一横线，此时高程就是需测设的高程，即建筑物的 ±0.000标高。

在高程测设中如遇到 $H_B>H_A+a$ 时，计算所得 B 点尺子读数为 $-b$，这时可以将水准尺倒立并上下移动，当读数为 b 时，尺子的零点即为所放样的高程。

当待测设点的高程与已知高程点高差过大，如放样建筑物地基的壕沟或从地面上放样高层建筑物时，可采用悬挂钢尺与水准仪联合作业的方法，也称为高程传递，测设过程如图 9－4 所示，A 点为已知点，B 点为待测设的高程点，可得测设数据

$$b_2=H_A+a_1+a_2-b_1-H_B \tag{9-2}$$

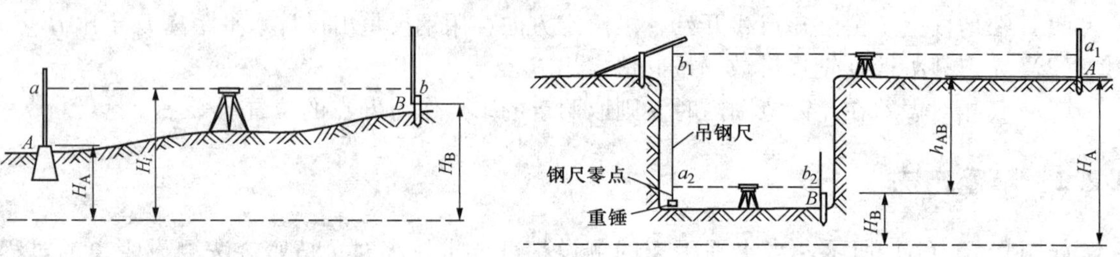

图 9－3 高程测设

图 9－4 高程传递

9.3.2 坡度线的测设

在很多工程的施工中，需要在地面上测设出设计的坡度线，以指导工程施工。坡度线的测设所用的仪器为水准仪或经纬仪。

如图 9－5 所示，设地面上 A 点的高程为 H_A，现欲从 A 点沿 AB 方向测设出一条坡度为 i 的直线，AB 间的水平距离为 D。使用水准仪的测设方法如下：

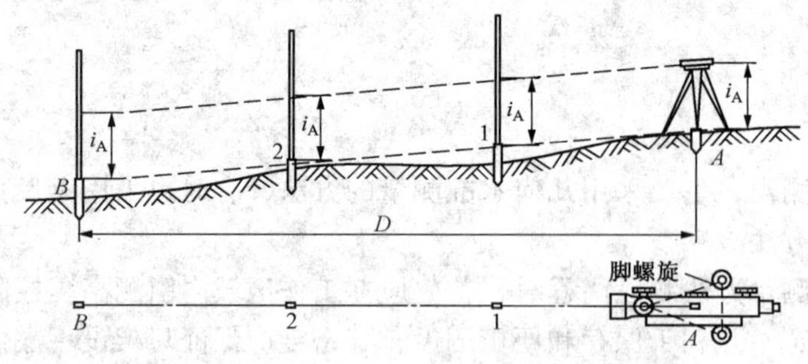

图 9－5 坡度线测设

（1）首先计算出 B 点的设计高程为 $H_B=H_A-iD$。

（2）在 A 点安置水准仪，使一脚螺旋在 AB 方向线上，另两脚螺旋的连线垂直于 AB 方向线，并量取水准仪的高度 i_A。

（3）用望远镜瞄准 B 点上的水准尺，旋转 AB 方向上的脚螺旋，使视线倾斜至水准尺读数为仪器高 i_A 为止，此时，仪器视线坡度即为 i。

（4）在中间点 1，2 处打木桩，然后在桩顶上立水准尺使其读数均等于仪器高 i_A，这样各桩顶的连线就是测设在地面上的设计坡度线。

当设计坡度 i 较大时，应利用经纬仪使用同样的方法进行坡度线的测设。

9.4 平面点位的测设

点的平面位置测设是根据已布设好的施工控制点将待测设点的坐标位置利用仪器和一定的方法标定到实地中。

点的平面位置测设常用的方法有极坐标法、直角坐标法、角度交会法、距离交会法和全站仪坐标放样法等。根据所用的仪器设备、控制点的分布、测设场地条件及测设点精度要求等情况，选用适当的方法。

9.4.1 极坐标法

极坐标法是根据控制点、水平角和水平距离测设点平面位置的方法。此法较为适宜在控制点与测设点间距离较短，且便于钢尺量距的情况，而利用测距仪或全站仪测设水平距离时，则没有此项限制。

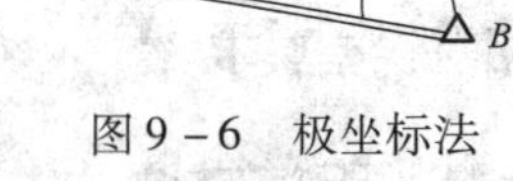

图 9-6 极坐标法测设点位

如图 9-6 所示，点 A（x_A，y_A）和点 B（x_B，y_B）为已知控制点，点 P（x_1，y_1）为待测设点。测设 P 点的过程如下：

（1）根据 A、B 点坐标，用坐标反算方法计算出测设数据 D 和 β。

（2）在 B 点经纬仪安置，后视 A 点，测设水平角 β，定出 BP 方向。

（3）沿 BP 方向测设水平距离 D，在地面上标定出点 P。

如果待测设点的精度要求较高，可以利用前述的精确方法测设水平角和水平距离。

9.4.2 直角坐标法

通常在场地已建立有互相垂直的主轴线或建筑方格网时，一般采用直角坐标法来完成施工场地上的测设工作。

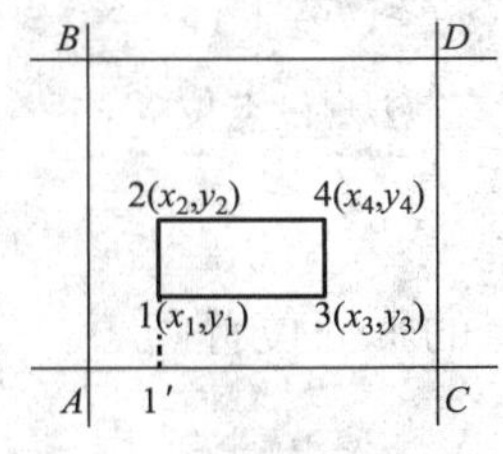

图 9-7 直角坐标法测设点位

如图 9-7 所示，A，B，C，D 为建筑方格网（或建筑基线）控制点，1，2，3，4 点为待测设建筑物轴线的交点，建筑方格网（或建筑基线）分别平行或垂直于待测设建筑物的轴线。根据控制点的坐标和待测设点的坐标可以计算出两者之间的坐标增量。

测设 1 点位置时，步骤如下：

（1）在 A 点安置经纬仪，照准 C 点，沿此视线方向从 A 向 C 测设水平距离 Δy_{A1} 定出 1′点。

（2）安置经纬仪于1′点，盘左照准 C 点（或 A 点）测设90°，并沿此方向测设出水平距离 Δx_{A1} 定出1点。

（3）盘右再测设一次1点，取平均位置作为所需放样点的位置。

采用同样的方法可以测设其他点。检核时，在测设好的点上，检测各个角度是否符合设计要求，并丈量各条边长是否满足相对误差要求。

9.4.3 角度交会法

角度交会法是在两个控制点上分别安置经纬仪，根据相应的水平角测设出相应的方向，并根据两个方向交会定出点位的一种方法。此法适用于待测设点位离控制点较远或量距有困难的情况。

如图9－8所示，测设过程如下：

（1）根据控制点 A、B 和待测设点1、2的坐标，反算出测设数据 β_{A1}、β_{A2}、β_{B1} 和 β_{B2} 角度值。

（2）将经纬仪安置在 A 点，瞄准 B 点，利用 β_{A1}、β_{A2} 角值按照盘左盘右分中法，定出 $A1$、$A2$ 方向线，并在其方向线上的1，2两点附近分别打上两个木桩（俗称骑马桩），桩上钉上小钉，并用细线拉紧。

（3）在 B 点安置经纬仪，同法定出 $B1$、$B2$ 方向线。

（4）根据 $A1$ 和 $B1$、$A2$ 和 $B2$ 方向线分别交出1，2两点，进行标定。

也可以利用两台经纬仪分别在 A，B 两个控制点同时设站，测设出方向线后标定出1，2两点。

检核可以采用实测1，2两点水平距离与1，2两点坐标反算的水平距离进行对比，应满足相对误差要求。

9.4.4 距离交会法

距离交会法是利用两个控制点与待测设点的距离进行交会定点的方法，适用于场地平坦、距离较短且方便量取时的情况。

如图9－9所示，A，B 为控制点，1点为待测设点。测设步骤如下：

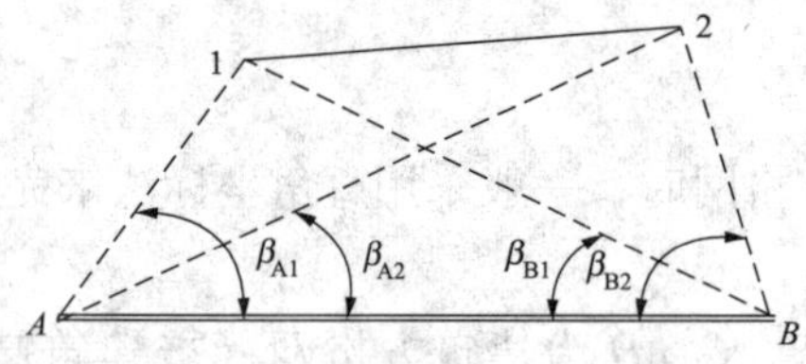

图9－8 角度交会法测设点位

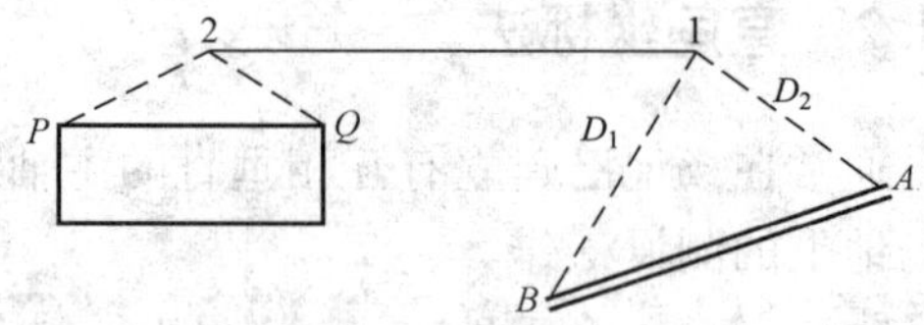

图9－9 距离交会法测设点位

（1）根据 A，B 两点和1点的坐标反算出测设数据 D_1 和 D_2。

（2）用钢尺从 A，B 两点分别测设 D_1 和 D_2，其交点即为所求1点的平面位置。

（3）同样的方法交会出2点。

检核时利用实地丈量的1，2两点的水平距离与1，2两点设计坐标反算出的水平距离进行比较，应满足相对误差要求。

9.4.5 全站仪坐标放样

全站仪具有精度高、速度快、功能多的特点，在施工放样中应用也非常方便。其坐标放样功能就是根据控制点和待测设点的坐标定出点位。其基本步骤如下：

（1）首先将全站仪安置在控制点上，使菜单置于坐标放样模式下，然后输入控制点的坐标，建立测站。

（2）输入后视点的坐标或后视方向角，以完成后视方向的设置。

（3）指挥立镜人，持反光棱镜立在估计的待测设点附近，用望远镜照准棱镜，按坐标测设功能键，全站仪显示出棱镜位置与测设点的角度方向差与距离差。根据差值，移动棱镜位置，直到差值等于零时，棱镜位置即为待测设点位置。具体操作方法详见相应全站仪的使用说明书。

检核时，可以测定已测设点的坐标，并与其设计坐标进行比较检核。

9.5 曲线测设

在线路工程中，由于地形条件或其他因素影响，线路不可避免的要从一个方向转到另一个方向。为了工程自身和使用安全需要，必须用曲线来连接。连接平面上不同走向线路的曲线称为平面曲线。连接上坡和下坡的曲线称为竖曲线。连接不同平面内线路的曲线称为立交曲线。曲线的形式较多，有圆曲线、复曲线、缓和曲线、回头曲线等，如图9－10所示。其中，圆曲线和缓和曲线是最基本的曲线形式。

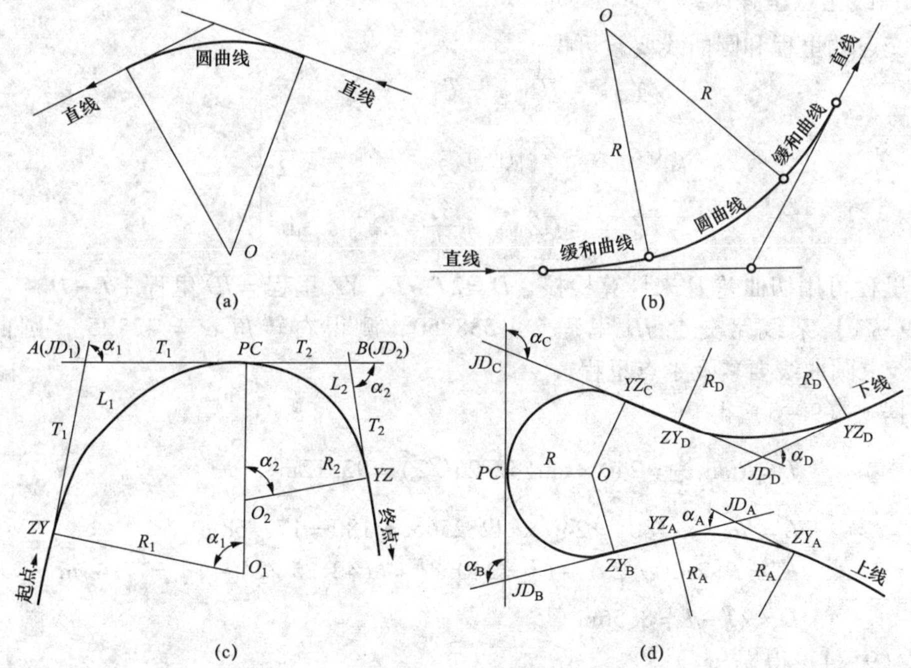

图9－10 曲线形式

（a）圆曲线；（b）带缓和曲线的圆曲线；（c）复曲线；（d）回头曲线

9.5.1 圆曲线测设

1. 圆曲线要素及计算

圆曲线是具有固定半径的圆弧，它有三个主点：即直圆点（ZY）（曲线起点）、曲线中点（QZ）、圆直点（YZ）（曲线终点）控制着曲线位置和线路走向，如图9－11所示，转向角α在线路定测阶段测得，曲线半径R根据地形条件和工程要求由设计人员选定。圆曲线要素有T（切线长）、L（曲线长）、E_0（外矢距），可以根据α和R计算。

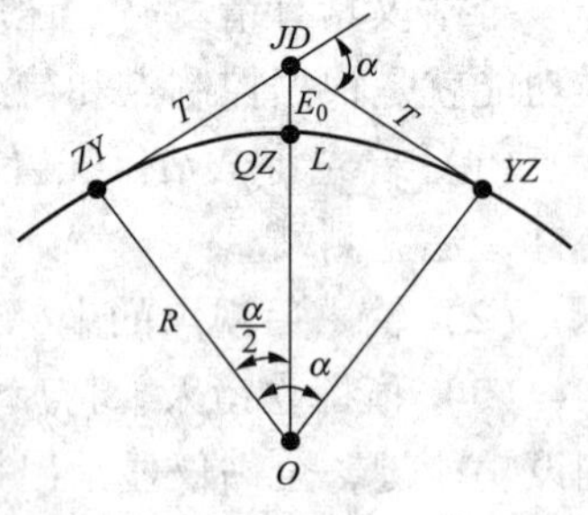

图9－11　圆曲线主点及要素

如图9－11所示，圆曲线要素计算如下。

$$\left.\begin{aligned} T &= R\tan\frac{\alpha}{2} \\ L &= R\alpha\frac{\pi}{180^\circ} \\ E_0 &= R\left(\sec\frac{\alpha}{2}-1\right) \\ D &= 2T-L \end{aligned}\right\} \tag{9-3}$$

式中　α——线路转向角；

R——圆曲线半径；

T，L，E_0，D——圆曲线要素，其值可由《公路曲线测设用表》查出。

2. 圆曲线主点里程计算

根据交点的里程和圆曲线要素可得

$$\left.\begin{aligned} ZY_{里程} &= JD_{里程}-T \\ QZ_{里程} &= ZY_{里程}+\frac{L}{2}=YZ_{里程}-\frac{L}{2} \\ YZ_{里程} &= QZ_{里程}+\frac{L}{2}=ZY_{里程}+L \end{aligned}\right\} \tag{9-4}$$

主点里程可用切曲差D来计算检核，$D=2T-L$，YZ里程$=JD$里程$+T-D$。

【例9－1】某线路交点JD里程2＋538.50，测得右转角$\alpha=42°25'$，圆曲线半径$R=240\text{m}$。求圆曲线要素及主点里程。

解：据式（9－3）得

$$T=R\tan\frac{\alpha}{2}=240\times\tan(42°25'/2)=93.12\text{m}$$

$$L=R\alpha\times\pi/180°=240\times 42°25'\times\pi/180=177.68\text{m}$$

$$E_0=R[\sec(\alpha/2)-1]=240\times[\sec(42°25'/2)-1]=17.44\text{m}$$

$$D=2T-L=8.56\text{m}$$

据式（9－4）得

	JD	K2 +538.50
	$-T$	93.12
	ZY	K2 +445.38
	$+L$	177.68
	YZ	K2 +623.06
	$-L/2$	88.84
	QZ	K2 +534.22
检核	JD	K2 +538.50
	$+(T-D)$	84.56
	YZ	K2 +623.06

表明计算没有错误。

3. 圆曲线主点测设

圆曲线主点的测设步骤如下：

(1) 在交点处安置经纬仪，分别照准两直线段上的线路控制桩，自 JD 沿视线方向量取切线长 T 得 ZY 点和 YZ 点，并打桩标定。

(2) 转动经纬仪照准部，自 ZY 或 YZ 方向拨角（$180° - \alpha$）/2，在其视线上量取 E 长即得 QZ 点，打桩标定。

4. 圆曲线详细测设

当曲线长小于40m时，测设曲线的三个主点已能满足路线线形的要求。如果曲线较长或地形变化较大时，为了满足线形和工程施工的需要，除了测设曲线的三个主点外，还要每隔一定的距离测设里程桩和加桩，进行曲线加密，将曲线的形状和位置详细地表示出来。根据地形情况和曲线半径及长度，一般每隔5m、10m、20m测设一点。圆曲线详细测设的方法很多，可视地形条件加以选用，这里介绍偏角法和切线支距法。

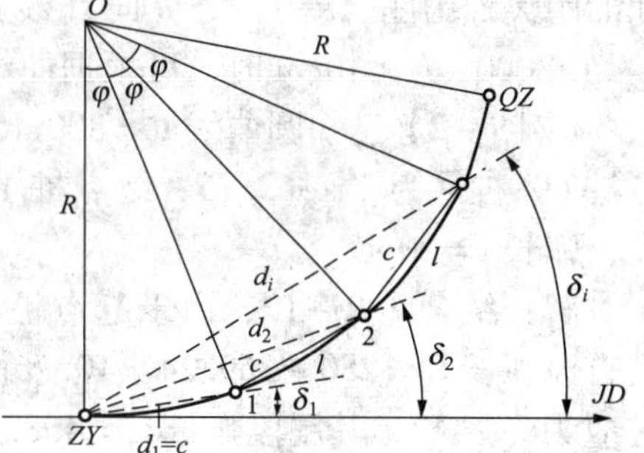

图9－12　偏角法测设圆曲线

(1) 偏角法。偏角法是根据一个角度和一段距离的极坐标定位原理来定点，是曲线上任一点至曲线起点或终点的弦与切线的偏角 δ（即弦切角）和相邻点间的弦长 c 作方向与长度交会来测定曲线上点位的方法。如图9－12所示，以 l 表示两点间弧长，c 表示两点间弦长，根据几何原理可知，弦切角等于弧长所对圆心角的一半。则有

l 所对圆心角
$$\varphi = \frac{l}{R} \times \frac{180°}{\pi}$$

偏角
$$\delta = \frac{\varphi}{2} = \frac{l}{2R} \times \frac{180°}{\pi} \tag{9-5}$$

当圆曲线半径 R 较大时，可认为弦长 c 与弧长 l 相等。

如果曲线上各点间距相等时，则各点的偏角都为第一点偏角的整数倍，即

$$\left.\begin{aligned}\delta_1 &= \frac{\varphi}{2} = \frac{l_1}{2R} \times \frac{180^\circ}{\pi} = \delta \\ \delta_2 &= 2\delta \\ \delta_3 &= 3\delta \\ &\vdots \\ \delta_n &= n\delta\end{aligned}\right\} \tag{9-6}$$

实际工作中为了测量与施工方便，在偏角法设置曲线时，通常是以整里程设桩，然而曲线起点、终点的里程一般都不是整数，因此在曲线两端会出现不是 c 长的弦，这样的弦称为分弦。分弦偏角值要单独计算，这样就不会出现后面的各点偏角值为第一个偏角值的倍数。要首先计算出曲线首尾段弧长 l_1，l_n 及相应的偏角 δ_1，δ_n，其余中间各段弧长均为 l 及其偏角 δ。则式（9-6）可写成

$$\left.\begin{aligned}\delta_1 &= \frac{\varphi_1}{2} = \frac{l_1}{2R} \times \frac{180^\circ}{\pi} \\ \delta_2 &= \delta_1 + \delta \\ \delta_3 &= \delta_1 + 2\delta \\ &\vdots\end{aligned}\right\} \tag{9-7}$$

在实际测设时，偏角值一般依曲线半径 R 和弧长 l 为引数查取《曲线测设用表》获得。具体测设步骤如下。

1）将经纬仪安置于 ZY 点，瞄准切线方向，水平度盘置零。

2）测设角度 δ_1，在此方向上用钢尺从 ZY 点量取弦长 c_1，标定 1 点。

3）测设角度 δ_2，从 1 点量取弦长 c，标定 2 点。同法测设其余各点至 QZ 附近，用 QZ 检核。

4）将仪器搬至 YZ 点，测设另一半曲线，直至 QZ。

由于测设误差的影响，据计算数据测设的 QZ 不会正好与主点测设的 QZ 重合，两者之间的距离称为闭合差 f，分纵向（线路方向）闭合差 f_x 与横向（半径方向）闭合差 f_y，当 $f_x < 1/2000$，$f_y < 10\text{cm}$ 时，可根据曲线上各点到 ZY（或 YZ）的距离，按长度比例分配。

【例 9-2】已知圆曲线 $R = 800\text{m}$，转角 $\alpha = 13°32'40''$，起点桩 ZY 桩号为 2+269.24，中点桩 QZ 桩号为 2+363.75，终点桩 YZ 桩号为 2+458.26，利用偏角法进行圆曲线的详细测设，弧长 $l = 20\text{m}$。

解：结合图 9-12，由于起点桩号为 2+269.24，其前面最近整数里程桩应为 2+280，其首段弧长 $l_1 = 280 - 269.24 = 10.76\text{m}$，而终点桩号为 2+458.26，其后面最近的整数里程桩应为 2+440，其尾段弧长 $l_n = 458.26 - 440 = 18.26\text{m}$，中间各段弧长均为 $l = 20\text{m}$。应用式（9-5）可计算出各段弧长相应的偏角为

$$\delta = \frac{\varphi}{2} = \frac{l}{2R} \times \frac{180^\circ}{\pi} = \frac{20}{800} \times \frac{90^\circ}{\pi} = 0°43'00''$$

$$\delta_1 = \frac{\varphi_1}{2} = \frac{l_1}{2R} \times \frac{180^\circ}{\pi} = \frac{10.76}{800} \times \frac{90^\circ}{\pi} = 0°23'08''$$

$$\delta_n = \frac{\varphi_n}{2} = \frac{l_n}{2R} \times \frac{180^\circ}{\pi} = \frac{18.26}{800} \times \frac{90^\circ}{\pi} = 0°39'15''$$

计算成果见表 9 – 1。

表 9 – 1　　偏角法成果计算表

点号	里程	偏角 δ_i/（° ′ ″）	曲线点间距/m
起点 ZY	2 + 269.24	0°00′00″	
1	2 + 280	359°36′52″	10.76
2	2 + 300	358°53′52″	20
3	2 + 320	358°10′52″	20
4	2 + 340	357°27′52″	20
5	2 + 360	356°44′52″	20
QZ	2 + 363.75	356°36′48″	3.75
QZ	2 + 363.75	3°23′11″	
6	2 + 380	2°48′15″	16.25
7	2 + 400	2°05′15″	20
8	2 + 420	1°22′15″	20
9	2 + 440	0°39′15″	20
终点 YZ	2 + 458.26	0°00′00″	18.26

计算校核：$\delta_{ZY-YZ}=\frac{1}{2}\times$（13°32′40″）= 6°46′20″ 偏角和 6°46′23″ 误差为 3″，符合要求。

（2）切线支距法。切线支距法又称直角坐标法。如图 9 – 13 所示，以曲线起点 ZY 或终点 YZ 为坐标原点，切线方向为 X 轴，过原点的半径为 Y 轴，建立直角坐标系。

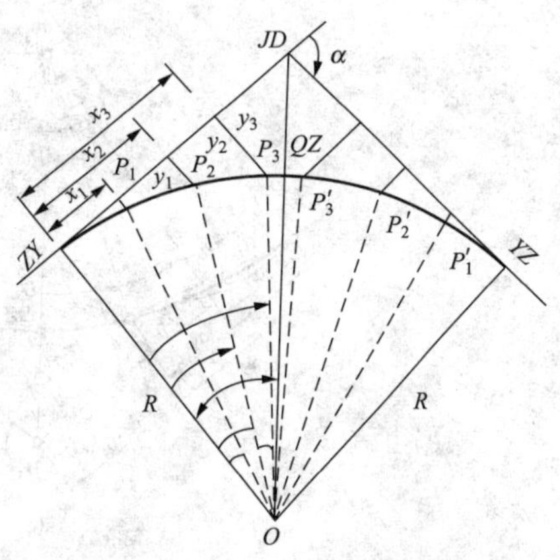

图 9 – 13　切线支距法测设圆曲线

P_i点为曲线上的任一点，其与 ZY 点的弧长为 l_i，所对的圆心角为 φ_i，$\varphi_i=\dfrac{l_i\times180°}{R\pi}$，按照几何关系，可得到各点的坐标值为

$$\left.\begin{aligned}x_i&=R\sin\varphi_i\\y_i&=R(1-\cos\varphi_i)\end{aligned}\right\}\qquad(9-8)$$

在实际测设中，x、y 值可以据半径 R 和曲线长 l 为引数，从《曲线测设用表》中查取。具体测设步骤如下。

1）从 ZY 开始，沿切线方向量取 x_i定出各点，并做标记。

2）在 x_i点切线的作垂线，并量出 y_i定出各点，即为曲线上的 P_i点，测设至 QZ 附近。

3）从 YZ 开始同法测设另一半曲线至 QZ 附近。

4）检核所测设相邻各点的弦长 S，S 应为 $2R\sin\dfrac{\varphi_i}{2}$。若无误，即可固定桩位、注明相应的里程桩。

用切线支距法测设曲线，由于各曲线点是独立测设的，其测角及量边的误差都不累积，所以在支距不太长的情况下，具有精度高、操作较简单的优点，故应用也较广泛，适用于地势平坦，便于量距的地区。但它不能自行检核，所以对已测设的曲线点，要实量相邻两点间弦长校核。

9.5.2 缓和曲线测设

由直线进入圆曲线，为了减少离心力的影响中间需要插进缓和曲线，缓和曲线的半径由无穷大变化到圆曲线半径。缓和曲线有辐射螺旋线、三次抛物线等，我国采用前者。由圆曲线和缓和曲线构成的曲线称为综合曲线。

缓和曲线上任一点 P 的曲率半径 ρ 与该点至缓曲起点曲线长度 l 成反比，即

$$\rho l = C \tag{9-9}$$

式中 C ——常数，称曲线半径变更率。

若 l_0 为缓曲长度，则当 $l = l_0$ 时，$\rho = R$，则

$$C = \rho l = R\, l_0$$

1. 缓和曲线的常数与综合曲线要素计算

（1）缓和曲线的常数。缓和曲线是插入到直线段和圆曲线之间的。缓和曲线的一半长度处在原圆曲线范围内，另一半处在原直线段范围内，这样就使圆曲线沿垂直于其切线的方向，向里移动距离 p，圆心由 O 移至 O_1，如图 9－14 所示。原来的圆曲线变短，而主点有：直缓点 ZH、缓圆点 HY、曲中点 QZ、圆缓点 YH、缓直点 HZ。

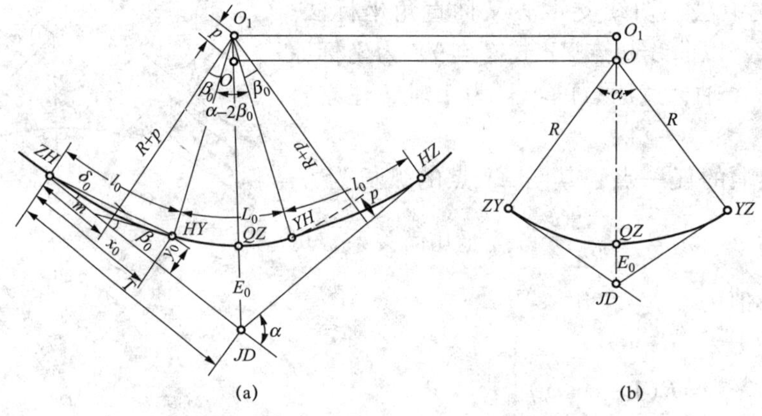

图 9－14　有缓和曲线的圆曲线

β_0、δ_0、m、p、x_0、y_0 统称为缓和曲线 6 常数。确定缓和曲线与直线和圆曲线相连的主要数据为 β_0、p、m。β_0 为缓和曲线的切线角，即 HY（或 YH）的切线与 ZH（或 HZ）切线的交角；p 为圆曲线的内移距，即垂线长与圆曲线半径 R 之差；m 为切线外移量。其计算公式分别为

$$\left.\begin{aligned} \beta_0 &= \frac{l_0}{2R}\cdot\frac{180^\circ}{\pi} = \frac{l_0}{2R}\rho \\ p &= \frac{l_0^2}{24R} \\ m &= \frac{l_0}{2} - \frac{l_0^3}{240R^2} \approx \frac{l_0}{2} \end{aligned}\right\} \tag{9-10}$$

式中 l_0——缓和曲线长度；

R——圆曲线半径。

（2）综合曲线要素及计算。圆曲线加缓和曲线构成综合曲线，其曲线要素有：切线长 T、曲线长 L、外矢距 E_0、切曲差 D。根据图9－14（a）的几何关系，可得曲线要素的计算公式如下

$$\left.\begin{aligned}T &= (R+p)\tan\frac{\alpha}{2}+m\\ L &= L_y+2l_0=R(\alpha-2\beta_0)\frac{\pi}{180^\circ}+2l_0\\ E_0 &= (R+p)\sec\frac{\alpha}{2}-R\\ D &= 2T-L\end{aligned}\right\} \tag{9-11}$$

式中　L_y——圆曲线长度。

2. 综合曲线主点里程计算与主点测设

（1）主点里程计算。曲线的主点里程计算，仍是从一个已知里程的点开始，按里程增加方向逐点向前推算。

$$\left.\begin{aligned}&ZH\text{ 里程}=JD\text{ 里程}-T\\ &HY\text{ 里程}=ZH\text{ 里程}+l_0\\ &QZ\text{ 里程}=HY\text{ 里程}+(L/2-l_0)\\ &YH\text{ 里程}=QZ\text{ 里程}+(L/2-l_0)\\ &HZ\text{ 里程}=YH\text{ 里程}+l_0\end{aligned}\right\} \tag{9-12}$$

检核：HZ 里程 $=JD$ 里程 $+T-D$

（2）主点测设。缓和曲线主点测设的步骤如下：

1）将经纬仪置于 JD 上瞄准切线方向，由 JD 沿两切线方向量出切线长 T 即得 ZH 及 HZ 点，或得到 ZH 点后测设角度（$180^\circ-\alpha$）在此方向量取 T 长得 HZ 点。

2）在 JD 上安置仪器，瞄准切线方向测设角度（$180^\circ-\alpha$）/2 在此方向上量取 E 长得 QZ 点。

3）在两切线上自 JD 起量取 $T-x_0$（或自 ZH、HZ 起向 JD 量取 x_0），然后沿垂线方向量取 y_0 得 HY 和 YH 点。x_0，y_0 为图9－15所建立的坐标系下 HY 点的坐标，可按下式计算。

$$\left.\begin{aligned}x_0 &= l_0-\frac{l_0^3}{40R^2}\\ y_0 &= \frac{l_0^2}{6R}\end{aligned}\right\} \tag{9-13}$$

3. 综合曲线详细测设

（1）切线支距法。如图9－15所示，建立以 ZH 或 HZ 为原点，过 ZH 的切线为 X 轴，ZH 点的半径方向（垂向）为 Y 轴的坐标系。缓和曲线上任一点 P 的坐标可用式（9－14）计算，圆曲线上任一点的坐标利用式（9－15）计算。

$$\left.\begin{aligned}x_i &= l_i-\frac{l_i^5}{40R^2l_0^2}\\ y_i &= \frac{l_i^3}{6Rl_0}\end{aligned}\right\} \tag{9-14}$$

$$\left.\begin{aligned} x_i &= R\sin\varphi_i + m \\ y_i &= R(1-\cos\varphi_i) + p \end{aligned}\right\} \tag{9-15}$$

式中　φ_i——$\varphi_i = \dfrac{l_i - l_0}{R} \cdot \dfrac{180°}{\pi} + \beta_0$；

l_i——圆曲线上点 i 至曲线起点 ZH（或 HZ）的曲线长。

测设步骤如下：

1）将仪器置于 JD 点上，瞄准切线方向。

2）自 ZH 点沿切线量取 X_i，或自 JD 沿切向量取 $T-X_i$，得垂足。

3）自垂足处测设直角，沿此方向量出 Y_i，得曲线上的点。

4）由 HZ 测设另一半曲线。

（2）偏角法。偏角法测设综合曲线，通常由直缓点（ZH）或缓址点（HZ）起测设缓和曲线部分，然后再由缓圆点（HY）或圆缓点（YH）起测设圆曲线部分。

缓和曲线上各点偏角值的计算：如图 9－16 所示，缓和曲线上任一点 i，其相应的偏角为 δ_i，因 δ_i 很小，故可按下式计算

$$\delta_i = \tan\delta_i = \frac{y_i}{x_i}$$

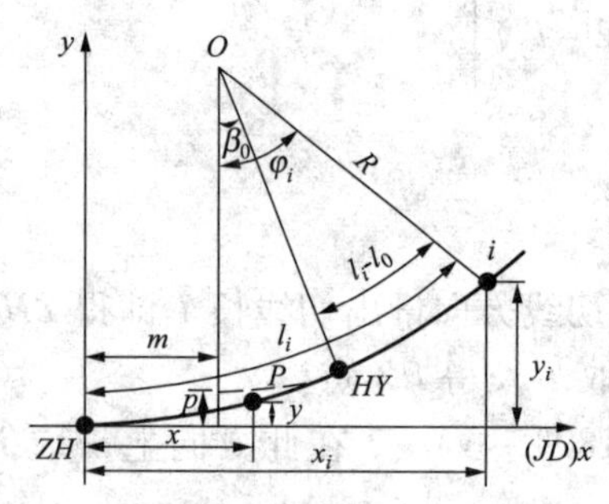

图 9－15　综合曲线的坐标系

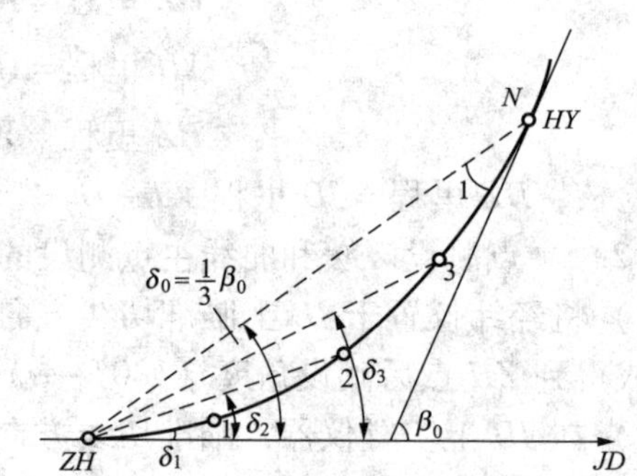

图 9－16　偏角法测设缓和曲线

将式（9－14）代入上式（x_i取第一项），可得

$$\delta_i = \frac{l_i^2}{6Rl_0} \tag{9-16}$$

缓和曲线测设时，各段曲线长 l 相等，则各点的偏角如下

$$\left.\begin{aligned} \delta_1 &= \frac{l_1^2}{6Rl_0} \\ \delta_2 &= \frac{(2l_1)^2}{6Rl_0} = 2^2\delta_1 \\ \delta_3 &= \frac{(3l_1)^2}{6Rl_0} = 3^2\delta_1 \\ &\vdots \\ \delta_n &= \frac{(nl_1)^2}{6Rl_0} = n^2\delta_1 \end{aligned}\right\} \tag{9-17}$$

缓圆点（HY）的偏角值为

$$\delta_0 = \frac{l_0^2}{6Rl_0} = \frac{l_0}{6R}$$

由于 $\beta_0 = \frac{l_0}{2R}$，所以 $\delta_0 = \frac{1}{3}\beta_0$ 则图9－16中 $\angle 1 = \frac{2}{3}\beta_0$。

圆曲线点偏角计算：综合曲线的圆曲线部分的测设，是将经纬仪安置在缓圆点（HY）或圆缓点（YH）上，找出该点的切线方向，按偏角法测设圆曲线细部的方法测设。其偏角值计算仍用式（9－6）或式（9－7）计算。

偏角法测设综合曲线的步骤如下：

1）如图9－16所示，在直缓点（ZH）上安置经纬仪，以切线方向（JD）定向，使水平度盘读数为零。

2）测设偏角 δ_1，沿视线方向量取 l_1，定出1点。

3）测设偏角 δ_2，自1点量取 l_1，与视线相交，定出2点。

4）按上述方法依次测设缓和曲线上的各点，直至缓圆点（HY）。

5）将仪器搬至缓圆点（HY），以直缓点（ZY）定向，配置水平度盘读数为 $\frac{2}{3}\beta_0$，然后纵转望远镜，再逆时针旋转照准部使水平度盘读数为0，此时视线方向即为该点的切线方向。

6）按偏角法测设圆曲线细部的过程测设圆曲线上各细部点，直至 QZ 点附近。

7）同过程测设综合曲线另一半。

9.5.3 竖曲线的测设

在道路路线纵坡变化处，为了保证行车的安全和通顺，应以曲线连接起来，这种曲线称为竖曲线。竖曲线两种形式：圆曲线和抛物线。一般采用圆曲线，实地中根据地形情况有凹形和凸形两种，如图9－17所示。

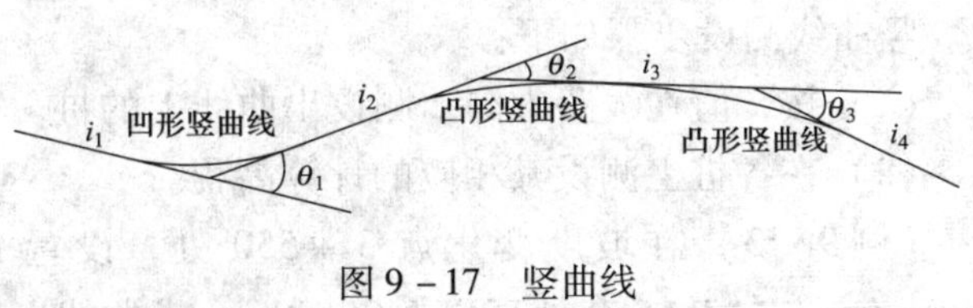

图9－17 竖曲线

1. 竖曲线要素计算

测设竖曲线是根据路线纵断面设计中给定的半径 R 和两坡道的坡度 i_1 和 i_2 进行的。测设前应首先计算出测设元素，即曲线长 L、切线长 T 和外距 E_0。由图9－18可得

$$\left.\begin{aligned} T &= R\tan\frac{\theta}{2} \\ E_0 &= R\theta \end{aligned}\right\} \quad (9-18)$$

式中 θ——竖向转折角，其值一般都很小。

所以

$$\tan\frac{\theta}{2} = \tan\frac{\theta_1+\theta_2}{2} = \frac{1}{2}(\theta_1+\theta_2) = \frac{1}{2}(\tan\theta_1+\tan\theta_2) = \frac{1}{2}(i_1-i_2) = \frac{1}{2}\Delta i，则有$$

$$\left.\begin{aligned}T&=\frac{1}{2}R\Delta i\\L&\approx 2T\end{aligned}\right\}\tag{9-19}$$

2. 竖曲线上高程计算

由图 9－18 可知

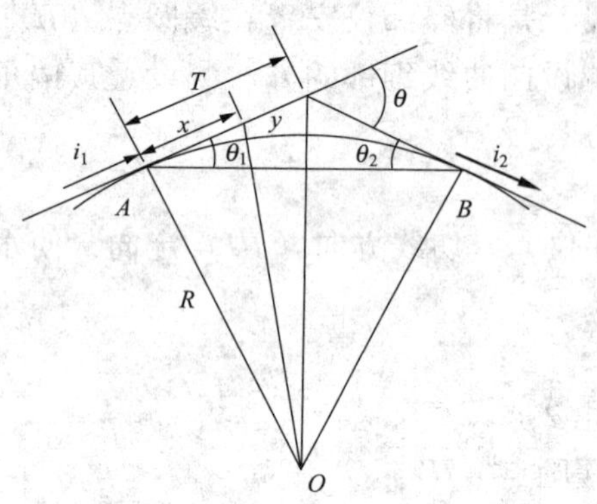

图 9－18 竖曲线测设元素

$$(R+y)^2=x^2+R^2$$

略去很小的 y^2 值，可得

$$y=\frac{x^2}{2R}$$

y 的最大值即为外距 E_0，即

$$E_0=\frac{T^2}{2R}$$

当曲线上各点的标高改正数 y_i 求出后，利用坡度线上高程 H_i'，即得到竖曲线上各点的设计高程 H_i，即

$$H_i=H_i'\pm y_i\tag{9-20}$$

当竖曲线为凸形曲线时，y_i 前用负号，反之用正号。

坡度线上点的高程 H_i'用下式计算，H_0为变坡点的高程。

$$H_i'=H_0\pm(T-x)i\tag{9-21}$$

曲线上各里程桩的设计高程求出后，就可用测设已知高程点之方法在各桩上测设出设计高程线，即得到竖曲线上各点之位置。在实际测设中，可查《竖曲线测设表》，以取得相应的曲线测设元素和标高改正数。

竖曲线测设步骤如下：

（1）按 x 值在线路方向上测设出曲线上的桩。

（2）在各桩上测设其相应的计算高程。

【例 9－3】 在坡度变化点 3＋550 处，设置 $R=1500$m 的竖曲线，已知 $i_1=+2\%$、$i_2=-3\%$，在 3＋550 处高程为 25.00m，求曲线上每隔 10m 间隔的里程桩的高程。

解：

$$T=\frac{1}{2}R\Delta i=\frac{1}{2}\times1500\text{m}\times5\%=37.5\text{m}$$

$$L\approx 2T=2\times37.5\text{m}=75\text{m}$$

$$E_0=\frac{T^2}{2R}=\frac{45.00^2}{2\times2500}\text{m}=0.40\text{m}$$

竖曲线起点桩号＝(3＋550)－37.5＝3＋512.5

竖曲线终点桩号＝(3＋550)＋37.5＝3＋587.5

竖曲线起点坡道高程＝(25.00－37.5×2%)m＝24.25m

竖曲线终点坡道高程＝(25.00－37.5×3%)m＝23.875m

每隔 10m 钉一加桩，故 $x_1=10$m，$x_2=20$m，$x_3=30$m（坡度变化点），按式（9－20）计算出各标高改正数 y 值，由于该竖曲线是凸形竖曲线，因此利用式（9－20）时用负号。

利用式（9－21）计算坡度线高程。其计算见表 9－2。

表 9－2　　竖曲线高程计算表

桩号	至起点、终点距离 x/m	标高改正数 y/m	坡度线高程/m	竖曲线高程/m	备注
3＋512.5	0	0	24.25	24.25	竖曲线起点
3＋522.5	10	－0.033	24.45	24.417	
3＋532.5	20	－0.133	24.65	24.517	$i_1=+2\%$
3＋542.5	30	－0.3	24.85	24.55	
3＋550	37.5	－0.469	25.00	24.531	坡度变化点
3＋557.5	30	－0.3	24.775	24.475	
3＋567.5	20	－0.133	24.475	24.342	$i_2=-3\%$
3＋577.5	10	－0.033	24.175	24.142	
3＋587.5	0	0	23.875	23.875	竖曲线终点

第10章

水利工程测量

水利工程测量是指在水利工程规划设计、施工建设和运行管理各阶段所进行的测量工作。水利工程测量的主要内容有平面控制测量，高程控制测量，施工放样测量，变形观测，地形测量（包括水下地形测量），纵、横断面测量，定线测量等。在此重点讲述水利工程中的土石坝施工测量、水闸的施工测量、河渠道工程测量、码头施工测量。

10.1 土石坝施工测量

大坝常见的水工建筑物，按坝型可分为土坝、堆石坝、混凝土重力坝、拱坝等。虽然这些坝的建筑材料、类型各不相同，施工放样的精度要求也不一样，但施工放样基本方法相同。这里以土坝为例介绍其施工过程中的测量工作。按照施工顺序，测量工作包括：布设平面和高程基本控制网，控制整个工程的施工放样；确定坝轴线和布设控制坝体细部放样的定线控制网；清基开挖放样；坝体细部放样等。如图10－1为土坝示意图。

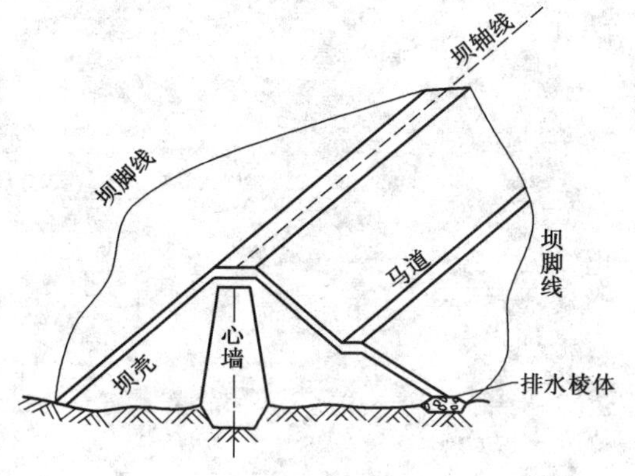

图10－1 土坝示意图

10.1.1 土坝控制测量

为了土坝的施工放样、验收及其他测量工作，在施工前必须建立平面控制网和高程控制网。

1. 平面控制网

在拟筑坝的区域内，布设平面控制点，一般选在坝的下游、地质条件较好的地方，埋设稳定的永久性标志，然后用高精度测角网、边角网或电磁波导线等形式布设，再以插网、插点或导线加密。随着GPS应用技术的应用和普及，在很多工程中已开始采用GPS建立平面施工控制网。

2. 高程控制网

用于土坝施工放样的高程控制，可由若干永久性水准点组成基本网和临时作业水准点两级布设。基本网一般在施工影响范围之外布设水准点，用三等水准测量按环形路线（图 10－2）由Ⅲ$_A$ 经 $BM_1 \sim BM_6$，再至Ⅲ$_A$ 测定它们的高程；临时水准点直接用于坝体的高程放样，布置在施工范围内不同高度的地方并尽可能做到安置一两次仪器就能放样高程。临时水准点应根据施工进程临时设置，用四等水准附合路线要求施测，从一个永久水准点上附合到另一永久水准点上，如图 10－2 中由 BM_1 经 1～3 再至 BM_3 和由Ⅲ$_A$ 经 4～7 附合到 BM_3。在施工过程中需经常检查复核控制点，尤其是临时性的临时性水准点，以防由于施工影响发生变动。

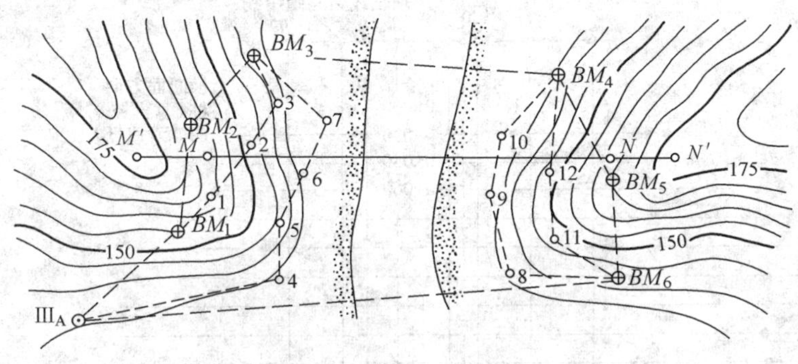

图 10－2　高程控制网的布置

10.1.2　确定坝轴线

对于大型土坝以及与混凝土坝衔接的土质副坝，一般经过现场踏勘、图上规划等多次调查研究和方案比较，确定建坝位置，并在坝址地形图上结合枢纽的整体布置，将坝轴线标于地形图上。如图 10－3 中的 M_1，M_2，用图解法量算出大坝两端点的坐标，反算出它们与首级平面控制网中的附近控制点 A，B，C 之间的放样数据，用角度交会法将 M_1 和 M_2 放样到地面上。

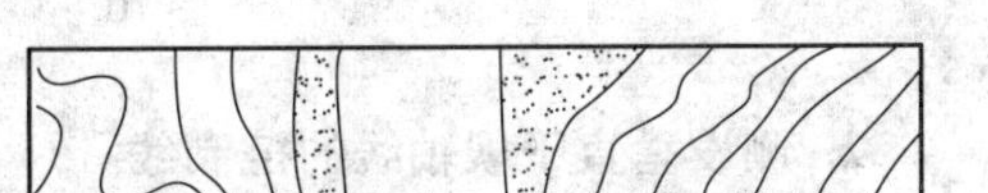
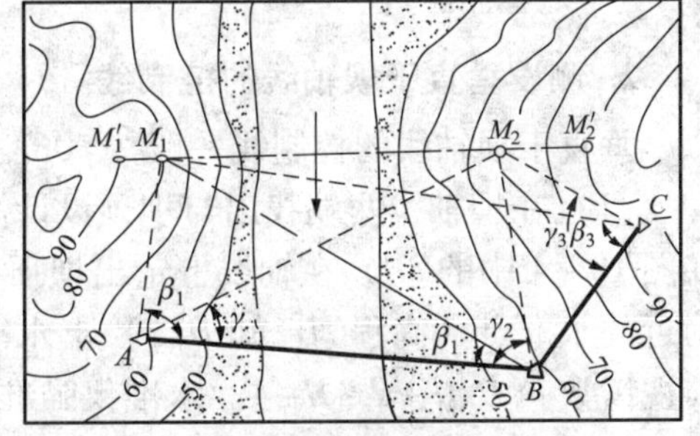

图 10－3　确定坝轴线示意图

坝轴线的两端点在现场标定后，应用永久性标志标明。为了防止施工时端点被破坏，应将坝轴线的端点延长到两面山坡上，如图 10－3 中的 M_1'、M_2'。

10.1.3　坝身控制测量

坝轴线是土坝施工放样的主要依据，但是，要进行土坝的细部放样时，在施工干扰较大的情况下，仅有一条轴线是不能满足施工要求的，因此，还必须进行坝身控制测量。坝身控制测量包括平面控制网和高程控制网的建立。高程控制网的建立见 10.1.1，这里主要介绍平面控制网。

1. 测设平行于坝轴线的控制线

平行于坝轴线的控制线可布设在坝顶上下游线、上下游坡面变化处、下游马道中线，也可以按一定的间隔布设（如10m，20m，30m等）。

测设时应分别在坝轴线的两端点 M'、N'安置仪器。若在 M'点安置经纬仪时，首先照准 N'点，然后用测90°的方法作一条垂直于坝轴线的横向基线（图10－4），再沿该基准线量取各平行控制线距坝轴线的距离，得各平行线的位置 a，b，…，h 等点，然后用木桩在实地标定。用同样方法在 N'安置仪器，测设 a'，b'，…，h'等点。两条横向基准线上编号相同点连线即坝轴线平行线。

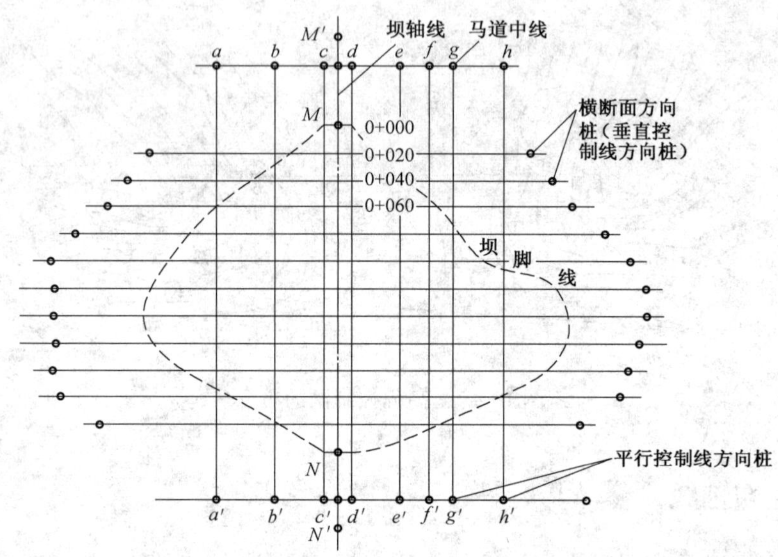

图10－4　土坝坝身控制线示意图

2. 测设垂直于坝轴线的控制线

垂直于坝轴线的控制线一般按50m，30m或20m的间距以里程来测设，其步骤如下：

（1）在坝轴线两端找出与坝顶设计高程相同的地面点（即坝顶端点）。由坝轴线一端，如图10－4中的 M'，在轴线上定出坝顶与地面的交点，方法是：在 M'点安置水准仪，根据附近的水准点（高程为已知 H_{BM}）上水准尺的后视读数 a 及坝顶高程 $H_{顶}$，求得水准尺上的前视读数 $b(H_{BM}+a-H_{顶})$。水准仪瞄准 N'点，得坝轴线方向，扶尺员持水准尺在坝轴线方向（由水准仪控制）移动，当水准尺读数为 b 时，立尺点即为坝轴线端点 M。用相同方法可以测定坝轴线另一个端点 N。

（2）沿坝轴线测设里程桩。以坝轴线的任一个端点作为零号桩，桩号0＋000。由经纬仪定线，沿坝轴线方向按选定的距离（图10－5中为20m）丈量距离，并顺序钉下0＋020，0＋040等里程桩，直至另一端坝顶与地面的交点为止。

当地面坡度较陡，直接丈量有困难时，可采用交会法定出里程桩位置。如图10－5所示，在便于量距的地方作坝轴线 MN 的垂线 AB，并精确丈量 AB 的长度。然后置经纬仪于 B 点，瞄准 M 点，测定 β 角，即可求得 $MA=AB\tan\beta$。这时若欲放样的里程桩为0＋020，按公式 $\beta_1=\arctan\dfrac{MA-20}{AB}$ 计算 β_1，然后用两台经纬仪分别在 M 点和 B 点设站。M 点的经纬仪以坝轴线定向，B 点经纬仪测设 β_1 角，两仪器视线的交点即为0＋020桩的位置。同法可测定其余各里程桩的位置。

（3）测设垂直于坝轴线的控制线。将经纬仪安置在里程桩上，瞄准 M 或 N，转 90°即定出垂直于坝轴线的一系列平行线，并在上下游施工范围以外用方向桩标定在实地上，作为测量横断面和放样时依据，这些桩也称横断面方向桩（图 10－4）。

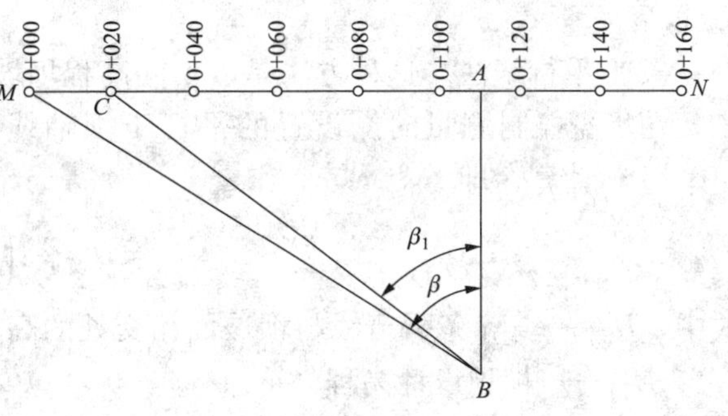

图 10－5　测设坝轴线的控制线里程桩

10.1.4　清基开挖线的放样

为使坝体与基岩很好结合，坝体填筑前必须对基础进行清理。为此，应放出清基开挖线，即坝体与自然地面的交线。

清基开挖线的放样精度要求不高，可用套绘断面法求得放样数据在现场放样。套绘断面法与渠道断面放样相似，首先测定各里程桩高程，沿垂直线方向测绘断面图（即横断面图），然后根据里程桩的高程、中心填土高度与坝面高度，在横断面上套绘大坝设计断面（图 10－6）。从图中可看出 R_1，R_2 为坝脚点上下游清基开挖点，n_1，n_2 为心墙上下游清基开挖点，它们与坝体中心距离为 d_1，d_2，d_3，d_4，可从图上量得，由这些数据可在实地放样。但清基开挖有一定深度，开挖要有一定坡度，故 d_1，d_2 应根据地质情况适当加宽一定距离进行放样，用石灰连接各断面的清基开挖点，即为大坝清基开挖线。

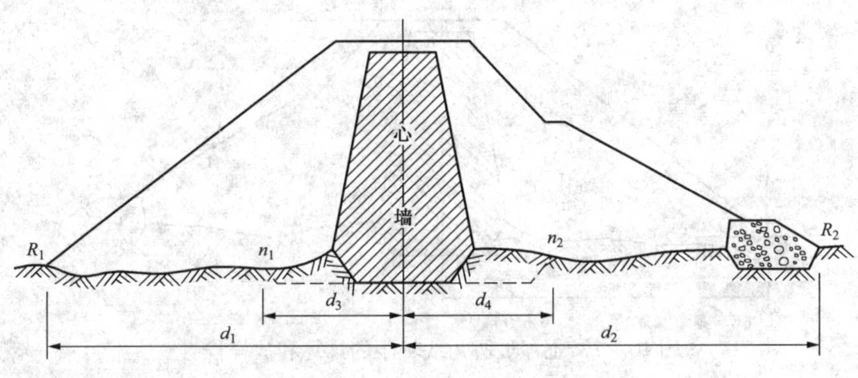

图 10－6　土坝清基放样数据

10.1.5　坡脚线的放样

坝底与清基后地面的交线即为坡脚线。清基后应放出坡脚线，以便填筑坝体。下面介绍两种放样方法。

（1）套绘断面法。仍用图解法获得放样数据。首先恢复轴线上的所有里程桩，然后进行横断面测量，绘出清基后的横断面图，套绘土坝设计断面，获得类似图 10－6 的坝体与清基后地面的交点 R_1 和 R_2（上下游坡脚点），d_1 和 d_2 即分别为该断面上下游坡脚点的放样数据。在实地将这些点标定出来，分别连接上下游坡脚点即得上下游坡脚线，如图 10－4 中虚线所示。

（2）平行线法。这种方法是以不同高程坝坡面与地面的交点获得坡脚线。

在坝身控制测量时，设置的平行于坝轴线的直线，其与坝坡面相交处的高程可按式（10－1）计算，即

$$H_i = H_{顶} - i\left(d_i - \frac{b}{2}\right) \tag{10-1}$$

式中 H_i——第 i 条平行线与坝坡面相交处的高程（m）；

$H_{顶}$——坝顶设计高程（m）；

i——坝坡面的设计坡度；

d_i——第 i 条平行线与轴线之间的距离，简称轴距（m）；

b——坝顶的设计宽度（m）。

测设时，用水准仪结合经纬仪测设。经纬仪用来定向，架设在坝轴线平行线的一端，瞄准平行线另一端定出控制线；水准仪用来放样高程，在经纬仪视线内探测高程为 H_i 的地面点（用高程放样方法），就是所求的坡脚点。

坡脚线放样精度要求较高，无论采用哪种方法进行放样，都应进行检查。如图 10－7 所示，设放样出的点为 P。检查时，用水准测量测定此点高程为 H_P，则此点至坝轴里程桩的实地平距（或放点时所用的平距）d_P 应等于按式（10－2）所算出来的轴距，即

$$d_P = \frac{b}{2} + (H_{顶} - H_P)m \tag{10-2}$$

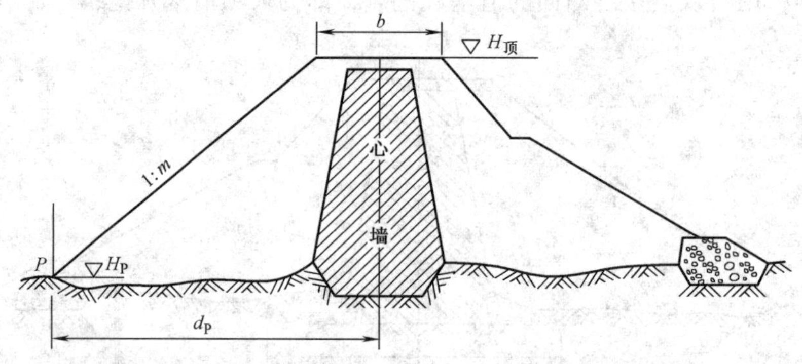

图 10－7　土坝坡脚角线轴距的计算和放样检查

实地平距与计算出的轴距相差应小于 1/1000。当超过要求，则在该方向移动标尺重测高程和平距，直至满足精度要求，这时立尺点才是坡脚点位置。按上述方法测设和检查各坡脚点，并用白灰连接各坡脚点即得坡脚线。

10.1.6　坝体边坡的放样

坝体坡脚线放出后，就可填土筑坝。为了标明上料填土的界线，每当坝体升高 1m 左右，就要用桩（称为上料桩）将边坡的位置标定出来。标定上料桩的工作称为边坡放样。

放样前先要根据大坝的设计坡度，按式（10－2）算出不同层高坡面点的轴距。为了使经过压实和修理后的坝坡面恰好是设计的坡面，一般应加宽 1～2m 填筑，故各上料桩的轴

距比按设计所算值大 1 ~2m。按高程每隔 1m 计算一值，将其编成数据表，供放样时使用。上料桩标定在加宽的边线上（图 10 –8 中的虚线处）。

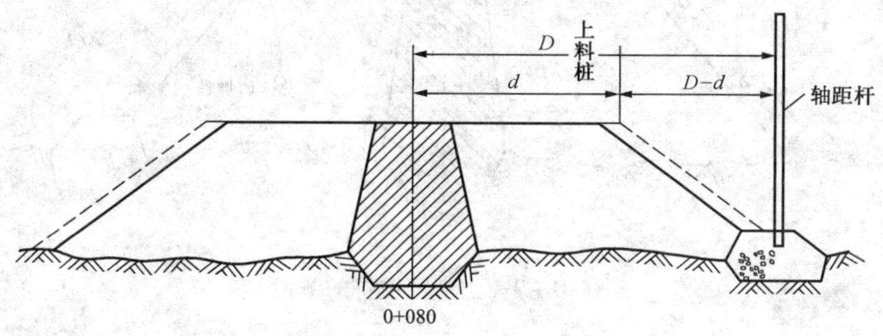

图 10 –8　土坝边坡放样示意图

在施工中，由于坝轴线上的各里程桩会被淹埋，故在实际工程中，常在各里程桩的横断面上下游方向，各预先埋设一根竹竿，称为轴距杆，如图 10 –8 所示。设轴距杆距坝轴线的距离为 D，为了放出上料桩，则先用水准仪测出坡面边沿处的高程，根据此高程从放样数据表中查得轴距为 d，此时，从轴距杆向里量取 $D-d$，即为上料桩的位置。当坝体逐渐升高，轴距杆的位置不便应用时，可将其向里移动，以方便放样。

10. 1. 7　修坡桩的测设

大坝修筑到一定高度，且坡面压实后，还要进行坡面的修整，使其符合设计要求。此时可用水准仪或经纬仪方法求得修坡量。

1. 水准仪测设

在已填筑的坡面上，钉若干排平行于坝轴线的木桩，木桩的纵横间距都不易过大，以免影响修坡质量。用钢尺丈量各木桩至坝轴线的距离，并按式（10 –1）计算各桩的坡面设计高程。用水准仪测定各木桩的坡面高程，各点坡面高程与设计高程之差即为该点的削坡厚度。

2. 经纬仪法测设

当设站点高程与设计高程相等。将经纬仪安置在坡顶，量取仪器高 i，然后依据坡度比（如 1∶2. 5）算出坡倾角 $\alpha\left(\text{即 } \alpha=\arctan\dfrac{1}{2.5}=21^{\circ}48'\right)$。望远镜向下倾斜 α 角，此时视线平行于设计坡面，然后沿斜坡竖立标尺，读取中丝读数 v，则该点的修坡厚度为 $\delta=i-v$（图 10 –9）。

当设站点实测高程 $H_{测}$ 与坝顶设计高程 $H_{设}$ 不符。则计算修坡量时应加改正数，实际修坡厚度应按式（10 –3）计算，即

$$\delta'=(i-v)+(H_{测}-H_{设}) \tag{10-3}$$

为了便于对坡面进行修整 ，一般沿斜坡观测 3 ~4 个点，求得修坡量，以此作为修坡的依据。

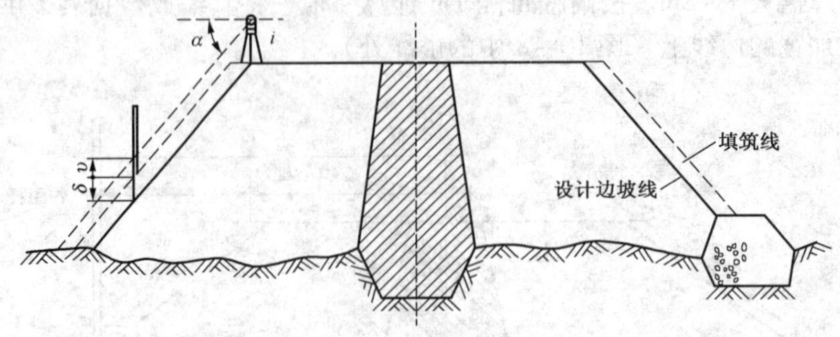

图 10－9　土坝修坡桩的测设

10.2　水闸施工测量

水闸是一种以闸门挡水为主的低水头水工建筑物，既能挡水又能泄水，在水利工程中，尤其是平原地区应用很广。水闸一般由闸室和上下游连接段三部分组成。闸室是水闸控制水流的主体部分，包括闸门、闸墩、底板、工作桥、交通桥等几部分；上下游连接段包括上下游翼墙、防冲槽、护坡、护坦、海漫等。图 10－10 为水闸组成部分示意图。

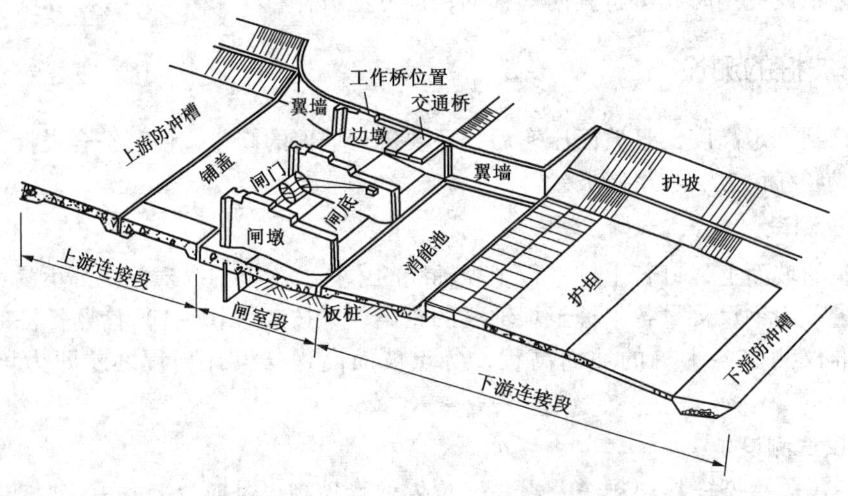

图 10－10　水闸组成部分示意图

由于水闸一般建筑在土质地基甚至软土质地基上，因此通常以较厚的钢筋混凝土底板作为整体基础，闸墩和翼墙就浇筑在底板上，与底板结合成一整体。水闸施工放样时，应先放出主轴线及整体基础开挖线；在基础浇筑时，为了在底板预留闸墩和翼墙的连接钢筋，应放出闸墩和翼墙的位置。具体放样步骤如下。

10.2.1　水闸主轴线的放样

水闸主轴线由闸室中心线（横轴）和河道中心线（纵轴）两条相互垂直的直线组成，如图 10－11 中的 A，B 和 C，D 点位置。在地面上标定主轴线端点位置的工作称为主轴线的放样。

主轴线端点位置的确定。从水闸设计图上可以直接量出各端点坐标，然后将施工坐标转换成测图坐标，利用测图控制点，采用前方交会法进行放样，并标定出端点实地位置。对于独立的小型水闸，主轴线可以在现场直接选定。

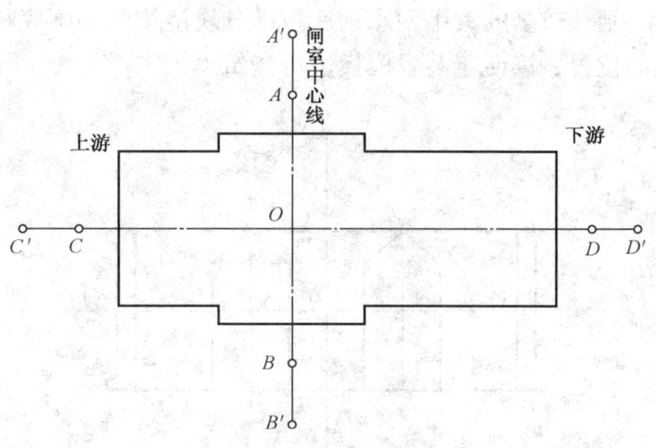

图 10－11　水闸主轴线的标定

如图 10－11 所示，主轴线端点标定后，应在交点检测它们是否垂直，其方法是：精密测设 *AB* 的长度，并标定中心 *O* 点的位置；在 *O* 点安置经纬仪，转 90°测设 *AB* 的垂线 *CD*。若测角误差超过 10″，应以闸室中心线为基准，重新测设一条与它垂直的直线作为纵向主轴线，其测设误差应小于 10″。主轴线测定后，应向两端延长至施工范围以外，每端各埋设两个固定标志以表示方向，其目的是检查端点位置在施工过程中是否发生移动，并作为恢复端点位置的依据。

高程控制采用三等或四等水准测量方法测定。水准基点布设在河流两岸不受施工干扰的地方，临时水准点尽量靠近水闸位置，可以布设在河滩上。

10.2.2　基础开挖线的放样

水闸基础开挖线是由水闸底板的周界以及翼墙、护坡等与地面的交线决定的。为了定出开挖线，可采用套绘断面法。首先，从水闸设计图上查取底板形状变换点至闸室中心线的平距，在实地沿纵向主轴线标出这些点的位置，并测定其高程和测绘相应的河床横断面图。然后根据相应的底板高程和宽度，翼墙和护坡的坡度在河床横断面图上套绘相应的水闸断面（图 10－12），量取两断面线交点到纵轴的距离，即可在实地标出这些交点，连成开挖线。

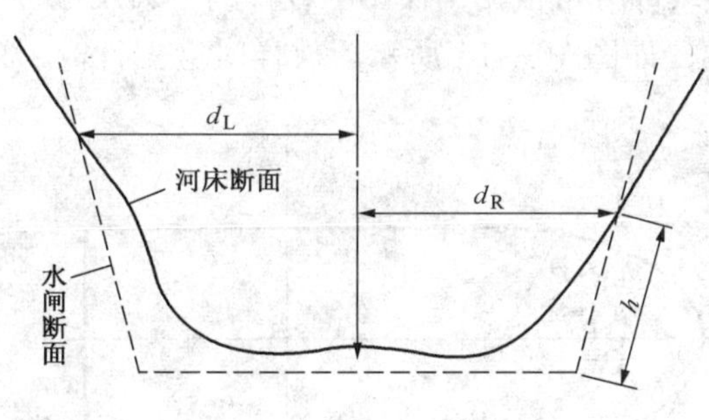

图 10－12　水闸基坑开挖点的确定

为了控制开挖高程，可将斜高 h 注在开挖边桩上。为了防止开挖和浇筑之间间隔时间过长，清理后的地基受雨水冲刷而变化，一般应预留 0.3m 左右保护层，待底板浇筑时再挖去。在挖去保护层时，要用水准测量地面高程，测定误差不能大于 10mm。

10.2.3　水闸底板的放样

底板是闸室和上下游翼墙的基础。底板的放样包括闸底板的放样、闸墩和翼墙的放样。

1. 闸底板的放样

闸孔较多的大中型水闸底板是分块浇筑的。闸底板放样的目的是首先放出每块底板立模线的位置，以便于装置模板进行浇筑。

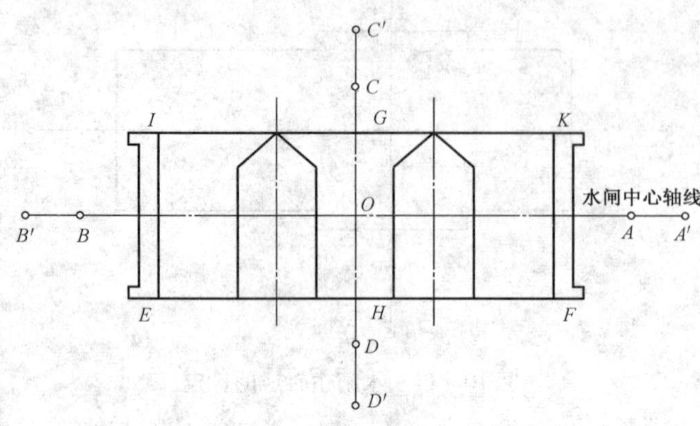

图 10－13　水闸底板放样的主要点线

闸底板放样时，为了定出立模线，应先在清基后的地面恢复主轴线及其交点的位置。如图 10－13 所示，根据底板的设计尺寸，由主轴线的交点 O 起，在 CD 轴线上，分别向上、下游各测底板长度的一半，得 G，H 两点，然后在 G，H 两点上分别安置经纬仪，测设与 CD 轴相垂直的两条方向线。两条方向线分别与边墩中线的交点 E，F，I，K，即为闸底板的四个角点。

模板装完后，用水准测量在模板内侧标出底板浇筑高程的位置，并弹出墨线表示。

2. 闸墩和翼墙的放样

由于闸墩和翼墙是和底板结成一个整体，因此它们的主筋必须一道结扎。于是在标定底板立模线时，还应标定闸墩和翼墙的位置，以便竖立连接钢筋。

底板浇筑完后，应在底板上恢复主轴线，以主轴线为依据定出各闸孔中心线和门槽控制线，并弹墨标明。然后以这些轴线为基础标出闸墩和翼墙的立模线，以便安装模板。这里主要介绍闸墩的放样方法。

闸墩平面位置的轮廓线分为直线和曲线。直线部分可根据平面图上设计的有关尺寸，用直角坐标法放样。闸墩上游一般设计成椭圆曲线，如图 10－14 所示。放样时应据计算出的曲线上相隔一定距离点的坐标，求出椭圆对称中心点 P 至各点的放样数据 β_i 和 d_i。根据已标定的水闸轴线 AB，闸墩中线 MN 定出轴线交点 T，沿闸墩中线测设距离 L 定出 P 点，在 P 点安置经纬仪，以 PM 方向为后视，用极坐标法放样 1，2，3 等点。由于 PM 两侧曲线对称，左侧曲线点也可按上述方法放样。施工人员根据测设的曲线立模。

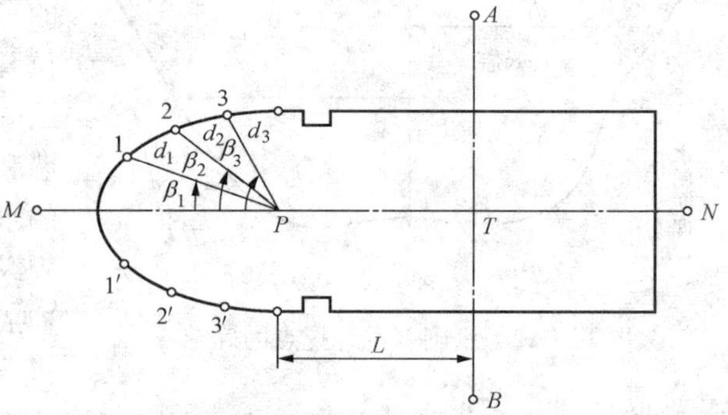

图 10－14　极坐标法放样闸墩的曲线部分

闸墩各部位的高程，据施工场地布设的临时水准点，按高程放样方法在模板内侧标出高程点。随着闸墩体的升高，可以在闸墩体上测设一条高程为整米线的水平线，并用红漆标出来，作为继续往上浇筑时量算高程的依据，也可用钢尺从已浇筑的混凝土高程点上直接丈量放出设计高程。

10.3 水库淹没界桩的测设

水库淹没界桩的测设是确定水库淹没界线时对移民线、土地征用线、土地利用线、水库清理线等各种水库淹没、防护、利用界限进行测设的工作的总称。这些界线以设计正常蓄水位为基础，结合浸没、坍岸、风浪影响等因素综合确定，根据需要测设其中的一种、几种或全部。测设水库淹没界桩的目的是为了动员库区淹没范围内的居民拆迁和调查经济损失。

在建坝开始时，必须根据设计提供的淹没高程，在实地标定出淹没线的位置。由于回水影响，库区淹没高程从大坝开始往上逐渐增大，即淹没线并非一条等高线。为了简化测量工作，设计人员通过回水演算，从坝址开始往上，将其划分为若干梯级，每个梯级用一个平均淹没高程进行淹没界桩的测设。小型水库一般可将水库中水面当成平面，只用一个高程去标定淹没界桩。

淹没界桩分永久界桩和临时界桩。界线通过厂矿区或居民点时，在进出处各测设一个永久桩，内部每隔若干米测设一个临时桩，主要街道标出界线通过的实际位置。大片农田及经济价值较高的林区，一般每隔 2～3km 测设一个永久桩，再以临时桩加密到能互相通视。只有少量庄稼的山地，可只测设临时桩显示界线通过的位置。经查勘确定不予利用的永久冻土地、大片沼泽地、陡峭坡地等经济价值很低的地区，可不测设界桩。界桩编号一般由年度、类别和桩号组成，如“90 土－永 7”，即表示 1990 年土地征用永久桩 7 号；“90 人－100”，即表示 1990 年移民线临时界桩 100 号。

为了满足测设界桩精度要求，首先必须在库区边缘布设三、四等闭合水准路线，或利用原有三、四等水准测量成果。然后用五等水准测量进行加密控制，沿着淹没线 1～2km 布设一个加密点，利用牢固可靠的岩石或建筑物作为临时水准标志，并在库区地形图上标出它们的位置和绘出点之记，以便使用时易于查找。五等水准路线应按附合路线从三、四等水准点上进行引测，其路线长度不应超过 30km；尽可能不采用闭合或支路线，以免弄错起算高程而造成严重后果。临时界桩高程测设误差不应超过 0.2m；永久界桩高程测设误差应小于 0.1m。

界桩测设工作由测量工作人员配合水库设计人员和地方、移民等有关单位进行。用水准仪或经纬仪按设计高程在实地标定。如图 10－15 所示，假设欲定界桩 P 的高程为 H_p，附近有水准点 BM，其高程为 H_B，其测设方法如下：

1. 水准仪测设法

在 BM、P 两点之间安置水准仪，BM 点立水准尺，读取后视读数 a，计算前尺读数 $b = H_B + a - H_P$。则指挥扶尺人员沿坡面移动水准尺，当读数为 b 时，该点为欲定界桩 P 点。

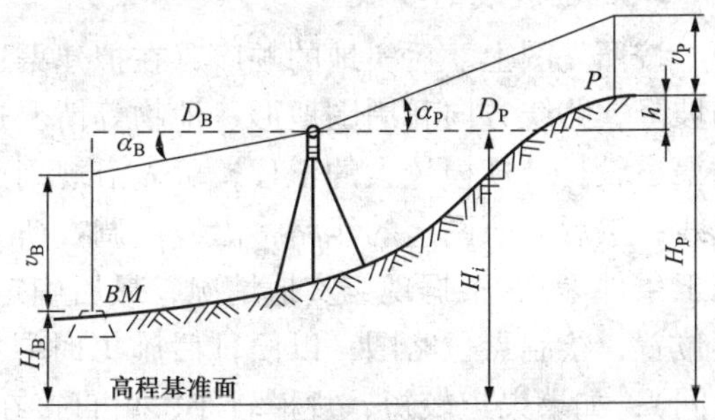

图 10－15 用经纬仪测定淹没界桩

2. 经纬仪测设法

（1）如图 10－15 所示，在水准点上立尺，在尽量接近界桩高程的地方安置经纬仪（最大允许视距为 250m），用反觇法求取仪器的水平视线高程:$H_i = H_B + v_B - D_B \cdot \tan\alpha_B$；算出界桩与水平视线的高差：$h = H_P - H_i$。

（2）当 h 为负时，使经纬仪视线水平，根据水平视线指挥标尺移动至中丝截尺等于 $|h|$ 时，立尺点即为界桩位置。

（3）当 h 为正时，根据高差 h 估计界桩的概略位置，在此位置立尺，测定其平距（$D'_P = kl\cos^2\alpha_P$）和高差（$h'_P = D'_P\tan\alpha_P - v_P$）。若 h'_P 等于 h（相差不超过 ±0.05m），则此立尺点为界桩位置。否则，以所测平距 D'_P、截尺 v_P 和所需高差 h 按公式

$$\alpha_{计} = \arctan\frac{h + v_P}{D'_P} \tag{10-4}$$

计算竖直角，使竖盘置数等于 $\alpha_{计}$，指挥标尺移动至中丝截尺等于 v_P 时，又观测平距 D''_P 和高差 h''_P；若 h''_P 仍不等于 h，则以 D''_P 代入式（10-4）重新计算 $\alpha_{计}$，重新安置书竖盘指挥标尺移动（中丝截尺仍为 v_P）和测定高差，如此反复，直至测得立尺点高差等于 h 为止（相差不超过 ±0.05m）；在立尺点上设立界桩。

（4）用盘左盘右再次测定视距、截尺和竖直角，求出界桩地面高程，量取桩顶至地面高差，一一记入观测手簿。

10.4 渠道测量

渠道是具有自由水面的人工水道。渠道按用途可分为：灌溉渠道、动力渠道（用于引水发电）、供水渠道、通航渠道和排水渠道（用于排除农田涝水、废水和城市污水）等。在实际工程中，常是一渠多用，如灌溉与通航、供水结合，灌溉与发电结合等。渠道测量的内容主要包括：为选线进行的地形图测量，中线测量，纵、横断面测量，土方计算及施工断面放样内容。

10.4.1 踏勘选线

1. 踏勘选线的主要任务

根据水利工程规划所定的渠线方向、引水高程和设计坡度，在实地确定一条经济、合理的渠道中线位置。选线工作直接影响到工程的质量、进度、经济、受益等方面，其作用极其重要。

2. 踏勘选线的步骤

按照先图上、后实地的顺序，在拟建渠道地区已有大比例尺地形图上，依据渠道所需要的坡降，路线方向和周围地形、地物等情况进行比较，在图上做初步选线。若没有地形图，对渠道较长、规模较大的工程，可先沿规划渠道方向测绘一幅带状地形图上，再在图上初步选线；然后对照图上的线路，沿线做调查研究，收集有关资料（如地质、水文、材料来源、施工条件等），根据现场实地情况，最后确定路线的起点、转折点、终点，并用大木桩标定其位置，绘制点位略图，以便日后施工时寻找点位（通常情况下从设计到施工会间隔一段时间）；如果渠道较短，规模较小，可直接在实地选线，标定点位。

3. 踏勘选线原则

（1）渠道要尽量短而直，力求避开障碍物，以减小工程量和水流损失。

（2）把渠道选择在地势较高的地带，以利达到扩大灌溉面积和自流灌溉的目的。

（3）渠道经过的地带土质要好，坡度要适宜，以防渠道运行出现严重的渗漏、冲刷和坍塌现象。

（4）填挖土石方量和渠道建筑物要少，以达到省工、省料和少占用耕地。

4. 高程控制测量

在选定路线后，为满足日后渠道及构筑物的施工需要，沿渠道方向每隔 1～2km 布设水准点，水准点应设置在渠道开挖线和堆土线以外不易破坏的地点，结构按永久水准点设置，以便能够长期保存，并作点之记。布设的高程控制点与国家四等水准点组成附合水准路线，用四等水准测量技术要求施测出每一个准点的高程，记录保存，以备施工高程测设所用。

10.4.2 渠道中线测量

渠道中线测量是在地面上一选定路线的基础上，从渠道起点开始一直到终点，测定渠线长度，标定里程桩。渠道转折处需要测定转折角、敷设圆曲线，如图 10－16 所示。

1. 中线测量

用花杆和皮尺从渠首起始点开始朝终点和转折点方向，按照规定间距如每隔 100m 或 50m 在地面上打一个木桩（里程桩），标定中线位置，如有全站仪则更方便，沿中线方向作距离放样，可得到各里程桩和加桩位置。在下列情况需增设加桩：① 中心线上地形有显著起伏的地点；② 转弯圆曲线的起点、终点和必要的曲线桩；③ 拟建或已建建筑物的位置；④ 与其他河道、沟渠、闸、坝、桥、涵的交点；⑤ 穿过铁路、公路、和乡村干道的交点；⑥ 中心线上及其两侧的居民地、工矿企业建筑物处；⑦ 由平地进入山地或峡谷处；⑧ 设计断面变化的过渡段两端。里程桩必须进行编号，渠道起点桩号为 0＋000，后面的里程桩依次为 0＋100，…，0＋900，距起点 1km 处为 1＋000，然后是 1＋100，…，1＋900，依此类推。加桩编亦同，例如距起点桩 6245m 处的桩号可写成 6＋245，里程桩桩号一律朝向渠首。沿中线量距的同时，要在现场绘出路线草图，作为设计渠道的参考，不必那么细致，可以用一条直线表示，遇到渠道转弯处，用箭头指出转角方向，并写出转角度数（来水方向的延长线转至去水方向的角值）。转折处，要测设圆曲线，里程桩和加桩要设置在曲线上，并且按照曲线长度计算里程，并打桩标上里程。

2. 高程测量

在山区或丘陵地区，在沿山坡等高线向前量距，测定渠道中线，按规定标定里程桩和加桩的同时，每量 50m 或 100m 用水准测量测定桩位高程，检查渠线位置是否偏低或偏高，目的是为工程运行安全，尽量减少填方情况出现。具体方法是：假设渠首进水底板设计高程高程为 $H_{进}$，设计渠深为 h，渠底设计坡度为 i，现在测设到 A 点，离渠首距离为 D，据此可以算出 A 点应有的渠岸地面高程为

$$H_{A}=(H_{进}+h)-iD \tag{10-5}$$

根据选线阶段布设的附近水准点，测设高程 H_{A}，并在山坡上的位置标定 A 点。一般应根据山坡坡度将桩位适当提高，将木桩定在略高于所定 A 点位置上。

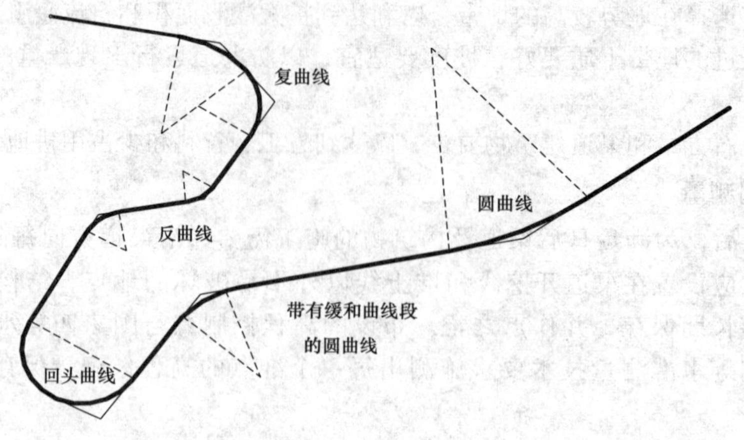

图 10－16　渠道中线示意图

10.4.3　纵、横断面测量与绘制

渠道纵、横断面测量是设计渠底高程线、堤顶高程线、计算填挖土石方量和拟定施工计划的主要资料。

1. 渠道纵断面测量与绘制

（1）渠道纵断面测量（图 10－17）：就是测定中线各里程桩和加桩处地面的高程。一般将渠线分成若干段，用渠道沿线已有的水准点，每段分别与邻近两端的水准点组成附和水准路线。用水准测量的方法施测，附和路线长度应不超过 2km，高程闭合差不大于 $\pm 40\sqrt{L}$ mm，L 为路线以千米计的长度，测站视距不超过 150m。相邻各桩距离不远、高差不大时，可一站测定多个桩点的高程（地面高），中间各个不用作传递高程的桩点称中视点。

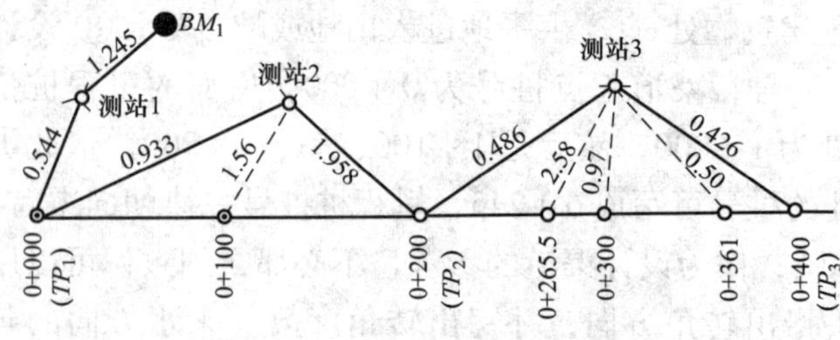

图 10－17　纵断面测量示意图

施测时，每一测站上首先读取后视、前视水准点或转点的尺上读数。读数读到毫米，在两转点间所有中间点的读数，读数读到厘米。转点尺应立在尺垫、桩顶或坚石上。

每一测站各项计算按下列公式进行

$$视线高程 = 后视点高程 + 后视读数$$

$$中桩高程 = 视线高程 - 中视读数$$

$$转点高程 = 视线高程 - 中视读数$$

随观测，随记录，并随时计算出各中桩地面高程、转点高程，完成一测段，立即计算该段的高程闭合差，若高差闭合差超限，必须返工重测该测段。若不超限，则闭合差不必调整，中桩高程仍采用原计算的中桩地面高程。

（2）绘制纵断面图：以里程桩和加桩高程作为纵坐标，用里程桩和加桩的里程作为横坐标，按比例绘制。由于里程桩上的高程变化相对于里程桩的水平距离变化较小，为了使纵断面图更直观，纵坐标比例尺比横坐标比例尺大 10 ~ 20 倍，一般采用纵坐标比例尺采用 1∶100，1∶200，1∶500 等，横坐标比例尺可采用 1∶1000，1∶2000，1∶5000，1∶10 000 等。因为里程桩高程的数值比较大，但地面起伏变化较小，所以在图纸上编辑高程数值时，可以选择某一高程作为起始线，而不必从零开始。可根据水准测量记录中最底高程或设计最底高程定为起始高程。具体绘制步骤与其他线路的纵断面图基本一致。除了地面线和设计线外，图标部分自上而下依次为设计坡度、地面高程、设计高程、挖深、填高、里程等栏目，图与相应数据相互对照，既清楚明了，又便于施工时查用，如图 10 – 18 所示。

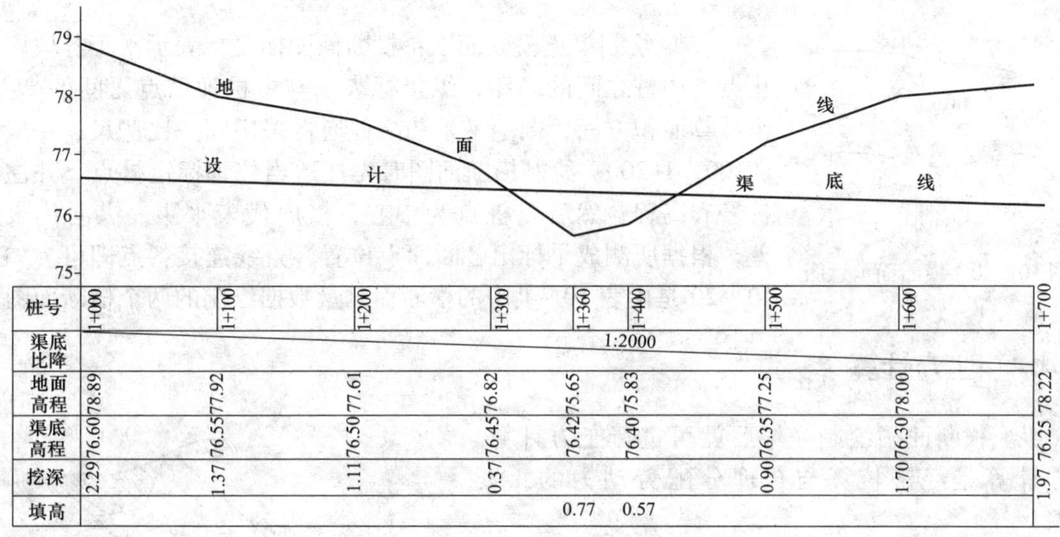

桩号	1+000	1+100	1+200	1+300	1+360	1+400	1+500	1+600	1+700
渠底比降	1:2000								
地面高程	78.89	77.92	77.61	76.82	75.65	75.83	77.25	78.00	78.22
渠底高程	76.60	76.55	76.50	76.45	76.42	76.40	76.35	76.30	76.25
挖深	2.29	1.37	1.11	0.37			0.90	1.70	1.97
填高					0.77	0.57			

图 10 – 18　渠道纵断面图

2. 横断面测量与绘制

（1）横断面测量：是在里程桩和加桩位置上，测定垂直于渠线方向的各坡度变化点对桩位地面的平距和高差。一般横断面测量的宽度依渠道宽度大小而定，多为 10 ~ 50m。横断面测量步骤如下：

1）定横断面方向：用目估法或十字架标定与渠道垂直的断面方向。

2）测出坡度变化点间的距离和高差：从里程桩或加桩起，左右两侧分别采用平置法、水准仪法或经纬仪法测量相邻地面点的平距和高差。

规定面向渠道里程桩增加的方向其左边称为左方，其右边称为右方，如图 10 – 19 所示。

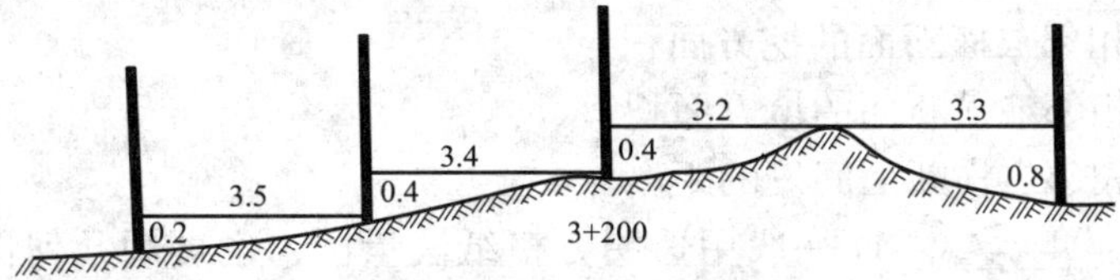

图 10 – 19　横断面测量示意图

把所有横断面所测的结果按桩号列表记录，见表 10 – 1。

表 10－1　各桩号横断面测量数据

左侧 $\frac{\text{高差}}{\text{距离}}$			桩号/高程	右侧 $\frac{\text{高差}}{\text{距离}}$		
$\frac{-2.3}{16.1}$	$\frac{-0.9}{7.6}$	$\frac{-0.3}{2.5}$	$\frac{0+000}{80.56}$	$\frac{+0.5}{4.5}$	$\frac{+0.9}{5.8}$	$\frac{+1.1}{15.9}$
$\frac{1.4}{16.2}$	$\frac{+1.8}{10.5}$	$\frac{+0.3}{4.5}$	$\frac{0+100}{79.35}$	$\frac{+0.1}{3.3}$	$\frac{+1.4}{8.5}$	$\frac{+1.6}{16.2}$

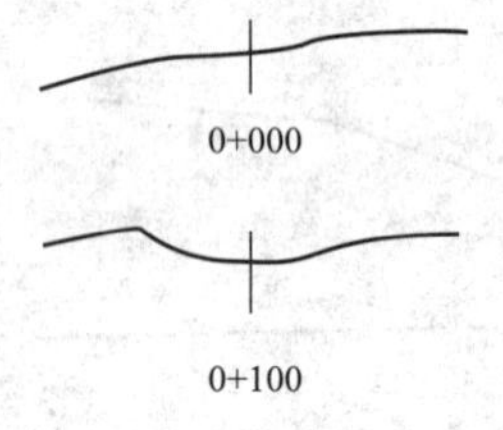

图 10－20　横断面示意图

（2）绘制渠道横断面图：横断面图横坐标表示平距各坡度变化点与中桩之间的平距，纵坐标表示与中桩地面点之间的高差。为计算面积方面，图上平距和高程通常采用同一比例尺，一般为 1∶100，1∶200。绘制横断面图时先在适当位置标定桩点，并注上桩号和高程；然后以桩点为中心，横向代表平距，纵向代表高差，根据所测成果标出各断面点位置，直线连接各点即可。如图 10－20 是由表 10－1 中的横断面测量数据绘制的两个横断面图。

10.4.4　土方计算

纵、横断面图绘制完毕后就可进行土方计算。土方计算是经济核算与合理分配劳动力的重要依据。

在计算土方时，先根据在纵断面图上已算出的各里程桩和加桩的挖深或填高数字，分别在其横断面图上从中线桩开始按比例量取相应的填挖高度，画出渠底中心位置，然后画出渠道设计横断面。如图 10－21 即为渠道设计横断面和原地面横断面的示意图。

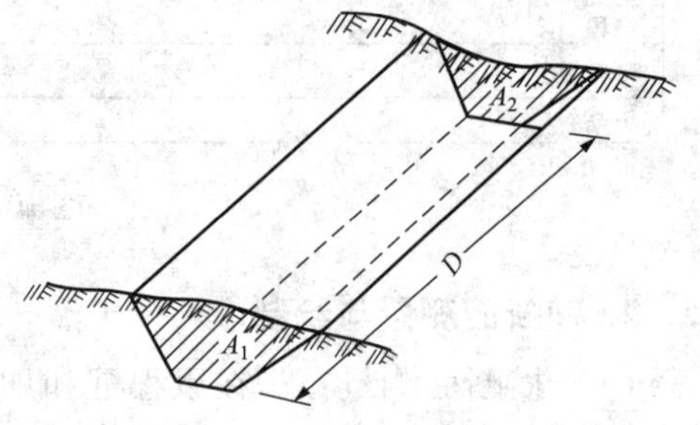

图 10－21　平均断面法土方计算

计算土方最简单的办法是平均断面法，即相邻两横断面间的土方是

$$V_{挖}=\frac{1}{2}(A_1+A_2)D$$

$$V_{填}=\frac{1}{2}(A_1'+A_2')D$$

式中　A_1，A_2——相邻二横断面的挖方面积；

A_1'，A_2'——相邻二横断面的填方面积：

D——相邻二横断面间发的距离。

横断面面积 A_1、A_2，A_1'，A_2' 一般用透明方格纸法量出，也可用几何图形计算求得，若是用 CAD 作图，则可以直接用查询面积功能等待求面积。

10.4.5　渠道施工放样

渠道施工放样的主要任务是：在每个里程桩和加桩上将渠道设计横断面按尺寸在实地标

定出来，以便施工。其具体工作如下。

1. 标定中心桩的挖深或填高

施工前首先应检查中心桩有无丢失，位置有无变动。如发现有疑问的中心桩，应根据附近的中心桩进行检测，以校核其位置的正确性。如有丢失应进行恢复，然后根据纵断面图上所计算各中心桩的挖深或填高数，分别用红油漆写在各中心桩上。

2. 边坡桩的放样

渠道施工前要标定渠道设计断面边坡与地面的交点，为施工提供依据。根据设计横断面与原地面线的相交情况，渠道的横断面形式一般有三种：图 10 – 22（a）为挖方断面；图 10 – 22（b）为填方断面；图 10 – 22（c）为挖填方断面。在挖方断面上需标出开挖线，填方断面上需标出填方的坡脚线，挖填方断面上既有开挖线也有填土线，这些挖、填线在每个断面处是用边坡桩标定的。所谓边坡桩，就是设计横断面线与原地面线交点的桩（如图 10 – 22 中的坡脚桩和开口桩点），在实地用木桩标定这些交点桩的工作称为边坡桩放样。

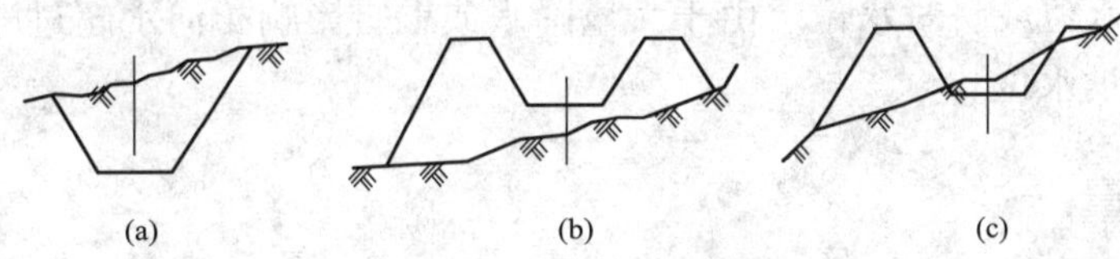

图 10 – 22　渠道的横断面形式

在每一个整桩和加桩横断面图法上按设计尺寸套绘渠道横断面，然后直接从横断面图上量取边坡桩与中心桩的水平距离。为便于放样和施工检查，现场放样前先在室内根据纵、横断面图将有关数据制成表格，见表 10 – 2。根据放样数据在现场放出每一个断面的开口桩、坡脚桩。

表 10 – 2　　渠道断面放样数据表　　（单位：m）

桩号	地面高程	设计高程		中心桩		中心桩至边坡桩的距离			
		渠底	渠堤	填高	挖深	左外坡脚	左内边坡	右内边坡	右外坡脚
0 +000	77.31	74.81	77.31		2.50	7.38	2.78	4.40	—
0 +100	76.68	74.76	77.26		1.92	6.84	2.80	3.65	6.00
0 +200	76.28	74.71	77.21		1.57	5.62	1.80	2.36	4.15
⋮	⋮	⋮	⋮	⋮	⋮	⋮	⋮	⋮	⋮

3. 架设施工架

如图 10 – 23 所示一个半挖半填断面，根据计算的放样数据在实地上标定出渠道左右两边的开口桩、堤内肩桩、堤外肩桩和外坡脚桩。在内、外堤肩桩位上按填方高度竖立竹竿，竹竿顶部分别系绳，绳的另一端分别扎紧在相应的外坡脚桩和开口桩上，形成一个渠道边坡断面，称为施工坡架。

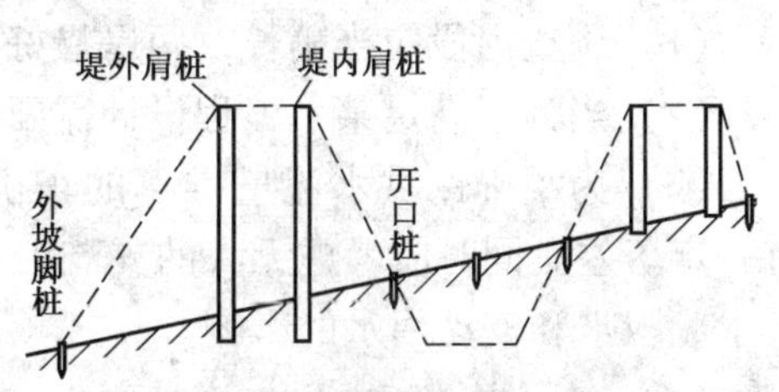

图 10 – 23　管道断面边坡放样

施工坡架每隔一定距离设置一个，其他里程只需放出开口桩和外坡脚桩，并用灰线分别将各开口桩和坡脚桩连接起来，表明整个渠道的填挖范围。

4. 验收测量

为了保证渠道的修建质量，对于较大的渠道，在其修建过程中，对已完工的渠段应及时进行检测和验收测量。渠道的验收测量一般是用水准测量的方法检测渠底高程，有时还需检测渠堤的堤顶高程、边坡坡度等，以保证渠道按设计要求完工。

10.5 水位测量和水深测量

水面高程就是水位。测深时的水面高程称为工作水位。水下地形点的高程就是测深时的水位减去水深求得的。水深是指水面至水底的垂直距离。但是河流的水位受各种因素影响而时刻变化，为了准确反映一个河段上的水面坡降，需要测定该河段上各处同一时刻的水位，这种水位称为同时水位或瞬时水位。由于大量降水或融雪影响，河水超过滩地或漫出两岸地面时的水位，称为洪水位。

10.5.1 水位测量

1. 工作水位测量

如果作业时间短，河流水位比较稳定，可以直接测定水边线的高程作为计算水下地形点高程的起算依据。如果作业时间较长，河流水位变化不定时，则应设置水尺随时进行观测，以保证提供测深时的准确水面高程。

2. 同时水位测定

为了了解河段上的水面坡降，必须测定同时水位。对于较短河段，为了测定其上、中、下游各处的同时水位，可由几个人约定同一时间分别在这些地方打下与水面齐平的木桩，再用四等水准测量从临近的已知水准点引测确定各桩顶的高程，即得各处的同时水位。

在较长河段上，各处的同时水位通常由水文站或水位站提供。如果各站没有同一时刻的直接观测资料，可根据水位过程线和水位观测记录，按内差法求得同一时刻的水位。

3. 洪水调查测量

洪水位一般通过测定洪水痕迹高程来确定。洪水调查测量应选择适当河段进行，在选择河段时应注意以下几点：

（1）调查河段应当稍长，两岸最好有古老村落和若干易受洪水浸淹的建筑物。

（2）当为了满足某一工程设计需要进行洪水调查时，所调查河段尽量靠近工程地点。

（3）为了确保洪水流量推算的正确性，所调查河道应比较顺直，各处断面形状相近，有一定落差。同时应考虑无大的支流汇入，无分流和严重跑滩现象，不受建筑物大量引水、排水、阻水和变动回水的影响。

（4）在弯道处，由于水流受离心力的影响，凹岸水位往往高于凸岸水位而出现横比降。在调查时应在两岸多调查一些洪水痕迹，取两岸洪水位的平均值作为标准洪水位。

10.5.2 水深测量

水深测量的目的是利用水位与水深的差值求得水下地形点的高程。水深测量的常用工具有测深杆、测深锤和回声测声仪等。

测深杆一般用长 6 ~ 8m，直径 5cm 左右的竹竿制成。从杆底端起，以不同颜色相间标出每分米分划，整米处也标记。底部有一直径 10 ~ 15cm 的铁制底盘，用来防止测深时测杆下陷影响测深精度。一般测深杆使用在水深 5m 以内，流速和船速不大的情况下。测深锤也称水坨，由重约 4 ~ 8kg 的铅锤和 10m 左右的测绳组成。铅球底部有一凹槽，测深时槽内涂上牛油，可以验证测锤是否到底也可粘取水底泥沙判明水底泥沙性质。测绳以分米为间隔，整米处扎以皮条。测深锤适用于水深 10m 以内，流速 1m/s 的河道测深。

回声测深仪是根据超声波能在均匀介质中匀速直线传播，遇到不同介质面发生发射的特性设计制造的一种测深仪器。测深仪可根据声波在水中的传播速度和声波传播时间自动转换为水深并可以数字或图象形式表示。假设声速 v，往返时间 t 和水深 h 的关系为

$$h = vt/2 \tag{10-6}$$

回声测深仪种类很多，按照使用要求不同，可分为便携式和固定式。按照显示方式可分为直读式和记录式。在使用时要注意两个主要问题：

（1）水温影响改正。考虑声速随温度变化，在测深时应进行水温改正。一般采取调整电机转速，使测深时的转速 n 适应于现场水温下的声速 v，达到自动改正以求得正确水深的目的。

（2）换能器的安置。由于水中气泡能阻止和吸收超声波，为避免气泡干扰，换能器应固定在离开船头约为船长 1/3 ~ 1/2 处，并浸入水面 0.5m 左右。此时在所测水深中应加入换能器的吃水深度。

10.6 河道纵横断面及水下地形测量

10.6.1 河道横断面图的测绘

1. 断面基点的测定

断面基点是指代表河道横断面位置并用作测定断面点平距和高程的测站点。在进行河道横断面测量之前，首先沿河布设一些断面基点，并测定它们的平面位置和高程。

（1）平面位置的确定。通常利用已有地形图上的明显地物点作为断面基点，对照实地按序号打桩标定，不在另行测定其平面位置。对于无明显地物可作断面基点的横断面可利用支导线测量这些基点的平面位置，并将它们展在地形图上。

在无地形图利用的河道上，可沿河的一岸每隔 50 ~ 100m 布设一个断面基点，所有基点尽量与河道主流方向平行并编号（图 10 - 24），相邻基点间测距。为便于测绘水下地形图，在转折点上观测水平角按导线计算各断面点的坐标。

（2）高程的测定。按照等外水准测量从邻近的水准点引测断面基点和水边点的高程。如果沿河没有已知水准点，可先沿河按四等水准要求每隔 1 ~ 2km 设置一个水准点。

2. 横断面方向的确定

在断面基点上安置经纬仪，照准与河岸主流垂直的方向，倒转望远镜在本岸标定一点作为横断面后视点，如图 10－25 所示。在实地测量中可测定相邻断面点连线和河道主流方向的夹角，便于在平面图上标出横断面方向。

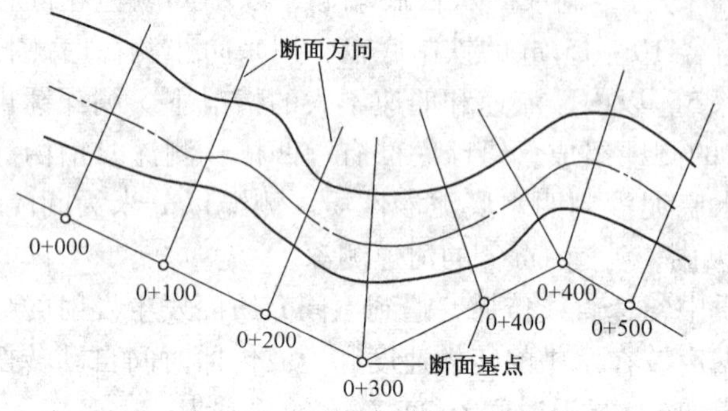

图 10－24　河道横断面基点的布设

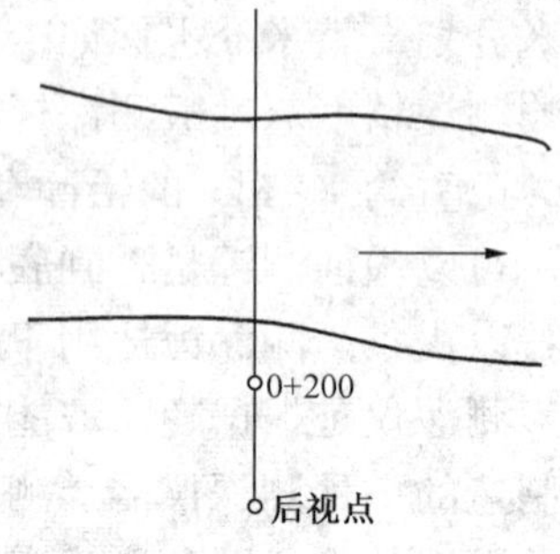

图 10－25　横断面方向的标定

3. 陆地部分横断面测量

在断面基点上安置经纬仪，照准断面方向，用视距法依次测定水边点、地形变换点和地物点至测站点的平距和高差，计算出高程。在平缓的均坡断面上，应保证图上 1～3cm 有一个断面点。对于不可到达处的断面点可利用前方交会等方法确定。

4. 水下部分横断面测量

水下断面点的高程可根据水深和水面高程计算，其密度依河面宽度和设计要求而定，通常应保证图上 0.5～1.5cm 有一个断面点，并且不要漏测深泓线点。测定点位平面位置方法有极坐标法、角度交会法、断面索法和 GPS 法。

（1）极坐标法。当测船到达测点时，竖立标尺或棱镜，向断面基点发出信号，双方各自同时进行有关测量和记录，并互相各自同时进行有关测量和记录，确保观测成果与点号相符。断面基点可用经纬仪测视距、竖直角和中丝读数，利用全站仪直接测定距离、高程测船位置测定水深并将所测水深按点号转抄到测站记录手簿中。

（2）角度交会法。由于河面较宽或其他原因不便进行距离测量时，可以采用角度交会法测定水深点至基点的距离，如图 10－26 所示。由断面基点量出一条基线 b，测定基线与断面方向的夹角 α。将经纬仪安置在 B 点，照准断面基点并置水平度盘为 $0°00'00''$。当测船到达测点发出信号后，读取水平角 β，然后按下式解算测点到断面基点的距离。

$$D=\frac{b\sin\beta}{\sin(\alpha+\beta)} \tag{10-7}$$

（3）断面索法。如图 10－27 所示，先在断面方面靠两岸水边打下定位桩，在两桩间水平拉一条断面索，以一个定位桩作为断面索零点，从零点起每隔一定间距系一布条，在布条上写明其至零点的距离。沿断面索测深，根据索上的距离加上定位桩至断面基点的距离即地水深点至基点的距离。

（4）动态 GPS。随着 GPS 技术的不断发展，特别是 RTK 技术的出现，使得水上测量可以采用 GPS 无验潮方式进行工作（RTK 方式）成为可能。RTK 是能够在野外实时得到厘米级定位精度的测量方法，它采用了载波相位动态实时差分方法。水深测量的作业系统主要由 GPS 接收机、数字化测深仪、数据通信链和便携式计算机及相关软件等组成。测量作业分三步来进行，即测前的准备、外业的数据采集测量作业和数据的后处理形成成果输出。

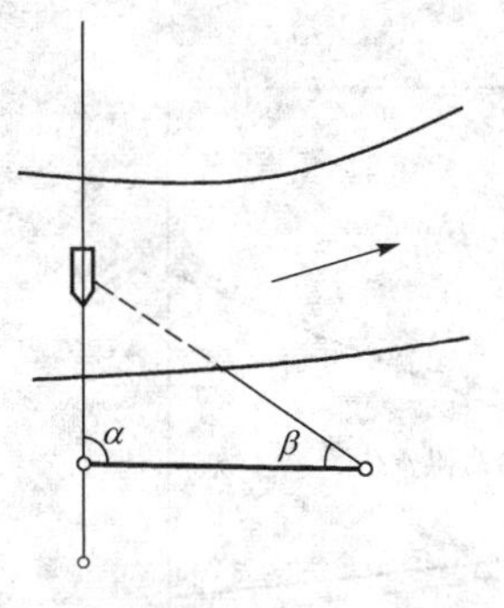

图 10－26　角度交会法

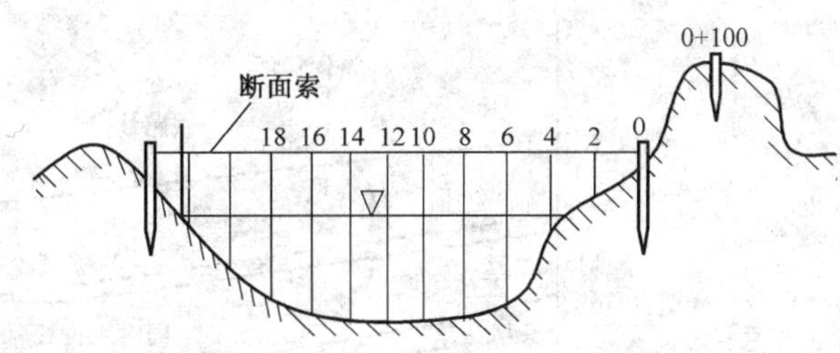

图 10－27　断面索法

RTK 高程用于测量水深，其可信度问题是倍受关注的问题。在作业之前可以把使用 RTK 测量的水位与人工观测的水位进行比较，判断起可靠性，实践证明 RTK 高程是可靠的。为了确保作业无误，可从采集的数据中提取高程信息绘制水位曲线（由专用软件自动完成）。根据曲线的圆滑程度来分析 RTK 高程有没有产生个别跳点，然后使用圆滑修正的方法来改善个别错误的点。

利用 RTK 技术进行水深测量，使得水深测量这项工程变得简单、方便、快捷、轻松、高效、经济。

5. 横断面图的绘制

河道横断面图横向表示平距，比例尺一般为 1∶1000 或 1∶2000；纵向表示高程，比例尺一般为 1∶200 或 1∶100；绘制时应当注意：左岸必须绘在左边，右岸必须绘在右边。在横断面图上绘出工作水位线，调查了洪水位的地方应绘出洪水位线，如图 10－28 所示。

10.6.2　河道纵面图的编制

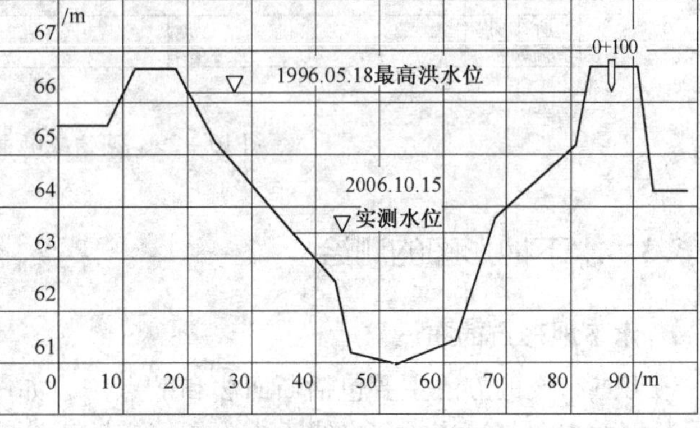

图 10－28　河道横断面图

河道纵断面图是利用已收集到的河流水下地形图、横断面图和水文、水位资料进行编制的。根据各个横断面的里程桩号及河道深泓点、岸边点、堤顶点等的高程绘制而成。横向表示河长，比例尺为 1∶1000～1∶10 000；纵向表示高程，比例尺为 1∶100～1∶1000。

河道纵断面的内容可根据设计工作的需要具体确定。一般包括河流中线自河流上游或下游算的累计里程、河流沿深泓点的断面上的左右岸边点、左右堤顶的高程、同时水位和最高洪水位；沿河流两岸的居民地、工矿企业；公路、桥梁、铁路的位置及顶部高程，其他水利设施和建筑物关键部位的高程；沿

河两岸的水文站、水位站、支流和入口，两岸堤坝；河流中的险滩、瀑布和跌水等。在图中还应注明河道各部分所在的图幅编号等，如图 10－29 所示。

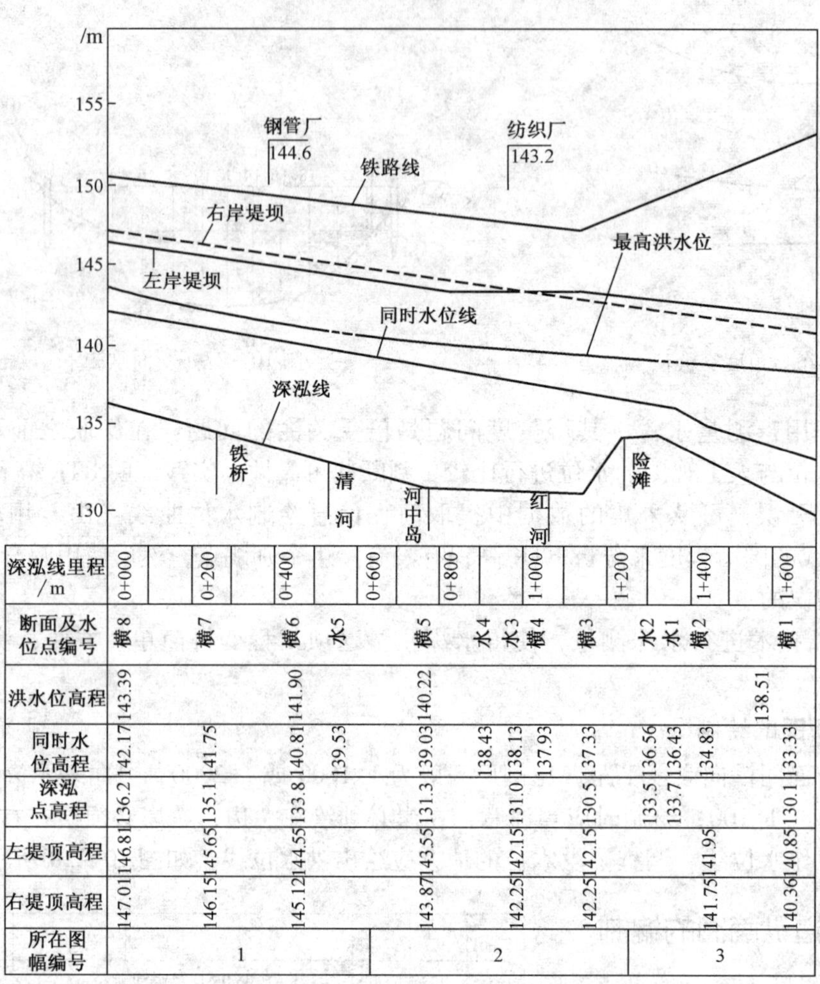

深泓线里程/m	0+000	0+200	0+400		0+600		0+800			1+000		1+200			1+400		1+600
断面及水位点编号	横8	横7	横6	水5		横5		水4	水3	横4	横3		水2	水1	横2		横1
洪水位高程	143.39		141.90			140.22										138.51	
同时水位高程	142.17	141.75	140.81	139.53		139.03		138.43	138.13	137.93	137.33		136.56	136.43	134.83		133.33
深泓点高程	136.2	135.1	133.8			131.3			131.0		130.5		133.5	133.7			130.1
左堤顶高程	146.81	145.65	144.55			143.55			142.15		142.15				141.95		140.85
右堤顶高程	147.01	146.15	145.12			143.87			142.25		142.25				141.75		140.36
所在图幅编号	1						2						3				

图 10－29　河道纵断面图

10.6.3　水下地形图的测绘

1. 水下地形点的布设

地形点布设的方法主要包括断面法和散点法，如图 10－30 所示。采用断面法时，一般测深断面的方向与河流或河岸线垂直；在河道转弯处，必然形成扇形。在流速大、险滩多的河流中，要求测船始终沿着测深断面方向较困难，可采用散点法布点。

2. 水下地形点的密度要求

水下地形点的密度应以能显示出水下地形特征为原则，点距保证图上 1～3cm。沿河道

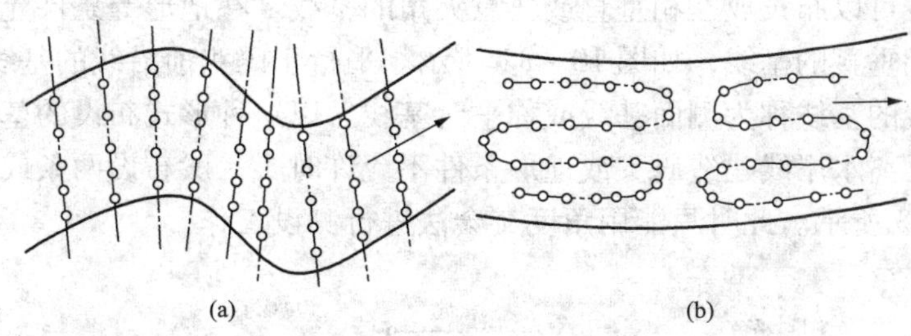

图 10－30　水下地形点的布设方式

(a) 断面法；(b) 散点法

纵向可以稍稀，横向应当较密；中间可以稍稀，近岸应当稍密，但必须探测到河床最深点。

3. 水下地形图的测绘

水下地形采用等高线或等深线表示。水下地形点点位比较自由，测量的方法可采用上节所介绍的水下部分横断面测量中任一种方法。数据记录必须保证正确。在绘制之前，应对所有外业观测资料进行汇总和检查。检查完成后，根据工作水位和所测水深算出各测点高程；依据测点与河岸控制点间的几何关系定出测点位置，再用比例内插法线勾绘水下等高线，如图 10－31 所示。

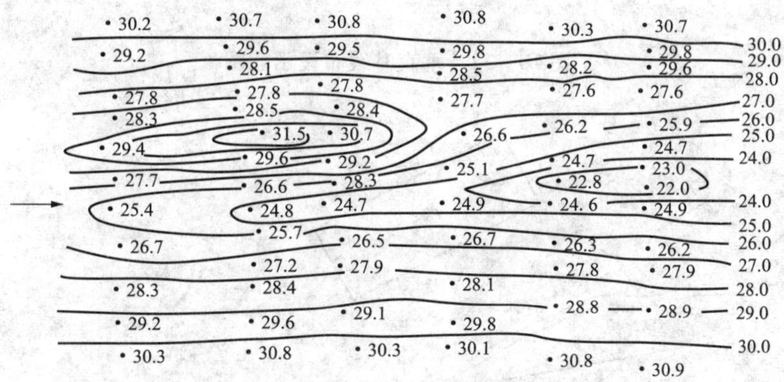

图 10－31　水下地形图

10.7　码头施工测量

码头的结构形式一般可分为高桩板梁式码头和重力式码头。码头的施工主要在水下进行，因此一般利用船只进行作业。例如，高桩板梁式码头要利用打桩船打桩；重力式码头要用挖泥船开挖水下基槽、填筑基床等。本节主要介绍高桩板梁式码头的桩基施工测量及重力式码头的施工测量。码头的上部结构施工测量可参阅其他教材。

10.7.1　码头施工控制测量

码头施工一般采用布设基线的形式来对施工进行控制，根据地形情况及码头的设计情况，码头施工基线可以布设成互相垂直或任意夹角的基线。在地形等条件允许的情况下，应尽量布设两条互相垂直的基线，如图 10－32 所示。平行于码头前沿线的基线称为正面基线；垂直于码头前沿线的基线称为侧面基线或称平台基线。以这种形式布设的基线适用于直角坐标法的测设。在远离水岸线建造码头或地形条件不允许时，一般布设两条或多条任意夹角的基线，如图 10－33 所示。此时只能用角度交会法进行测设工作。

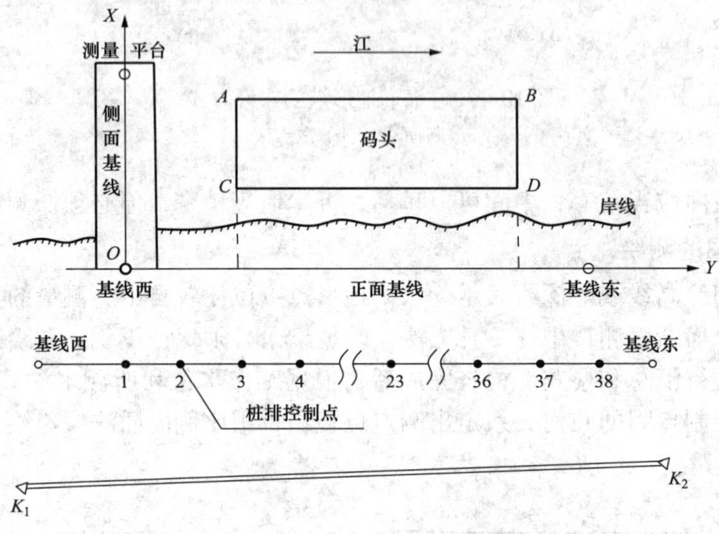

图 10－32　垂直基线布设示意图

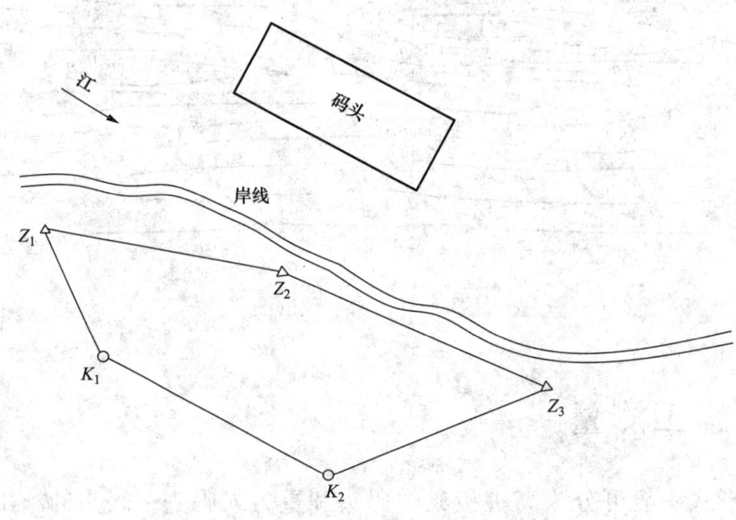

图 10－33　任意夹角基线布设示意图

1. 垂直基线的布设

如图 10－32 所示，K_1，K_2 为已知控制点，根据设计图纸上码头前沿线两端点 A，B 的设计坐标，计算出正面基线两端点的坐标，利用极坐标法或前方交会法精确测设出两端点的平面位置，同时根据设计图上各桩排轴线的尺寸，在基线上测设桩排控制点。然后按照同样的方法测设侧面基线以及测设各桩排控制点。

2. 任意夹角基线的布设

如图 10－33 所示，在实地选定 Z_1，Z_2 与 Z_3 控制点并埋石，作为基线端点。K_1，K_2 为已知的控制点，可将选定的基线端点与已知点组成闭合导线或三角网等图形进行联测，得到各基线端点的坐标。也可以事先在设计图纸上使基线与码头保持一定的几何关系，定出基线各端点的坐标，通过坐标放样的方式在实地测设出基线各端点。

10.7.2 高桩板梁式码头的桩基施工测量

在修建高桩板梁式码头时，一般利用桩基来承载上部结构，使码头上部荷载通过桩传递到密实的下卧层中，或利用桩与土壤之间的摩擦力，将建筑物的荷载传到桩身周围的土壤里。目前，码头施工中使用最广泛的桩是方形钢筋混凝土桩和圆形钢桩，根据不同的设计需要，一般可以布设成直桩或斜桩，以下介绍高桩板梁式码头桩基施工时的测量工作。

1. 方形桩的施工测量

根据施工基线布设形式的不同，方形桩的测设方法一般有直角坐标法与前方交会法两种。

（1）直角坐标法。

1）直桩定位。如图 10－34 所示，已知方形直桩中心点 M 的设计坐标为（X_M，Y_M），桩的宽度为 a。

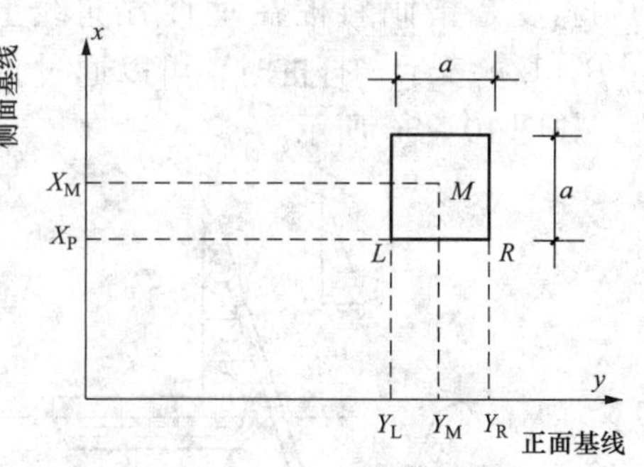

图 10－34 直桩定位点位置示意图

在正面基线上，可以用桩的左右棱角 L、R 作为定位点，也可利用中心点作为定位点，若用中心作为定位点，则应在桩身中心画上中心线，在正面基线上，用棱角作为定位点时相应的控制点位置为

$$\left.\begin{aligned} Y_L &= Y_M - \frac{a}{2} \\ Y_R &= Y_M + \frac{a}{2} \end{aligned}\right\} \tag{10-8}$$

在侧面基线上，由于桩身的后侧面棱边被打桩船的龙口盖住，因此只能用桩的临岸面棱边上的点作为定位点，相应的控制点位置为 $X_P = X_M - \dfrac{a}{2}$。

计算好了相应控制点的位置，就可以进行打桩的定位工作，如图 10－35 所示。打桩步骤如下：

① 在平行于打桩船纵轴线的舷边上设置两根标杆，使其与船纵轴线的距离为 d，同时在正面基线相应位置设置一根标杆，用缆绳牵引打桩船使三根标杆在同一直线用以决定打桩船的横向位置。

② 在 P 点架设经纬仪，照准基线端点定向后拨角 90°，制动望远镜，指挥打桩船纵向移动，保证桩的侧面棱边与经纬仪竖丝重合。同时在正面基线 M 点处架设经纬仪，照准基线端点，拨角 90°，调整打桩船的横向位置，使桩身的中心线与经纬仪竖丝重合。

③ 当以上均满足时，即可开始打桩。打桩时，桩身不断下沉，应用经纬仪随时观测，若发现有过大偏移，要及时通知打桩人员进行及时调整。

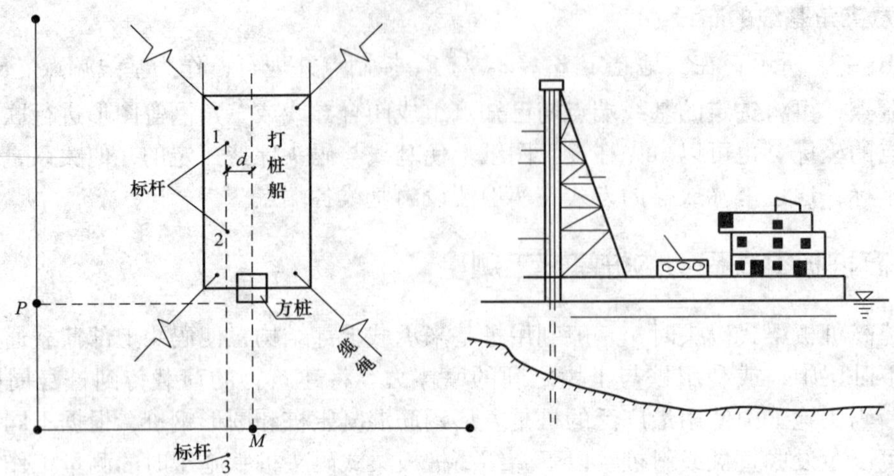

图 10－35　直桩定位示意图

2）斜桩定位。方形斜桩的空间倾斜姿态一般由倾斜度和平面扭角两个因素决定。斜桩的倾斜度是指倾斜桩在垂直方向线上的投影与在水平方向线上的投影的比值，可以用 $\tan\beta=1/n$ 表示。打桩时，可以通过打桩船上的打桩架的俯与仰，使桩处于设计的倾斜位置，如图 10－36 所示。

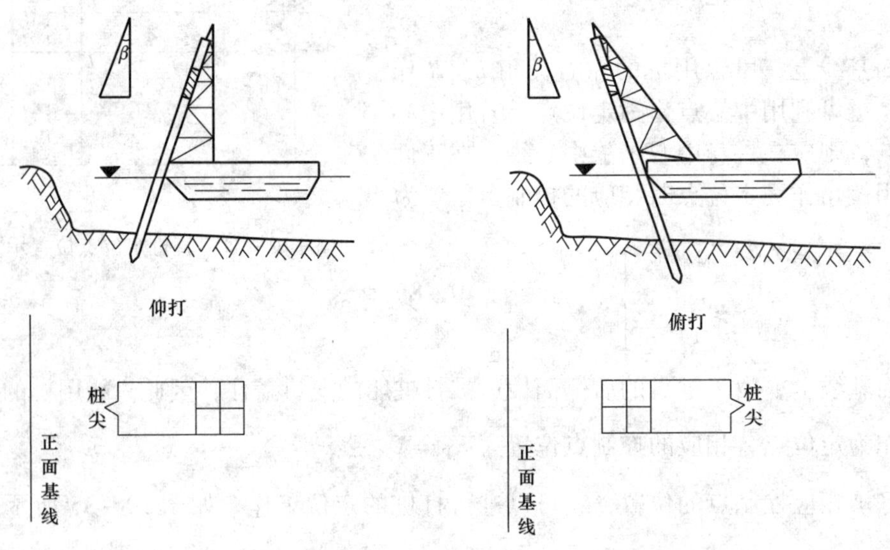

图 10－36　斜桩姿态示意图

斜桩的平面扭角是指斜桩中心轴线的水平投影与桩排方向间的夹角，常用 φ 表示，在桩位计算时，以排桩中心线方向为零，顺时针方向旋转的角为右旋转角，逆时针方向旋转的角为左旋转角。右旋转时 φ 取“＋”，左旋转时取“－”。因此正面基线上斜桩的桩位定位控制点主要由斜桩的平面扭角 φ 决定，若设计的桩中心 M 坐标为（X_M，Y_M），如图 10－37 所示，可得正面基线上控制点 A 及定向标杆 3 在正面基线的位置分别为

$$\begin{cases} Y_A = Y_M - X_M \tan\varphi \\ Y_3 = Y_M - X_M \tan\varphi - \dfrac{d}{\cos\varphi} \end{cases} \tag{10-9}$$

打桩时，在 A 点设置经纬仪，以 Y 轴为零方向，顺时针转动 $270° + \varphi$，或逆时针转动 $90° - \varphi$，即得斜桩的方向线，以此来指挥打桩。

由于斜桩的桩中心坐标在不同的高度时平面坐标均不一致，且设计人员所提供的桩中心坐标为该桩在设计标高上的坐标，因此侧面基线上控制点的位置与设计标高、仰打或俯打、桩的倾斜度及平面扭角有关，一般在侧面基线上控制的棱角点是设计标高上的临岸棱角点，如图 10－38 所示，可推出侧面基线上的控制点点位坐标计算公式

$$X_P = X_M - \frac{a}{2}\left(\cos\varphi\sqrt{\tan^2\beta + 1} + \sin\varphi\right) \tag{10-10}$$

式中 a——桩身宽度；

φ——平面扭角；

β——倾斜角。

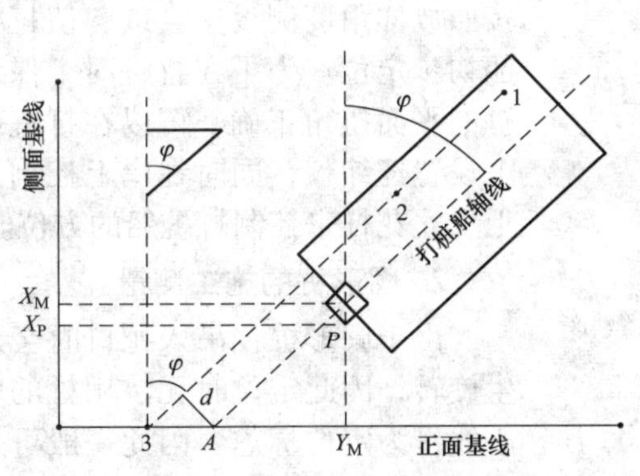

图 10－37 斜桩布设示意图

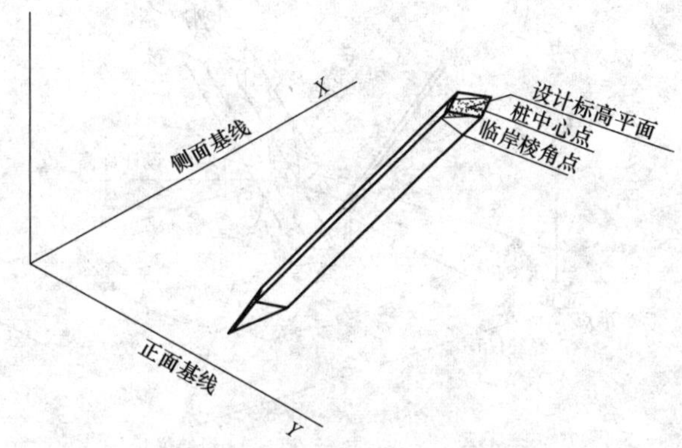

图 10－38 斜桩定位棱角点示意图

得到定位点位置后，即可进行定位工作。定位步骤如下：

① 由正、侧面基线的仪器和定位标杆 3，引导打桩船大致就位，使船上标杆 1、2 与岸上的定位标杆 3 在一直线上，用以控制打桩船停泊的方向。

② 由水准仪观测员指挥船上桩旁的持尺员，将水准尺在桩面上做上、下移动，定出控制标高的位置，并作出记号。

③ 正面基线上的经纬仪照准桩的中心线；侧面基线上的经纬仪照准控制标高截面上的棱角点，指挥打桩船精确定位。

以上均满足后即可进行打桩。整个打桩过程中，定位棱角的棱线都应通过十字丝的交点，并随时观测其偏位及标高，及时纠正，使桩打在应有的位置上。

(2) 前方交会法。当基线是任意夹角布设时，应采用前方交会法进行桩位测设（图 10－39），交会点一般选择在桩的一条棱边上，棱边上对应于设计标高交会点的坐标计算公式为

左扭：

$$\left.\begin{aligned}X_P &= X_M - \frac{a}{2}\left(\cos\varphi\sqrt{\tan^2\beta+1}+\sin\varphi\right)\\ Y_P &= Y_M + \frac{a}{2}\left(\sin\varphi\sqrt{\tan^2\beta+1}-\cos\varphi\right)\end{aligned}\right\} \tag{10-11}$$

右扭：

$$\left.\begin{aligned}X_P &= X_M - \frac{a}{2}\left(\cos\varphi\sqrt{\tan^2\beta+1}+\sin\varphi\right)\\ Y_P &= Y_M - \frac{a}{2}\left(\sin\varphi\sqrt{\tan^2\beta+1}-\cos\varphi\right)\end{aligned}\right\} \tag{10-12}$$

式中 X_M，Y_M——桩中心设计坐标；
a——桩身宽度；
φ——平面扭角；
β——倾斜角。

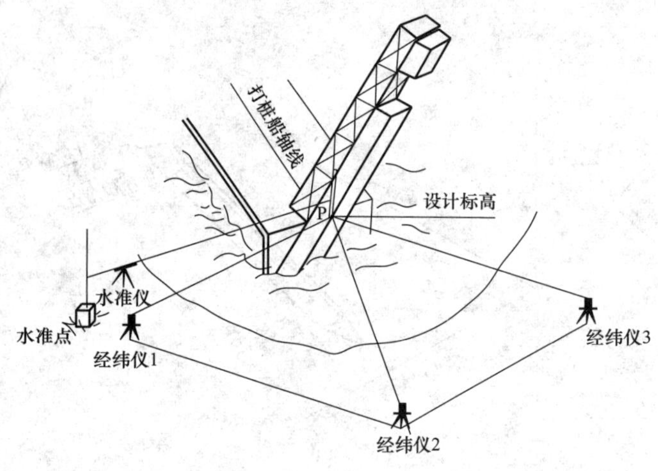

图 10－39 前方交会斜桩定位示意图

计算得到交会点坐标后，即可利用坐标数据反算交会放样角度，按照放样角度测设交会线，使打桩船初步定位。为了在打桩时，保证桩的平面扭角正确，可以在打桩船上设置经纬仪，同时在岸上控制点上设立花杆来控制打桩船的方位。

2. 圆形桩的施工测量

由于圆形桩在吊入龙口时会发生旋转，因此定位时无法用桩的中心线作为定位标志，因此一般可采用辅助测杆法定位，如图 10－40 所示，在打桩船桩架的龙口两侧前方安置测杆，测杆与圆桩之间的几何关系固定，一般使测杆之间距离稍大于圆桩直径，其中心与圆桩的圆心重合。用辅助测杆法定位时，两根测杆可以看作是方桩的的棱角点，交会点选在测杆上，此时控制棱角点坐标的计算与方桩相同，其定位方法也一致，但需要注意的是方桩的横截面是正方形，而辅助测杆的横截面是长方形。

3. 桩顶标高定位测量

打桩时，需要找到设计标高平面上的控制棱角点用以确定桩的平面位置，同时也需要控制桩顶打到设计标高，这时应采用水准仪配合水准尺进行观测，同时应在桩身以及替打上画上刻度分划。

（1）直桩桩顶标高定位测量。如图 10－41 所示，如果桩打到设计标高，那么替打上部水准尺的读数应为

$$b = H_i - H_{设} - h_T - h_D \tag{10-13}$$

式中 H_i——水准仪视线高；
$H_{设}$——桩顶设计标高；

h_D——替打厚度；

h_T——垫层厚度。

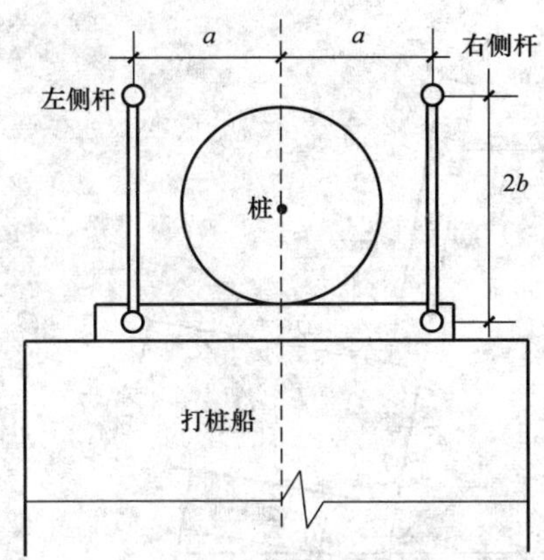

图 10－40　圆形桩定位示意图

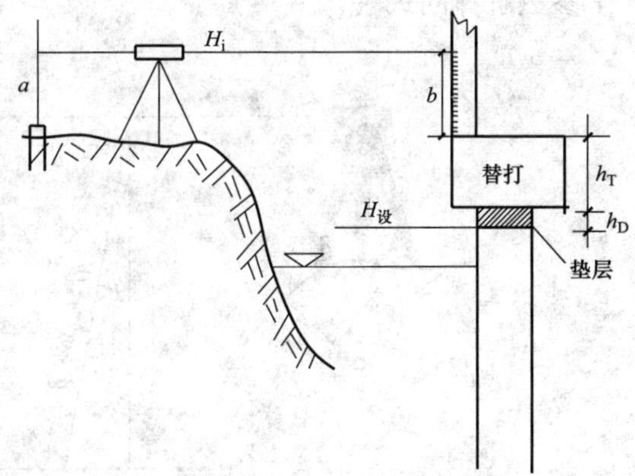

图 10－41　直桩桩顶标高定位

（2）斜桩桩顶标高定位测量。由于斜桩的桩顶是一个斜面，所以一般它的设计标高指的是桩顶最低处的标高。在斜桩标高定位时，应考虑桩身倾斜角度以及仰打、俯打不同情况的影响。

仰打时如图 10－42 所示，要把桩打到设计标高，则水准尺的读数应为

$$b_{仰} = (H_i - H_{设})/\cos\beta - (h_T + h_D + \Delta h_T + D_{桩}\tan\beta) \qquad (10-14)$$

$$\Delta h_T = \frac{D_{替打} - D_{桩}}{2\tan\beta}$$

式中　$D_{替打}$——替打直径；

$D_{桩}$——桩身直径。

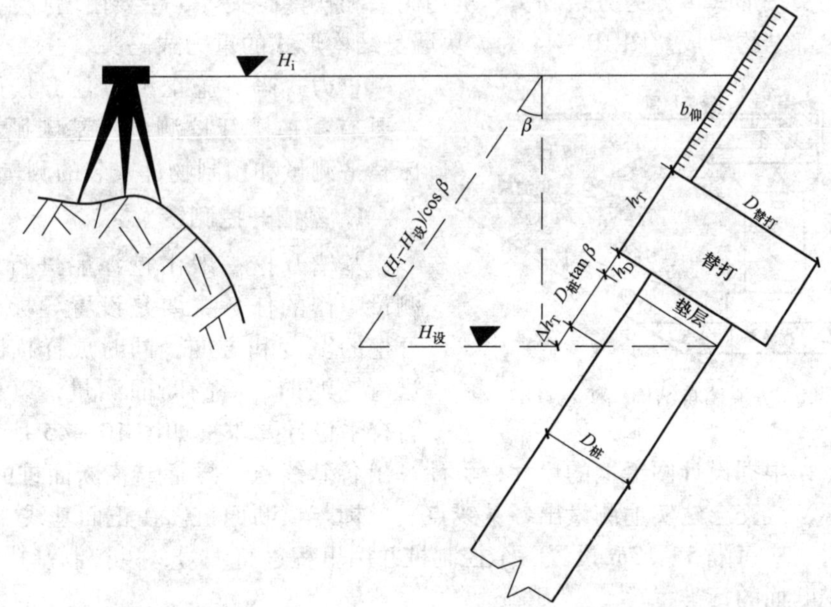

图 10－42　仰打斜桩顶标高定位

俯打时如图 10－43 所示，最后水准尺的读数应为

$$b_{俯}=(H_{i}-H_{设})/\cos\beta-(h_{T}+h_{D}-\Delta h_{T}) \tag{10-15}$$

式中参数解释同式（10－14）。

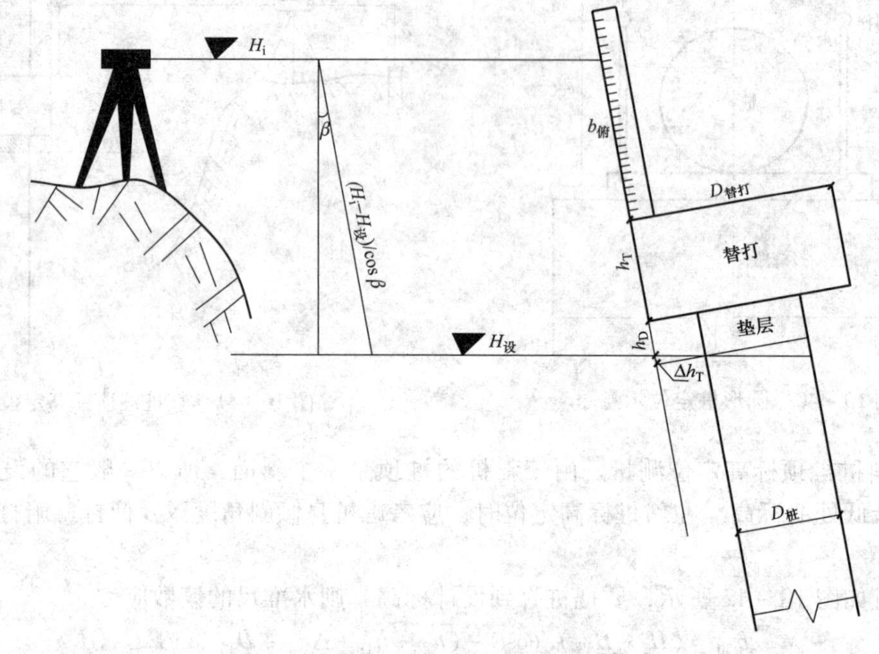

图 10－43　俯打斜桩顶标高定位

10.7.3　重力式码头施工测量

重力式码头按形式可分为方块码头、沉箱码头和扶壁码头等，主要由墙身、基床、墙后抛石棱体和上部结构组成。图 10－44 为方块墙身结构形式的重力式码头。

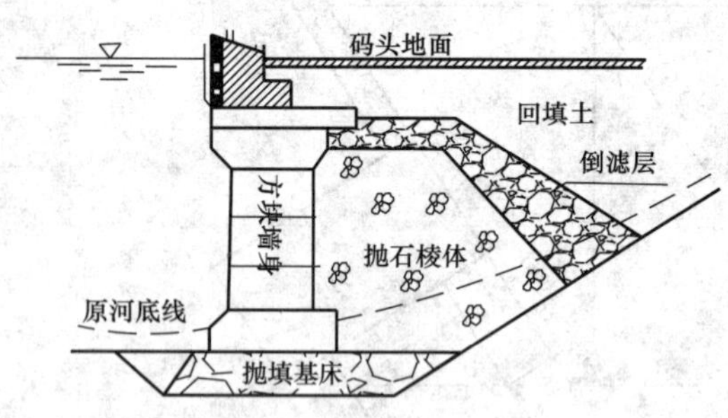

图 10－44　方块墙身结构码头示意图

重力式码头施工测量任务按照施工顺序主要有：基槽开挖测量、基床抛填测量、基床整平测量和预制物件安装的测量。

1. 基槽开挖测量

基槽开挖一般由挖泥船进行。在此阶段测量工作的任务主要是设置导标以控制基槽开挖的宽度和方向，同时放样横断面桩以便进行挖泥前、后的断面测量，以检查开挖是否合乎设计要求。如图 10－45 所示，K_1、K_2 为已知控制点，根据设计图纸上的尺寸，可计算出各基线点、导标与横断面桩的平面坐标，可采用极坐标法或交会法实地测设出各基线点、导标与横断面桩。在正面基线 AB 上布设横断面控制桩时，应每隔 5～10m 设置一个控制桩并用里程进行编号，以控制基槽纵向开挖范围并掌握开挖断面的标准。

在确定纵向方向导标坐标时，先在侧面基线上定出断面中心点 O，并向两侧各量基槽设

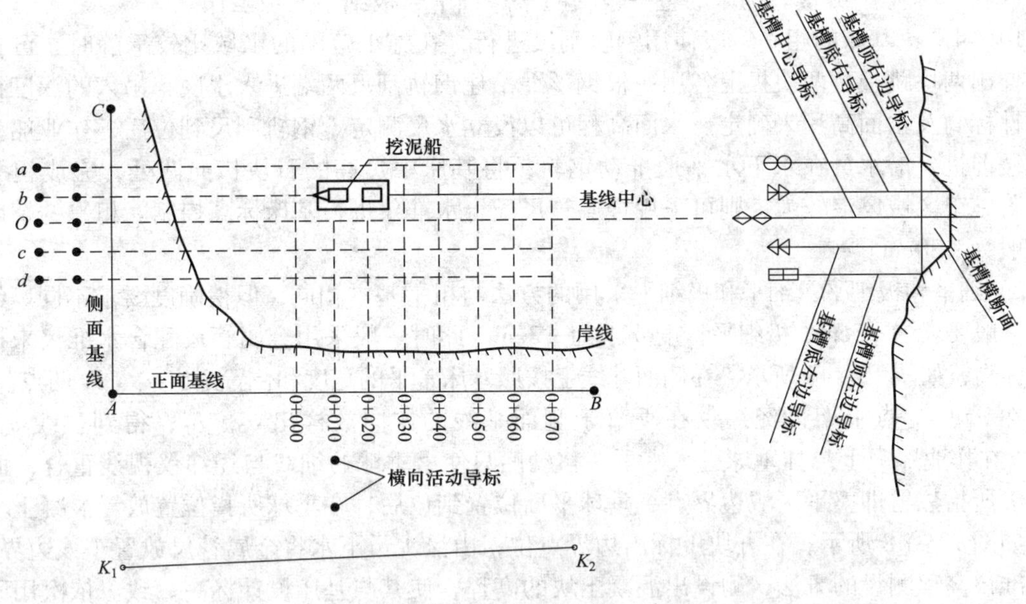

图 10－45　基槽开挖测量示意图

计底宽的一半，得 b，c 两点；同时再量出开挖宽度的一半得 a，d 两点，为使挖泥船对标时不致发生混乱，可在 b，c 点上可各设置一对三角形标，以控制底宽方向；在 a，d 点上可各设置一对长方形与圆形标，以控制边线方向。为了检查开挖深度，要用测深船沿断面方向测深，因此还需要在每一断面方向上设置一对活动导标。

2. 基床抛填测量

基床施工的顺序是先铺沙后抛石，然后对基床表面进行粗平、细平和极细平。测量工作的任务是为基床抛填设置方向标，同时为基床平整进行放样。

（1）设置方向标。如图 10－46 所示，为了控制施工范围的方向，需要在侧面基线上设置方向标。设置时可预先根据设计图纸计算出方向标坐标，然后用极坐标法测设出方向标的位置。为了防止混淆，方向标可采用不同形状以示区别。

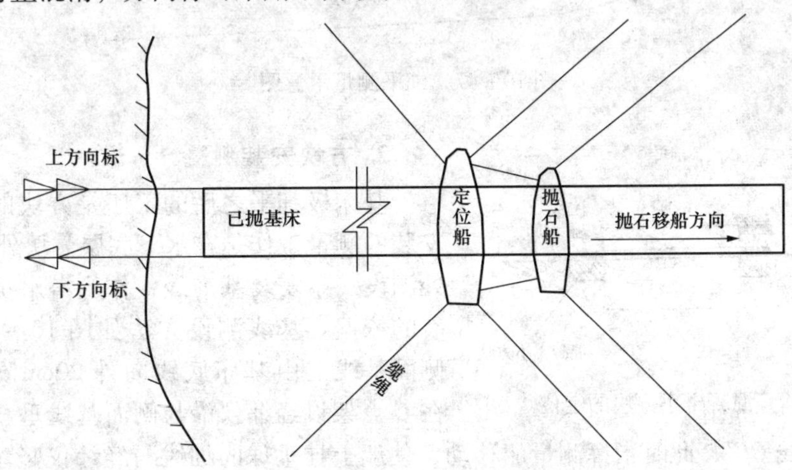

图 10－46　基槽抛填测量示意图

（2）基床整平测量。基床的整平包括粗平、细平、极细平三项工作。

1）粗平：基床的粗平一般使用钢轨刮尺进行，在施工范围的水域比较平静时，可在船舷处伸出两块跳板，两块板上各用一根钢丝绳吊住钢轨刮尺两端进入水底，吊入的深度按基床设计标高及水面高程来确定。水面高程可以设立水尺测定。钢轨刮尺到位后，作业船只顺流缓缓前进，潜水员在水下水平地推动钢轨，将基床中过高的石块扒向凹处，完成粗平工作。若施工区域风浪较大，则可采用金属管尺配合水准仪进行基床标高控制。粗平的精度要求一般为 ±20cm。

2）细平和极细平：细平和极细平采用的方法与粗平基本相同，但精确度要求不同。细平精度一般要求为 ±5cm，极细平精度要求为 ±3cm。此时一般采用金属管尺配合水准仪来控制基床标高，如图 10－47 所示，在侧面基线上按照基床整平的宽度和位置定出 a_1、b_1 两点。

在 a_1、b_1 点上架设经纬仪在垂直于侧面基线的方向放样出 a_2、b_2，得到视线 a_1a_2、b_1b_2。在作业船只上悬挂垂球进入水下，移动船只使吊垂球的细线与经纬仪视线重合，此时垂球尖所指位置即整平区域边界点，垂球平面位置到位后，在垂球所指位置放置混凝土小方块，如图 10－48 所示，在方块上标出边界点位，由潜水员下水将金属管尺放置于该边界点，用水准仪高程测设的方法，测设出混凝土块的高程，使其与基床设计标高一致。依次用同样的方法测设出各边界点平面位置与标高，将各边界点连接起来，做为钢轨刮尺行进的路线。最后由潜水员沿该路线推动钢轨刮尺进行整平。

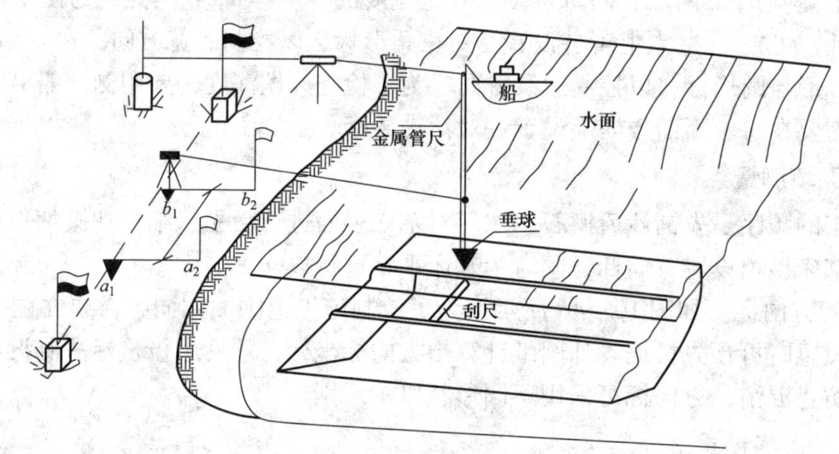

图 10－47　细平测量示意图

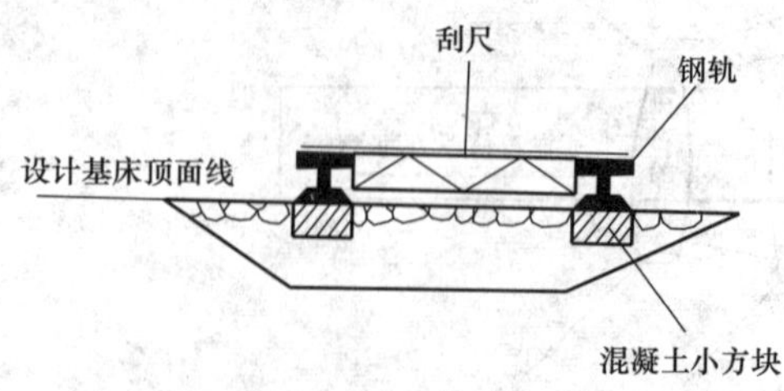

图 10－48　混凝土小方块的定位

3. 方块安装测量

基床极细平之后的工序是方块的安装，方块安装的测量工作是在水下底层方块外缘 15～20cm 处测设一条安装基准线，作为潜水员进行水下安装的依据。基线测设方法如图 10－49 所示，在侧面基线上由基床底线向外 20cm 处设置 C 点，在 C 点架设经纬仪沿与侧面基线垂直的方向定出 C'点，得到视线 CC'，此时指挥测量船移动，使船上挂垂球的细线与经纬仪竖丝重合，此时垂球尖所指的点即为安装基准线上的一点，在此点上放置装有木桩的混凝土方块，并在对应点位上钉上小钉，即得到基线控制点，用同样的方法可得到图10－49中所示的1，2，3，4等点，一般每隔15～20m设置一个控制点。水下基准线设置好后，即可根据基准线与底层方块前沿线间的距离预制直角靠尺，由潜水员配合起重机船将底层方块安装在设计位置，如图10－50所示。底层方块安装完毕后，逐层向上安装。

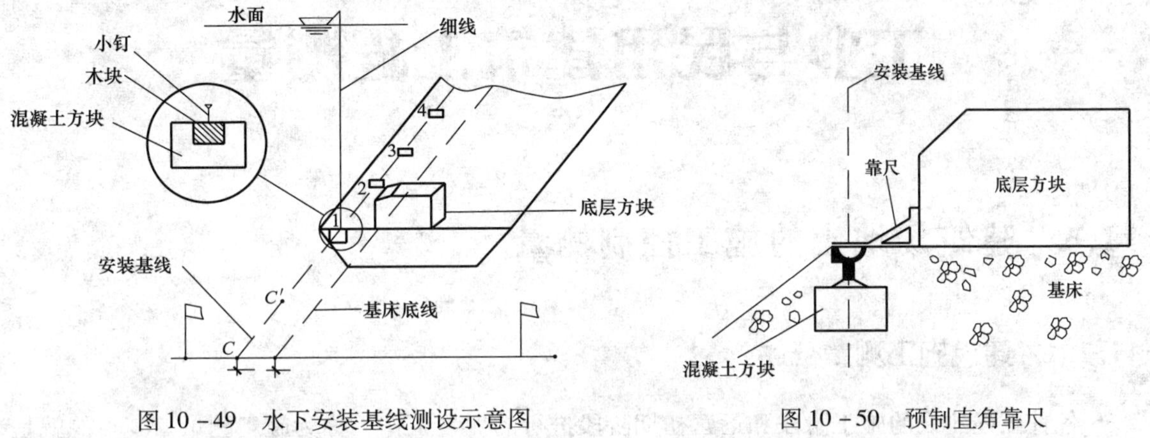

图10－49 水下安装基线测设示意图

图10－50 预制直角靠尺

4. 墙后抛填测量

墙后抛填的测量放样工作和基床抛填基本一样，在岸上或水区布置抛填标志、控制各层标高。必要时进行断面测量并绘制断面图，检查坡度和分层标高是否满足要求。

第 11 章

工业与民用建筑工程测量

11.1　建筑场地上的施工控制测量

11.1.1　建筑施工测量概述

各种工程建设的施工阶段和运营初期阶段进行的测量工作，称为施工测量。其目的就是根据将设计的建筑物、构筑物的平面位置和高程，按设计要求以一定精度测设在地面上或不同的施工部位，并设置明显标志，作为施工依据，以及在施工过程中进行一系列测量工作。

1. 建筑施工测量的主要内容

施工测量贯穿于整个施工过程，其主要内容如下：

（1）施工前建立施工控制网。

（2）场地平整、建（构）筑物的测设、基础施工、建筑构件安装定位等测量工作。

（3）检查、验收工作。每道施工工序完成后，都要通过测量，检查工程各部分的实际位置和高程是否符合要求。根据实测验收的记录编绘竣工图，作为验收时鉴定工程质量和工程运营管理的依据。

（4）变形观测工作。对于大中型建筑物，随着工程进展，测定建筑物在水平位置和高程方面的位移，收集整理各种变形资料，确保工程安全施工和正常运行。

2. 建筑施工测量的特点

由于建筑施工测量工作特殊性，其有以下特点：

（1）施工控制网的精度要求应以工程建筑物建成后的允许偏差，即建筑限差来确定。一般来说，施工控制网的精度高于测图控制网的精度。

（2）测设精度的要求取决于建（构）筑物的大小、材料、用途和施工方法等因素。一般高层建筑物的测设精度高于低层建筑物，钢结构厂房的测设精度高于钢筋混凝土结构厂房，装配式建筑物的测设精度高于非装配式建筑物。

（3）施工测量工作应满足工程质量和工程进度要求。测量人员必须熟悉图纸，了解定位依据和定位条件，掌握建筑物各部件的尺寸关系与高程数据，了解工程全过程，及时掌握施工现场变动，确保施工测量的正确性和即时性。

（4）各种测量标志必须埋设在能长久保存、便于施工的位置，妥善保护，经常检查。施工现场工种多，交叉作业频繁，并有土、石方填挖和机械震动，尽量避免测量标志破坏。如有破坏，及时恢复，并向施工人员交底。

(5) 为了保证各种建筑物、管线等的相对位置能满足设计要求，便于分期分批进行测设和施工，施工测量必须遵守：布局上从整体到局部，精度上从高级到低级，工作程序上先控制后碎部。

11.1.2 建筑场地上施工平面控制网的建立

1. 施工控制网的特点

与勘测阶段的测图控制网相比，施工控制网有如下特点：

(1) 控制点的密度大，精度要求较高，使用频繁，受施工干扰多。这就要求控制点的位置应分布合理和稳定，使用方便，并能在施工期间保持桩点不被破坏。因此，控制点的选择、测定及桩点的保护等各项工作，应与施工方案、现场布置统一考虑确定。

(2) 在施工控制测量中，局部控制网的精度要求往往比整体控制网的精度高。如有些重要厂房的矩形控制网，精度常高于整个工业场地的建筑方格网或其他形式的控制网。在一些重要设备安装时，也经常要求建立高精度的专门的施工控制网。因此，大范围的控制网只是给局部控制网传递一个起始点的坐标和起始方位角，而局部控制网可以布设成自由网形式。

2. 建筑场地施工平面控制网的形式

施工平面控制网经常采用的形式有三角网、导线网、建筑基线或建筑方格网。平面施工控制网的布设应综合考虑建筑总平面图和施工地区的地形条件、已有测量控制点情况及施工方案等因素确定布网形式。对于地形起伏较大的山区和丘陵地区，宜采用三角网或边角网形式布设控制网；对于地形平坦，通视条件困难的地区，如改、扩建的施工场地，或建筑物分布很不规则时，可采用导线网；对于地形平坦而简单的小型建筑场地，常布置一条或几条建筑基线，组成简单的图形作为施工放样的依据；对于地势平坦，建筑物分布比较规则和密集的大、中型建筑施工场地，一般布设建筑方格网。

采用三角网作为施工控制网时，常布设两级：一级基本网，以控制整个场地为主，可按城市测量规范的一级或二级小三角测量技术要求建立；另一级是测设三角网，它在基本网上加密，直接控制建筑物的轴线及细部位置。当场区面积较小时，可采用二级小三角网一次布设。

采用导线网作为施工控制网时，也常布设成两级：一级为基本网，多布设成环形，可按城市测量规范的一级或二级导线测量的技术要求建立；另一级为测设导线网，以用来测设局部建筑物，可按城市二级或三级导线的技术要求建立。

3. 建筑基线

(1) 施工坐标系统。在设计和施工部门，为了工作方便，建筑物的平面位置常采用一种独立坐标系统，称为施工坐标系（也称建筑坐标系）。施工坐标系通常与建筑物的主轴线方向或主要道路、管线方向一致，坐标原点设在设计总平面图的西南角上，纵轴记 A 轴，横轴记 B 轴。

如果建筑基线或建筑方格网的施工坐标系与测图坐标系不一致，则在测设前，应将建筑基线或建筑方格网主点的施工坐标换算成测图坐标，然后再进行测设。如图 11－1 所示，$A-o-B$ 为施工坐标系，$X-O-Y$ 为测图坐标系，设 P 点是建筑基线的主点，它在施工坐

标系中坐标是 A_P、B_P，X_O、Y_O是施工坐标原点在测图坐标系中的坐标，α 为 X 轴和 A 轴的夹角。P 点的施工坐标化为测图坐标，公式如下

$$\left.\begin{aligned} x_P &= x_O + A_P\cos\alpha - B_P\sin\alpha \\ y_P &= y_O + A_P\sin\alpha + B_P\cos\alpha \end{aligned}\right\} \tag{11-1}$$

（2）建筑基线的布设要求。建筑基线是建筑场地施工控制的基准线。一般是由纵向的长轴线和横向的短轴线组成，适用于总平面图布置比较简单的小型建筑物。根据建（构）筑物的分布、场地情况，建筑基线通常布设形式有“一”字形、“L”形、“丁”字形和“十”字形，如图 11－2 所示。

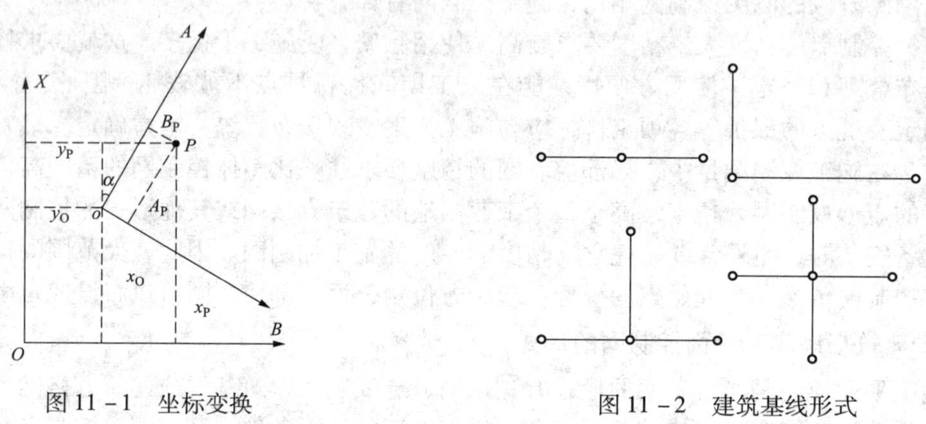

图 11－1 坐标变换　　图 11－2 建筑基线形式

建筑基线布设的要求如下：

1）主轴线应尽量位于建筑区中心、中央通道的边沿上，其方向应与主要建筑物的轴线平行。为检查建筑基线的点位有无变动，主轴线上的主轴点（定位主轴线的点）数不应少于三个，边长 100～400m。

2）基线点位应选在通视良好、不易破坏、易于保存的地方，并埋设永久性混凝土桩。

（3）建筑基线的测设。根据建筑场地的情况不同，建筑场地的测设方法，主要有以下两种：

1）根据建筑红线确定基线。在老建筑区，城市规划部门测设的建筑用地边界线（建筑红线）可作为测设建筑基线的依据。如图 11－3 所示，M、O、N 是建筑红线桩，A、B、C 是选定的建筑基线点。如果建筑基线和建筑红线平行，$\angle N=90°$，可在现场利用经纬仪和钢尺推出平行线，得到建筑基线。标定点位后，在 A 点安置经纬仪，精确观测 $\angle BAC$，若角值与 90°之差超过 ±20″，则应对 A、B、C 点按水平角精确测设的方法进行调整。

2）根据测图控制点测设。测设前，利用式（11－1）将施工坐标化为测图坐标，求得图 11－4 中 A、B、C 三个建筑基线点的测图坐标，计算测设基线点数据，通常采用极坐标放样方法，在实地定出基线点点位。由于测量误差的存在，三个基线点往往不在同一条直线上，如图 11－5 中的 A'、B'、C'点。尚需在 B'点安置经纬仪，精确测定出 $\angle A'B'C'$。若此角与 180°之差超过 ±20″，则应对点位进行调整。调整时，将 A'、B'、C'点沿与基线垂直的方向移动相等的调整值 δ，其值按下式计算。

$$\delta = \frac{ab}{a+b}\left(90° - \frac{1}{2}\angle A'B'C'\right)\frac{1}{\rho''} \tag{11-2}$$

式中 ρ''——206 625″；

δ——各点的调整值（m）；

a 、b——AB、BC 的长度（m）。

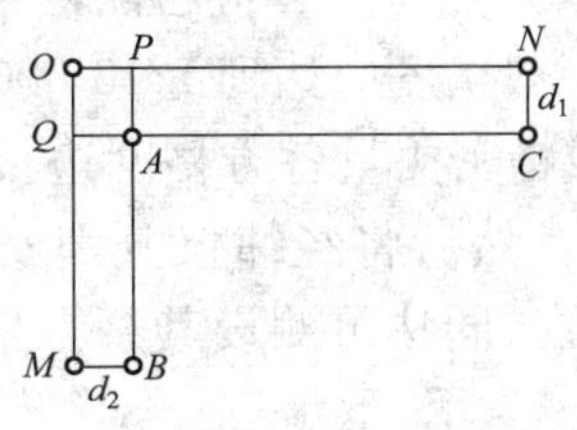

图 11－3　根据建筑红线测设建筑基线

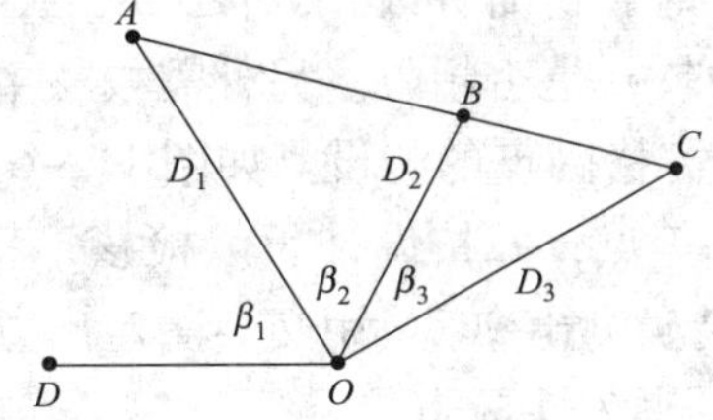

图 11－4　根据控制点测设建筑基线

当$\angle A'B'C' < 180°$时，δ 为正值，B'点向下移动，A'、C'点向上移动；若$\angle A'B'C' < 180°$时，δ 为负值，B'点向上移动，A'、C'点向下移动。此项调整反复进行，直至误差在允许范围之内。并且利用钢尺检查 AB、BC 的距离，若丈量长度与设计长度的相对误差大于1/10 000，则以 B 点为准，按设计长度调整到 A、B 两点的距离。

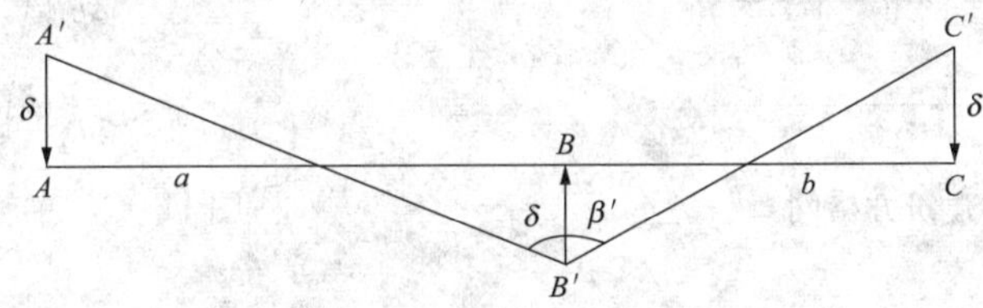

图 11－5　基线点的调整

4. 建筑方格网

（1）建筑方格网的布设要求。建筑场地的施工平面控制网布设成与建筑物主要轴线平行或垂直的矩形、正方形格网形式，称为建筑方格网，如图 11－6 所示。建筑方格网中的两组互相垂直的轴线组成建筑坐标系，便于用直角坐标法对各建筑物定位，且精度高。

布设建筑方格网时，应根据建筑物、道路、管线的分布，结合场地的地形等因素，先选定主轴线点，再全面布设方格网。布设要求与建筑基线基本相同，还应考虑以下几个方面：

1）主轴线点应接近精度要求较高的建筑物。

2）方格网的轴线应严格垂直，方格网点之间应能长期保持通视。

3）在满足使用的情况下，方格网点数应尽量少。

4）当场区面积较大时，方格网常分两级。首级可采用十字形、口字形或田字形，然后再加密方格网。

（2）建筑方格网的测设。

1）主轴线点的测设。首先根据原有控制点坐标和主轴线点坐标计算出测设数据，然后测设主轴线点。如图 11－7 所示，按建筑基线点测设的方法先测设长主轴线 ABC，然后测设与 ABC 垂直的另一主轴线 DBE。测设主轴线 DBE 的步骤如下：在 B 点安置经纬仪，瞄准 C 点，顺时针依次测设 90°、270°，并根据主轴点间的距离，在地面上定出 E'、D'两点。精确检测$\angle CBD'$和$\angle CBE'$，然后求出 $\Delta\beta_1 = \angle CBD' - 270°$ 及 $\Delta\beta_2 = \angle CBE' - 90°$。若较差超

过 ±10″，按下式计算方向调整值 $D'D$ 和 $E'E$。

$$l_i = L_i \times \Delta\beta_i''/\rho'' \tag{11-3}$$

将 D'点沿垂直于 BD'方向移动 $D'D = l_1$ 距离，E'点沿垂直于 BE'方向移动 $E'E = l_2$ 距离。$\Delta\beta_i$ 为正时，逆时针改正点位；反之，顺时针改正点位。改正点位后，应检测两主轴线交角与 90°的较差是否超限。另外需校核主轴线点间的距离，一般精度应达到 1/10 000。

2）方格网点的测设。如图 11－6 所示，沿纵横主轴线精密丈量各方格网边长，定出 1、2、3、4 等点，并按设计长度检核，精度应达到 1/10 000。然后将经纬仪分别安置在 2、5 点处，精确测出 90°，用交会法定出方格网点 a，标定点位。同法可测设其余方格网点，校核后埋设永久性标志。

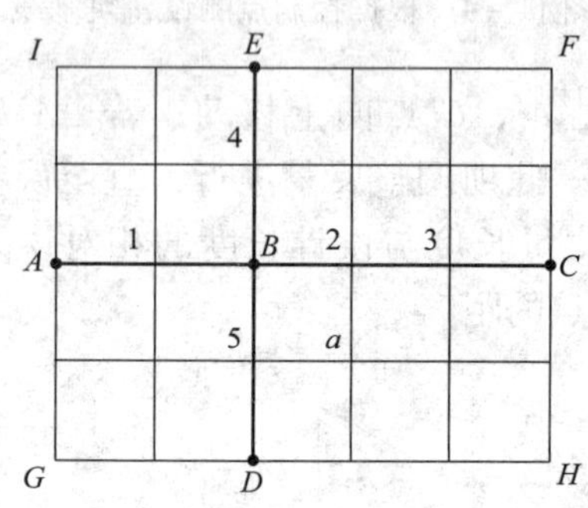

图 11－6　建筑方格网

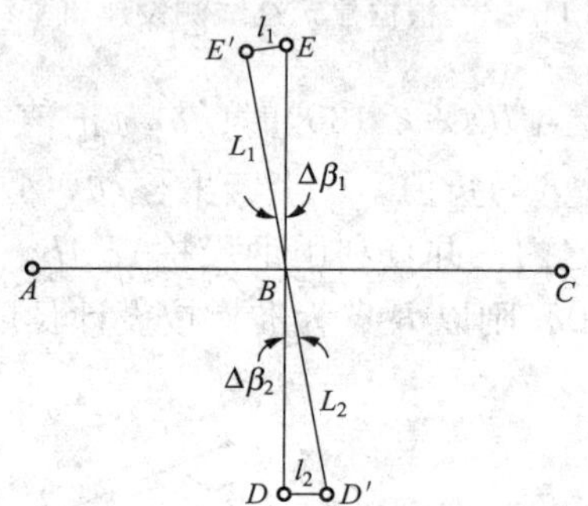

图 11－7　主轴线的调整

11.1.3　建筑场地上施工高程控制网的建立

对施工场地高程控制网要求：① 水准点的密度应尽可能使得在施工场地放样时，安置一次仪器即可测设所需要的高程点；② 在施工期间，高程点的位置应保持稳定。当场地面积较大时，高程控制网可分为首级网和加密网两级，相应的水准点称为基本水准点和施工水准点。

1. 基本水准点

作为首级高程控制点，基本水准点用来检核其他水准点高程是否有变动，其位置应设在不受施工影响、无震动、便于施工、能永久保存的地方，并埋设永久性标志。在一般建筑场地，通常埋设三个基本水准点，布设成闭合水准路线，按城市四等水准测量要求进行施测。对于为连续性生产车间、地下管道测设而设立的基本水准点，需要采用三等水准测量要求进行施测。

2. 施工水准点

施工水准点是直接用来测设建筑物的高程。为了使用方便和减少误差，施工水准点应尽量靠近建筑物。对于中、小型建筑场地，施工水准点应布设成闭合路线或附合路线，并根据基本水准点按城市四等水准或图根水准要求进行测量。

为便于施工放样，在每栋较大的建筑物附近，还要测设幢号或 ±0.000 水平线，其位置多选在较稳定的建筑物外墙立面或柱的侧面，用红漆绘成上边为水平线的“▼”形。

11.2 一般民用建筑施工测量

11.2.1 建筑物测设前的准备工作

在施工测量之前，应先检校所使用的测量仪器设备。根据施工测量需要，还需做好以下准备工作：

1. 熟悉、校对图纸

设计图纸是施工测量的依据。测量人员应了解工程全貌和对测量的要求，熟悉与放样有关的建筑总平面图、建筑施工图和结构施工图，并检查总的尺寸是否与各部分尺寸之和相符，总平面图和大样详图尺寸是否一致。

2. 校核定位平面控制点和水准点

对建筑场地上的平面控制点，使用前必须检查、校核点位是否正确，实地检测水准点高程。

3. 制订测设方案

考虑设计要求、控制点分布、现场和施工方案等因素，选择测设方法，制订测设方案。

4. 准备测设数据

(1) 从建筑总平面图上，查出或计算出设计建筑物与原有建筑物、测量控制点之间的平面尺寸和高差，并以此作为测设建筑物总体位置的依据。

(2) 在建筑物平面图上，查取建筑物的总尺寸和内部各定位轴线之间的尺寸。它是施工测量的基础资料。

(3) 从基础平面图上，查出基础边线与定位轴线的平面尺寸，以及基础布置与基础剖面的位置关系。

(4) 从基础详图（基础大样图）上，查取基础立面尺寸、设计标高，以及基础边线与定位轴线的尺寸关系。它是基础高程测设的依据。

(5) 从建筑物的立面图和剖面图上，查取基础、地坪、楼板等设计高程。它是高程测设的主要依据。

5. 绘制测设略图

根据设计总平面图和基础平面图绘制测设略图。如图 11－8 所示，图上要标定拟建建筑物的定位轴线间的尺寸和定位轴线控制桩。

11.2.2 场地平整的测量工作

施工场地确定后，为了保证生产运输有良好的联系及合理地组织排水，一般要对场地的自然地形加以平整改造。平整场地通常采用“方格网法”，具体步骤可参考第 8 章。

11.2.3 建筑物主轴线的定位测量

一般建筑物的轴线是指墙基础或柱基础沿纵轴方向布置的中心线。这里将控制建筑物整

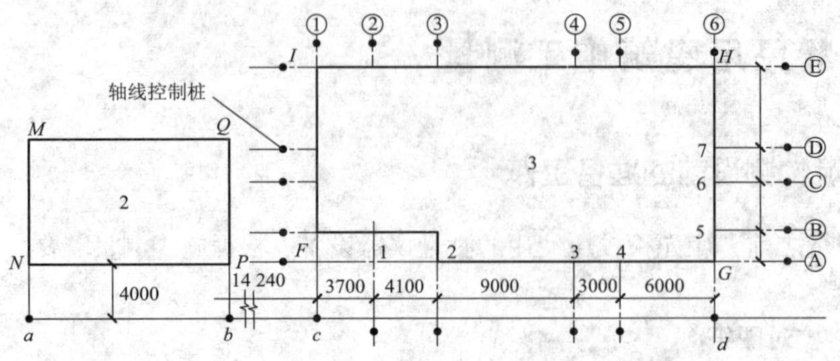

图 11－8　建筑物的定位和放线略图

体形状的纵横轴线或起定位作用的轴线称为建筑物的主轴线，多指建筑物外墙轴线，外墙轴线的交点称为角桩。所谓定位就是把建筑物的主轴线交点标定在地面上，并以此作为建筑物放线的依据。由于设计条件不同，定位方法也不同，一般包括以下几种。

1. 根据与现有建筑物的关系位置放样主轴线

如图 11－8 所示，欲将 3 号拟建房屋外墙轴线交点测设于地面上，其步骤如下：

（1）用钢尺紧贴已建的 2 号房屋的 *MN* 和 *PQ* 边，各量出 4m（距离大小根据实地地形而定），得 *a*、*b* 两点，打入木桩，桩顶钉上铁钉标志。

（2）把经纬仪安置在 *a* 点，瞄准 *b* 点，沿 *ab* 方向量取 14. 240m，得 *c* 点，再继续量取 25. 800m，得 *d* 点。

（3）将经纬仪分别安置在 *c*、*d* 两点上，再瞄准 *a* 点，按顺时针方向精确测设 90°，并沿此方向用钢尺量取已知距离，得 *F*、*G* 两点，再继续量取一段已知距离，得 *I*、*H* 两点。*F*、*G*、*H*、*I* 四点即为拟建房屋外墙轴线的交点。用钢尺检测各角桩之间的距离，其值与设计长度的相对误差不应超过 1/2000。如房屋规模较大，则不应超过 1/5000。在四个交点上架设经纬仪，检测各个直角，与 90°之差不应超过 ±40″，否则应进行调整。

2. 根据“建筑红线”放样主轴线

在城镇建造房屋时，要按统一规划进行，建设用地边界或建筑物轴线位置由规划部门的拨地单位于现场直接测定。拨地单位直接测设的建筑用地边界点，称“建筑红线”桩。若建筑线于建筑物的主轴线平行或垂直，可利用直角坐标法放样主轴线，并检核各纵横轴线间的关系及垂直性。然后，还要在轴线的延长线上加打引桩，以便开挖基槽后作为恢复轴线的依据。

3. 根据建筑方格网放样主轴线

通过施工控制测量建立了建筑方格网或建筑基线后，根据方格网和建筑物坐标，利用直角坐标法就可以定出建筑物的主轴线，最后检核各顶点边、角关系及对角线长。一般角度误差不超过 ±20″，边长误差根据放样精度要求来决定，一般不低于 1/5000。此方法测设的各轴线点均设在基础中间，在挖基础时，大多数要被挖掉。因此在建筑物定位时，要在建筑物边线外侧定一排控制桩。

4. 根据控制点放样主轴线

在山区或建筑场地障碍物较多的地方，一般采用布设导线点或三角点作为放样的控制点。可根据现场情况，利用极坐标法或角度交会法放样建筑物轴线。

11.2.4 建筑物放线

建筑物放线是指根据已定位的建筑物主轴线交点桩详细测设出建筑物各轴线的交点桩（或称中心桩），然后根据交点桩用白灰撒出开挖边界线。其方法如下：

1. 在外墙轴线周边上测设中间轴线交点桩

如图 11－8 所示，将经纬仪安置在 F 点上，瞄准 G 点，用钢尺沿 FG 方向量出相邻两轴线间的距离，定出 1，2，…，5 各点。量距精度应达到 1/2000～1/5000。丈量各轴线间距离时，为了避免误差积累，钢尺零端应始终在一点上。

由于基槽开挖后，角桩和中心桩将被挖掉，为了便于在施工中恢复各轴线位置，应把各轴线延长到槽外安全地点，并做好标志。其方法有设置轴线控制桩和龙门板两种。

2. 测设轴线控制桩（引桩）

如图 11－8 所示，将经纬仪安置在角桩上，瞄准另一个角桩，沿视线方向用钢尺向基槽外量取 2～4m，打入木桩，用小钉在木桩顶准确标志出轴线位置，并用混凝土包裹木桩，如图 11－9 所示。如有条件也可把轴线引测到周围原有的地物上，并做好标志，以此来代替引桩。

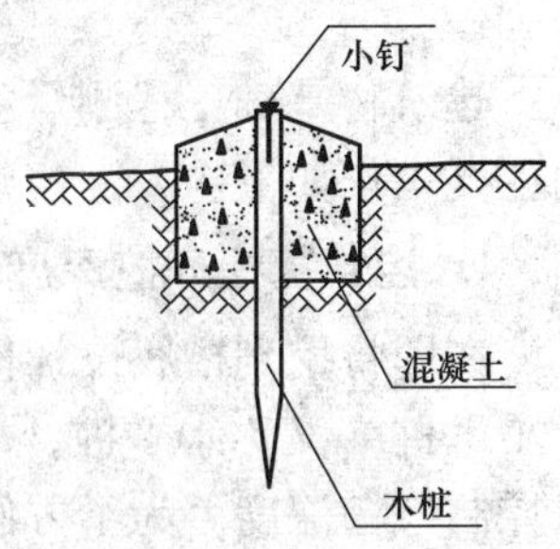

图 11－9 轴线控制桩

3. 设置龙门板

在一般民用建筑种，常在基槽开挖线以外一定距离处设置龙门板，如图 11－10 所示。其设置步骤和要求如下：

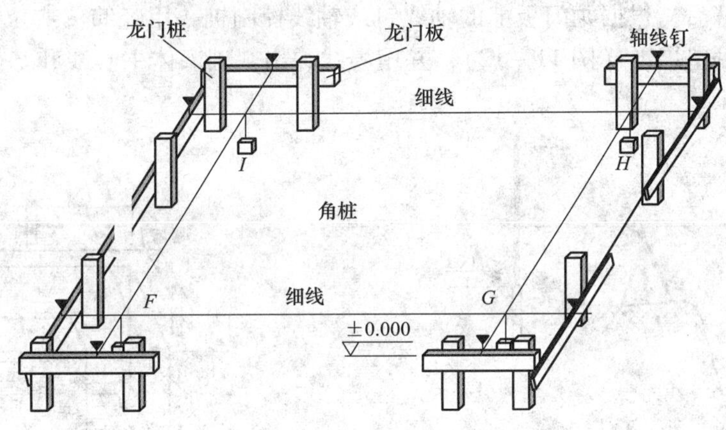

图 11－10 龙门板

（1）在建筑物四角和中间定位轴线的基槽开挖线外约 1.5～3m 处（根据土质和基槽深度而定）设置龙门桩，桩要钉的竖直、牢固，桩外侧应与基槽平行。

（2）根据场地内水准点，用水准仪将 ±0.000 的标高测设在每一个龙门桩的侧面，用红笔画一横线。

（3）沿龙门桩上测设的 ±0.000 线钉设龙门板，使板的上缘恰好为 ±0.000。若现场条件不允许时，也可测设比 ±0.000 高或低一整数的高程，测设龙门板的高程允许误差为 ±5.0mm。

（4）如图 11－10 所示，将经纬仪安置在 F 点，瞄准 G 点，沿视线方向在 G 点附近的龙门板上钉出一点，钉上小钉标志（也称轴线钉）。倒转望远镜，沿视线在 F 点附近的龙门板上钉一小钉。同法可将各轴线引测到各自的龙门板上。引测轴线点的误差小于 ±5.0mm。

（5）用钢尺沿龙门板顶面检查轴线钉之间的距离，其精度应达到 1/2000～1/5000。经检核合格后，以轴线钉为准，将墙边线、基础边线、基槽开挖边线等标定在龙门板上。标定基槽上口开挖宽度时，应按有关规定考虑放坡的尺寸要求。

4. 撒出基槽开挖边界白灰线

在轴线两端，根据龙门板标定的基槽开挖边界标志拉直线绳，并沿此线绳撒出白灰线，施工时按此线进行开挖。

11.2.5 建筑物基础工程施工测量

建筑物基础工程测量主要是控制基坑（槽）宽度、坑（槽）底和垫层的高程等。涉及的主要工作如下：

1. 控制基槽开挖深度

在即将挖到槽底设计标高时，用水准仪在槽壁各拐角和每隔 3～5m 的地方测设一些水平小木桩（又称水平桩，如图 11－11），使木桩的上表面离槽底设计标高为一个固定值，用以控制挖槽深度。为了方便施工，必要时可沿水平桩的上表面拉白线或向槽壁弹墨线，作为基坑内高程控制线。

2. 在垫层上投测基础墙中心线

基础垫层打好后，根据龙门板上的轴线钉或轴线控制桩，用经纬仪或拉线绳挂垂球的方法，把轴线投测到垫层上（图 11－12），并用墨线弹出基础墙体中心线和基础墙边线，以便砌筑基础墙。

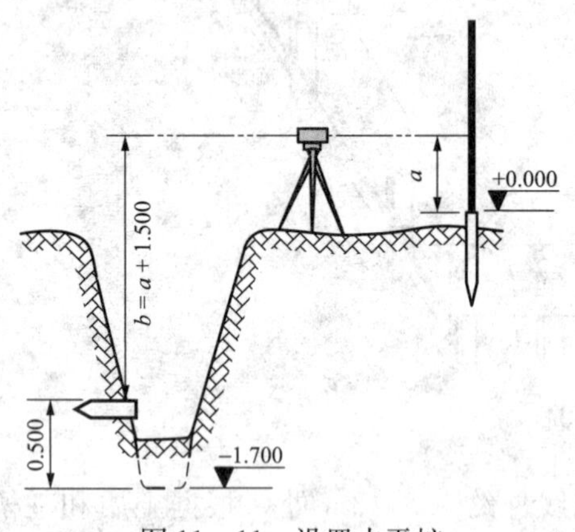

图 11－11 设置水平桩

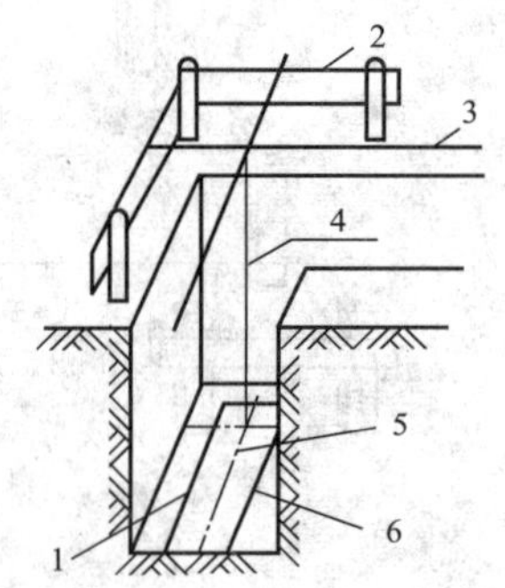

图 11－12 垫层上投测基础中心线

1— 垫层；2—龙门板；3—细线；4—线锤；5—墙中线；6—基础边线

3. 基础墙体标高控制

房屋的基础墙（±0.000 以下的墙体）的高度是利用基础皮数杆来控制的。基础皮数杆是一根木制的杆子（图 11－13），事先在杆上按照设计的尺寸，在砖、灰缝的厚度处画出线条，并标明 ±0.000、防潮层等的标高位置。立皮数杆时，先在立杆处打一木桩，用水准仪在木桩侧面定出一条高于垫层标高某一数值的水平线，然后将皮数杆上标明相同的一条线与木桩的同高水平线对齐，并用大铁钉把皮数杆和木桩钉在一起，作为基础墙砌筑时的依据。

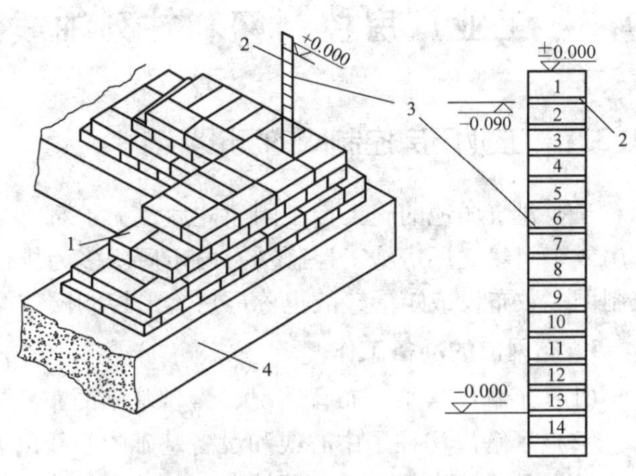

图 11－13 基础皮数杆的使用

1—大放脚；2—防潮层；3—皮数杆；4—垫层

4. 基础墙顶标高检查

基础施工结束后，应检查基础墙顶面的标高是否符合设计要求。可用水准仪测出基础顶面若干点高程，并与设计高程比较，允许误差为 ±10mm。

11.2.6 砌墙身的测量工作

利用轴线引桩或龙门板上的轴线钉和墙边线标志，用经纬仪或拉线吊垂球的方法，将轴线投测到基础顶面或防潮层上，然后用墨线弹出墙中心线和墙边线。检查外墙轴线交角是否为直角。符合要求后，把墙轴线延伸并画在基础墙侧面，作为向上投测轴线的依据。同时把门、窗和其他洞口的边线也画在基础墙里面上。

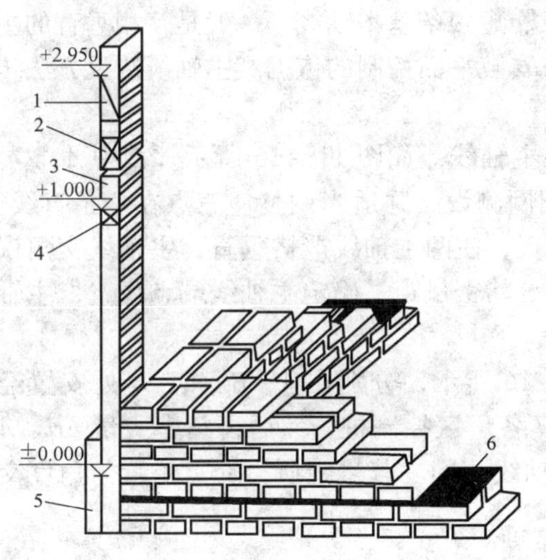

图 11－14 墙身各部件高程控制

1—二层地面楼板；2—窗口过梁；3—窗口；4—窗口出砖；5—木桩；6—防潮层

在墙体施工中，墙身各部件也用皮数杆控制。墙身皮数杆上根据设计尺寸，在砖、灰缝厚度处画有线条，并标明 ±0.000、门、窗、楼板的标高位置，如图 11－14 所示。一般墙身砌筑 1m 高以后就在室内砖墙上定出 0.50m 的标高，并弹墨线标明，供室内地坪抄平和装修用。当第二层以上墙体施工中，可用水准仪测出楼板面四角的标高，取平均值作为本层地坪标高，并以此作为本层立皮数杆的依据。

当精度要求较高时，可用钢尺沿墙身自 ±0.000 起直接丈量至楼板外侧，确定立杆标志。框架式结构的民用建筑，墙体砌筑是在框架施工结束后，可在柱面上刻线代替皮数杆。

11.3 工业厂房控制网和柱列轴线测设

11.3.1 工业厂房控制网的测设

工业建筑场地的施工控制网建立后，为了对每个厂房或车间进行施工放样，还需对每个厂房或车间建立厂房施工控制网。由于厂房多为排柱式建筑，跨度和间距大，所以厂房施工控制网多数布设成矩形，故也称厂房矩形控制网或简称厂房矩形网。

1. 布网前的准备工作

（1）了解厂房平面布置情况、设备基础的布置情况。

（2）了解厂房柱子中心线和设备基础中心线的有关尺寸、厂房施工坐标和标高等。

（3）熟悉施工场地的实际情况，如地形变化、放样控制点的应用等。

（4）了解施工的方法和程序，熟悉各种图纸资料。

2. 厂房控制网的布网方法

（1）角桩测设法。布置在基坑开挖范围以外的厂房矩形控制网的四个角点，称为厂房控制桩。角桩测设法就是根据工业建筑厂区的方格网，利用直角坐标法直接测设厂房控制网的四个角点（图 11－15）。用木桩标定后，检查角点间的角度和距离关系，并做必要的误差调整。一般来说，角度误差不应超过 ±10″，边长误差不得超过 1/10 000。这种形式的厂房矩形控制网适用于精度要求不高的中、小型厂房。

（2）主轴线测设方法。厂房主轴线指厂房长、短两条基本轴线，一般是互相垂直的主要柱列轴线或设备基础轴线。它是厂房建设和设备安装平面控制的依据。主轴线测设方法步骤如下：

1）首先根据厂区控制网定出厂房矩形网的主轴线，如图 11－16 所示。其中 A、O、B 为主轴线点，它们可根据厂区控制网或原有控制网测设，并适当调整使三点在一条直线上。然后在 O 点测设 OC 和 OD 方向，并进行方向改正，使两主轴线严格垂直，主轴线交角误差为 ±3″～±5″。轴线方向调整好后，以 O 点为起点精密量距，确定主轴线端点位置，主轴线边长精度不低于 1/30 000。

2）根据主轴线测设矩形控制网。如图 11－16 所示，分别在 A、B、C、D 处安置经纬仪，后视 O 点，测设直角，交会出 E、F、G、H 各厂区控制桩，然后再精密丈量 AH、AE、GB、BF、CH、CG、DE、DF，其精度要求与主轴线相同。若量距所得交点位置与角度交会所得点位置不一样，则应调整。

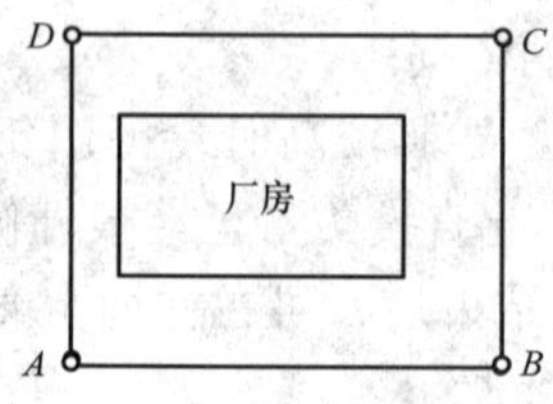

图 11－15　厂房矩形控制网

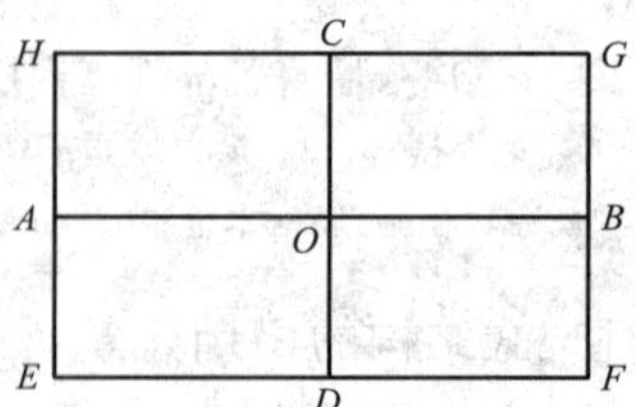

图 11－16　用主轴线测设厂房控制网

11.3.2 柱列轴线的测设和柱基施工测量

1. 柱列轴线的测设

根据厂房平面图上所注的柱间距和跨距尺寸，用钢尺沿矩形控制网各边量出各柱列轴线控制桩的位置，如图 11－17 中的 1′，2′，…，并打入大木桩，桩顶用小钉标出点位，作为柱基测设和施工安装的依据。丈量时应以相邻的两个距离指标桩为起点分别进行，以便检核。

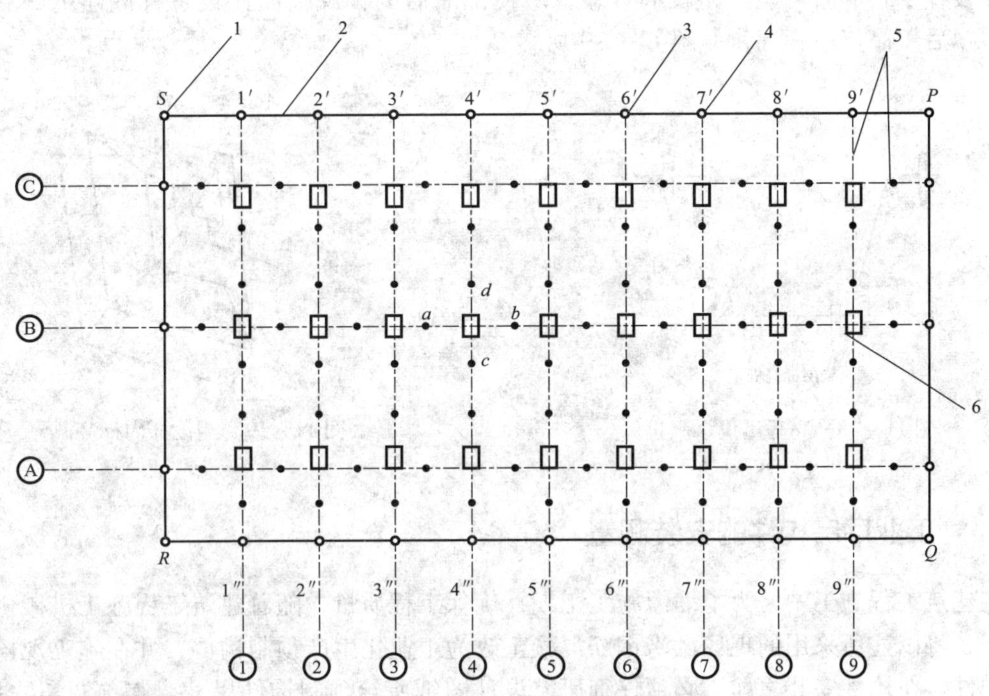

图 11－17 厂房柱列轴线和柱基测量

1—厂房控制桩；2—厂房矩形控制网；3—柱列轴线控制桩；4—距离指标桩；5—定位小木桩；6—柱基础

2. 柱基定位和放线

（1）安置两台经纬仪，在两条互相垂直的柱列轴线控制桩上，沿轴线方向交会出各柱基的位置（即柱列轴线的交点），此项工作称为柱基定位。

（2）在柱基的四周轴线上，打入四个定位小木桩 a、b、c、d，如图 11－17 所示，其桩位应在基础开挖边线以外，比基础深度大 1.5 倍的地方，桩顶采用统一标高，并在桩顶用小钉标明中线方向，作为修坑和立模的依据。

（3）按照基础详图所注尺寸和基坑放坡宽度，用特制角尺，放出基坑开挖边界线，并撒出白灰线以便开挖，此项工作称为基础放线。

（4）在进行柱基测设时，应注意柱列轴线不一定都是柱基的中心线，而一般立模、吊装等习惯用中心线，此时，应将柱列轴线平移，定出柱基中心线。

3. 柱基施工测量

（1）基坑开挖深度的控制。当基坑挖到一定深度时，应在基坑四壁，离基坑底设计标高

0.5m 处，测设水平桩，作为检查基坑底标高和控制垫层的依据。此外还应在坑底边沿及中央打入小木桩，使桩顶高程等于垫层设计高程，以便在桩顶拉线打垫层，如图 11－18 所示。

（2）杯形基础立模测量。杯形基础立模测量有以下三项工作：

1）基础垫层打好后，根据基坑周边定位小木桩，用拉线吊锤球的方法，把柱基定位线投测到垫层上，弹出墨线，用红漆画出标记，作为柱基立模板和布置基础钢筋的依据。

2）立模时，将模板底线对准垫层上的定位线，并用锤球检查模板是否垂直。

3）将柱基顶面设计标高测设在模板内壁，作为浇灌混凝土的高度依据。在支杯底模板时，顾及柱子预制时可能有超长的现象，应使浇灌后的杯底标高比设计标高略低 3～5cm，以便拆模后填高修平杯底，如图 11－19 所示。

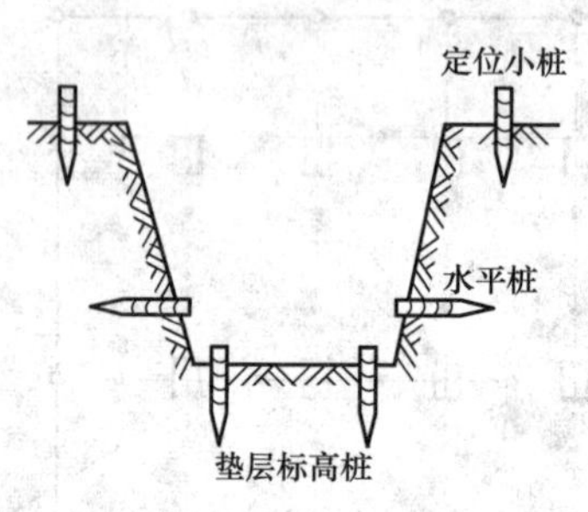

图 11－18　高程测设水平桩

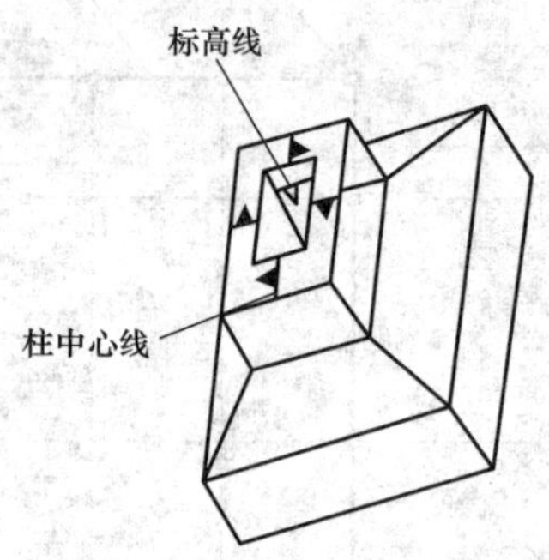

图 11－19　测设杯内标高

11.3.3　工业厂房构件的安装测量

在建筑工程施工中，为了缩短施工工期，确保工程质量，随着建筑工程施工机械化程度的提高，将以往所采用的现场洪涝钢筋混凝土改为工业化生产预制构件，并在施工现场安装主要构件。在构件安装之前，必须仔细研究设计图纸所给预制构件尺寸，查预制实物尺寸，考虑作业方法，使安装后的实际尺寸与设计尺寸相符或在容许的偏差范围以内。单层工业厂房主要是由柱子、吊车梁、吊车轨道、屋架等安装而成。从安装施工过程来看，柱子的安装最为关键，它的平面、标高、垂直度的准确性，将影响其他构件的安装精度。

1. 柱子安装测量

（1）柱子安装应满足的基本要求。柱子中心线应与相应的柱列轴线一致，其允许偏差为 ±5mm。牛腿顶面和柱顶面的实际标高应与设计标高一致，其允许误差为 ±（5～8mm），柱高大于 5m 时为 ±8mm。柱身垂直允许误差为：当柱高小于等于 5m 时为 ±5mm；当柱高为 5～10m 时，为 ±10mm；当柱高超过 10m 时，则为柱高的 1/1000，但不得大于 20mm。

（2）柱子安装前的准备工作。柱子安装前的准备工作有以下几项：

1）在柱基顶面投测柱列轴线。柱基拆模后，用经纬仪根据柱列轴线控制桩，将柱列轴线投测到杯口顶面上，如图 11－20 所示，并弹出墨线，用红漆画出“▼”标志，作为安装柱子时确定轴线的依据。如果柱列轴线不通过柱子的中心线，应在杯形基础顶面上加弹柱中心线。

用水准仪，在杯口内壁，测设一条一般为 －0.600m 的标高线（一般杯口顶面的标高为

-0.500m），并画出“▼”标志，如图 11-20 所示，作为杯底找平的依据。

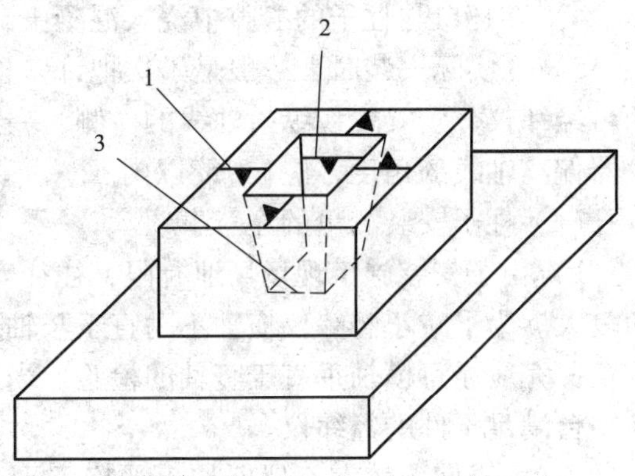

图 11-20 杯形基础
1—柱中心线；2—-60cm 标高线；3—杯底

2）柱身弹线。柱子安装前，应将每根柱子按轴线位置进行编号。如图 11-21（a）所示，在每根柱子的三个侧面弹出柱中心线，并在每条线的上端和下端近杯口处画出“▼”标志。根据牛腿面的设计标高，从牛腿面向下用钢尺量出-0.600m 的标高线，并画出“▼”标志。

3）杯底找平。先量出柱子的-0.600m 标高线至柱底面的长度，再在相应的柱基杯口内，量出-0.600m 标高线至杯底的高度，并进行比较，以确定杯底找平厚度，用水泥砂浆根据找平厚度，在杯底进行找平，使牛腿面符合设计高程。

（3）柱子的安装测量。柱子安装测量的目的是保证柱子平面和高程符合设计要求，柱身铅直。

1）预制的钢筋混泥土柱子插入杯口后，应使柱子三面的中心线与杯口中心线对齐，如图 11-21（a）所示，用木楔或钢楔临时固定。

2）柱子立稳后，立即用水准仪检测柱身上的 ±0.000m 标高线，其容许误差为 ±3mm。

3）如图 11-21（a）所示，用两台经纬仪，分别安置在柱基纵、横轴线上，离柱子的距离不小于柱高的 1.5 倍，先用望远镜瞄准柱底的中心线标志，固定照准部后，再缓慢抬高望远镜观察柱子偏离十字丝竖丝的方向，指挥用钢丝绳拉直柱子，直至从两台经纬仪中，观测到的柱子中心线都与十字丝竖丝重合为止。

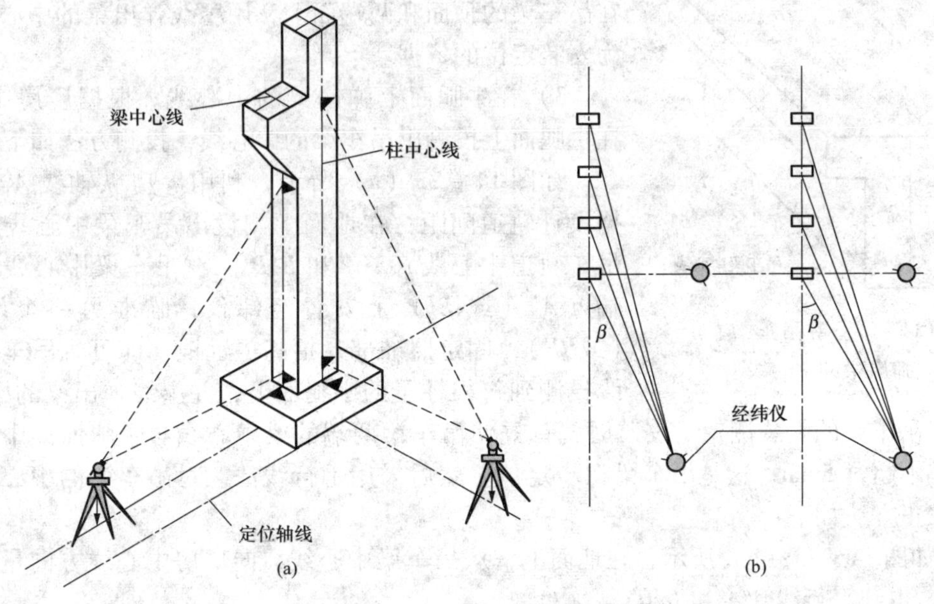

图 11-21 柱子垂直度校正

4）在杯口与柱子的缝隙中浇入混凝土，以固定柱子的位置。

5）在实际安装时，一般是一次把许多柱子都竖起来，然后进行垂直校正。这时，可把两台经纬仪分别安置在纵横轴线的一侧，一次可校正几根柱子，如图11－21（b）所示，但仪器偏离轴线的角度，应在15°以内。

（4）柱子安装测量的注意事项。

1）由于安装施工现场场地有限，往往安置经纬仪离目标较近，照准柱身上部目标时仰角较大。为了减小经纬仪横轴不垂直于竖轴所造成的倾斜面投影的影响，仪器必须进行检验校正，尤应注意横轴垂直于竖轴的检验。当发现存在这种误差时，必须校正好后方能使用或换一台满足条件的经纬仪。

2）由于仰角较大，仪器如不严格整平，竖轴可能不铅垂，仪器产生倾斜误差。此时，远处高目标照准投影误差较大，因而仪器安置必须严格整平。

3）在强阳光下安装柱子，要考虑到各侧面受热不均匀产生柱身弯曲变形影响。其规律是柱子向背阴的一面弯曲，使柱身上部中心位置有水平移位。为此，应选择有利的安装时间，一般早晨或阴云天较好。

4）为了校正柱子上部偏离中心线位置而用锤调皮打下部杯口木楔或钢楔时，不应使下部柱子有位移，要保证柱脚中心线标记与杯口上的中心线标记一致，只使柱身上部作倾斜移位。

2. 吊车梁安装测量

吊车梁安装测量主要是保证吊车梁中线位置和吊车梁的标高满足设计要求。

（1）吊车梁安装前的准备工作。吊车梁安装前的准备工作有以下几项：

1）在柱面上量出吊车梁顶面标高。根据柱子上的±0.000m标高线，用钢尺沿柱面向上量出吊车梁顶面设计标高线，作为调整吊车梁面标高的依据。

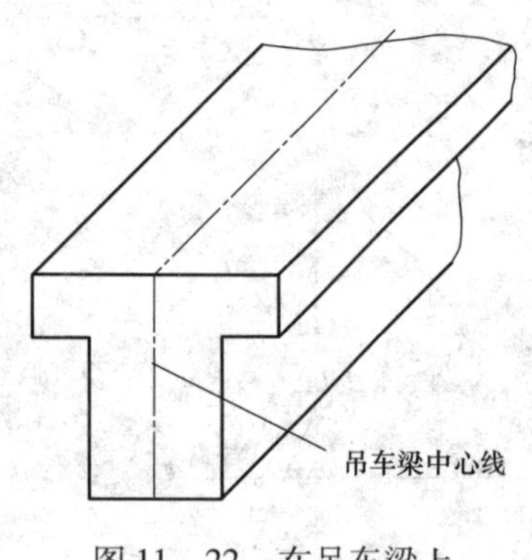

图11－22　在吊车梁上弹出梁的中心线

2）在吊车梁上弹出梁的中心线。如图11－22所示，在吊车梁的顶面和两端面上，用墨线弹出梁的中心线，作为安装定位的依据。

3）在牛腿面上弹出梁的中心线。根据厂房中心线，在牛腿面上投测出吊车梁的中心线，投测方法如下：

如图11－23（a）所示，利用厂房纵轴线A_1A_1，根据设计轨道间距，在地面上测设出吊车梁中心线（也是吊车轨道中心线）$A'A'$和$B'B'$。在吊车梁中心线的一个端点A'（或B'）上安置经纬仪，瞄准另一个端点A'（或B'），固定照准部，抬高望远镜，即可将吊车梁中心线投测到每根柱子的牛腿面上，并墨线弹出梁的中心线。

（2）吊车梁的安装测量。安装时，首先使吊车梁两端的梁中心线与牛腿面梁中心线重合，误差不超过5mm，这是吊车梁初步定位。然后采用平行线法，对吊车梁的中心线进行检测，校正方法如下：

1）如图11－23（b）所示，在地面上，从吊车梁中心线，向厂房中心线方向量出长度a（1m），得到平行线$A''A''$和$B''B''$。

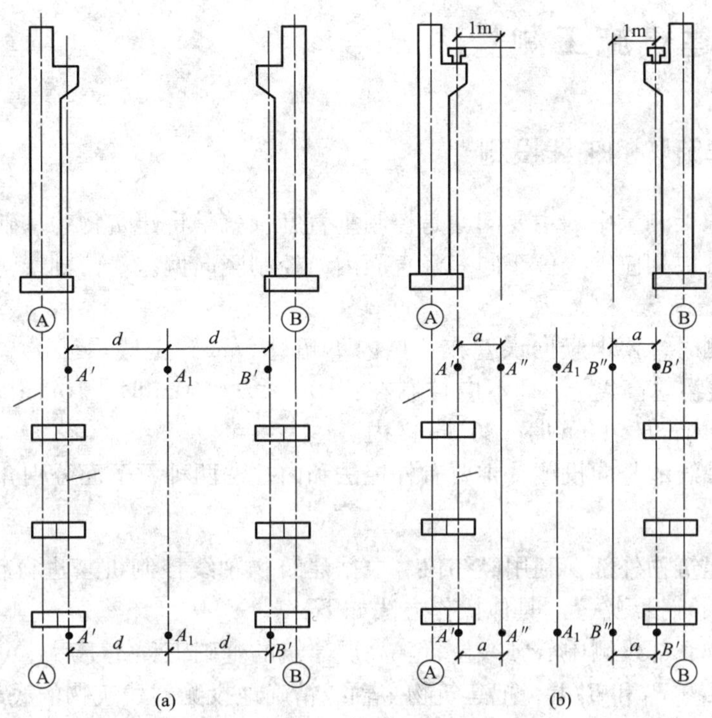

图 11－23 吊车梁的安装测量

2）在平行线一端点 A''（或 B''）上安置经纬仪，瞄准另一端点 A''（或 B''），固定照准部，抬高望远镜进行测量。

3）此时，另外一人在梁上移动横放的木尺，当视线正对准尺上一米刻划线时，尺的零点应与梁面上的中心线重合。如不重合，可用撬杠移动吊车梁，使吊车梁中心线到 $A''A''$（或 $B''B''$）的间距等于 1m 为止。

吊车梁安装就位后，先按柱面上定出的吊车梁设计标高线对吊车梁面进行调整，然后将水准仪安置在吊车梁上，每隔 3m 测一点高程，并与设计高程比较，误差应在 5mm 以内。

3. 吊车轨道安装测量

吊车安装前，依然采用平行线方法检测梁上吊车轨道中心线。轨道安装完毕后，应进行以下几项检查。

（1）中心线检查。安置经纬仪于轨道中心线上，检查轨道面上的中心线是否都在一条直线上，误差不超过 3mm。

（2）跨距检查。用检定后的钢尺悬空丈量轨道中心线间的距离，并加上尺长、温度及其他改正。它与设计跨距之差不超过 5mm。

（3）轨道标高检查。用水准仪根据吊车梁上的水准点检查，在轨道接头处各测一点，允许误差为 ±1mm，中间每隔 6m 测一点，允许偏差为 ±2mm，两根轨道相对标高允许偏差为 ±10mm。

11.4 高层建筑施工测量

11.4.1 高层建筑物的轴线投测

高层建筑物施工测量中的主要问题是控制垂直度，就是将建筑物的基础轴线准确地向高层引测，并保证各层相应轴线位于同一竖直面内，控制竖向偏差，使轴线向上投测的偏差值不超限。

轴线向上投测时，要求竖向误差在本层内不超过5mm，全楼累计误差值不应超过 $2H/10\ 000$（H 为建筑物总高度），且不应控制在：$30m < H \leqslant 60m$ 时，10mm 以内；$60m < H \leqslant 90m$ 时，15mm 以内；$H > 90m$ 时，20mm 以内。

高层建筑物轴线的竖向投测，主要有外控法和内控法两种，下面分别介绍这两种方法。

1. 外控法

外控法是在建筑物外部，利用经纬仪，根据建筑物轴线控制桩来进行轴线的竖向投测，也称作“经纬仪引桩投测法”。具体操作方法如下：

(1) 在建筑物底部投测中心轴线位置。高层建筑的基础工程完工后，可将经纬仪安置在轴线控制桩 A_1、A_1'、B_1 和 B_1' 上，把建筑物主轴线精确地投测到建筑物的底部，并设立标志，如图 11－24 中的 a_1、a'_1、b_1 和 b'_1，以供下一步施工与向上投测之用。

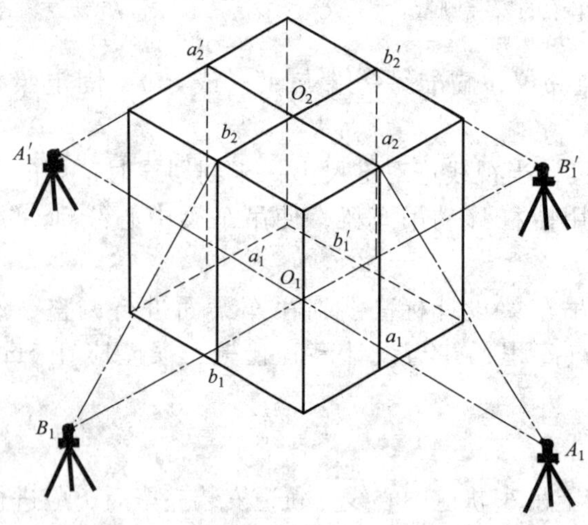

图 11－24 经纬仪投测中心轴线

(2) 向上投测中心线。随着建筑物不断升高，要逐层将轴线向上传递，如图 11－25 所示，将经纬仪安置在中心轴线控制桩 A_1、A_1'、B_1 和 B_1' 上，严格整平仪器，用望远镜瞄准建筑物底部已标出的轴线 a_1、a_1'、b_1 和 b_1' 点，用盘左和盘右分别向上投测到每层楼板上，并取其中点作为该层中心轴线的投影点，如图 11－24 中的 a_2、a_2'、b_2 和 b_2'。

(3) 增设轴线引桩。当楼房逐渐增高，而轴线控制桩距建筑物又较近时，望远镜的仰角较大，操作不便，投测精度也会降低。为此，要将原中心轴线控制桩引测到更远的安全地方，或者附近大楼的屋面。

具体作法是：

将经纬仪安置在已经投测上去的较高层（一般高于十层）楼面轴线 $a_{10}a_{10}'$ 上，如图 11－25 所示，瞄准地面上原有的轴线控制桩 A_1 和 A_1' 点，用盘左、盘右分中投点法，将轴线延长到远处 A_2 和 A_2' 点，并用标志固定其位置，A_2、A_2' 即为新投测的 A_1A_1' 轴控制桩。更高各层的中心轴线，可将经纬仪安置在新的引桩上，按上述方法继续进行投测。

2. 内控法

内控法是在建筑物内 ±0.0 平面设置轴线控制点，并预埋标志，以后在各层楼板相应位置上预留 200mm × 200mm 的传递孔，在轴线控制点上直接采用吊线坠法或激光铅垂仪法，通过预留孔将其点位垂直投测到任一楼层。

(1) 内控法轴线控制点的设置。在基础施工完毕后，在 ±0 首层平面上，适当位置设置与轴线平行的辅助轴线。辅助轴线距轴线 500 ~ 800mm 为宜，并在辅助轴线交点或端点处埋设标志，如图 11 – 26 所示。

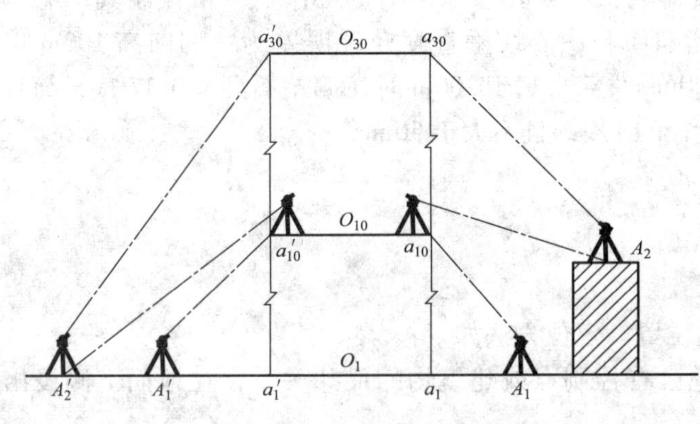

图 11 – 25　经纬仪引桩投测

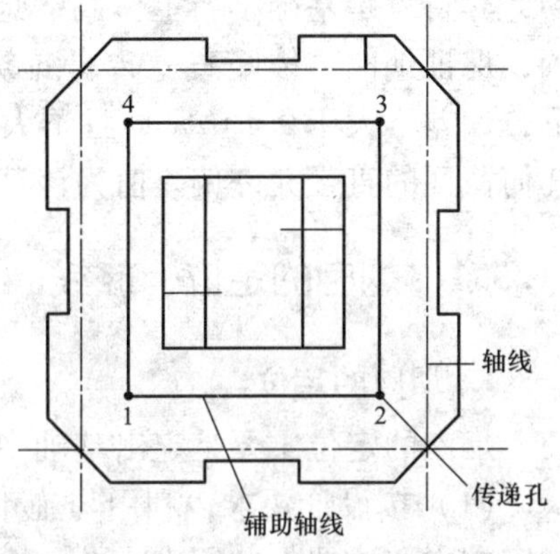

图 11 – 26　内控法轴线控制点的设置

(2) 吊线坠法。吊线坠法是利用钢丝悬挂重锤球的方法，进行轴线竖向投测。这种方法一般用于高度在 50 ~ 100m 的高层建筑施工中，锤球的重量约为 10 ~ 20kg，钢丝的直径约为 0.5 ~ 0.8mm。投测方法如下：

首先在预留孔上面安置十字架，挂上锤球，对准首层预埋标志。当锤球线静止时，固定十字架，并在预留孔四周作出标记，作为以后恢复轴线及放样的依据。此时，十字架中心即为轴线控制点在该楼面上的投测点。

用吊线坠法实测时，要采取一些必要措施，如用铅直的塑料管套着坠线或将锤球沉浸于油中，以减少摆动。

11.4.2　高层建筑物的高程传递

在多层建筑施工中，要由下层向上层传递高程，以便楼板、门窗口等的标高符合设计要求。高程传递的方法有以下几种：

1. 利用皮数杆传递高程

一般建筑物可用墙体皮数杆传递高程。在皮数杆上自 ±0 标高线起，门窗口、过梁、楼板等构件的标高都已注明，一层砌好后，接着从一层的皮数杆起一层一层向上接，以此传递高程。

2. 利用钢尺直接丈量

对于高程传递精度要求较高的建筑物，通常用钢尺直接丈量来传递高程。对于二层以上的各层，每砌高一层，就从楼梯间用钢尺从下层的“ +0.500m”标高线，向上量出层高，测出上一层的“+0.500m”标高线。这样用钢尺逐层向上引测。

3. 吊钢尺法

用悬挂钢尺代替水准尺，用水准仪读数，从下向上传递高程。

11.5 烟囱、水塔施工测量

烟囱和水塔施工测量相近似，现以烟囱为例加以说明。烟囱多为截圆锥形的高耸构筑物，其特点是基础小、主体高、地基负荷大，这就要求施工测量工作要严格控制其中心位置，保证烟囱主体竖直。砖、混凝土烟囱筒身中心线垂直度允许误差为：烟囱高100m以下，偏差不大于0.15H%，且不大于100mm。筒身高于100m时，偏差不大于0.1H%，筒身任何截面的直径允许偏差值为该截面直径的1%，且不大于50mm。

11.5.1 烟囱的定位、放线

1. 烟囱的定位

烟囱的定位主要是定出基础中心的位置。定位方法如下：

(1) 按设计要求，利用与施工场地已有控制点或建筑物的尺寸关系，在地面上测设出烟囱的中心位置 O（即中心桩）。

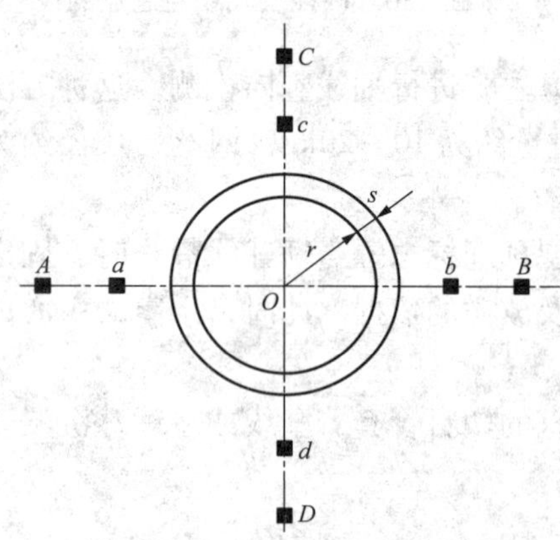

图11-27 烟囱的定位、放线

(2) 如图11-27所示，在 O 点安置经纬仪，任选一点 A 作后视点，并在视线方向上定出 a 点，倒转望远镜，通过盘左、盘右分中投点法定出 b 和 B；然后，顺时针测设90°，定出 d 和 D，倒转望远镜，定出 c 和 C，得到两条互相垂直的定位轴线 AB 和 CD。

(3) A、B、C、D 四点至 O 点的距离为烟囱高度的1~1.5倍。a、b、c、d 是施工定位桩，用于修坡和确定基础中心，应设置在尽量靠近烟囱而不影响桩位稳固的地方。

2. 烟囱的放线

以 O 点为圆心，以烟囱底部半径 r 加上基坑放坡宽度 s 为半径，在地面上用皮尺画圆，并撒出灰线，作为基础开挖的边线。

11.5.2 烟囱基础的施工测量

烟囱基础的施工测量包括以下步骤：

(1) 当基坑开挖接近设计标高时，在基坑内壁测设水平桩，作为检查基坑底标高和打垫层的依据。

(2) 坑底夯实后，从定位桩拉两根细线，用锤球把烟囱中心投测到坑底，钉上木桩，作为垫层的中心控制点。

(3) 浇灌混凝土基础时，应在基础中心埋设钢筋作为标志，根据定位轴线，用经纬仪把烟囱中心投测到标志上，并刻上“+”字，作为施工过程中，控制筒身中心位置的依据。

11.5.3 烟囱的施工测量

（1）引测烟囱中心线。在烟囱施工中，应随时将中心点引测到施工的作业面上。

1）在烟囱施工中，一般每砌一步架或每升模板一次，就应引测一次中心线，以检核该施工作业面的中心与基础中心是否在同一铅垂线上。引测方法如下：

在施工作业面上固定一根枋子，在枋子中心处悬挂 8 ~ 12kg 的锤球，逐渐移动枋子，直到锤球对准基础中心为止。此时，枋子中心就是该作业面的中心位置。

2）另外，烟囱每砌筑完 10m，必须用经纬仪引测一次中心线。引测方法如下：

如图 11 – 27 所示，分别在控制桩 A、B、C、D 上安置经纬仪，瞄准相应的控制点 a、b、c、d，将轴线点投测到作业面上，并作出标记。然后，按标记拉两条细绳，其交点即为烟囱的中心位置，并与锤球引测的中心位置比较，以作校核。烟囱的中心偏差一般不应超过砌筑高度的 1/1000。

3）对于高大的钢筋混凝土烟囱，烟囱模板每滑升一次，就应采用激光铅垂仪进行一次烟囱的铅直定位，定位方法如下：

在烟囱底部的中心标志上，安置激光铅垂仪，在作业面中央安置接收靶。在接收靶上，显示的激光光斑中心，即为烟囱的中心位置。

4）在检查中心线的同时，以引测的中心位置为圆心，以施工作业面上烟囱的设计半径为半径，用木尺画圆，如图 11 – 28 所示，以检查烟囱壁的位置。

（2）烟囱外筒壁收坡控制。烟囱筒壁的收坡，是用靠尺板来控制的。靠尺板的形状，如图 11 – 29 所示，靠尺板两侧的斜边应严格按设计的筒壁斜度制作。使用时，把斜边贴靠在筒体外壁上，若锤球线恰好通过下端缺口，说明筒壁的收坡符合设计要求。

（3）烟囱筒体标高的控制。一般是先用水准仪，在烟囱底部的外壁上，测设出 +0.500m（或任一整分米数）的标高线。以此标高线为准，用钢尺向上直接量取高度。

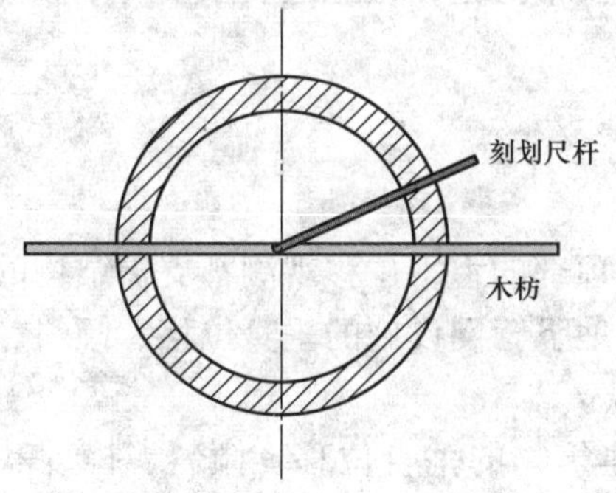

图 11 – 28 烟囱壁位置检查

图 11 – 29 坡度靠尺板

11.6 建筑物变形观测

11.6.1 变形观测的意义和特点

建筑物在施工过程和使用期间，因受地基的工程地质条件、地基处理方法、建（构）

筑物上部结构的荷载等多种因素的综合影响，将引起基础及其四周地层发生变形，而建筑物本身因基础变形及其外部荷载与内部应力的作用，也要发生变形。这种变形在一定的范围内，可视为正常现象，但超出某一限度就会影响建筑物的正常使用，会对建筑物的安全产生严重影响，或使建筑物发生不均匀沉降而导致倾斜，或造成建筑物开裂，甚至造成建筑物整体坍塌。因此，为了建筑物的安全使用，研究变形的原因和规律，在建筑物的设计、施工和运营管理期间需要进行建筑物的变形观测。

另外，在建筑物密集的城市修建高层建筑、地下车库时，往往要在狭窄的场地上进行深基坑的垂直开挖，这就需要采用支护结构对基坑边坡土体进行支护。由于施工中许多难以预料因素的影响，使得在深基坑开挖及施工过程中可能产生边坡土体较大变形，造成支护结构失稳或边坡坍塌的严重事故。因此，在深基坑开挖和施工中，也应对支护结构和周边环境进行变形观测。

通过对支护结构及周边环境、建筑物实施变形观测，便可得到相对应的变形数据，因而可分析和监视基坑及周围环境的变形情况，才能对基坑工程的安全性和对周围环境的影响程度有全面的了解，以确保工程的顺利进行。当发现有异常变形时，可以及时分析原因，采取有效措施，以保证工程质量和安全生产，同时也为以后进行建筑物结构和地基基础合理设计积累资料。

所谓变形观测，是用测量仪器或专用仪器测定建（构）筑物及其地基或一定范围内岩石和土体在建筑物荷载和外力作用下随时间变形（包括垂直位移、水平位移、倾斜、裂缝、挠度等）的工作。进行变形观测时，一般在建筑物或基础支护结构的特征部位埋设变形观测标志，在变形影响范围之外埋设测量基准点，定期测量观测标志相对于基准点的变形量。从历次观测结果的比较中了解变形随时间变化的情况。其特点是：通过对变形体的动态观测，获得精确的观测数据，并对观测数据进行综合分析，及时对基坑或建筑物施工过程中的异常变形可能造成的危害作出预报，以便采取必要的技术措施，避免造成严重后果。

11.6.2 建筑物变形观测的内容及技术要求

1. 变形观测的内容

深基坑施工中，变形观测的内容包括：支护结构顶部的水平位移观测；支护结构的垂直位移观测；支护结构倾斜观测；邻近建筑物、道路、地下管网设施的垂直位移、倾斜、裂缝观测等。

在建筑物主体结构施工中，观测的主要内容是建筑物的垂直位移、倾斜、挠度和裂缝观测。

变形观测要求及时对观测数据进行分析判断，对深基坑和建筑物的变形趋势做出评价，起到指导安全施工和实现信息施工的重要作用。

2. 变形观测等级及精度要求

变形观测的精度要求，取决于该建筑物设计的允许变形值的大小和进行变形观测的目的。若观测的目的是为了使变形值不超过某一允许值从而确保建筑物的安全，则观测的中误差应小于允许变形值的1/10～1/20；若观测的目的是为了研究其变形过程及规律，则中误差应比允许变形值小得多。依据规范，对建筑物进行变形观测应能反映1～2mm的沉降量。

建筑变形测量的等级划分及其精度要求见表 11－1。

表 11－1　　建筑变形测量的等级及其精度要求

变形测量等级	沉降观测（垂直位移）	水平位移观测	适用范围
	观测点测站高差中误差/mm	观测点坐标中误差/mm	
特级	≤0.05	≤0.3	特高精度要求的特种精密工程和重要科研项目变形观测
一级	≤0.15	≤1.0	高精度要求的大型建筑物和科研项目变形观测
二级	≤0.50	≤3.0	中等精度要求的建筑物和科研项目变形观测；重要建筑物主体倾斜观测、场地滑坡观测
三级	≤1.05	≤10.0	低精度要求的建筑物变形观测；一般建筑物主体倾斜观测、场地滑坡观测

观测的周期取决于变形值的大小和变形速度，以及观测的目的。通常观测的次数应既能反映出变化的过程，又不遗漏变化的时刻。在施工阶段，观测频率应大些，一般有 3 天、7 天、半个月三种周期，到了竣工营运阶段，频率可小一些，一般有 1 个月、2 个月、3 个月、半年及一年等不同的周期。除了系统的周期观测以外，有时还应进行紧急观测。

11.6.3　建筑物及深基坑垂直位移观测

建筑物及深基坑的垂直位移观测是采用精密水准测量的方法进行的，为此应建立高精度的水准测量控制网。其具体做法是：在建筑物的外围布设一条闭合水准环形路线，再由水准环中的固定点测定各测点的标高，这样每隔一定周期进行一次精密水准测量，将测量的外业成果进行严密平差，求出各水准点和沉降观测点的高程（最或然值）。某一沉降观测点的沉降量即为首次观测求得的高程与该次复测后求得的高程之差。

1. 水准基点的布设及高精度水准网的建立

水准基点是固定不动且作为沉降观测高程基点的水准点。它是观测建筑物地基及深基坑变形的基准，一般设置三个水准点构成一组，在每组三个水准点的中心位置设置固定测站，测定三点间的高差，用以判断水准基点的高程本身有无变动。在布设时必须考虑下列因素。

（1）根据观测精度的要求，应布置成网形最合理、测站数最少的观测环路。如图 11－30 所示为某建筑场区布设的水准基点及水准观测网。

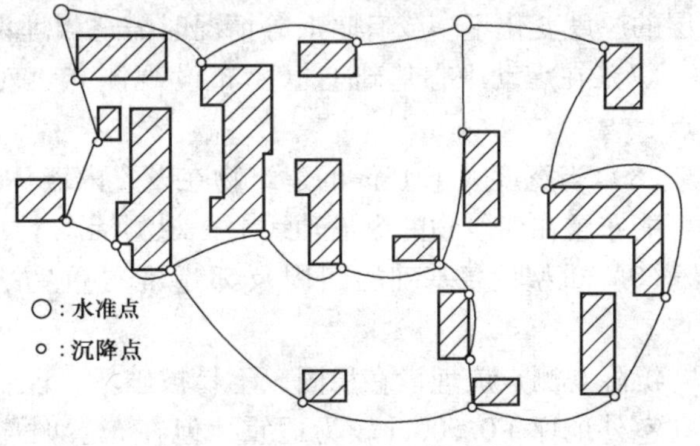

图 11－30　水准网的布设

（2）在整个水准网里，应有四个埋设深度足够的水准基点作为高程起算点，其余的可埋设一般地下水准点或墙上水准点。施测时可选择一些稳定性较好的沉降点，作为水准线路基点与水准网统一观测和平差。因为施测时不可能将所有的沉降点均纳入水准线路内，大部分沉降点只能采用安置一次仪器直接测定，因为转站会影响成果精度，所以选择一些沉降点作为水准点极为重要。

(3) 水准基点应根据建筑场区的现场情况，设置在较明显而且通视良好、安全的地方，且要求便于进行联测。

(4) 水准基点应布设在拟观测的建筑物之间，距离一般为 20 ~ 40m，一般工业与民用建筑物应不小于 15m，较大型并略有震动的工业建筑物应不小于 25m，高层建筑物应不小于 30m。总之，应埋设在建筑物变形影响范围之外、不受施工影响的地方。

(5) 观测单独建筑物时，至少布设三个水准基点，对建筑面积大于 $5000m^2$ 或高层建筑，则应适当增加水准基点的个数。

(6) 一般水准点应埋设在冻土线以下半米处，设在墙上的水准点应埋在永久性建筑物上，且离开地面高度约为半米。

(7) 水准基点的标志构造，必须根据埋设地区的地质条件、气候情况及工程的重要程度进行设计。对于一般建筑物及深基坑沉降观测，可参照水准测量规范中二、三等水准的规定进行标志设计与埋设；对于高精度的变形观测，需设计和选择专门的水准基点标志。

2. 沉降观测点的布设

沉降观测点是设立在变形体上、能反映其变形特征的点。沉降观测布设的观测点的位置及数量，应根据建（构）筑物荷载大小、基础形式、结构特征及地质条件以及支护结构形式、基坑周边环境等因素确定。一般可根据下列几方面布设。

(1) 观测点应布置在深基坑及建筑物本身沉降变化较显著的地方，并要考虑到在施工期间和竣工后，能顺利进行观测的地方。

(2) 深基坑支护结构的沉降观测点应埋设在锁口梁上，一般间距 10 ~ 15m 埋设一点，在支护结构的阳角处和原有建筑物离基坑很近处应加密设置观测点。

(3) 在建筑物四周角点、中点及内部承重墙（柱）上均需埋设观测点，并应沿房屋周长每间隔 10 ~ 12m 设置一个观测点，但工业厂房的每根柱子均应埋设观测点。

(4) 由于相邻建筑及深基坑与周边环境之间相互影响的关系，在高层和低层建筑物、新老建筑物连接处，以及在相接处的两边都应布设观测点。

(5) 在人工加固地基与天然地基交接和基础砌筑深度相差悬殊处，以及在相接处的两边都应布设观测点。

(6) 当基础形式不同时需在结构变化位置埋设观测点。当地基土质不均匀，可压缩性土层的厚度变化不一或有暗浜等情况时需适当埋设观测点。

(7) 在震动中心基础上也要布设观测点，对烟囱等刚性整体基础，应不少于三个观测点。

(8) 当宽度大于 15m 的建筑物在设置内墙体的观测标志时，应设在承重墙上，并且要尽可能布置在建筑物的纵横轴线上，观测标志上方应有一定的空间，以保证测尺直立。

(9) 重型设备基础的四周及邻近堆置重物之处，有大面积堆荷的地方，也应布设观测点。

沉降观测点应埋设在稳固，不易被破坏，能长期保存的地方。其埋设点的标高位置，一般在室外地坪 +0.500m 较为适宜，但在布置时应根据建筑物层高、管道标高、室内走廊、平顶标高等情况来综合考虑。点的高度、朝向等要便于立尺和观测。同时还应注意所埋设的观测点要避开柱子间的横隔墙、外墙上的雨水管等，以免所埋设的观测点无法观测而影响观测资料的完整性。

设备基础、支护结构锁口梁上的观测点，可将直径 20mm 的铆钉或钢筋头（上部锉成半球状）埋设于混凝土中作为标志（图 11－31）。墙体上或柱子上的观测点，可将直径 20～22mm 的钢筋按图 11－32 的形式设置。

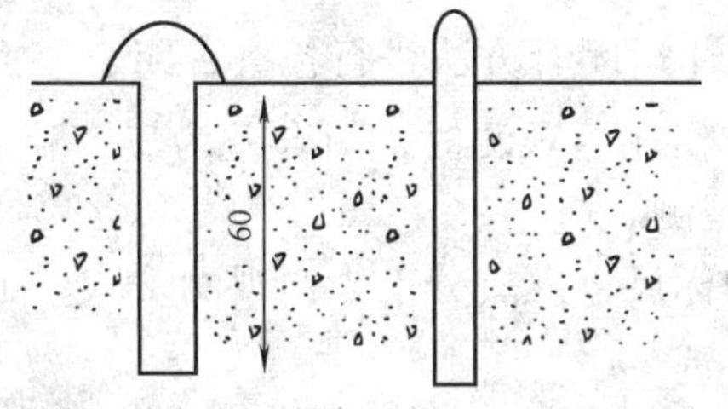

图 11－31　设备基础沉降观测点的埋设

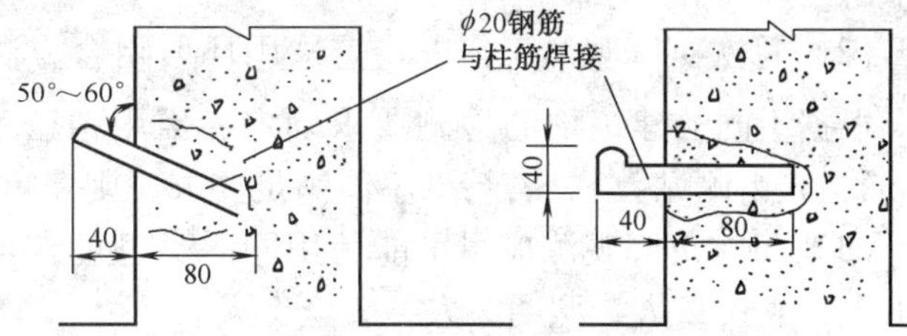

图 11－32　墙体沉降观测点的埋设

在浇筑基础时，应根据沉降观测点的相应位置，埋设临时的基础观测点。若基础本身荷载很大，可能在基础施工时产生一定的沉降，即应埋设临时的垫层观测点，或基础杯口上的临时观测点，待永久观测点埋设完毕后，立即将高程引测到永久观测点上。

3. 沉降观测的周期确定

沉降观测的周期应根据建（构）筑物的特征、变形速率、观测精度和工程地质条件等因素综合考虑，并根据沉降量的变化情况适当调整。对沉降观测时间安排，施工期间的沉降观测次数，不得少于四次，以得出荷载与沉降量的关系，一般可参照下面几点进行确定。

（1）深基坑开挖时，锁口梁会产生较大的水平位移，沉降观测周期应较短，一般每隔 1～2 天观测一次；浇筑地下室底板后，可每隔 3～4 天观测一次，直至支护结构变形稳定为止。当出现暴雨、管涌，变形急剧增大时，要加密观测。

（2）工业建筑物包括装配式钢筋混凝土结构、砖砌外墙的单层或多层的工业厂房。

1）各柱上的沉降观测点在柱子安装就位固定后进行第一次观测。

2）屋架、屋面板吊装完毕后观测一次。

3）外墙高度在 10m 以下者，砌到顶时观测一次，外墙高度大于 10m 者当砌到 10m 时观测一次，以后每砌 5m 观测一次。

4）土建工程完工时观测一次。

5）桥式起重机试运转前后各观测一次。桥式起重机试运转时，应按最大设计负荷情形进行，最好将桥式起重机满载后，在每一柱边停留一段时间，再进行观测。

（3）民用建筑物及其他工业建筑物主体结构施工时，每安装完毕一层楼后，应进行一次观测，结构封顶后每两个月左右观测一次，房屋完工交付使用前再观测一次。

（4）楼层荷重较大的建筑物如仓库或多层工业厂房，应在每加一次荷重前后各观测一次。

（5）水塔等构筑物应在试水前后各观测一次，必要时在试水过程中根据要求进行观测。

建（构）筑物竣工投入使用后，观测周期视沉降量大小而定，一般可每三个月左右观测一次，直至沉降稳定为止。若遇停工时间过长，停工期间也要适当观测。遇特殊情况，使基础工作条件剧变时，应立即进行沉降观测工作，以便掌握沉降变化，采取必要的预防措施。

4. 沉降观测的技术要求及观测方法

（1）仪器和标尺要按照规范要求进行检查。水准基点要联测检查，以便保证沉降观测成果的正确性。

（2）每次沉降观测工作，均需采用环形闭合方法或往返闭合方法进行检查，闭合差大小应根据不同的建筑物的检测要求确定。当用精密水准仪往返观测时，闭合差为 $\pm 0.3\sqrt{n}$（mm）（n 为测站数），若精度不能满足要求，则需重新观测。

（3）每次沉降观测应尽可能使用同一类型的仪器和标尺，人员分工为：观测 1 人，记录 1 人，立尺 2 人，照明 2 人，安全 1 人。

（4）施工场区内各水准点应严格按照二等水准测量规范要求进行。须连续进行观测，且全部测点需连续一次测完。并须按规定的日期、方法和既定的路线、测站进行观测。

（5）在建筑施工或安装重型设备期间、仓库进货阶段进行沉降观测时，必须将观测时的施工进展、进货数量、分布情况等详细记录在附注栏内，以算出各阶段作用在地基上的压力。

5. 沉降观测的成果整理

（1）整理原始观测数据记录。每次观测结束后，应检查记录中的数据和计算是否正确，精度是否合格，如果误差超限则需重新观测。然后调整闭合差，推算各观测点的高程，列入成果表中。

（2）计算沉降量。根据各观测点本次所观测高程与上次所观测高程之差，计算各观测点本次沉降量和累计沉降量，并将观测日期和荷载情况记入观测成果表（表 11－2）中。

（3）绘制沉降曲线。为了更清楚地表示沉降量、荷载、时间三者之间的关系，还需绘制各观测点的时间与沉降量关系曲线图以及时间与荷载关系曲线图，如图 11－33 所示。

时间与沉降量的关系曲线是以沉降量 s 为纵轴，时间 T 为横轴，按每次观测日期和相应的沉降量的比例画出各点的位置，再将各点依次连接起来，并在曲线一端注明观测点号码。

时间与荷载的关系曲线是以荷载重量 P 为纵轴，时间 T 为横轴，根据每次观测日期和相应的荷载画出各点，然后将各点依次连接起来所形成的曲线图。

（4）沉降观测提交的资料

1）沉降观测（水准测量）记录手簿。

2）沉降观测成果表。

3）观测点位置图。

4）沉降量、地基荷载与延续时间三者的关系曲线图。

5）编写沉降观测分析报告。

6. 沉降观测中常遇到的问题及其处理

（1）曲线在首次观测后即出现回升现象。在第二次观测时即发现曲线上升，至第三次后，曲线又逐渐下降。出现此种现象，一般都是由于首次观测成果存在较大误差所引起的。此时，应将首次观测成果作废，而采用第二次观测成果作为首次测量成果。

表 11－2　某建筑物 6 个观测点的沉降观测结果

观测日期年月日	荷重/(t/m²)	观测点																	
		1			2			3			4			5			6		
		高程/m	本次下沉/mm	累计下沉/mm	高程/m	本次下沉/mm	累计下沉/mm	高程/m	本次下沉/mm	累计下沉/mm	高程/m	本次下沉/mm	累计下沉/mm	高程/m	本次下沉/mm	累计下沉/mm	高程/m	本次下沉/mm	累计下沉/mm
1997.4.20	4.5	50.157	±0	±0	50.154	±0	±0	50.155	±0	±0	50.155	±0	±0	50.156	±0	±0	50.154	±0	±0
5.5	5.5	50.155	−2	−2	50.153	−1	−1	50.153	−2	−2	50.154	−1	−1	50.155	−1	−1	50.152	−2	−2
5.20	7.0	50.152	−3	−5	50.150	−3	−4	51.151	−2	−4	50.153	−1	−2	50.151	−4	−5	50.148	−4	−6
6.5	9.5	50.148	−4	−9	50.148	−2	−6	50.147	−4	−8	50.150	−3	−5	50.148	−3	−8	50.146	−2	−8
6.20	10.5	50.145	−3	−12	50.146	−2	−8	50.143	−4	−12	50.148	−2	−7	50.146	−2	−10	50.144	−2	−10
7.20	10.5	50.143	−2	−14	50.145	−1	−9	50.141	−2	−14	50.147	−1	−8	50.145	−1	−11	50.142	−2	−12
8.20	10.5	50.142	−1	−15	50.144	−1	−10	50.140	−1	−15	50.145	−2	−10	50.144	−1	−12	50.140	−2	−14
9.20	10.5	50.140	−2	−17	50.142	−2	−12	50.138	−2	−17	50.143	−2	−12	50.142	−2	−14	50.139	−1	−15
10.20	10.5	50.139	−1	−18	50.140	−2	−14	50.137	−1	−18	50.142	−1	−13	50.140	−2	−16	50.137	−2	−17
1998.1.20	10.5	50.137	−2	−20	50.139	−1	−15	50.137	±0	−18	50.142	±0	−13	50.139	−1	−17	50.136	−1	−18
4.20	10.5	50.136	−1	−21	50.139	±0	−15	50.136	−1	−19	50.141	−1	−14	50.138	−1	−18	50.136	±0	−18
7.20	10.5	50.135	−1	−22	50.138	−1	−16	50.135	−1	−20	50.140	−1	−15	50.137	−1	−19	50.136	±0	−18
10.20	10.5	50.135	±0	−22	50.138	±0	−16	50.134	−1	−21	50.140	±0	−15	50.136	−1	−20	50.136	±0	−18
1999.1.20	10.5	50.135	±0	−22	50.138	±0	−16	50.134	±0	−21	50.140	±0	−15	50.136	±0	−20	50.136	±0	−18

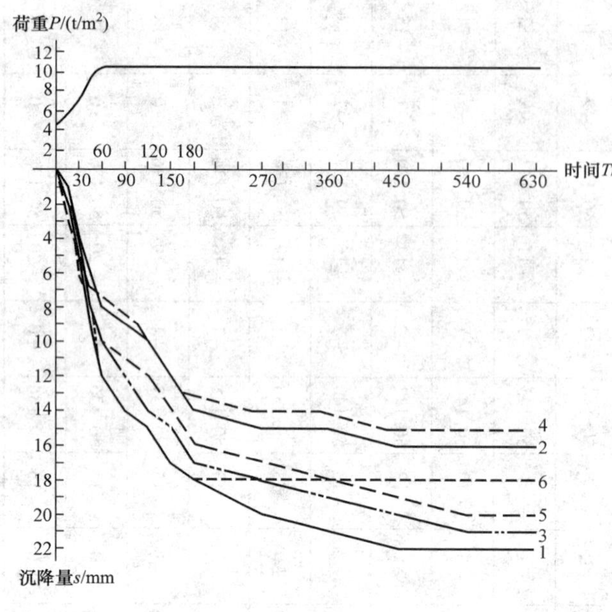

图 11－33 沉降曲线图

（2）曲线在中间某点突然回升。出现此种现象，其原因多半是因为水准基点或沉降观测点被碰所致，如水准基点被压低，或沉降观测点被撬高，此时，应仔细检查水准基点和沉降观测点的外形有无损伤。如果多数沉降观测点均出现此种现象，则水准基点被压低的可能性很大，此时可改用其他水准点作为水准基点来继续观测，并另外埋设新的水准点以替代此被压低的水准基点。如果只有一个沉降观测点出现此现象，则多半是该点被撬高，此时则需另外埋设新点以替代之。

（3）曲线自某点起逐渐回升。出现此种现象一般是由于水准基点下沉所致。此时，应根据水准点之间的高差来判断出最稳定的水准点，并以其作为新的水准基点，将原来下沉的水准基点废除。但是，需注意埋在裙楼上的沉降观测点，由于受主楼的影响，也可能出现属于正常的逐渐回升的现象。

（4）曲线的波浪起伏现象。曲线在观测后期呈现微小波浪起伏现象，其原因一般是观测误差所致。曲线在前期波浪起伏之所以不突出，是因为各观测点的下沉量大于测量误差之故。但到后期，由于建筑物下沉极微或已接近稳定，因此在曲线上就出现测量误差比较突出的现象。此时，可将波浪曲线改成水平线，并适当地延长观测的间隔时间。

11.6.4 建筑物及深基坑水平位移测量

进行深基坑及建筑物主体的水平位移观测时，可根据施工现场的地形条件，一般选用基准线法、视准线小角法、变形观测点设站法、导线法和前方交会等方法。

实施水平位移观测工作，首先应建立高精度的变形观测平面控制网，其基准点通常埋设在稳定的基岩上或基坑及建筑物变形影响范围之外且能长期保存的地方。同时还应布设工作点（是基准点与变形观测点之间的联系点）。工作点与基准点构成变形观测的首级网，用来测量工作点相对于基准点的变形量，由于该变形量一般较小，要求进行高精度观测。其次，应在观测对象上埋设变形观测点，与观测对象构成一个整体。变形观测点与工作点构成变形观测的次级网，该网用来测量变形观测点相对于工作点的变形量。水平位移同沉降观测一样，也必须进行周期性的观测工作。一般来说，首级网的复测间隔时间长，但次级网复测间隔时间短，因为后者的变形量较大，经常对变形观测点进行观测，便可依据其坐标的变化量，反映出基坑或建筑物主体的空间位置的变化。

1. 基准线法

在基坑开挖或打桩过程中，常常需要对施工区周边进行水平位移观测。基准线法的原理是在与水平位移相垂直的方向上建立一个固定不动的铅垂面，测定各变形观测点相对该铅垂面的距离变化，从而求得水平位移量。

进行深基坑观测，如图 11－34 所示，可在支护结构的锁口梁轴线两端基坑的外侧分别设立两个稳定的工作点 A 和 B，两工作点的连线即为基准线方向。锁口梁上的变形观测点应埋设在基准线的铅垂面上，偏离的距离不大于 2 cm。观测点标志可埋设 16～18mm 的钢筋头，顶部锉平后，画上“＋”字标志，

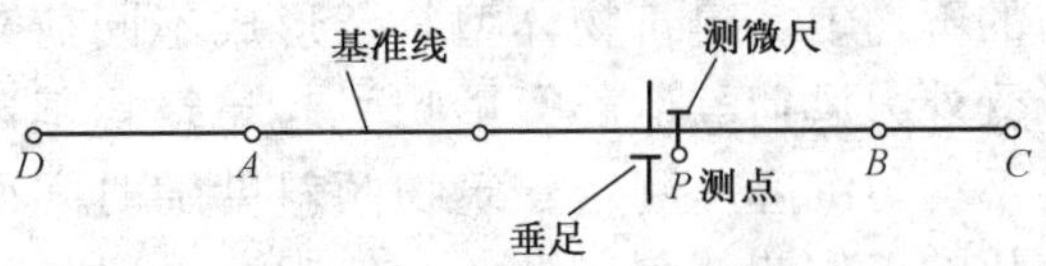

图 11－34　基准线法测位移

一般每 8～10m 设置一个变形观测点。观测时，将精密经纬仪安置于一端工作点 A 上，瞄准另一端工作点 B（即后视点），此视线方向即为基准线方向，通过量测观测点 P 偏离视线的距离，即可得到观测点水平位移偏距，通过两次偏距的比较来发现该点的水平位移量。

该方法方便直观，但要求仪器架设在变形区外，并且测站与变形观测点距离不宜太远。

2. 视准线小角法

用小角法测量水平位移同基准线法相类似，也是沿基坑周边建立一条轴线（即一个固定方向），通过测量固定方向与测站至变形观测点方向的小角变化 $\Delta\beta_i$，并测得测站至变形位移点的距离 D，从而计算出观测点的位移量 $\Delta_i = \dfrac{\Delta\beta_i}{\rho}D$（式中 $\rho = 206\ 265''$）。如图 11－35 所示，将精密经纬仪安置于工作点 A，在后视点 B 和变形观测点 P 上分别安置观测觇牌，用测回法测出 $\angle BAP$。设第一次观测值为 β_1，后一次为 β_2，计算出两次角度的变化量 $\Delta\beta = \beta_2 - \beta_1$，即可计算出 P 点的水平位移量 Δ_P。其位移方向根据 $\Delta\beta_i$ 的符号确定。

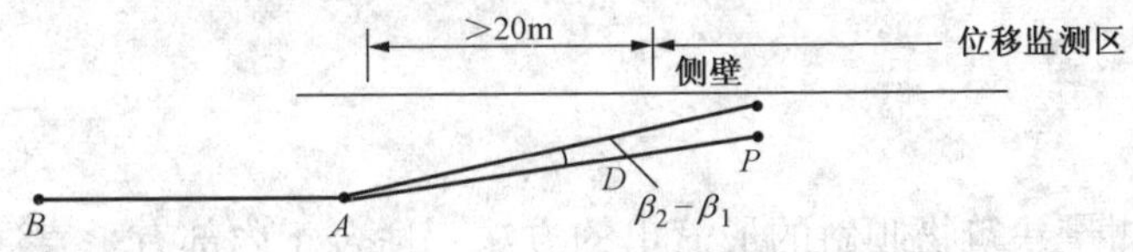

图 11－35　视准线小角法测位移

此法也要求仪器架设在变形区外，并且测站与位移观测点距离不宜太远。

3. 变形观测点设站法

此法将仪器架设在变形观测点上，通过测得测站上两端固定目标的夹角变化，就可计算出变形观测点的水平位移量 $\Delta_i = \dfrac{S_1\ S_2}{S_1 + S_2} \times \dfrac{\Delta\beta_i}{\rho}$。

该法虽然克服了视准线小角法的缺陷，但观测时每设一站，只能测得该站本身的位移量，在有较多变形观测点时，就需架设许多站，这样就增加了外业的工作量。

建筑物水平位移观测方法与深基坑水平位移的观测方法基本相同，只是受通视条件限制，工作点、后视点和校核点一般都应设在建筑物主体的同一侧（图 11－36）。变形观测点设在建筑物上，可在墙体上用红油漆作标记“▼”，然后按前面两种方法观测。

11.6.5 建筑物倾斜观测

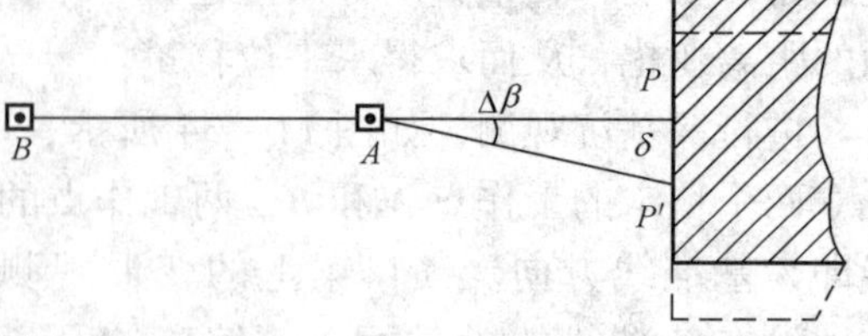

图 11－36 建筑物位移观测

建筑物产生倾斜的原因主要是地基承载力的不均匀、建筑物体型复杂形成不同荷载及受外力风荷、地震等影响引起建筑物基础的不均匀沉降。测定建筑物倾斜度随时间而变化的工作叫倾斜观测。倾斜观测一般是用水准仪、经纬仪、垂球或其他专用仪器来测量建筑物的倾斜度 α。

1. 水准仪观测法

建筑物的倾斜观测可采用精密水准仪进行观测，其原理是通过测量建筑物基础的沉降量来确定建筑物的倾斜度，是一种间接测量建筑物倾斜的方法。

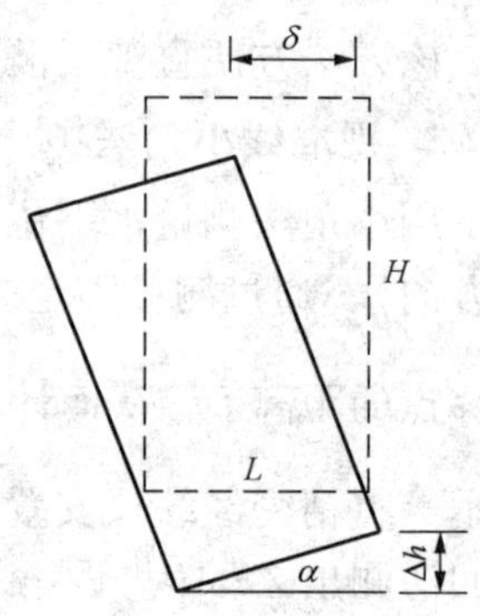

图 11－37 基础倾斜观测

如图 11－37 所示，定期测出基础两端点的沉降量，并计算出沉降量的差 Δh，再根据两点间的距离 L，即可计算出建筑物基础的倾斜度 α: $\alpha=\dfrac{\Delta h}{L}$。若知道建筑物的高度 H，同时可计算出建筑物顶部的倾斜位移值 Δ: $\Delta=\alpha\times H=\dfrac{\Delta h}{L}\times H$。

2. 经纬仪观测法

利用经纬仪可以直接测出建筑物的倾斜度，其原理是用经纬仪测量出建筑物顶部的倾斜位移值 Δ，则可计算出建筑物的倾斜度 α: $\alpha=\dfrac{\Delta}{H}$（H 为建筑物的高度）。该方法是一种直接测量建筑物倾斜的方法。

3. 悬挂垂球法

此方法是直接测量建筑物倾斜的最简单的方法，适合于内部有垂直通道的建筑物。从建筑物的上部悬挂垂球，根据上下应在同一位置上的点，直接量出建筑物的倾斜位移值 Δ，最后计算出倾斜度 α: $\alpha=\dfrac{\Delta}{H}$。

11.6.6 挠度和裂缝观测

1. 挠度观测

建筑物在应力的作用下产生弯曲和扭曲时，应进行挠度观测。对于平置的构件，至少在两端及中间设置三个沉降点进行沉降观测，可以测得在某时间段内三个点的沉降量，分别为 h_a、h_b、h_c，则该构件的挠度值为

$$\tau=\frac{1}{2}(h_a+h_c-2h_b)\times\frac{1}{S_{ac}}$$

式中 h_a、h_c——构件两端点的沉降量；

h_b——构件中间点的沉降量；

S_{ac}——两端点间的平距。

对于直立的构件，至少要设置上、中、下三个位移观测点进行位移观测，利用三点的位移量求出挠度大小。在这种情况下，我们把在建筑物垂直面内各不同高程点相对于底点的水平位移称为挠度。

挠度观测的方法常采用正垂线法，即从建筑物顶部悬挂一根铅垂线，直通至底部，在铅垂线的不同高程上设置测点，借助坐标仪表量测出各点与铅垂线最低点之间的相对位移。如图 11－38 所示，任意点 N 的挠度 S_N 按下式计算

$$S_N = S_0 - \overline{S}_N$$

式中 S_0——铅垂线最低点与顶点之间的相对位移；

$\overline{S}_N$——任一测点 N 与顶点之间的相对位移。

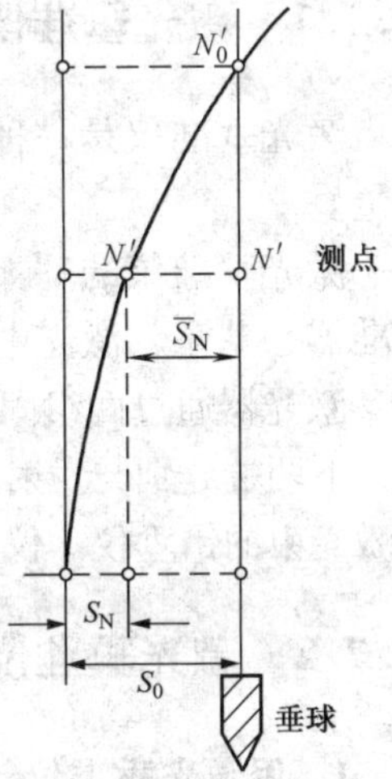

图 11－38 直立构件挠度观测

2. 裂缝观测

当基础挠度过大时，建筑物就会出现剪切破坏而产生裂缝。建筑物出现裂缝时，除了要增加沉降观测的次数外，还应立即进行裂缝观测，以掌握裂缝发展趋势。同时，要根据沉降观测、倾斜观测和裂缝观测的数据资料，研究和查明变形的特性及原因，用以判定该建筑物是否安全。

当建筑物多处发生裂缝时，应先对裂缝进行编号，然后分别观测裂缝的位置、走向、长度及宽度等。

对于混凝土建筑物上裂缝的位置、走向及长度的观测，应在裂缝的两端用红色油漆画线作标志，或在混凝土表面绘制方格坐标，用钢尺丈量。

根据裂缝分布情况，在裂缝观测时，应在有代表性的裂缝两侧各设置一个固定的观测标志，然后定期量取两标志的间距，即可得出裂缝变化的尺寸（长度、宽度和深度）。如图 11－39 所示，埋设的观测标志是用直径为 20mm，长约 80mm 的金属棒，埋入混凝土内 60mm，外露部分为标志点，其上各有一个保护盖。两标志点的距离不得少于 150mm，用游标卡尺定期测量两个标志点之间距离变化值，以此来掌握裂缝的发展情况。

墙面上的裂缝，可采取在裂缝两端设置石膏薄片，使其与裂缝两侧固联牢靠，当裂缝裂开或加大时石膏片也裂开，观测时可测定其裂口的大小和变化。还可以采用两铁片，平行固定在裂缝两侧，使一片搭在另一片上，保持密贴。其密贴部分涂红色油漆，露出部分涂白色油漆，如图 11－40 所示。这样即可定期测定两铁片错开的距离，以监视裂缝的变化。

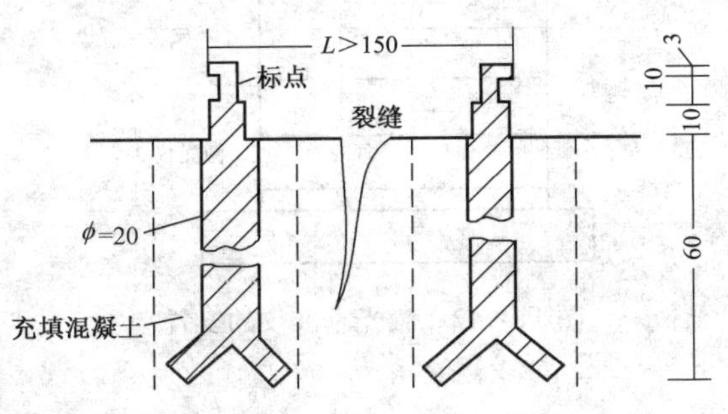

图 11－39 埋设标志测裂缝

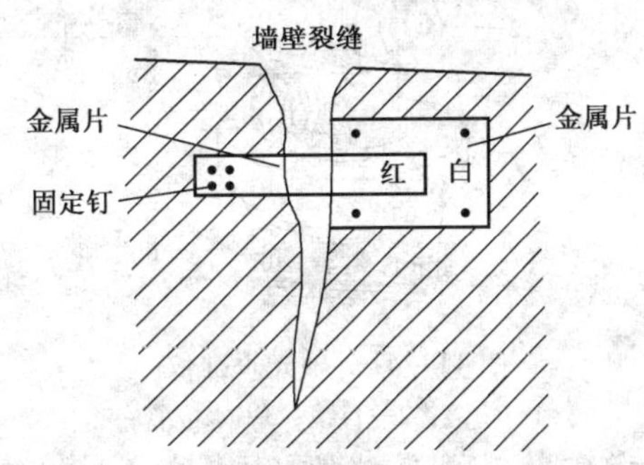

图 11－40 设置两金属片测裂缝

对于比较整齐的裂缝（如伸缩缝），则可用千分尺直接量取裂缝的变化。

11.7 激光垂准仪的应用

11.7.1 激光垂准仪的简介

激光垂准仪是一种专用的铅直定位仪器。适用于高层建筑物、烟囱及高塔架的铅直定位测量。

激光垂准仪的基本构造如图 11－41 所示，主要由氦氖激光管、精密竖轴、发射望远镜、水准器、基座、激光电源及接收屏等部分组成。

激光器通过两组固定螺钉固定在套筒内。激光垂准仪的竖轴是空心筒轴，两端有螺扣，上、下两端分别与发射望远镜和氦氖激光器套筒相连接，二者位置可对调，构成向上或向下发射激光束的铅垂仪。仪器上设置有两个互成 90°的管水准器，仪器配有专用激光电源。

11.7.2 激光垂准仪的应用

1. 用激光垂准仪铅直投点定位

图 11－42 为激光垂准仪进行轴线投测的示意图，其投测方法如下：

（1）在首层轴线控制点或预留标志上安置激光垂准仪，利用激光器底端（全反射棱镜端）所发射的激光束进行对中，通过调节基座整平螺旋，使管水准器气泡严格居中。

（2）在上层施工楼面预留孔处，放置接受靶。一般预留控制点应能够控制整个楼面放线，且不少于三个。

（3）接通激光电源，启辉激光器发射铅直激光束，通过发射望远镜调焦，使激光束会聚成红色耀目光斑，投射到接受靶上。

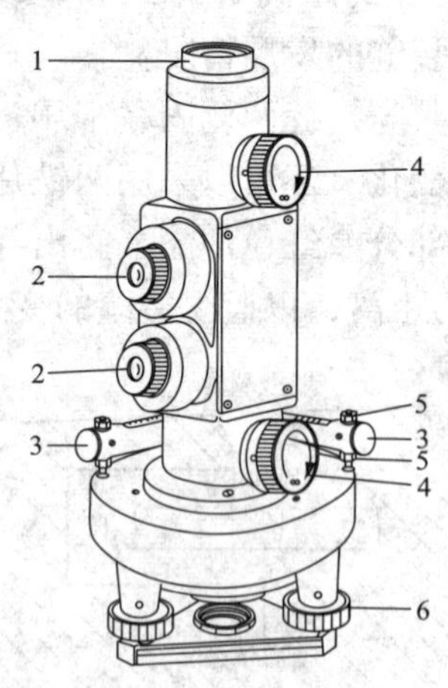

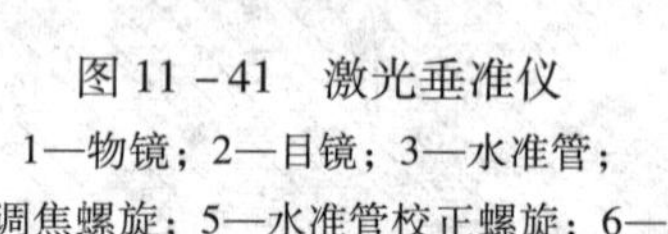
图 11－41 激光垂准仪

1—物镜；2—目镜；3—水准管；

4—物镜调焦螺旋；5—水准管校正螺旋；6—脚螺旋

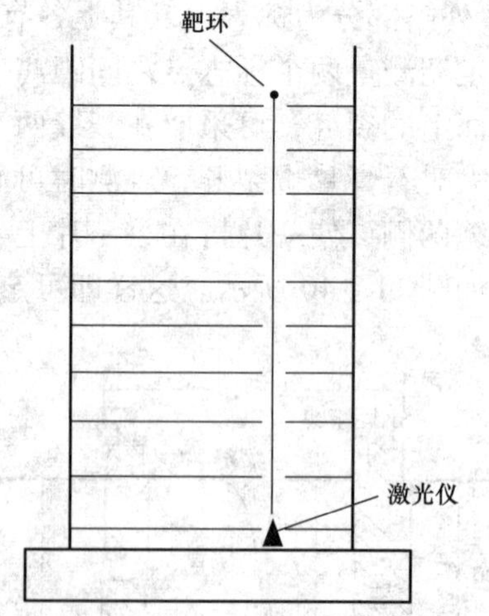

图 11－42 激光垂准仪的安置

（4）移动接受靶，使靶心与红色光斑重合，固定接受靶，并在预留孔四周作出标记，此时，靶心位置即为轴线控制点在该楼面上的投测点。为检校仪器的垂直误差，将仪器旋转360°，如光点在靶上移动一个圆，则仪器应进一步调平，直到光点始终指向一点为止。当靶环中心的投测点和垂准仪中心即地面控制点在同一条铅垂线上时，投测点即为该楼层定位放线的基准点。

（5）将各基准点投测完毕后，应检验各投测点间的距离、角度是否符合要求，然后根据基准点间连线即可进行该楼层的放样。

2. 激光垂准仪测量垂直度

激光垂准仪可代替经纬仪，用来测量柱子以及建筑物的垂直度。把两台垂准仪安置在柱的纵、横轴线上，对中、整平后，分别瞄准基底座的标记，然后抬高望远镜，激光束的斑点即沿着柱中心垂线移动，施工人员可根据光点，判断柱子是否垂直，并进行校正。

11.8 竣工总平面图的编绘

11.8.1 竣工测量

1. 编制竣工总平面图的目的

工业与民用建筑工程是根据设计总平面图施工的。在施工过程中，由于种种原因，使建（构）筑物竣工后的位置与原设计位置不完全一致，所以，需要编绘竣工总平面图。

编制竣工总平面图的目的一是为了全面反映竣工后的现状，二是为以后建（构）筑物的管理、维修、扩建、改建及事故处理提供依据，三是为工程验收提供依据。

竣工总平面图的编绘包括竣工测量和资料编绘两方面内容。

2. 竣工测量

建（构）筑物竣工验收时进行的测量工作，称为竣工测量。

在每一个单项工程完成后，必须由施工单位进行竣工测量，并提出该工程的竣工测量成果，作为编绘竣工总平面图的依据。

（1）竣工测量的内容包括：

1）工业厂房及一般建筑。测定各房角坐标、几何尺寸，各种管线进出口的位置和高程，室内地坪及房角标高，并附注房屋结构层数、面积和竣工时间。

2）地下管线。测定检修井、转折点、起终点的坐标，井盖、井底、沟槽和管顶等的高程，附注管道及检修井的编号、名称、管径、管材、间距、坡度和流向。

3）架空管线。测定转折点、结点、交叉点和支点的坐标，支架间距、基础面标高等。

4）交通线路。测定线路起终点、转折点和交叉点的坐标，路面、人行道、绿化带界线等。

5）特种构筑物。测定沉淀池的外形和四角坐标、圆形构筑物的中心坐标，基础面标高，构筑物的高度或深度等。

（2）竣工测量的方法与特点：

1）图根控制点的密度。一般竣工测量图根控制点的密度，要大于地形测量图根控制点的密度。

2）碎部点的实测。地形测量一般采用视距测量的方法，测定碎部点的平面位置和高程；而竣工测量一般采用经纬仪测角、钢尺量距的极坐标法测定碎部点的平面位置，采用水准仪或经纬仪视线水平测定碎部点的高程；也可用全站仪进行测绘。

3）测量精度。竣工测量的测量精度，要高于地形测量的测量精度。地形测量的测量精度要求满足图解精度，而竣工测量的测量精度一般要满足解析精度，应精确至厘米。

4）测绘内容。竣工测量的内容比地形测量的内容更丰富。竣工测量不仅测地面的地物和地貌，还要测底下各种隐蔽工程，如上、下水及热力管线等。

11.8.2 竣工总平面图的编绘

1. 编绘竣工总平面图的依据

（1）设计总平面图，单位工程平面图，纵、横断面图，施工图及施工说明。

（2）施工放样成果，施工检查成果及竣工测量成果。

（3）更改设计的图纸、数据、资料（包括设计变更通知单）。

2. 竣工总平面图的编绘方法

（1）在图纸上绘制坐标方格网。绘制坐标方格网的方法、精度要求，与地形测量绘制坐标方格网的方法、精度要求相同。

（2）展绘控制点。坐标方格网画好后，将施工控制点按坐标值展绘在图纸上。展点对所临近的方格而言，其容许误差为 ±0.3mm。

（3）展绘设计总平面图。根据坐标方格网，将设计总平面图的图面内容，按其设计坐标，用铅笔展绘于图纸上，作为底图。

（4）展绘竣工总平面图。对凡按设计坐标进行定位的工程，应以测量定位资料为依据，按设计坐标（或相对尺寸）和标高展绘。对原设计进行变更的工程，应根据设计变更资料展绘。对凡有竣工测量资料的工程，若竣工测量成果与设计值之比差，不超过所规定的定位容许误差时，按设计值展绘；否则，按竣工测量资料展绘。

3. 竣工总平面图的整饰

（1）竣工总平面图的符号应与原设计图的符号一致。有关地形图的图例应使用国家地形图图示符号。

（2）对于厂房应使用黑色墨线，绘出该工程的竣工位置，并应在图上注明工程名称、坐标、高程及有关说明。

（3）对于各种地上、地下管线，应用各种不同颜色的墨线，绘出其中心位置，并应在图上注明转折点及井位的坐标、高程及有关说明。

（4）对于没有进行设计变更的工程，用墨线绘出的竣工位置，与按设计原图用铅笔绘出的设计位置应重合，但其坐标及高程数据与设计值比较可能稍有出入。

随着工程的进展，逐渐在底图上，将铅笔线绘成墨线。

4. 实测竣工总平面图

对于直接在现场指定位置进行施工的工程、以固定地物定位施工的工程及多次变更设计而无法查对的工程等，只好进行现场实测，这样测绘出的竣工总平面图，称为实测竣工总平面图。

第 12 章

道路与桥梁工程测量

12.1 概述

道路工程中各阶段所进行的测量工作称为道路工程测量。道路工程测量在勘测设计阶段是为道路工程提供充分、详细的地形资料；在施工阶段是将道路中线及其构筑物按设计要求的位置和高程准确测设于地面，并进行线路断面图测绘；在运营管理阶段，是观测道路的运营状态，并为道路上各种构筑物的养护、维修、改扩建提供资料。

道路工程勘测前应收集和了解以下资料，研究工程可行性，拟定路线方案，并进行比较初步选定。

（1）各种比例尺地形图、功航测像片，国家及有关部门设置的控制点等资料。

（2）沿线的地理、地质、水文、气象等资料。

（3）沿线的地物覆盖情况及规划设计资料。

桥梁是道路重要的组成部分，桥梁工程测量主要内容包括桥位勘测和桥梁施工测量。桥位勘测是根据勘测资料选出最优的桥址方案，做出经济合理的设计。对中小桥梁其桥址往往服从于路线走向的需要，对于大型或特大型桥梁，路线位置要服从于桥梁位置。施工测量就是要根据设计图纸在现场和施工过程中，为保证施工质量而进行的各部分平面位置和高程的测量工作。

12.2 初测阶段的测量工作

道路初测阶段的测量工作有选线、导线测量、水准测量、带状地形图测绘。

12.2.1 选线

选线工作是根据线路方案、已有资料及实地情况进行线路布设，选定点位并打桩插旗。选点插旗工作小组称为大旗组。

选点插旗是一项十分重要的工作，一般应在纸上标出大旗点的位置和标高，标出道路走向和大概位置，并记录沿线的特征，为导线测量及各专业调查指出行进方向。当发现有大旗位置不当或某段线路可改善时，应及时改插和补插。

12.2.2 导线测量

导线是测绘道路带状地形图和定线、放线的基础，导线应全线贯通。导线点的布设应符合以下要求：

（1）导线点尽量接近路线的位置，在桥、涵附近及地质不良地段及越岭垭口处，应设置导线点。

（2）导线点应选在视野开阔，便于施测的地方。

（3）导线点应选在地层稳固，便于保存的地方。

（4）导线点间的距离应尽量均匀、相等，范围在 50～400m 为宜。

导线点布设一般是沿着大旗的方向采用附合导线的形式。外业工作有水平角测量、边长测量和线路联测与检查。

水平角测量应使用不低于 DJ_6 型经纬仪或精度相同的全站仪观测一个测回。技术要求按《工程测量规范》（GB 50026—2007）进行。

边长测量按距离测量的方法进行，现在通常采用光电测距，技术要求见《工程测量规范》。在边长测量过程中，在每整百米处设置百米桩，在地形变化、地物交叉或大型地物所在处设置加桩，标明里程和桩号。

由于导线延伸很长，为了检核导线的精度并统一坐标，导线点必须与国家平面控制点或 GPS 点进行联测。一般要求不远于 30km 处联测一次。当联测有困难时，应进行真北观测，以限制角度测量误差的累积。

当前，在铁路和公路平面控制测量中，初测导线越来越多的使用 GPS 和全站仪配合施测。从起点开始沿道路方向直至终点，每隔 5km 左右布设 GPS 点（每对 GPS 点间距三四百米），在 GPS 点间加密导线点，用全站仪测量相邻导线点间的边长和角度，之后使用软件进行导线精度校核及成果计算，获得各导线点的坐标。在 GPS 点间的导线点，也可使用 RTK 施测。

12.2.3 水准测量

道路水准测量的任务有基平测量和中平测量。

1. 基平测量

基平测量是沿线布设水准点，一般 2km 设置一个，遇大型工程或地形复杂的特殊地段加设水准点，水准点应埋设在地质稳定，便于长久保存的地方，构成道路的高程控制网。利用高等级已知水准点与各水准点构成附合路线，测定各水准点高程，附合路线长度不超过 30km。

采用水准测量时，以往返观测或两组并测的方式进行；采用光电测距三角高程测量时，可与平面导线测量合并进行，导线点应作为高程转点，高程转点之间及转点与水准点之间的距离和竖直角必须往返观测。限差不超过表 12－1 中的要求。

2. 中平测量

以导线点或里程桩与基平水准点构成附合水准路线，测定导线点和里程桩的高程，为地形测绘和专业调查使用。中平测量通常采用单程水准测量或光电测距三角高程测量方法进行。限差见表 12－1。

表 12-1　初测线路高程测量限差　（单位：mm）

项目		往返测高差不符值	附合路线闭合差	检测
水准点	水准测量	$30\sqrt{K}$	$30\sqrt{L}$	$30\sqrt{K}$
	光电测距三角高程测量	$60\sqrt{D}$	$30\sqrt{L}$	$30\sqrt{D}$
导线点或里程桩	水准测量		$50\sqrt{L}$	100
	光电测距三角高程测量		$50\sqrt{L}$	100

注：K 为相邻水准点间长度；L 为附合水准路线长度；D 为光电测距边的长度；K、L、D 均以 km 为单位。

12.2.4　带状地形图测绘

道路的平面和高程控制建立之后，即可进行带状地形图测绘。测图常用比例尺有 1:1000、1:2000、1:5000，应根据实际需要选用。测图宽度应满足设计的需要，一般情况下，平坦地区为导线两侧各 200～300m，丘陵地区为导线两侧各 150～200m。测图方法可采用全站仪数字化测图、经纬仪与半圆仪联合测图等。

12.3　定测阶段的测量工作

道路定测阶段的测量工作有定线测量、中线测量和道路纵、横断面测绘。

12.3.1　定线测量

定线测量是将初测量阶段地形图上设计的线路，在实地中标示出来。常用的方法有穿线放线法、拨角定线法和全站仪测设道路中线。

1. 穿线放线法

穿线放线法也叫支距定线法。其基本原理是根据初测导线和初步设计的线路中的相对位置，图解或解析出放样的数据，然后将纸上的线路中心测设到实地。

（1）定支距。如图 12-1 所示，C_{47}，C_{48}，…，C_{52} 为初测导线点，JD_{14}，JD_{15}，JD_{16} 为设计线路中心的交点。所谓支距，就是从各导线点作垂直于导线边的直线，交线路中心线于 47，48，…，52 等点，这一段垂线长度称为支距，如 d_{47}，d_{48}，…，d_{52} 等。然后以相应的比例尺在图上量（或利用坐标反算）出各支距长度，便得到放样数据。

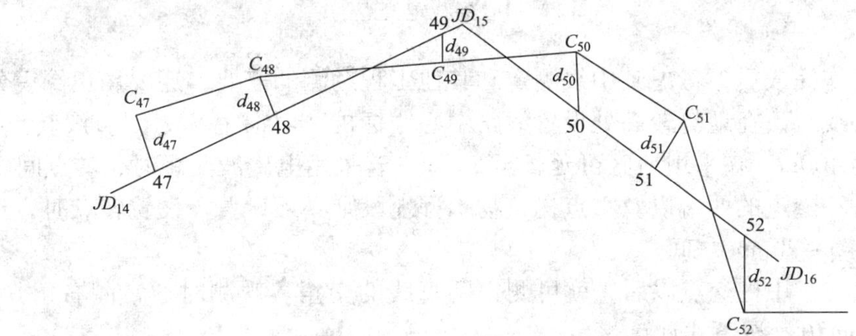

图 12-1　穿线放线法支距

(2) 放支距。将经纬仪安置在相应的导线上，例如导线点 C_{47} 上，以导线点 C_{48} 定线，拨直角，在视线方向上量取该点上的支距长度 d_{47}，定出线路中心线上的 47 号点，同法放出 48，49…各点。为了检查放样工作，每一条直线边上至少放样三个点。

(3) 穿线。由于原测导线、定支距和放样误差影响，同一条直线段上的各点放样出来以后，一般不在同一条直线上。必须将它们调整到同一直线上，这项工作为穿线。如图 12－2 所示 47′，48′，49′为支距法放样出的中心线标点，穿线时可以选择大致位于中间位置的 48′点（或任一较高的点上）设置经纬仪或全站仪，以 47′定向，两次倒镜后，均发现 49′点偏出视线方向，这时可将经纬仪或全站仪向 49′点偏出视线方向移动一段距离，如 48 点，调整视线方向，使三个点分别位于视线的两侧，且距视线的距离大致相等。满足要求后将 47′，48′和 49′点移至视线方向上来，如图中的 47、48 和 49 的位置。

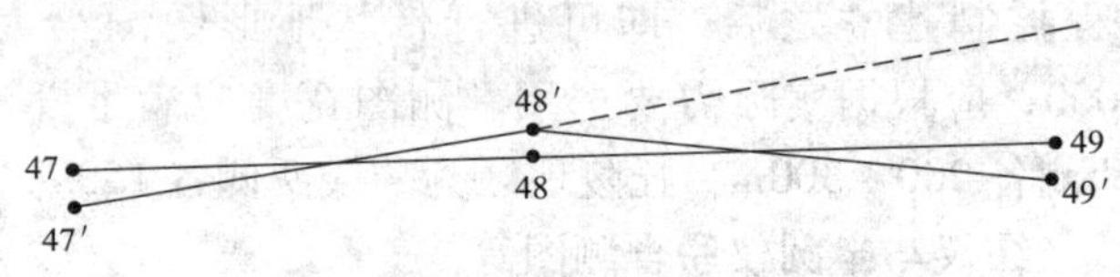

图 12－2　穿线调整

(4) 定交点。当相邻两条直线在实地放出后，定出线路中心的交点。交点是线路中线的重要控制点，是放样曲线主点和推算各点里程的依据。

如图 12－3 所示，测设交点时，可先在 49 号点上安置经纬仪或全站仪，以 48 号点定向，用正倒分中的办法，在 48—49 直线上设立两个木桩 a 和 b，使 a，b 分别位于 51—50 延长线的两侧，称为骑马桩，钉上小钉，并在其间拉一细线。然后安置仪器与 50 号点，延长 51—50 直线，在仪器视线与骑马桩间的细线相交处钉交点桩。钉上小钉，表示点位。同时在桩的顶面用红油漆写明交点号数。为了寻找点位及标记里程方便，在曲线外侧，距交点桩的 30cm 处，钉一标志桩，面向交点桩的一面应写明交点及定测的里程。

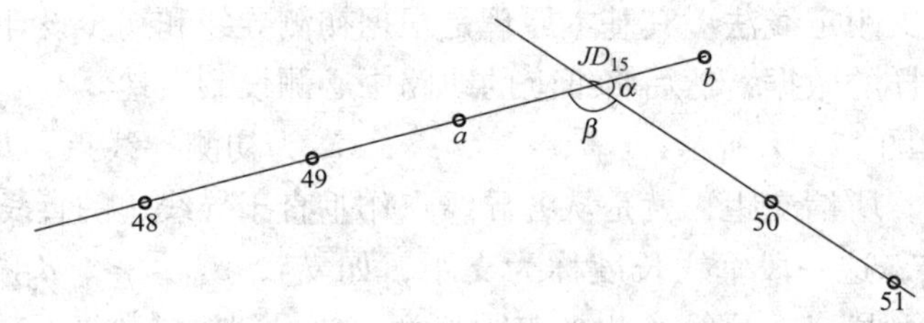

图 12－3　穿线定交点

穿线交点工作完成后，考虑到中线测定和其他工程勘测的需要，还要用正倒镜分中法在定测的线路中心线上，在地势较高处设置线路中心线标桩，习惯上称为“直线转点”。直线转点桩间距约为 400m，在平坦地区可延长至 500m。若采用电磁波测距时，转点间距离视需要而定。在大桥和隧道的两端以及重点构筑物工程地段则必须设置。设置转点时，正倒镜分中法定点较差在 5～20mm 之间。

(5) 测交角 β。中桩交点以后，就可测定两直线的交角。观测时通常测右角 $\beta_{右}$，如图 12－3 所示，转向角 α 按下式计算。

$$\alpha_{右} = 180° - \beta_{右} \qquad \beta_{右} < 180°$$

或 $\alpha_{左}=\beta_{右}-180^\circ \qquad \beta_{右}>180^\circ$

推算的 α 取至 10″，当 $\beta_{右}<180^\circ$，推算的偏角 α 为右转角，反之为左转角。

2. 拨角定线法

当初步设计的图纸比例尺较大，确定交点的坐标精确可靠时，或线路的平面设计为解析设计时，定线测量可采用拨角定线法。使用这种方法时，首先应在线路平面图上根据坐标量出线路交点的坐标，然后根据交点坐标，用坐标反算出相邻两交点的距离 L 和两相交直线段的夹角 β，如图 12－4 拨角放线时首先标定分段放线的起点 JD_{13}。这时可将经纬仪置于 C_{45} 点上，以 C_{46} 定向，拨 β_0 角，量取水平距离 L_0，即可放样 JD_{13}。然后迁仪器于 JD_{13}，以 C_{45} 点定方向，拨 β 角，量取 L_1 定交点 JD_{14}。同法放样其余各交点。

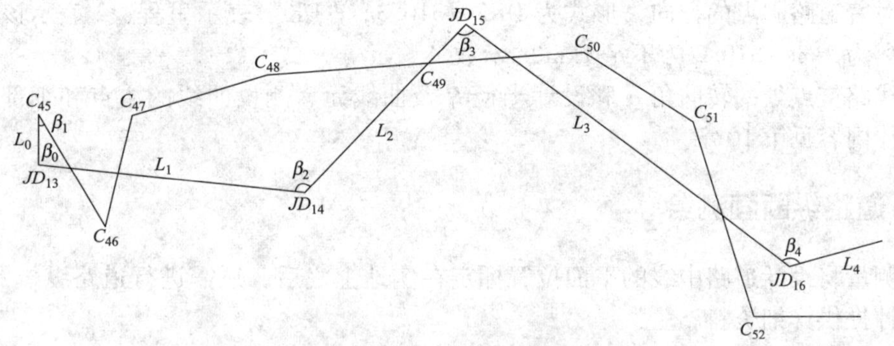

图 12－4 拨角放线法

为了减少拨角放线的误差积累，每隔 5km 应将放样的交点与初测导线点联测，求出交点的实际坐标（或设计坐标）进行比较，求得闭合差。如图 12－5 所示，C_{48}，C_{49} 为初测导线点，JD_{14}'和 JD_{15}'为拨角放线法已定出的线路交点，JD_{14}，JD_{15} 和 JD_{16} 为图上设计的交点位置，将 JD_{15}'与导线点 C_{49} 联测以后，即可求出方向和坐标闭合差。若坐标闭合差超过 ±1/2000，则应查明原因，改正放样的点位。若闭合差在允许的范围以内，对前面已经放样的点位常常不加改正，而是按联测所得 JD_{15}'点的实际坐标与 JD_{16} 的坐标推算后面的放样数据，继续测设。

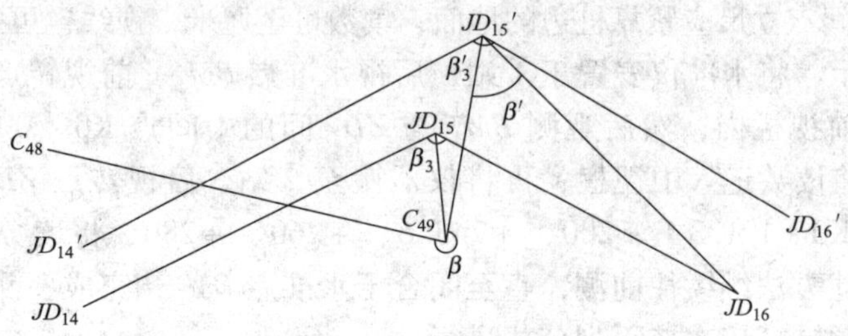

图 12－5 拨角放线法交点联测

3. 全站仪法

全站仪进行道路中线测设是利用极坐标法或全站仪的的坐标测量或坐标放样功能来实现的。交点桩及中线桩坐标一般是在测设时用计算程序计算的。

测设交点桩和中线桩时将全站仪置于导线点上，按交点桩和中线桩坐标进行测设。在中桩位置定出后，随即测出该桩的高程，这样纵断面测量中的中平测量就可以同时完成，大大简化了测量工作。

计算出交点、直线转点及中桩的测量坐标后，也可使用 RTK 施测。

12.3.2 中线测量

中线测量的任务是为了详细标出道路中线位置及里程，通常沿定测的路线中心线上丈量距离，每隔百米或整十米处钉设中桩，在地形明显变化以及与地物相交处、曲线主点等位置上设置加桩，加桩一般设在整分米处。整桩和加桩均称为中线桩，中线桩均应注明该桩的里程，字面对着道路起点的方向，形式为 DK2 +310.3，“DK”表示里程，2 表示该桩至路线起点的距离为 2km，310.2 为不足 1km 的米数。

根据线路交点处的转向角 α 和设计半径 R 及曲线元素测设曲线的主点和细部点，曲线测设的具体内容见第 10 章。

12.3.3 道路纵断面测绘

中线测量将设计道路中线的平面位置标定在实地上之后，还需进行道路纵横断面测绘，为施工设计提供详细资料。

1. 道路纵断面测量

道路纵断面测绘就是沿线进行测定各中线桩处高程，也分为基平测量和中平测量。定测阶段的基平测量尽量利用初测阶段的基平测量水准点，检核无误后，相邻两基平水准点与中线上里程桩构成附合路线，测定中线桩高程即中平测量。并绘制道路纵断面图，供道路纵向坡度、桥涵位置、隧道洞口位置等的设计之用。

中平测量可采用水准测量的方法或光电测距三角高程测量的方法。无论采用何种方法，均应起闭于基平水准点，构成附合路线，路线闭合差的限差为 $50\sqrt{L}$mm（L 为附合路线的长度，以 km 为单位）。施测时，在每一个测站上首先读取后、前两转点的尺上读数，再读取两转点间所有中间点的尺上读数。转点尺应立在尺垫、稳固的桩顶或坚石上，尺读数至毫米，视线长不应大于 150m；中间点立尺应紧靠桩边的地面，读数可至厘米，视线也可适当放长。

如图 12-6 所示，将水准仪安置于①站，后视水准点 BM_1，前视转点 ZD_1，将读数记入表 12-2 中后视、前视栏内，然后观测 BM_1 与 ZD_1 间的中间点 K0 +000、+050、+100、+123.6、+150，将读数记入中视栏；再将仪器搬至②站，后视转点 ZD_1、前视转点 ZD_2，然后观测各中间点 K0 +191.3、+200、+243.6、+260、+280，将读数分别记入后视、前视和中视栏；按上述方法继续往前测，直至闭合于水准点 BM_2，完成一测段的观测工作。

每一测站的各项计算依次按下列公式进行

视线高程 = 后视点高程 + 后视读数

转点高程 = 视线高程 - 前视读数

中桩高程 = 视线高程 - 中视读数

各站记录后，应立即计算出各点高程，每一测段记录后，应立即计算该段的高差闭合差。若高差闭合差超限，则应返工重测该测段；若 $f_h \leq f_{h容} = \pm 50\sqrt{L}$mm，施测精度符合要

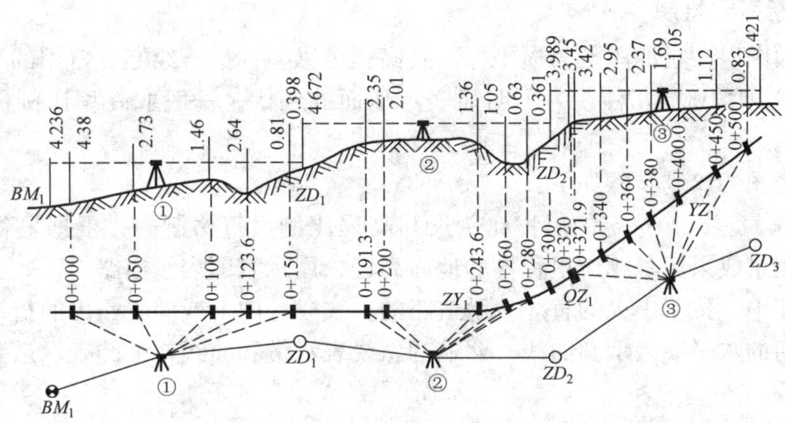

图 12－6 中平测量

求，则不需进行闭合差的调整，中桩高程仍采用原计算的各中桩点高程。一般中桩地面高程允许误差，对于铁路、高速公路、一级公路为 ±5cm，其他道路工程为 ±10cm。

表 12－2 道路纵断面水准（中平）测量记录

测站	测点	水准尺读数/m			视线高程	高程	备注
		后视	中视	前视			
Ⅰ	BM_1	4.236			330.174	325.938	BM_1 位于 K0＋000 桩右侧 50m 处
	K0＋000		4.38			325.79	
	＋050		2.73			327.44	
	＋100		1.46			328.71	
	＋123.6		2.64			327.53	
	＋150		0.81			329.36	
Ⅱ	ZD_1	4.672		0.398	334.448	329.776	
	＋191.3		2.35			332.10	
	＋200		2.01			332.44	
	＋243.6		1.36			333.09	ZY_1
	＋260		1.05			333.40	
	＋280		0.63			333.82	
Ⅲ	ZD_2（＋300）	3.989		0.361	338.076	334.087	
	＋320		3.45			334.63	
	＋321.9		3.42			334.66	QZ_1
	＋340		2.95			335.13	
	＋360		2.37			335.71	
	＋380		1.69			336.39	
	＋400.0		1.05			337.03	YZ_1
	＋450		1.12			336.96	
	＋500		0.83			337.25	
	ZD_3			0.421		337.655	

2. 道路纵断面图绘制

道路纵断面图以中桩的里程为横坐标、其高程为纵坐标进行绘制。常用的里程比例尺有1∶5000，1∶2000，1∶1000几种，为了明显表示地面的起伏，一般取高程比例尺为里程比例尺的10～20倍。

道路纵断面图的绘制步骤如下：

（1）打格制表。按照选定的里程比例尺和高程比例尺打格制表，根据里程按比例标注桩号，按中平测量成果填写相应里程桩的地面高程，用示意图表示道路平面。

在道路平面中，位于中央的直线表示道路的直线段，向上或向下凸出的折线表示道路的曲线，折线中间的水平线表示圆曲线，两端的斜线表示缓和曲线，上凸表示道路右转，下凸表示路线左转。

（2）绘地面线。首先选定纵坐标的起始高程，使绘出的地面线位于图上适当位置。为便于绘图和阅图，通常是以整米数的高程标注在高程标尺上。然后根据中桩的里程和高程，在图上依次点出各中桩的地面位置，再用直线将相邻点连接就得到地面线。

根据表12－2中数据所绘制的纵断面图，如图12－7所示。

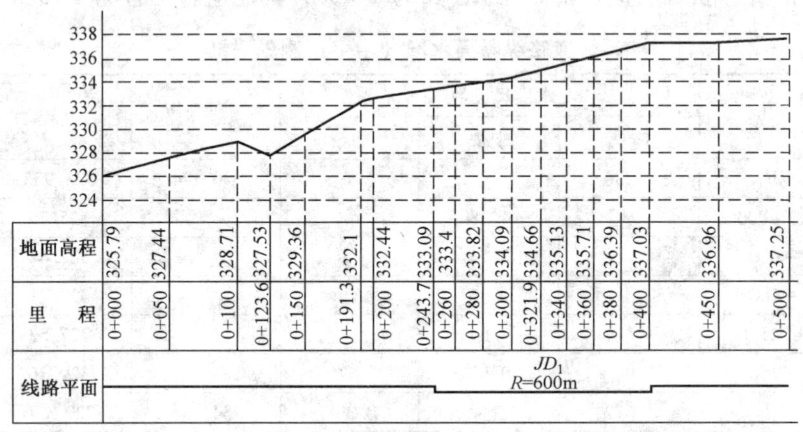

图12－7 道路纵断面图

12.3.4 道路横断面测绘

道路横断面测绘，就是测定中线各里程桩两侧一定范围的地面起伏形状并绘制横断面图，供路基等工程设计、计算土石方数量以及边坡放样之用。

横断面的方向，在直线段是中线的垂直方向，在曲线段是道路切线的垂线方向。

1. 横断面测量

根据使用仪器工具的不同，横断面测量可采用水准仪皮尺法、经纬仪视距法、全站仪法等。

（1）水准仪皮尺法。此法适用于地势平坦且通视良好的地区。使用水准仪施测时，以中桩为后视，以横断面方向上各变坡点为前视，测得各变坡点与中桩间高差，水准尺读数至厘米，用皮尺分别量取各变坡点至中桩的水平距离，量至分米位即可。在地形条件许可时，安置一次仪器可测绘多个横断面，如图 12－8 所示。记录见表 12－3，表中按道路前进方向分左、右侧记录，分式的分子表示高差，分母表示水平距离。

表 12－3　横断面测量记录

左侧	中桩号	右侧
$\frac{+2.1}{12.0}$ $\frac{-1.9}{8.7}$ $\frac{+2.6}{18.5}$	K5＋568	$\frac{-1.4}{14.5}$ $\frac{+1.8}{10.5}$ $\frac{-1.4}{16.0}$

（2）经纬仪法。此法适用于地形起伏较大、不便于丈量距离的地段。将经纬仪安置在中桩上，用视距法测出横断面方向各变坡点至中桩的水平距离和高差。

横断面测量还可以利用全站仪测定横断面上变坡点与中线桩间的距离及高差。

2. 横断面图的绘制

横断面图的水平比例尺和高程比例尺相同，一般采用 1∶200 或 1∶100。绘图时，先将中桩位置标出，然后分左、右两侧，依比例按照相应的水平距离和高差，逐一将变坡点标在图上，再用直线连接相邻各点，即得横断面地面线。如图 12－9 所示为某中桩处横断面图。

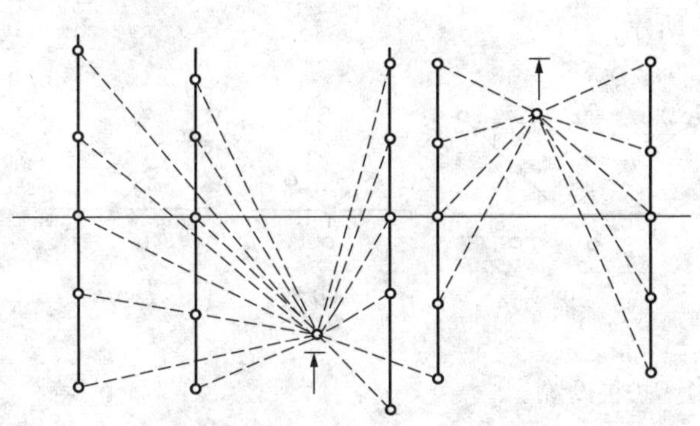

图 12－8　水准仪皮尺法测横断面

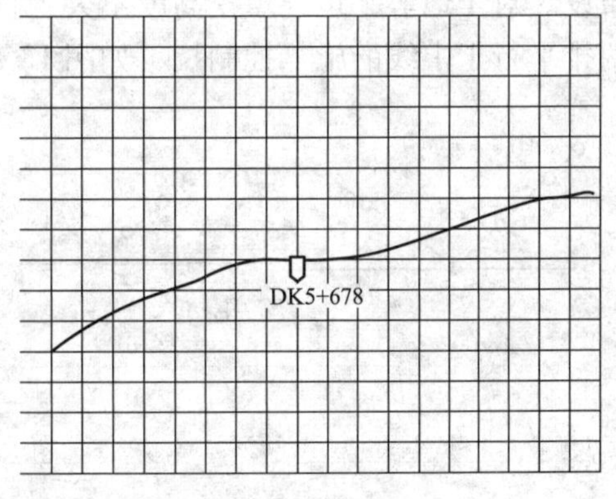

图 12－9　横断面图

3. 土方量计算

土方量计算包括填、挖土方量的总和。计算方法是：以相邻两个横断面之间为计算单位，即分别求出相邻两个横断面上路基的面积和两横断面之间的距离来求土方量。

图 12－10 中，A_1 和 A_2 为相邻的横断面上路基的面积，L 为 A_1 和 A_2 之间的距离，则两横断面间的土方量可近似地计算为

$$V=\frac{1}{2}(A_1+A_2)L \qquad (12-1)$$

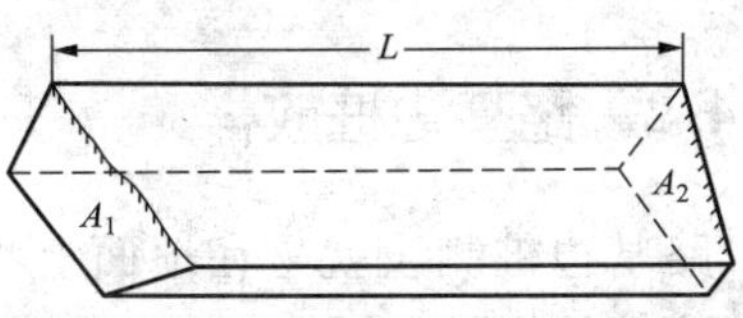

图 12－10　土方量计算

式中 A_1 和 A_2 可在路基横断面设计图上用求积仪或解析法求得。L 可据里程桩求得。

12.4 道路施工测量

道路施工测量是按设计要求和施工进度，及时测设作为施工依据的各种桩点。其主要内容包括：道路中线复测、路基放样、路面放样等。

12.4.1 道路中线复测

道路定测以后经常要经过一段时间才施工，定测时的某些桩点难免丢失或移动，因此在道路施工开始之前，应检查、恢复全线的控制桩和中线桩。施工复测的工作内容、方法、精度要求与定测的基本相同。经过复测，凡是与原来的成果或点位的差异，在允许的范围时，应以原有的成果为准。当复测与定测成果不符值超出容许范围时，应多方寻找原因，如确属定测资料错误或桩点发生移动，方可改动定测成果，且改动尽可能限制在局部的范围内。

施工复测后，中线控制桩必须保持正确位置，以便在施工中经常用来恢复中线。因此，复测过程中还应对道路各主要桩（如交点、直线转点、曲线控制点等）在工程施工范围之外设置护桩。护桩一般设置两组，连接护桩的直线宜正交，困难时交角不宜小于60″，每组护桩不得少于3个。根据中线控制桩周围的地形条件等，护桩按图12－11所示的形式进行布设。对于地势平坦、填挖高度不大、直线段较长的地段，可在中线两侧一定距离处，测设两排平行于中线的施工控制拉，如图12－12所示。

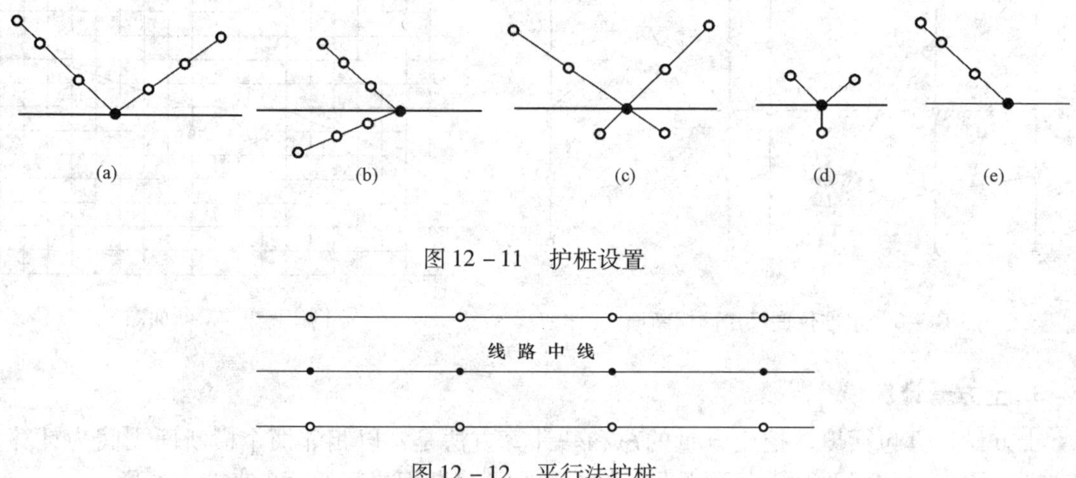

图12－11 护桩设置

图12－12 平行法护桩

12.4.2 路基边桩放样

路基边桩测设就是在地面上将每一个横断面的路基边坡线与地面的交点用木桩标定出来。边桩的位置由两侧边桩至中桩的距离来确定。边桩测设的方法很多，常用的有图解法和解析法。

1. 图解法

在地势比较平坦的地段，如果横断面测绘精度较高，可以在路基横断面设计图上直接量取中桩到边桩的水平距离，然后到实地在横断面方向用皮尺量距进行边桩放样。

2. 解析法

（1）平坦地段路基边桩的测设。填方路基称为路堤，挖方路基称为路堑，如图 12－13 所示。

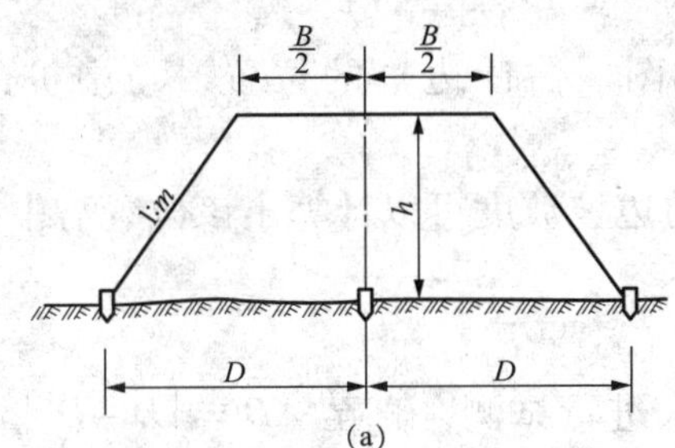

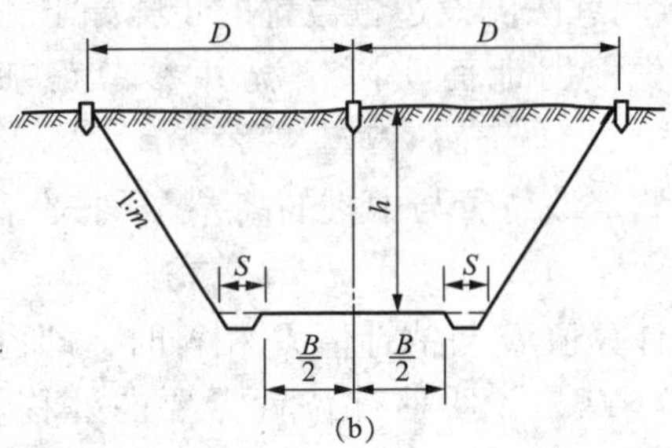

图 12－13　路堤、路堑

（a）路堤；（b）路堑

路堤边桩至中桩的距离为　$D=B/2+mh$　(12－2)

路堑边桩至中桩的距离为　$D=B/2+S+mh$　(12－3)

式中　B——路基设计宽度；

S——路堑边沟顶宽；

$1:m$——路基边坡坡度；

h——填土高度或挖土深度。

以上是横断面位于直线段时求算 D 值的方法。若横断面位于曲线上有加宽时，在按上面公式求出 D 值后，在曲线内侧的 D 值中还应加上加宽值。

（2）倾斜地段路基边桩的测设。在倾斜地段，边桩至中桩的距离随着地面坡度的变化而变化。

如图 12－14 所示，路堤边桩至中桩的距离为

$$\left.\begin{aligned}&\text{斜坡上侧}\quad D_{上}=B/2+m(h_{中}-h_{上})\\&\text{斜坡下侧}\quad D_{下}=B/2+m(h_{中}+h_{下})\end{aligned}\right\}\qquad(12-4)$$

如图 12－15 所示，路堑边桩至中桩的距离为

$$\left.\begin{aligned}&\text{斜坡上侧}\quad D_{上}=B/2+S+m(h_{中}+h_{上})\\&\text{斜坡下侧}\quad D_{下}=B/2+S+m(h_{中}-h_{下})\end{aligned}\right\}\qquad(12-5)$$

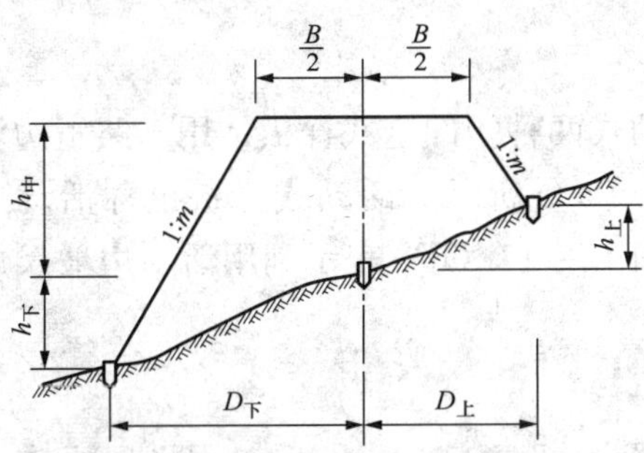

图 12－14　斜坡地段路堤边桩测设

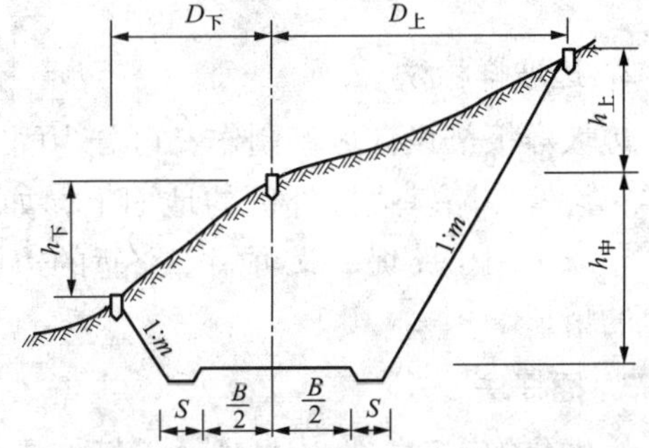

图 12－15　斜坡地段路堑边桩测设

式中 B、S、m、$h_{中}$（中桩处的填挖高度）为已知；$h_{上}$、$h_{下}$ 为斜坡上、下侧边桩与中桩的高差，在边桩未定出之前为未知数。由于 $h_{上}$、$h_{下}$ 未知，不能计算出边桩至中桩的距离值，因此在实际工作中采用逐点趋近法测设边桩。

逐点趋近法测设边桩位置的步骤如下：

1）先根据地面实际情况并参考路基横断面图，估计边桩的位置，与中桩的距离为 D'。

2）测定该位置与中桩的高差 h，按此高差 h 与边坡坡度可以计算出该位置与中桩的距离 D。

3）计算值 D 与估计值 D' 相符时，即得边桩位置。

若 $D>D'$，说明估计位置需要向外移动，再次进行试测，直至 $\Delta D=|D-D'|<0.1\text{m}$ 时，可认为该估计位置即为边桩的位置。逐点趋近法测设边桩，需要在现场边测边算，有经验后试测一两次即可确定边桩位置。

12.4.3 路基边坡的测设

边桩测设后，为保证路基边坡施工按设计坡率进行，还应将设计边坡在实地上标定出来。

1. 挂线法

如图 12－16（a）所示，O 为中桩，A，B 为边桩，CD 为路基宽度。测设时，在 C，D 两点竖立标杆，在其上等于中桩填土高度处作 C'，D' 标记，用绳索连接 A，C'，D'，B，即得出设计边坡线。当挂线标杆高度不够时，可采用分层挂线法施工，如图 12－16（b）所示。此法适用于放样路堤边坡。

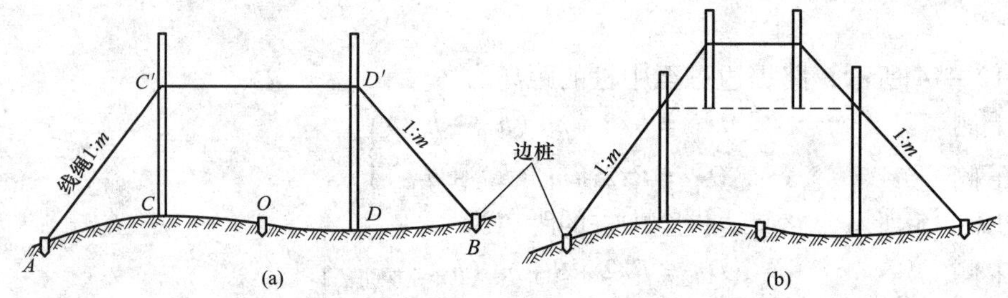

图 12－16 挂线法测设边桩

2. 边坡样板法

边坡样板按设计坡率制作，可分为固定式和活动式两种。固定式样板常用于路堑边坡的放样，设置在路基边桩外侧的地面上，如图 12－17（a）所示。活动式样板也称活动边坡尺，它既可用于路堤、又可用于路堑的边坡放样，图 12－17（b）表示利用活动边坡尺放样路堤的情形。

3. 插杆法

机械化施工时，在边桩外插上标杆表明坡脚位置，每填筑 2～3m 后，用平地机或人工修整边坡，使其达到设计坡度。

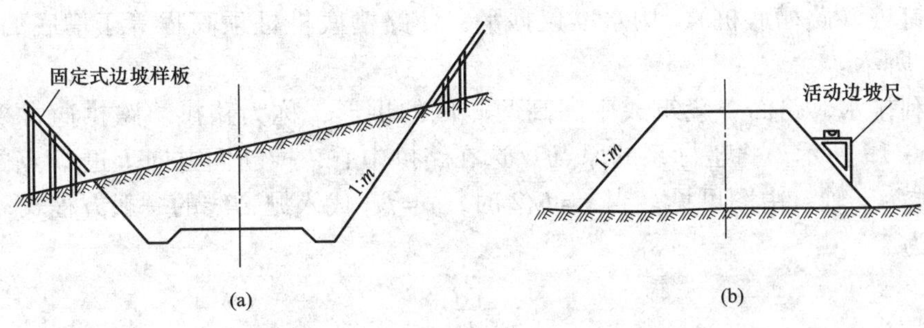

图 12－17　边坡样板法测设边坡

12.4.4　路基高程的测设

根据道路附近的水准点，在已恢复的中线桩上，用水准测量的方法求出中桩的高程，在中桩和路肩边上竖立标杆，杆上画出标记并注明填挖尺寸，在填挖接近路基设计高时，再用水准仪精确标出最后应达到的标高。

机械化施工时，可利用激光扫平仪来指示填挖高度。

12.4.5　路基竣工测量

路基土石方工程完成后应进行竣工测量。竣工测量的主要任务是最后确定道路中线的位置，同时检查路基施工是否符合设计要求，其主要内容有：中线测设、高程测量和横断面测量。

1. 中线测设

首先根据护桩恢复中线控制桩并进行固桩，然后进行中线贯通测量。在有桥涵、隧道的地段，应从桥隧的中线向两端贯通。贯通测量后的中线位置，应符合路基宽度和建筑限界的要求。中线里程应全线贯通，消灭断链。直线段每 50m、曲线段每 20m 测设一桩，还要在平交道中心、变坡点、桥涵中心等处以及铁路的道岔中心测设加桩。

2. 高程测量

全线水准点高程应该贯通，消灭断高。中桩高程测量按复测方法进行。路基面实测高程与设计值相差应不大于 5cm，超过时应对路基面进行修整，使之符合要求。

3. 横断面测量

主要检查路基宽度、边坡、侧沟、路基加固和防护工程等是否符合设计要求。横向尺寸误差均不应超过 5cm。

12.4.6　路面放样

公路路基施工之后，要进行路面的施工。公路路面放样是为开挖路槽和铺筑路面提供测量保障。

在道路中线上每隔 10m 设立高程桩，由高程桩起沿横断面方向各量出路槽宽度一半的长度 $b/2$，钉出路槽边桩，在每个高程桩和路槽边桩上测设出铺筑路面的标高，在路槽边桩和高程桩旁钉桩（路槽底桩），用水准仪抄平，使路槽底桩桩顶高程等于槽底的设计标高，如图 12－18 所示。

为了顺利排水，路面一般筑成中间高两侧低的拱形，称为路拱。路拱通常采用抛物线型，如图 12－19 所示。将坐标系的原点 O 选在路拱中心，横断面方向上过 O 点的水平线为 x 轴、铅垂线为 y 轴，由图可见，当 $x=b/2$ 时，$y=f$，代入抛物线的一般方程式 $x^2=2py$ 中，可解出 y 值为

$$y=\frac{4f}{b^2}x^2 \tag{12-6}$$

式中 b——铺装路面的宽度；

f——路拱的高度；

x——横距，代表路面上点与中桩的距离；

y——纵距，代表路面上点与中桩的高差。

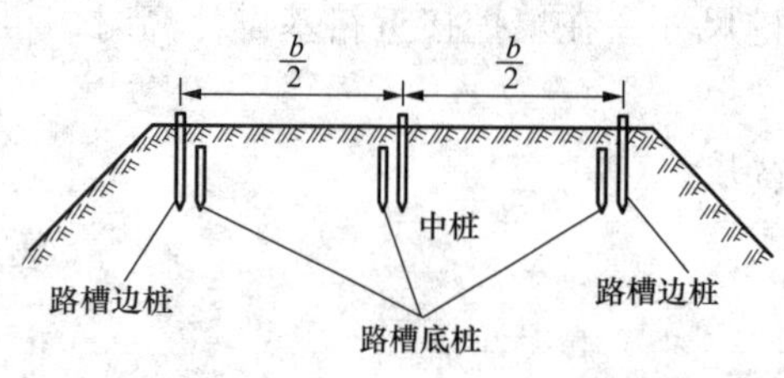

图 12－18 路槽放样

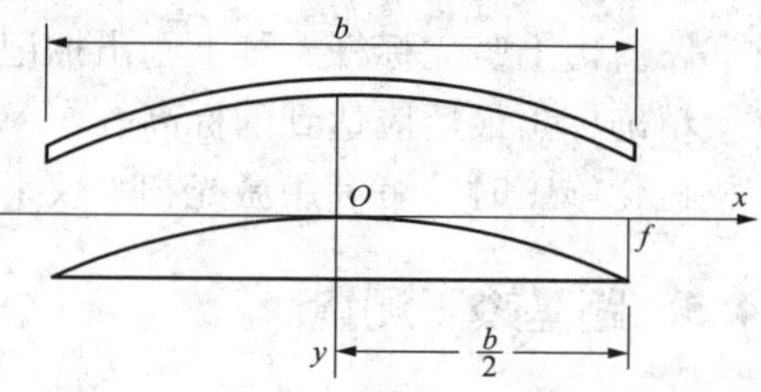

图 12－19 路拱放样

在路面施工时，量得路面上点与中桩的距离按上式求出其高差，据以控制路面施工的高程。公路路面的放样，一般预先制成路拱样板，在放样过程中随时检查。铺筑路面高程放样的容许误差，碎石路面为 ±1cm，混凝土和沥青路面为 3mm，操作时应认真细致。

12.5 桥梁施工测量

桥梁按其轴线长度一般分为特大型桥（>500m）、大型桥（100～500m）、中型桥（30～100m）和小型桥（<30m）4 类，按平面形状可分为直线桥和曲线桥，按结构形式又可分为简支梁桥、连续梁桥、拱桥、斜拉桥、悬索桥等。随着桥梁的长度、类型、施工方法以及地形复杂情况等因素的不同，桥梁施工测量的内容和方法也有所不同，概括起来主要有：桥梁施工控制测量、墩台定位及轴线测设、墩台细部放样等。

12.5.1 桥位控制测量

桥位控制测量的目的，就是要保证桥梁轴线（即桥梁的中心线）、墩台位置在平面和高程位置上符合设计要求而建立的平面控制和高程控制。

1. 平面控制

桥位平面控制一般是采用三角网中的测边网或边角网的平面控制形式，如图 12－20 所示，AB 为桥梁轴线，双实线为控制网基线。图 12－20（a）和图 12－20（b）分别为双三角形和大地四边形，用于长度不足 200m 的桥梁控制。图 12－20（c）为双大地四边形，用

于长度超过 200m 的桥梁控制，或者用三角锁。各网根据测边、测角，按边角网或测边网进行平差计算，最后求出各控制网点的坐标，作为桥梁轴线及桥台、桥墩施工测量的依据。

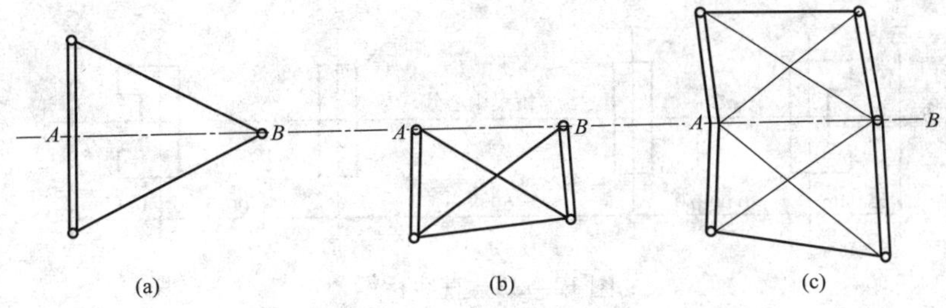

图 12－20　桥位平面控制网

2. 高程控制

桥位高程控制一般是在道路勘测中的基平测量时已经建立。桥梁施工前，一般还应根据现场工作情况增加施工水准点。在桥位施工场地附近的所有水准点应组成一个水准网，以便定期检测，及时发现问题。高程控制应采用国家高程基准。

跨河水准测量必须按照《国家水准测量规范》，采用精密水准测量方法进行观测。如图 12－21 所示，在河的两岸各设测站点及观测点各一个，两岸对应观测距离尽量相等。测站应选在视野开阔处，两岸仪器的水平视线距水面的高度应相等，且视线距水面高度不应小于 2m。

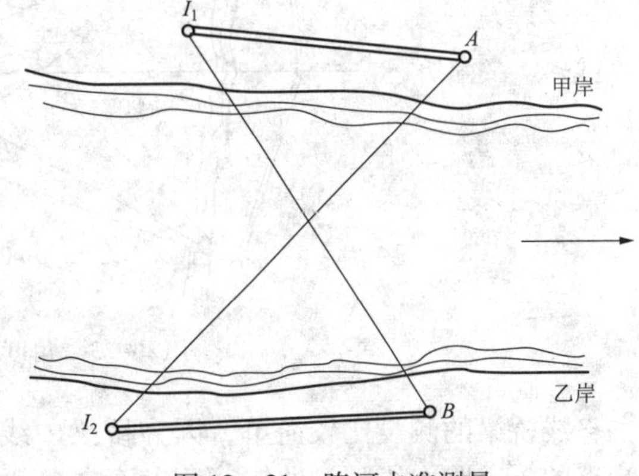

图 12－21　跨河水准测量

水准观测：在甲岸，仪器安置在 I_1，观测 A 点，读数为 a_1，观测对岸 B 点，读数为 b_1，则高差 $h_1 = a_1 - b_1$。搬仪器至乙岸，注意搬站时望远镜对光不变，两水准尺对调。仪器安置在 I_2，先观测对岸 A 点，读数为 a_2，再观测 B 点读数为 b_2，则

$$h_2 = a_2 - b_2$$

四等跨河水准测量规定，两次高差不符值应≤±16mm。在此限量以内，取两次高差平均值为最后结果，否则应重新观测。

12.5.2　桥梁墩台中心的测设

桥梁墩台中心的测设即桥梁墩台定位，是建造桥梁最重要的一项测量工作。测设前，应仔细审阅和校核设计图纸与相关资料，拟定测设方案，计算测设数据。

直线桥梁的墩台中心均位于桥梁轴线上，而曲线桥梁的墩台中心则处于曲线的外侧。直线桥梁如图 12－22 所示，墩台中心的测设可根据现场地形条件，采用直接测距法或交会法。在陆地、干沟或浅水河道上，可用钢尺或光电测距方法沿轴线方向量距，逐个定位墩台。如使用全站仪，应事先将各墩台中心的坐标列出，测站可设在施工控制网的任意控制点上(以方便测设为准)。

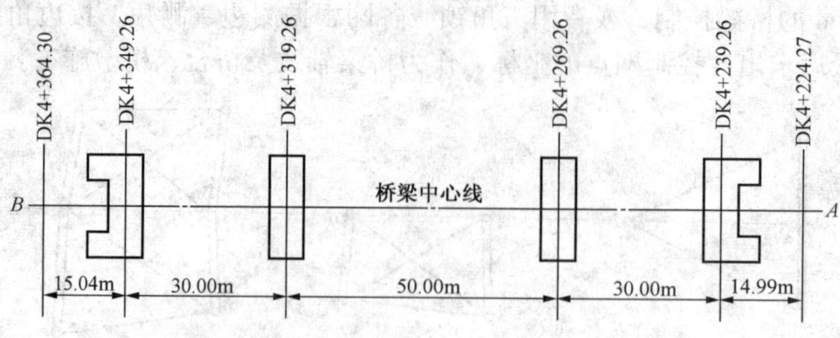

图 12－22　直线桥梁

当桥墩位置处水位较深时，一般采用角度交会法测设其中心位置。如图 12－23 所示，1，2，3 号桥墩中心可以通过在基线 *AB*，*BC* 端点上测设角度，交会出来。如对岸或河心有陆地可以标志点位，也可以将方向标定，以便随时检查。

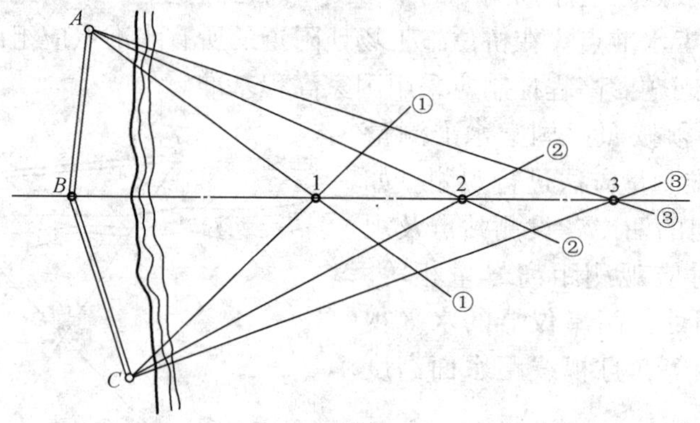

图 12－23　角度交会法测设桥墩

直线桥梁的测设比较简单，因为桥梁中线（轴线）与道路中线吻合。但在曲线桥梁上梁是直的，道路中线则是曲线，两者不吻合，如图 12－24 所示，道路中心线为细实线（曲线），桥梁中心线为点画线、折线。墩台中心则位于折线的交点上。该点距道路中心线的距离 *E* 称为桥墩的偏距，折线的长度 *L* 称为墩中心距。这些都是在桥梁设计时确定的。

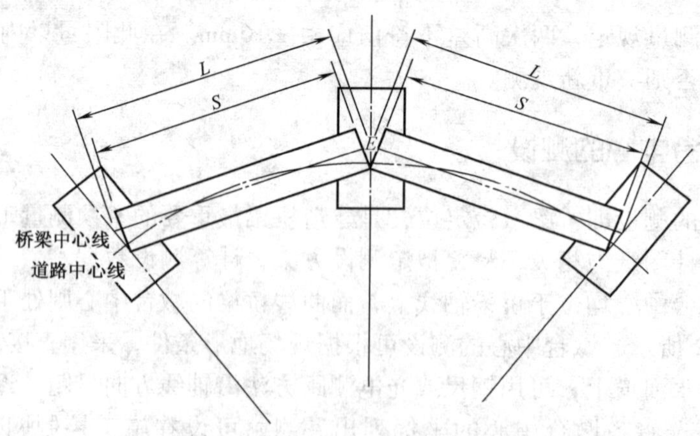

图 12－24　曲线桥梁

明确了曲线桥梁构造特点以后，桥墩台中心的测设也和直线桥梁墩台测设一样，可以采用直角坐标法、偏角法和全站仪坐标法等。

12.5.3 桥梁墩台施工测量

桥梁墩台中心定位以后，还应将墩台的轴线测设于实地，以保证墩台的施工。墩台轴线测设包括墩台纵轴线，是指过墩台中心平行于道路方向的轴线；而墩台的横轴线是指过墩台中心垂直于道路方向的轴线。如图 12－25 所示，直线桥墩的纵轴线，即道路中心线方向与桥轴线重台，无需另行测设和标志。墩台横轴线与纵轴线垂直。图 12－26 为曲线桥梁，墩台的纵轴线为墩台中心处与曲线的切线方向平行，墩台的横轴线是指过墩台中心与其纵轴线垂直的轴线。

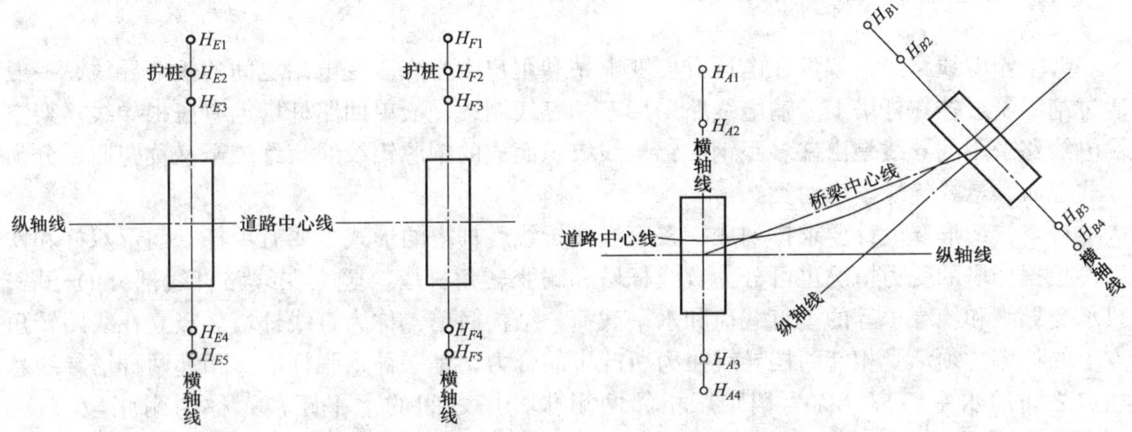

图 12－25　直线桥梁桥墩纵、横轴线　　图 12－26　曲线桥梁桥墩纵、横轴线

在施工过程中，桥梁墩台纵、横轴线需要经常恢复，以满足施工要求。为此，纵横轴线必须设置保护桩，如图 12－25 和图 12－26 所示。保护桩的设置要因地制宜，方便观测。

墩台施工前，首先要根据墩台纵横轴线，将墩台基础平面测设于实地，并根据基础深度进行开挖。墩台台身在施工过程中需要根据纵横轴线控制其位置和尺寸。当墩台台身砌筑完毕时，还需要根据纵横轴线，安装墩台台帽模板、锚栓孔等，以确保墩台台帽中心、锚栓孔位置符合设计要求，并在模板上标出墩台台帽顶面标高，以便灌注。

墩台施工过程中，各部分高程是通过布设在附近的施工水准点，将高程传递到施工场地周围的临时水准点上，然后再根据临时水准点，用钢尺向上或向下测量所得，以保证墩台高程符合设计要求。

第 13 章

架空输电线路测量

13.1 架空输电线路的基本知识

架空输电线路是指架设在电厂升压变电站和用户中心降压变电站之间的输电导线，一般通过绝缘子悬挂在杆塔上。输电线路采用三相三线制，一般单回路杆塔上有三根导线。架空输电线路采用的导线是由许多跟钢芯铝裹线绞织而成的钢芯铝绞线。绝缘子又称瓷瓶，分为针式瓷瓶和悬式绝缘子串两类。

杆塔依地形和设计要求排列成一条直线或折线。杆塔的形式主要有单杆、门形双杆和铁塔，根据杆塔的受力情况也可分为直线杆塔和耐张转角杆塔。竖立在线路直线部分的杆塔，只承受导线和绝缘子等的垂直载荷和水平载荷，结构简单，称为直线杆塔。竖立在线路转角点上的杆塔，须承受相邻两档导线拉力所产生的合力，是一种耐张杆塔。相邻两杆塔导线悬挂点之间的水平距离，称为档距。相邻两耐张杆塔之间的水平距离，称为耐张段长度。35kV 以下的线路，档距为 150m 左右；110kV 的线路，档距为 250m 左右。耐张段长度大约为 3 ~ 5km。在一个耐张段内，由于各处地形情况不同，各杆塔之间的档距也不相等。为了计算导线的应力和弛度，须选择一个理想的档距，称这一档距为该耐张段的代表档距。若各杆塔间相应档距为 l_i，则代表档距 l_r 按下式计算

$$l_r = \sqrt{\frac{\sum l_i^3}{\sum l_i}} \tag{13-1}$$

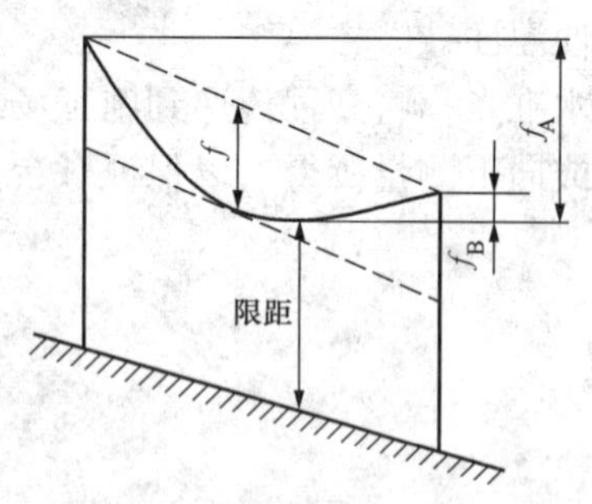

图 13 - 1　导线的弛度和限距

两杆塔间的导线中间自然下垂。从悬挂点到导线下垂最低点的铅垂距离称为驰度，也称弧垂，以 f 表示。如果两悬挂点等高时，弛度恰好发生在档距中央；如果两悬挂点不等高，则有两个弛度，如图 13 - 1 中的 f_A 和 f_B。在实际工作中，当两悬挂点等高时，常以连接两悬挂点的直线 AB 与导线所形成的曲线之间最大的铅垂距离代表弛度，称为斜弛度，如图 13 - 1 中 f。理论证明，斜弛度 f 产生在档距的中央，并不是导线的最低点，即

$$f = \frac{H_A + H_B}{2} - H_C \tag{13-2}$$

式中　H_A，H_B，H_C——分别为两个悬挂点和档距中点上导线的高程。

斜弛度f与导线最低点的弛度f_A和f_B有如下关系，即

$$f=\left(\frac{\sqrt{f_A}+\sqrt{f_B}}{2}\right)^2 \tag{13-3}$$

弛度的力学意义与档距l，导线的单位重量g（包括额外负荷如复冰、风力等）以及导线的应力σ等因素有关，它是用式（13-4）计算，即

$$f=\frac{gl^2}{8\sigma} \tag{13-4}$$

导线的悬挂高度与杆塔横担高度有关，从地面到最低横担面的高度称为杆塔呼称高，如图13-2所示。为安全起见，导线与地面或其他设施必须保持一定的距离，其允许的最小安全距离称为限距，如图13-1所示。限距的大小与输电线路的电压和地物类别有关，例如对于居民区而言，6～10kV的限距是6.5m，35～110kV的限距为7.0m。小于规定限距的地面点称危险点。一般危险点应及时处理，使其满足限距要求。

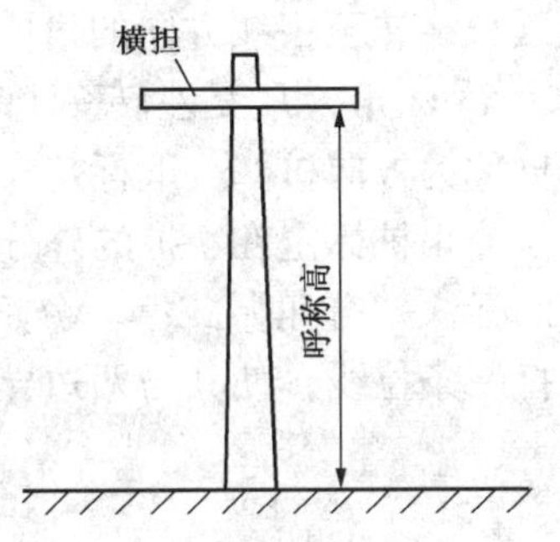

图13-2 杆塔呼称高

架空线路测量的主要工作就是根据设计要求测量架空线路的路径、杆塔的排列、拉线的位置方向、弛度和限距的大小等。其中包括架空线路选线、定线、平断面测量、杆塔定位和施工放样等项内容和工序。

13.2 路径方案的选择和定线测量

13.2.1 路径方案的选择

路径指架空线路所经过的地面。所选路径应当合理、经济、便于施工运行，这就要求路径短且直，转弯少、转角小、交叉跨越不多，当导线最大弛度时，对地面建筑物满足限距要求。此外，在选择路径方案时还应注意以下几点：

（1）当线路与公路、铁路以及其他高压线平行时，至少应与它们隔开一个安全到杆距离，即最大杆塔高度加3m。与重要通信线特别是国际线平行时，其最小允许间距必须经过大地电导率测量和通信干扰计算来确定。

（2）线路应尽量设法绕过居民区和厂矿区，特别应该远离油库、火药库等危险品仓库和飞机场。线路离飞机场的允许最小距离应和有关主管部门共同研究确定，并订出协议。

（3）当线路与公路、铁路、河流以及其他高压线、重要通讯线交叉跨越时，其交角应不小于30°。

（4）线路应尽量避免穿越林区，特别是重要的经济林区和绿化区。如果不可避免时，应严格遵守有关砍伐规定，尽量减少砍伐数量。

（5）杆塔附近应无地下坑道、矿井和滑坡、塌方等不良地质现象；转角点附近的地面必须坚实平坦，有足够的施工场地。

（6）沿线应有可通车辆的道路或通航的河流，便于施工运输和维护、检修。

选线工作一般先在小比例尺图上选一条合理路线，然后实地踏勘，标定线路起讫点、转

角点和主要交叉跨越点的大体位置。在勘察过程中，如发现方案不符合实际情况，可以进一步调查，及时修改路线。

13.2.2 定线测量

定线测量的主要任务是正式标定线路的起讫点、转角点和主要交叉跨越点的位置，定出方向桩和直线桩，测定转角大小，并在转角点上定出分角桩，如图 13－3 所示。转角桩在图上和实地上都要在编号前加一个“J”表示，一般称为 J 桩。线路转角的大小，以来线方向的延长线转至去线方向的角值表示，用正倒镜一测回观测并记录。在图 13－3 中，J_2 是右转一个 α_2 角，J_3 是左转一个 α_3 角。在 J 桩附近要标出来线和去线的方向，表示这个方向的木桩称为方向桩，一般标定在离 J 桩 5m 左右的路径中线上，并在木桩侧面标注“方向”二字。分角桩标定在 J 桩的外分角线（大于 180°的钝角分角线）上，也离 J 桩 5m 左右，木桩侧面标注“分角”二字。分角桩与两边导线合力的方向相反，杆塔竖立以后，要在分角方向打一条拉线，使其与两边导线拉力所产生的合力抗衡，保证杆塔不致偏倒。

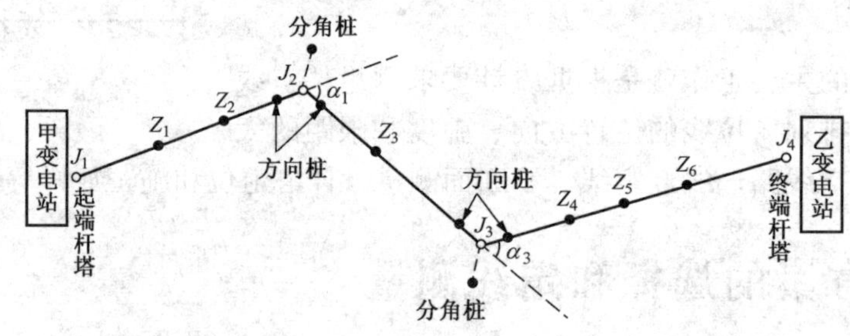

图 13－3　定线测量应标定的各种桩位

直线桩是指位于两个转角桩中心联线上，不在转角点附近的路径方向桩。它是平断面测图和施工定位的依据。一般在直线桩前加一个“Z”表示，如图 13－3 所示。直线桩位置应选在路径中心线上突出明显，便于观测地形的地方。相邻两直线桩的距离一般不超过 400m。

在定线测量时，若无障碍物影响，通视良好的情况下，可用经纬仪正倒镜法延长直线。遇到障碍物时，常采用等腰三角形法或矩形法绕过障碍。采用 DJ_6 经纬仪定线，方向点偏离直线应在 180° ±1°以内。

13.3 平断面测量

平断面测量主要工作包括：测定各桩位高程及间距，计算线路累积距离；测定路径中线上各碎部点对桩位的距离和高差，绘制纵断面图和平面示意图；测量可能小于限距的危险圆和风偏断面。

13.3.1 桩位高程和间距的测量

首先利用水准测量的方法从邻近的水准点引测路径起点的高程。线路上其他桩位的高程和间距可用全站仪光电三角高程导线、光学经纬仪视距高程导线法等方法确定。当最大视距不超过 400m 时可采用视距高程导线测定，要求视距要用三丝，竖直角观测一测回，测距误差同向不应大于 1/200，对向观测不应大于 1/150。视距高程采用 DJ_6 仪器对向观测高差较差的限差，可按下式计算

$$\delta_h = S\alpha \tag{13-5}$$

式中 δ_h——对向观测的高差较差；

S——边长（0.1km）；

α——垂直角（°），当 α 小于 3°时，可按 3°计算。

当视距高程导线和水准点闭合时，其高程闭合差，应符合下式规定

$$W_h \leqslant \pm 0.1\alpha_p \frac{L}{\sqrt{n}} \tag{13-6}$$

式中 W_h——高差闭合差；

α_p——平均垂直角（°），当 α 小于 3°时，可按 3°计算；

L——线路长度（km）；

n——导线边数。

13.3.2 路径纵断面图的测绘

架空输电线路径中线的纵断面图和其他纵断面图的绘制方法基本相同，另有一些不同要求：

（1）在断面图上除了反映地面的起伏情况外，还应显示出线路跨越的地面突出建筑物的高度。如果地面建筑物恰好位于路径中线上，称为正跨，图中以线表示；如果地面建筑物仅被输电线路的左右两边的导线所跨，称为边跨，图中以虚线表示。

（2）采用光学经纬仪断面测量时，视距不宜大于 300m；当超过时，应用正倒镜观测或加设测站施测。当用正倒镜观测时，距离的相对误差不应大于 1/200，垂直角较差不应大于 1′。

（3）当线路跨越通讯线和高压线时，除了以电杆符号表示它们的顶高外，还应注明高压线的伏数和通讯线的线数，并注明上线高。

（4）导线跨越的河流、湖泊、水库，应调查和测定最高洪水位，并在图中表示出来。

为了便于设计人员在图上作排杆设计，通常采用横向比例尺 1∶5000，纵向比例尺 1∶500。在绘图之前，应根据图例从左至右定出里程标；里程标的零点就是线路的起点。标高线绘在靠近起点的左边，并标出高程。为了保证路径上最高断面和最低断面不致于落到图外，每张图标高线起点的高程应定的合适。

13.3.3 危险点、边线断面和风偏断面的测绘

1. 危险点

凡是靠近路径中心线（35kV 离中线 5m 以内，110kV 离中线 6m 以内）的地面突出物体，如果它们至导线的距离可能小于限距，就可认为是危险点。在断面图上应显示出危险点的高程位置；在平面图上应显示出它至路径中线的距离和左右位置。危险点在图上以“⊙”

表示。

2. 边线断面

当左右两条导线经过的地面高出路径中线地面0.5m以上时，须测绘边线断面。考虑边线断面的方向和路径中线平行，而位置比中线断面高，可将其绘于中线断面的上方。在平面图上也应显示出边线断面的左右位置。边线断面的表示方法为

路径前进方向左边的边线断面用："—·—·—·—·—·—"表示。

路径前进方向右边的边线断面用："··························"表示。

3. 风偏断面

当线路沿山坡而过，如果垂直于路径方向的山坡坡度在1:3以上时，为避免导线因风吹摆而靠近山坡，测绘此方向的断面，以便于设计人员考虑杆塔高度或调整杆塔位置。这种垂直于路径方向的断面称为风偏断面，一般此类断面宽度为15m，用纵横一致的比例尺绘在相应中断面点位旁边的空白处。

13.3.4 平面示意图的测绘

一般平面示意图绘在断面图下面的标框内，路径中线左右各绘50m范围，比例尺为1:5000，和纵断面横向比例一致。绘图时先在标框中部画一条直线表示路径中线。中线两边的地物、地貌通常采用仪器测量结合目测的方法。

对于比较重要的交叉地段，还要根据设计要求测绘专门的地形图或交叉跨越平面图，采用比例尺一般为1:500。

13.4 杆塔定位测量

平面图测量以后，设计人员便可根据图上反映的实际情况，合理设计杆塔位置，选择合适的杆型和杆高。杆位确定后就可从图上量它与相邻断面桩之间的平距，从而可以在实地测设杆塔的位置。由于转角杆塔的位置就是 J 桩位置，杆塔的定位测量多指直线杆塔定位。

定位测量时，将全站仪或经纬仪安置在与所定杆位邻近的断面桩上，根据欲定杆位至断面桩的平距，沿中线方向定出杆位桩。由于断面图上反映的实地情况不可能十分准确，如按照设计距离定出的杆塔位置不利于竖杆时，在征得设计人员同意后，可以稍许前后移动，但移动范围一般不超过±3m。实地标定杆塔桩位后，应重新测定杆位桩至断面桩的距离和杆位高程。

杆塔定位测量后，应当编制成果表。在成果表中应列出杆塔编号、实地杆桩关系、档距、累距、杆位高程、转角方向等。为避免施工准备期间杆位桩被毁坏后无法恢复，进行定位测量时，必须在杆位桩前后中线上设置副桩，用红漆在副桩上注明至杆位桩的前后距离（以"±"表示），以便施工时查找。

13.5 线路施工测量

架空输电线路的施工包括基础开挖、竖立杆塔以及挂置导线等三道主要工作，相应这三

道工序的测量工作有施工基面测量、拉线放样和弛度放样。

13.5.1 施工基面测量

施工基面就是竖立杆塔时作为计算基础埋深和杆塔高度的起始平面。在线路施工中，杆塔基础的埋置深度是以水平地面为基准规定的。一般根据杆塔基础的埋深和宽度以及斜坡的工程地质指标选择合适的施工基面。施工基面如果定的很低，虽然对保证基础稳定有好处，但增加了基坑开挖的土方量，而且降低了悬挂点的高程，减少了导线对地距离。施工基础测量的目的就是根据规范要求定出适当的施工基面，测定基础开挖的土方量，为此先要标定杆塔各个基角的位置，这步工作，又称分坑。

1. 直线杆塔

位于直线部分的单杆的杆脚位于杆位桩上。门型双杆和正方锥型铁塔，它们的各杆则以杆位桩为对称中心，分布在路径中线的两边，如图 13－4 所示。

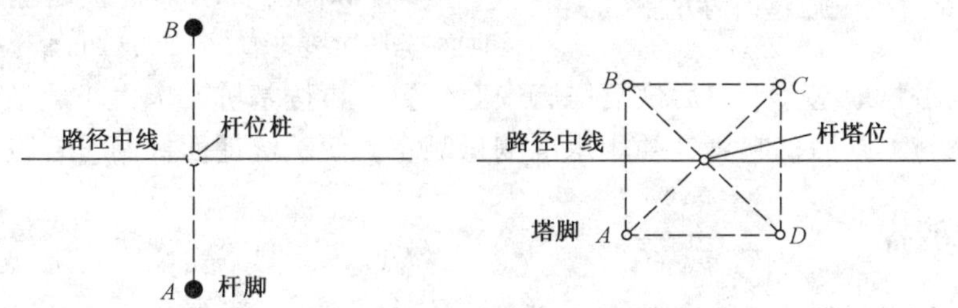

图 13－4 直线杆塔基角位置

2. 转角杆塔

位于转角点上的杆塔，除了转角很小（10°以内）时，可以直接以转角桩（J 桩）作杆塔中心桩外，也可以位移桩作杆塔中心桩，如图 13－5 所示。

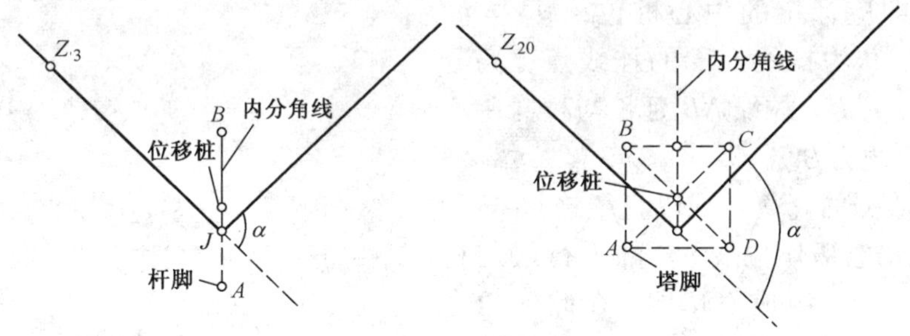

图 13－5 转角杆塔基脚位置

在测定转角杆塔各脚位置之前，应先测定位移桩。具体方法首先在转角桩上安置经纬仪，定出内分角线（角值为 $180° - \alpha$ 的角度平分线），从 J 桩沿内分角线量出一段平距 S。

$$S = S_1 + \frac{e}{2}\tan\frac{\alpha}{2} \tag{13-7}$$

式中　S_1——为使横担两边绝缘子串之间的跳线与杆身保持应有的间隙而设计的预偏距离；

e——横担和绝缘子串挂板（也称挂线板）两边的宽度；

α——转角角度。

式中数据可从杆塔设计图中查得。

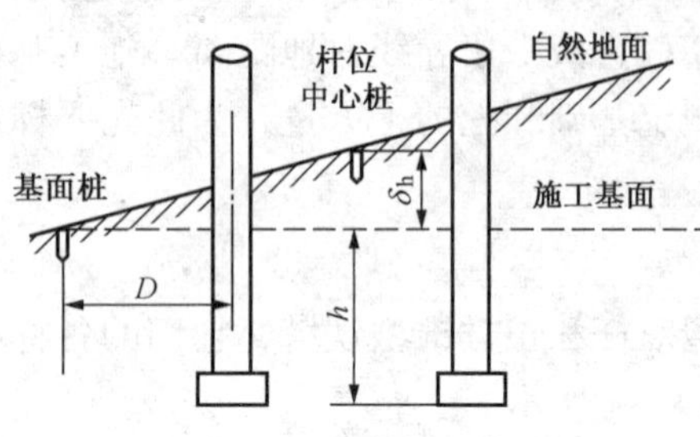

图 13－6　标定施工基面的方法

杆塔基角位置标定后，从靠外坡方向的杆脚位置朝坡下量出一段平距 D，标定地面点，定出施工基面桩，如图 13－6 所示。D 的大小根据基础底盘大小和埋深确定。一般单杆和门型双杆采用 1～2m；铁塔采用 2～3m；转角杆塔按此要求放大 0.5m 左右。定出施工基面桩后，测定它对杆位中心桩的高差。

单杆和门型杆均不平整地基，直接从杆脚地面按基坑要求大小放坡切口开挖；铁塔须先按施工基面标高平整地基，平整后恢复塔脚中心位置，再按基坑要求大小放坡切口开挖。基坑开挖深度均从施工基面桩起算，须用水准测量测定，使基坑地面标高符合设计要求。

13.5.2　拉线放样

拉线的种类很多，但放样方法基本相同。在杆塔设计图中，通常载有拉线与横担之间的水平角 α、拉线的最大垂距 H（即从杆上的拉线挂线点至施工基面的高度，又称拉高）、拉线与杆身的夹角 β（一般为 30°或 45°）和拉盘埋深 h。拉盘上有一根斜伸出土的带圈拉棒，从杆上扯下的拉线，绷紧栓在拉棒上。放样的目的就是竖杆之前，按照设计要求在地面上标定拉盘埋设的中心位置，保证所安的拉线与杆身的夹角符合设计标准，其误差在 ±1°以内。

1. 单杆拉线的放样

如图 13－7 所示，设 G 为杆脚，以杆身中心线 PG 代表杆身。N 为拉盘中心，M 为 N 在地面的投影，即应标定的中心桩位；$MN = h$，即为拉盘埋深。B 为拉线上部的挂线点，离开施工基面的高度为 H。拉线 NB 延长与杆身中心相交于 O，其交角为 β。

（1）放样数据的计算。现以直线连接 M 和 G，令 $MG = D$；过 M 作拉线 NB 的平行线与杆身中心线相交于 P，组成△MPG。在此三角形中：$\angle MPG = \beta$；$\angle MGP = Z$（即天顶距）；$PG = H'$。根据正弦定理可得

$$D = \frac{H'\sin\beta}{\sin(\beta + Z)} \tag{13-8}$$

$$H' = H + r\cot\beta + h$$

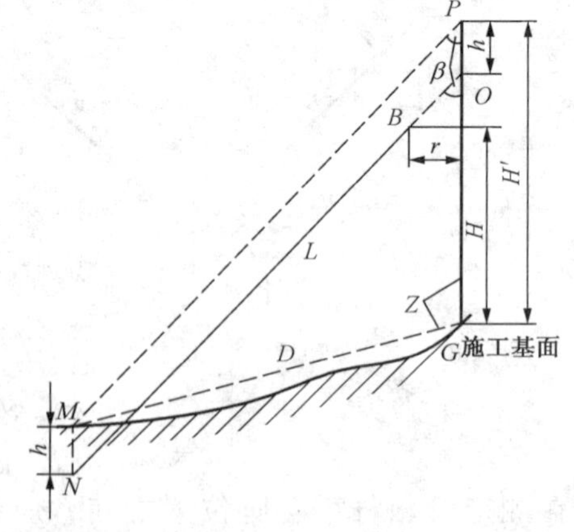

图 13－7　拉盘中心桩的标定

式中　r——挂线点 B 对杆身中心线的距离，可

在杆塔设计上查到。

如果放样时经纬仪正安置在挂线点的下面，则 $r=0$，$H'=H+h$。

此外，由图 13－7 可知，$NO=MP$。通常以 NO 作为拉线的计算长度，并以 L 表示

$$L=\frac{H'\sin Z}{\sin(\beta+Z)} \tag{13-9}$$

拉线的实际长度还应抛去计算长度中包含的拉棒和挂线板等金具长度以及杆身半径的影响，根据具体情况考虑。

（2）放样步骤和方法。单杆拉线放样可使用经纬仪和全站仪进行现场标定，具体步骤如下：

1）在杆位桩上（或正对挂线点的下面）安置经纬仪或全站仪，量取仪高 i（从施工基面至竖盘中心的高度）。

2）根据拉线方向与横担或路径中线的夹角 α，用盘左位置标定望远镜方向。

3）在拉线方向估计大致接近拉盘位置的地方竖立标尺或棱镜，以中丝照准尺上读数等于仪器高 i 处或棱镜高度为 i，读取天顶距 Z；在直接获取竖盘中心至中丝读数处的斜距 D'。

4）比较计算的 D 与 D' 是否相等；若不相等则根据其差值大小前后移动标尺或棱镜，重新观测、计算，直至算出的 D 与量得的 D'，之差在允许范围（0.1m）为止，此时立尺点即是拉盘中心桩的位置。

2. 双杆 V 形拉线的放样

门形双杆的正 V 形拉线，如图 13－8 所示，其拉线平面与杆身平面的夹角也是 β；拉盘一般埋设在路径中线上。测定拉盘中心桩时，仪器安置在杆位桩 G 上，测定方法与前面所述相同。但按式（13－9）求出的拉线“计算长度”$NO=L'$，不是正 V 形拉线两边应有的长度 L，还必须考虑门形双杆两塔脚间的距离的影响。正 V 形拉线两边应有长度为

$$L=\sqrt{L'^2+\left(\frac{b}{2}\right)^2} \tag{13-10}$$

它的实际长度同样还应抛去拉棒和挂线板等金具的长度。

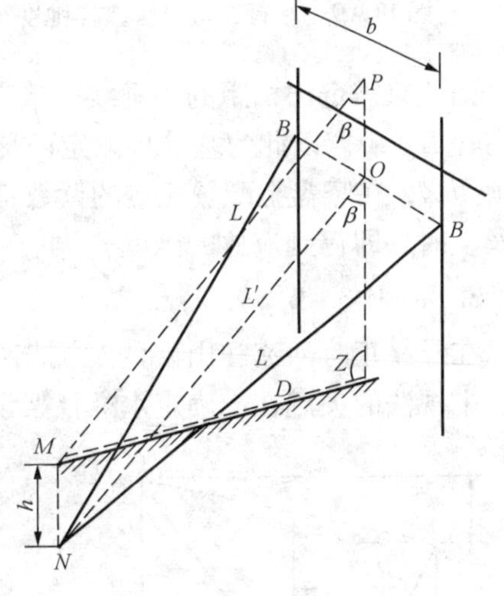

图 13－8 门形双杆正 V 形拉线

13.5.3 弛度放样

在挂线时，需要通过测量放样弛度 f。f 的数值每条线路各不相同，可以从专门的设计弛度表中查得。弛度放样一般在紧线段（耐张段）内中间一档进行；放样精度要求达到 1/100。

1. 平行四边形法

如图 13－9 所示，分别在观测档的两根杆塔上，由导线悬挂点向下量取一段长度 f，定出观测点，在此点上绑一块觇板。紧线时通过两块觇板进行观测，当导线恰好与视线相切

时，即得到相应的弛度 f。

2. 中点天顶锯法

如图 13－10 所示，在档距中垂线上适当位置架设经纬仪，使竖盘安置在预定的读数上，通过望远镜进行观测。设测站 M 的地面高程为 H_M，仪器高为 i，而测站至导线中点 C 的平距为 D，根据式（13－2）和高差公式可算得天顶距为

$$Z = \arctan^{-1}\frac{D}{H_C - (H_M + i)} \tag{13-11}$$

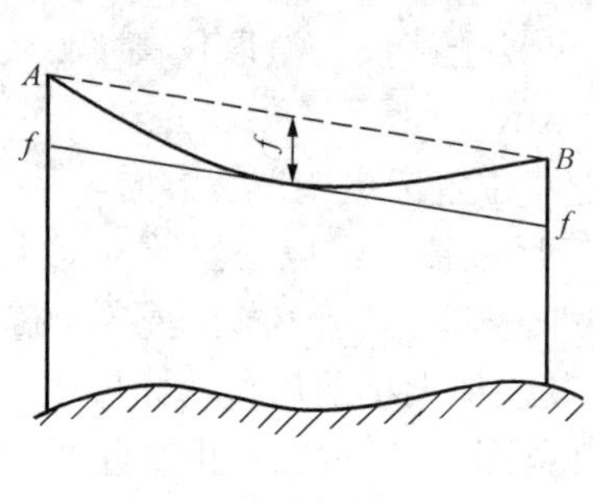

图 13－9　平行四边形法放样弛度

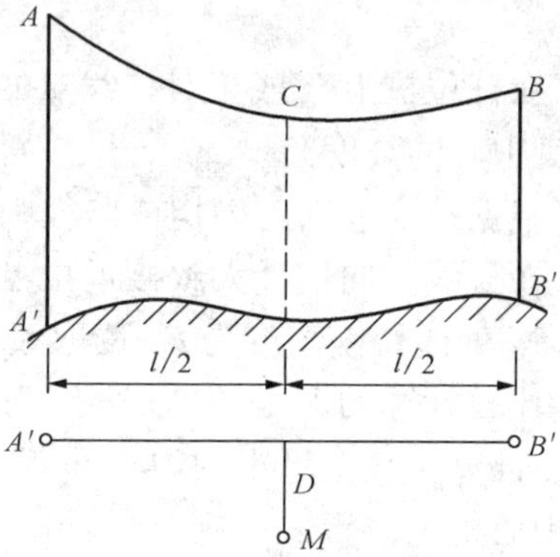

图 13－10　中点天顶距观测法放样弛度

因此只需定出档距的中垂线，选定测站，测出测站点至导线中点的平距 D；假定一个仪器高程 $H_m + i$，以此为基准再测定两悬挂点的高程 H_A 和 H_B。根据公式计算出 H_C 和应有的天顶距 Z，在竖盘上配置相应的读数；固定望远镜，照准中垂线方向进行观测。当导线落到中丝上时，即得到应放的弛度 f。

3. 平视法

在导线正跨河流和山谷的观测档中，采用上述方法放样弛度不合适。此时可采用平视法。平视法的关键在于确定水准仪架设时应有的视线高 H_D。由图 13－11 可知

$$H_D = H_A - f_A \tag{13-12a}$$

式中　H_A——A 悬挂点的高程；

f_A——导线最低点 D 对 A 点的弛度。

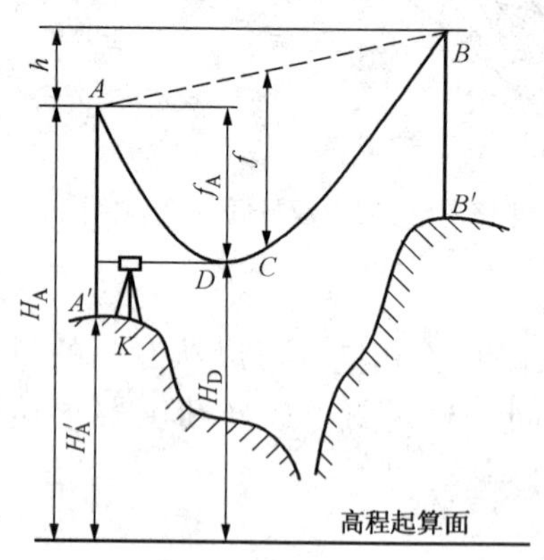

图 13－11　平视法弛度放样

对 B 悬挂点而言，它的弛度为 f_B；由于 B 点比 A 点高，故 $f_B = f_A + h$（h 为悬挂点间的高差）。于是又有

$$H_D = H_B - f_B \tag{13-12b}$$

为了求得水准仪应架设的高度 H_D，必须知道 f_A 或 f_B。但是设计一般只给出导线中点的弛度 f，因此必须根据弛度 f 和两悬挂点间的高差 h 算出导线最低点的弛度 f_A 或 f_B。由式（13－3）可得

$$\sqrt{f_B} = 2\sqrt{f} - \sqrt{f_A}$$

两边开方展开后，考虑到$f_A = f_B - h$，以此代替等式右端第末项f_A，移项整理得到

$$4\sqrt{ff_A} = 4f - h$$

由此解得

$$f_A = f\left(1 - \frac{h}{4f}\right)^2 \qquad (13-13)$$

同理可得

$$f_B = f\left(1 + \frac{h}{4f}\right)^2 \qquad (13-14)$$

将上述f_A、f_B代入式（13－12a）和式（13－12b）得

$$H_D = H_A - f\left(1 - \frac{h}{4f}\right)^2 \qquad (13-15a)$$

或

$$H_D = H_B - f\left(1 + \frac{h}{4f}\right)^2 \qquad (13-15b)$$

求得H_D后，即可按下述方法进行操作：

（1）根据自己的身高确定一个恰当的仪高i，计算仪器安置点的应有高程：$H_K = H_D - i$。

（2）从A端或B端地面起，沿AB导线方向进行水准测量，用前尺找出高程等于H_K的地面点K。

（3）在K点安置水准仪，使整平后的仪高等于i，然后朝着导线方向观测，当导线落到与中丝相切时，便得到应放的弛度f。

另外，对于弛度的放样工作可采用全站仪的悬高测量功能实现。

13.5.4 线路竣工后的检测

为了保证输电线路的安全运行，施工完成后，应进行必要的检查。如对某些档内的弛度和限距是否合乎设计要求感到怀疑时，必须用仪器进行测量。

1. 限距检测

检测时将经纬仪安置在与线路大致垂直的方向上，在导线下面立尺，用三角高程测定该地面点对仪器的高差，同时求出平距；再照准立尺点上空的导线，观测天顶距，根据此天顶距和立尺点的平距计算出导线对仪器的高差。两个高差相减，即得导线对地面的距离，应满足限距要求。此项检核也可利用全站仪的悬高测量功能实现。

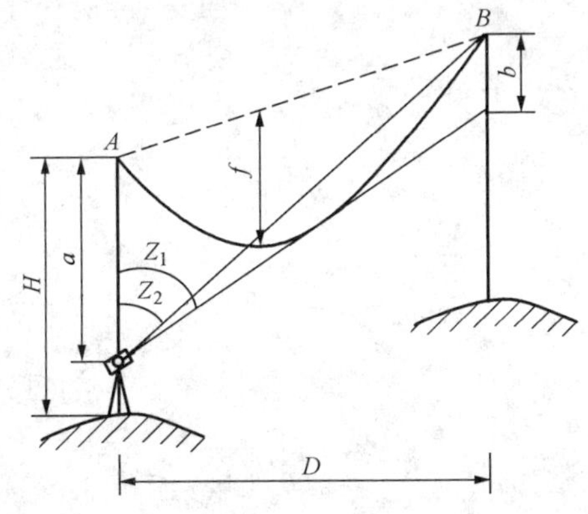

图 13－12 档端天顶距法检测弛度

2. 弛度检测

检测限距的方法很多，最简单的一种方法是利用式（13－2），即在档距的中垂线上安置经纬仪，用上述测定限距的方法测定两悬挂点和导线中间点的相对高程计算弛度。对于检测弛度的地方是在跨越河流和主要交通线的档内，如图 13－12 所示用档端天顶距法求弛度。在A端安置经纬仪，先用望远镜中丝切着导线，读得天顶距Z_1，再照

准悬挂点 B，读得天顶距 Z_2，于是可求得 $b=D\ (\cot Z_2-\cot Z_1)$；此外，在杆塔设计图中可差得悬挂点 A 对施工基面的高程 H，而仪高 i 可以直接量取，于是可求得 $a=H-i$。最后，按下式计算弛度 f

$$f=\left(\frac{\sqrt{a}}{2}+\frac{\sqrt{b}}{2}\right)^2 \tag{13-16}$$

此项检核也可利用全站仪的悬高测量功能实现。

第 14 章

卫星定位技术在测量中的应用

14.1 卫星定位技术概述

全球卫星导航定位系统（GNPSS）是随着现代科学技术的发展而建立的。它精密导航定位的全球性、全天候、连续实时性，高精度、高速度、低成本优点，使得全球卫星导航定位系统在世界各国的国民经济建设中，得到了广泛的应用。尤其在海、陆、空运动载体的导航，大地测量和工程测量的精密定位方面的应用，以至于在近几十年来，出现了多种全球卫星导航定位系统：美国的全球定位系统（GPS），前苏联的全球导航系统（GLONASS），在建的欧盟伽利略全球导航定位系统（GNSS），中国的卫星导航定位系统（北斗号）。全球卫星导航定位必将与互联网、移动通讯一道成为影响 21 世纪人类生活的三大技术之一。

14.1.1 卫星定位技术的发展

卫星定位技术就是利用人造地球卫星进行点位测量的技术。最初，卫星仅仅作为一种空间的观测目标，由地面观测站对它进行摄影观测，测定测站至卫星的方向，建立卫星三角网；也可用激光测距技术对卫星进行距离观测，测定卫星至测站的距离，建立卫星测距网。这种对卫星的几何观测能够解决常规大地测量技术难以实现的远距离陆地海岛联测定位的问题，但这种方法受到了卫星可见条件及天气的影响，既费时又费力，不仅定位精度低，而且得不到点位的地心坐标。因此，卫星三角测量很快就被卫星多普勒定位所取代，使卫星定位技术从仅仅把卫星作为空间观测目标的低级阶段，发展到了把卫星作为动态已知点的高级阶段。

20 世纪 50 年代末，美国开始研制用多普勒卫星定位技术进行测速、定位的卫星导航系统，叫做子午卫星导航系统（NNSS）。20 世纪 70 年代，部分导航电文解密交付民用。自此，揭开了卫星大地测量的新篇章。卫星多普勒定位技术迅速兴起，它具有经济快速、精度均匀、不受天气和时间的限制的优点，在地球表面任意一点只要能接收到卫星的无线电信号，便可进行单点定位，且可获得三维地心坐标。我国在 20 世纪 70 年代中期，引进了多普勒接收机，进行了西沙群岛的大地测量基准联测，建立了全国的卫星多普勒大地网。

与此同时，前苏联在 1965 年也开始建立自己的卫星导航系统，叫做 CICADA。该系统有 12 颗卫星。

NNSS 和 CICADA 卫星导航系统虽然把导航定推向了一个新的发展阶段，但它们仍然存在着一些明显的缺陷：卫星少，间隔时间长，不能连续实时定位；轨道低难以精密定轨，射电频率低难以补偿电离层效应，定位精度低（极限精度 0.5 ~ 1m）。为了克服这些缺陷，第二代卫星导航定位系统应运而生。

14.1.2 卫星导航定位技术相对于常规测量技术的特点

相对于经典的常规测量技术来说，卫星导航定位技术主要有以下特点：

1. 测站间无需通视

既要保持良好的通视条件，又要保障控制网的良好图形结构，这一直是经典测量技术在实践方面的问题之一。而卫星导航定位技术不需要测站之间互相通视，因而不再需要建造觇标，可以大大地节省测量的经费和时间，同时也使点位的选择更加灵活。也应指出，卫星导航定位技术虽不要求测站间通视，但必须保持测站上空的开阔，以便卫星信号不受干扰。也应有几个点具有通视方向，以便于使用经典的测量方法进一步加密控制网。

2. 定位精度高

大量实验表明，目前在小于50km 的基线上，其相对定位精度可达（1~2）$\times 10^{-6}$，而在100~500km 的基线上可达10^{-6}~10^{-7}。随着观测技术与数据处理方法的改善，在大于1000km 的距离上，相对定位精度有望达到或优于10^{-8}。

3. 观测时间短

目前，利用经典的静态定位方法，完成相对定位所需要的观测时间，根据要求的精度不同，一般为0.5~3h。若是用快速相对定位法，其观测时间仅需要数分钟。

4. 提供三维地心坐标

卫星导航定位中，可以同时获得观测站的精确平面位置和大地高。卫星导航定位技术的这一特点，不仅为研究大地水准面的形状和确定地面点的高程开辟了新途径，同时也为其在航空物探、航空摄影测量及精密导航中的应用，提供了重要的高程数据。

5. 操作简便

卫星导航定位接收设备的自动化程度极高。测量员的主要任务就是安置仪器、开关机、量取仪高、记录外业观测手簿。卫星的捕获、跟踪、信号的接收记录等均由仪器自动完成。故有“傻瓜”机之称。

6. 全天候作业

卫星导航定位测量工作，可以在任何地点、任何时间连续地进行，一般不受天气状况的影响。因此，卫星导航定位技术的发展是对经典测量技术的一次重大突破。一方面，它是经典的测量理论与方法产生了深刻的变革；另一方面，也进一步加强了测绘学科和其他学科之间的相互渗透，从而促进了测绘科学技术的现代化发展。

7. 功能多，用途广

GPS 系统不仅可以用于测量、导航，还可用于测速、测时。测速的精度可达0.1m/s，测时精度可达几十毫微秒。应用领域不断扩大。

14.1.3 各国的卫星导航定位系统

1. 美国的全球定位系统（GPS）

GPS 是美国国防部为其军事需要而研制的全球性的卫星导航和定位系统，迄今经历了预研、总体设计研究、系统试验和卫星研制、生产应用等几个阶段，历时23年，耗资150多亿美元。整个系统包括空间（卫星）、地面监控、用户接收设备三个部分。每颗GPS卫星均可连续地发送2个*L*频带的载波，载波上调制了多种信号，用于计算卫星位置、识别卫星和计时等目的。地面上接收机可以在任何时间、任何地点、任何气象条件下进行连续观测，以获得测站的三维地心坐标。

（1）空间部分：GPS卫星及其星座（图14－1）。空间部分由21颗工作卫星和3颗在轨备用卫星组成。24颗卫星均匀分布在6个轨道平面内，各轨道面之间的夹角为60°，轨道平面相对于地球赤道面的倾角为55°。每个轨道内有4颗卫星运行，距地面的平均高度为20 200km。当地球自转360°时，卫星绕地球运行2圈，每12h环球运行一周。地面观测者每天提前4min见到同一卫星，可见时间约5h。这样观测者至少可见4颗，最多可见11颗卫星。

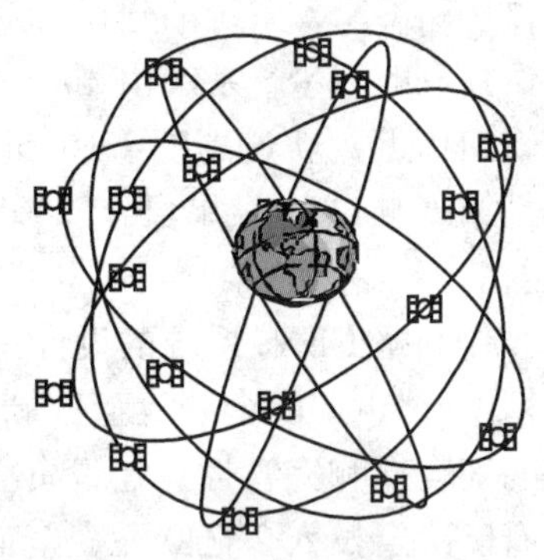

图14－1　GPS卫星星座

GPS卫星的主要功能是：① 接收和储存地面监控站发送来的信息，执行监控站的控制指令；② 微处理机进行必要的数据处理工作；③ 通过星载原子钟提供精密的时间标准；④ 向用户发送导航和定位信息。

（2）地面监控部分。地面监控部分由1个设在美国本土的主控站、3个分设在大西洋和印度洋及太平洋美国空军基地的注入站、5个分设在夏威夷和主控站与注入站的观测站共同组成。

观测站在主控站的直接控制下，对GPS卫星进行连续跟踪观测，确定卫星运行瞬时距离、观测卫星的工作状态，并将计算得的站星距离、卫星状态数据、导航所需数据、气象数据传送到主控站。

主控站根据收集到的数据计算各个卫星的轨道参数、卫星的状态参数、时钟改正、大气传播改正等，并将这些数据按一定格式编制成电文，传输给注入站。

注入站的主要作用是将主控站传输给卫星的资料以既定的方式注入到卫星存储器中，供卫星向用户发送。

（3）用户接收设备部分。用户接收设备部分按其功能可分为硬件和软件两部分。硬件部分主要包括GPS接收机及其天线、微处理器和电源等，软件部分则是支持接收机硬件实现其功能、完成导航定位的重要条件。

接收设备的主要功能就是接收、跟踪、变换和测量GPS信号，获取必要的信息和需要的观测量，经过数据处理完成导航和定位的任务。

2. 俄罗斯的全球导航卫星系统（GLONASS）

GLONASS的起步晚于GPS 9年。从前苏联1982年10月12日发射第一颗GLONASS卫星开始，到1996年，13年时间内历经周折，虽然遭遇了苏联的解体，由俄罗斯接替部署，但始终没有终止和中断GLONASS卫星的发射。在1995年完成了24颗工作卫星加1颗备用卫星的布局。经过数据加载、调整和检验，于1996年1月18日，整个系统正常运行。由于某种原因，该系统目前只有4～6颗健康卫星，而且接收设备价格较贵，影响了其作用的发挥。

GLONASS系统在系统构成与工作原理上与GPS类似，也是由空间卫星、地面监控和用户接收设备三大部分组成。这里不再详述。

3. 欧盟的伽利略全球导航定位系统（GNSS）

从1994年开始，欧盟进行了对伽利略GNSS系统的方案论证。2000年在世界无线电大会上获得了建立GNSS系统的L频段的频率资源。2002年3月，欧盟15国交通部长一致同意伽利略GNSS系统的建设。

伽利略GNSS系统由30颗卫星（27颗工作，3颗备用）组成，均匀分布在3个中高度圆轨道面上，轨道高度23 616km，倾角56°，星座对地面覆盖良好。在欧洲建立两个控制中心。第一颗试验卫星已于2005年12月28日成功发射，第二颗试验卫星将于2007年初发射。

伽利略GNSS系统的设计思想是：与GPS/GLONSS不同，完全从民用出发，建立一个最高精度（1m）的全开放型的新一代GNSS系统；与GPS/GLONSS有机的兼容，增强系统使用的安全性和完善性；建设资金（36亿欧元）由欧洲各国政府和私营企业共同投资。中国政府已决定投入2亿欧元，全面参与伽利略GNSS系统的建设计划，拥有伽利略系统20%的产权和100%的使用权。但由于某种原因，伽利略系统的建设进展缓慢。

4. 中国的卫星导航定位系统（北斗号）

我国最初的计划是建成一个拥有完全自主知识产权的双星导航定位系统，其定位的基本原理为空间球面交会测量原理。到2006年底我国已决定把双星导航定位系统逐步扩展为全球卫星导航定位系统。

2000年底，我国发射了两颗“北斗导航试验卫星”，加上地面中心站和用户一起构成了双星导航定位实验系统（北斗一号）。双星导航定位系统空间部分有三颗地球静止轨道卫星（其中1颗在轨备用）组成；地面中心站包括地面应用系统和测控系统，具有位置报告、双向报文通信及双向授时功能；用户部分为车辆、船舶、飞机以及各军兵种低动态及静态导航定位用户。服务区域在东经70°~145°，北纬5°~55°范围。

正在建设的北斗卫星导航系统空间部分将由5颗静止轨道卫星和30颗非静止轨道卫星组成，提供两种服务方式，即开放服务和授权服务。开放服务是在服务区免费提供定位、测速和授时服务，定位精度为10m，授时精度为50m，测速精度为0.2m/s。授权服务是向授权用户提供更安全的定位、测速、授时和通信服务信息。北斗卫星导航系统与GPS和GLONASS系统最大的不同在于它不仅能使用户知道自己的所在位置，还可以告诉别人自己的位置在什么地方，特别适用于需要导航与移动数据通信场所，如交通运输、调度指挥、搜索营救、地理信息实时查询等。

我国在2007年2月3日发射了第4颗、4月14日又发射第5颗试验卫星，特别是第5颗卫星是21 600m的高轨道卫星具有非凡的意义。计划在2008年左右满足中国及周边地区用户对卫星导航系统的需求，并将进行系统组网和试验，逐步扩展为全球卫星导航系统。

14.1.4 GPS卫星信号

GPS卫星所播发的信号，是一种可供无数用户共享的信息资源。它包括载波信号、测距码、数据码等多种信号分量，能满足多种用户系统的导航、高精度定位及军事保密的需要。

这里扼要介绍 GPS 卫星信号的内容、特点及作用。

1. GPS 卫星的载波信号

GPS 卫星信号所包含的载波、测距码（C/A 码和 P 码）、数据码（导航电文，或称 D 码）都是在同一个基本频率 $f_0 = 10.23\text{MHz}$ 的控制下产生的，如图 14－2 所示。

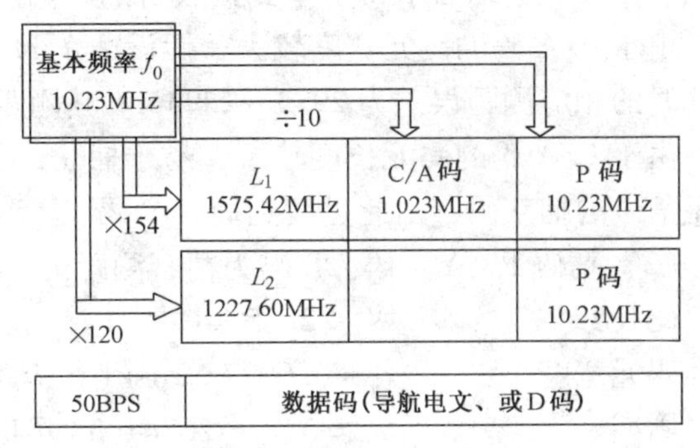

图 14－2 GPS 信号的产生

GPS 卫星信号使用了 L 波段的 2 种不同频率的电磁波（L_1，L_2）作为载波，载波 L_1 和 L_2 的频率 f 和波长 λ 分别为

$$f_1 = 154 \times f_0 = 1575.42\text{MHz}$$

$$\lambda_1 = 19.03\text{cm}$$

$$f_2 = 120 \times f_0 = 1227.60\text{MHz}$$

$$\lambda_2 = 24.42\text{cm}$$

在无线电技术中，总是把频率较低的信号加载到频率较高的载波上，以利于传播和接收。被加载的低频信号称为调制信号。载波 L_1 上调制有 C/A 码、P 码（或 Y 码）和数据码，而在载波 L_2 上只调制有 P 码（或 Y 码）和数据码。GPS 卫星的测距码和数据码是采用调相技术调制到载波上的，且调制码的幅值只取 0 或 1。码值取 0 时，对应的码状态为 +1；码值取 1 时，对应的码状态为 −1。载波与相应的码状态相乘后便实现了载波调制，这时码信号就被加载到载波上了。

载波的作用不仅仅是加载和传送码信号，而载波本身就是一个可以被测量的对象（详见下一节载波相位测量）。

2. GPS 卫星信号的测距码

现代通信技术中，普遍采用二进制数 0 和 1 及其组合来表示各种信息，称其为码。一位二进制数称为 1 个码元或 1 比特（bit），每秒钟传输的比特数叫做数码率。

GPS 卫星所采用的 2 种测距码，即 C/A 码、P 码（或 Y 码）均属于伪随机码，它们是一种可以按设计确定、可以重复地产生和复制、具有某种随机噪声码特性的二进制 m 序列。

（1）粗码 C/A 码。C/A 码是由多级反馈移位寄存器产生的 m 序列，共可能产生 1025 种结构不同的码供选用。从中选出 32 个码以 PRN1…PRN32 命名各个 GPS 卫星。每个 GPS 卫星，采用的 C/A 码结构虽不同，但码长、周期、数码率均相同，C/A 码的码长较短，码元宽度较大。它们为

码长 $N_u = 2^{10} - 1 = 1023\text{bit}$

码元宽度 $t_u = 1/f \approx 0.97752\mu\text{s}$（相应距离 293.1m）

周期 $T_u = N_u t_u = 1\text{ms}$

数码率 $P_u = 1.023\text{Mbit/s}$

在 GPS 卫星导航定位时，在卫星和接收机高精度时钟的精确控制下，接收机收到某一卫星 C/A 码的同时，由接收机产生一个结构完全相同的本地 C/A 码。根据 C/A 码 m 序列的自相关特性，用码相关技术使两个 m 序列的码元通过移位对齐，当自相关系数获得最大值

时，即认为已经完全对齐，这时的移位计数所对应的时间就是信号从卫星到接收机的传播时间，再乘以光速即可求得卫星到接收机的距离。

由于 C/A 码的码元宽度较大，假设两个 m 序列的码元对齐误差为码宽的 1/10 ~ 1/100，则此时的相应测距误差为 29.3 ~ 2.93m。其测距精度较低，故称为粗码。

由于 C/A 码的码元长度较短，易于捕获，所以 C/A 码除了作为粗测距码外，还可作为卫星信号的捕获码，由此过渡到捕获 P 码。

(2) 精码 P（Y）码。P 码为精密测距码，称为精码。它的特征是

码长　　$N_u \approx 2.35 \times 10^{14}$bit

码元宽度　　$t_u \approx 0.097752\mu s$（相应距离 29.3m）

周期　　$T_u = N_u t_u \approx 267d \approx 38$ 星期

数码率　　$P_u = 10.23$Mbit/s

P 码周期很长，267 天才重复一次。为此将码分成 38 部分，每部分周期为 7 天（码长 6.19×10^{12}bit）。其中 1 部分闲置，5 部分给地面监控站，32 部分给每颗卫星使用。

由于卫星信号中 P 码的码长为 6.19×10^{12}bit，所以仍采用 C/A 码的搜索方法是不现实的。故一般都是先捕获 C/A 码，再根据导航电文中给出的有关信息，迅速捕获 P 码。

由于 P 码的码元宽度为 0.098μs，相当于 29.3m，若码元对齐误差仍采用 1/10 ~ 1/100 时，则测距误差约为 2.93 ~ 0.293m，仅为 C/A 码的 1/10。

C/A 码的结构是公开的，可供广大用户不受限制地使用。而 P 码结构不公开，仅供美国军方及特许用户使用。但 P 码结构逐渐为大家所知，已经难以继续保密，为此 GPS 卫星发射了一种与 P 码相似的保密码 Y 码。并且故意将 Y 码的结构复杂化，使一般用户难以复制和利用。

3. GPS 卫星的导航电文

所谓导航电文，就是包含了有关卫星星历、卫星工作状态、时间系统、卫星钟运行状态、卫星轨道摄动改正、大气折射改正以及由 C/A 码捕获 P 码的信息的导航数据码（或称为 D 码）。更多了解可参见本系列教材中的《GPS 测量技术》和有关书籍，此处不再赘述。

14.2 卫星定位原理

在测量工程中普遍采用的卫星定位方法是伪距法和载波相位测量法。先介绍有关定位方式的几个概念。

14.2.1 基本概念

1. 静态定位与动态定位

在定位过程中，如果接收机的天线在跟踪 GPS 卫星时，位置处于固定不动的静止状态，这种定位方式称为静态定位。所谓的静止状态只是相对于周围的点位不动而已。由于接收机位置固定，就有可能进行长时间地跟踪卫星，获得大量的多余观测观测量，以便高精度地测定 GPS 信号的传播时间，根据已知的卫星瞬间位置，准确测定接收机处的三维坐标。所以静态定位可靠性强、定位精度高，是测量工程中精密定位的基本方式。

如果接收机位于运动载体上，在运动中实时地测定接收机的瞬间位置，这种定位方式称为动态定位。如车辆、舰船、飞机或航天器的运行中，往往需要实时地知道其瞬间位置。

如果不仅仅测得运动载体的实时位置，而且还测得运动载体的时间、速度、方位等状态参数，进而引导运动载体驶向后续目标位置，称为导航。可见，导航是一种广义的动态定位。

2. 绝对定位和相对定位

所谓绝对定位，就是独立地确定一个点在（WGS－84）坐标系统中的绝对位置——三维坐标。绝对定位也叫单点定位。缺点是定位精度较低，不能满足控制测量的精密定位精度要求。

如果有位于不同位置的 2 台或 2 台以上接收机，同步跟踪相同的 GPS 卫星，以便确定多台接收机之间的相对位置——坐标差，这种方式称为相对定位。多台接收机同时对同一组卫星进行观测，称为同步观测。由于同步观测值之间存在许多数值相同或相近的误差影响，它们会在求相对位置（坐标差）的过程中得到消除或削弱，从而使相对定位达到很高的精度。因此，静态相对定位在控制测量中有着广泛的应用。

14.2.2 伪距法定位原理

1. 伪距测量

卫星依据自己的时钟所发出含有测距码的调制信号，经过 Δt 时间传播后到达接收机，此时，接收机在本机时钟的控制下，产生了一个与卫星测距码结构完全相同的“复制码”。通过机内的可调延时器将复制码延时 τ，使得复制码与接收码“对齐”，此时复制码与接收码的自相关系数达到最大值，趋近于 1。在理想的情况下，延时 τ 就是卫星信号的传播时间 Δt，将其乘以传播速度 c，便可求得接收机到卫星的距离 $\tilde{\rho}$

$$\tilde{\rho} = c \times \tau \tag{14-1}$$

事实上，上述延时 τ 不会严格等于传播时间 Δt，因为其中包含着卫星钟和接收机钟不严格同步的影响、电离层和对流层折射的影响，所以称 $\tilde{\rho}$ 为伪距。以伪距作为基本观测量来求定点位的方法称为伪距定位法。

2. 伪距观测方程

为了实现定位，就必须把观测的伪距 $\tilde{\rho}$ 改正为真距 ρ。

设在某一标准时刻 τ_a（卫星钟面时刻为 t_a）卫星发出信号，在标准时刻 τ_b（接收机钟面时刻为 t_b）到达接收机，上述伪距测量测得的延时 τ 应为 t_b 与 t_a 之差，代入式（14－1）即

$$\tilde{\rho} = c(t_b - t_a) \tag{14-2}$$

若卫星钟和接收机钟的钟差分别为 v_{ta} 和 v_{tb}，又有

$$\left.\begin{aligned} t_a + v_{ta} = \tau_a \\ t_b + v_{tb} = \tau_b \end{aligned}\right\} \tag{14-3}$$

代入式（14－2）得

$$\frac{1}{c}\tilde{\rho} = (\tau_b - \tau_a) + v_{ta} - v_{tb} \tag{14-4}$$

式中　$\tau_b-\tau_a$——测距码自卫星传播到接收机的真正时间。

事实上信号并非在真空中传播，必须考虑电离层（高度 50～1000km）的大气折射改正 $\delta\rho_{ion}$ 和对流层（高度 40km 以下）的大气折射改正 $\delta\rho_{trop}$，所以卫星至接收机的真正距离为

$$\rho=c(\tau_b-\tau_a)+\delta\rho_{ion}+\delta\rho_{trop} \tag{14-5}$$

将式（14-4）代入上式，即得真距 ρ 和伪距 $\tilde{\rho}$ 之间的关系

$$\rho=\tilde{\rho}+\delta\rho_{ion}+\delta\rho_{trop}-cv_{ta}+cv_{tb} \tag{14-6}$$

上式即为伪距观测方程。

3. 点位坐标计算

若接收机的位置用三维坐标 x、y、z 表示，它们与距离 ρ 的关系为

$$\rho=[(x_i-x)^2+(y_i-y)^2+(z_i-z)^2]^{1/2}$$

式中　x_i、y_i、z_i——第 i 颗卫星的三维坐标，可由接收到的导航电文求得。

实用中，将接收机钟差 v_{tb} 也作为未知数，与测站坐标一并求解。将式（14-6）代入上式可得

$$[(x_i-x)^2+(y_i-y)^2+(z_i-z)^2]^{1/2}-cv_{tb}=\tilde{\rho}+(\delta\rho_i)_{ion}+(\delta\rho_i)_{trop}-c(v_i)_{ta} \tag{14-7}$$

可见，为了能够唯一地确定测站的位置和接收机钟差，至少需要同步观测 4 颗卫星，建立 4 个定位观测方程，才能联立求解 4 个未知数。当同步观测卫星数大于 4 时，可用间接平差法求解未知数。因此，称式（14-7）为伪距定位观测方程组。

14.2.3　载波相位测量定位原理

1. 载波相位的测定

载波相位测量就是以 GPS 信号载波（L_1，L_2）的相位作为观测量。因为载波波长（$\lambda_1=19\text{cm}$，$\lambda_2=24\text{cm}$）比测距码的码元宽度小得多，对载波相位进行测定就可以获得高精度的星站距离。

如果接收机在某一时刻跟踪卫星信号对载波进行相位测量，同时由接收机产生一个频率和初相与卫星信号载波完全相同的本振信号。假如在 t_0 时刻接收机产生的本振信号的相位为 $\Phi^0(R)$，接收到的卫星信号的相位为 $\Phi^0(S)$，则由载波波长 λ 可求得 t_0 时刻的星站距离为

$$\rho=\lambda[\Phi^0(R)-\Phi^0(S)]=\lambda[N_0+F_r^0(\varphi)] \tag{14-8}$$

式中　N_0——本振信号与接收信号的相位差的整周数；

$F_r^0(\varphi)$——不足一周的小数。

由于 GPS 信号中已经用相位调整的方法在载波上调制了测距码和导航电文，因而接收到的载波已不再连续，所以在进行载波相位测量前，要先进行解调，即将调制在载波上的测距码和导航电文去掉，重新获得载波，这一工作称为重建载波。

如图 14-3 所示，在 t_0 时刻开始跟踪卫星信号并进行首次载波相位观测，其观测值为式（14-9）中的 $F_r^0(\varphi)$。其后连续跟踪对载波相位测量，在 t_i 时刻载波相位测量值为

$$\tilde{\varphi}=\text{Int}^i(\varphi)+F_r^i(\varphi) \tag{14-9}$$

式中 $\mathrm{Int}^i(\varphi)$——自 t_0 至 t_i 时刻载波的整周变化数；

$F_r^i(\varphi)$——t_i 时刻载波相位的不足一周的小数。

综合式（14－8）和式（14－9）可知，只要接收机对卫星信号连续跟踪不中断，那么每个完整的载波相位观测值均由整周未知数 N_0 和自 t_0 至 t_i 时刻载波的整周变化计数 $\mathrm{Int}^i(\varphi)$，以及 t_i 时刻的瞬时观测量（不足一个整周部分）$F_r^i(\varphi)$ 三部分组成，即

$$\varphi = N_0 + \tilde{\varphi} = N_0 + \mathrm{Int}^i(\varphi) + F_r^i(\varphi) \tag{14-10}$$

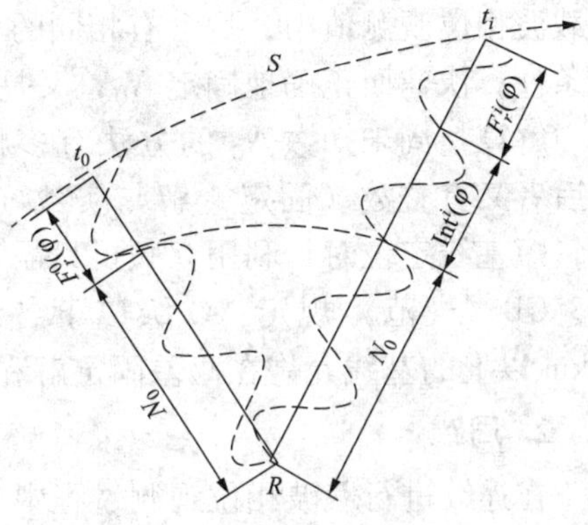

图 14－3 载波相位测量原理

2. 载波相位测量的观测方程

设在标准时刻 τ_a（卫星钟面时刻为 t_a）的瞬间，卫星发射的载波相位为 $\varphi(t_a)$，在标准时刻 τ_b（接收机钟面时刻为 t_b）到达接收机。根据电磁波传播原理知道，τ_b 时刻接收到的和 τ_a 时刻发射的相位不变，即 $\Phi(S)=\Phi(t_a)$；而在 τ_b 时刻由接收机产生的本振信号的相位为 $\Phi(R)=\varphi(t_b)$。于是载波相位测量值应为

$$\varphi = \varphi(t_b) - \varphi(t_a) \tag{14-11}$$

由式（14－3）得

$$\left.\begin{aligned} t_b &= \tau_b - v_{tb} = \tau_a + (\tau_b - \tau_a) - v_{tb} \\ t_a &= \tau_a - v_{ta} \end{aligned}\right\} \tag{14-12}$$

对于稳定性较好的振荡器，相位和频率之间的关系可表示为

$$\varphi(t+\Delta t) = \varphi(t) + f\cdot\Delta t \tag{14-13}$$

式中 f——信号频率；

Δt——微小时间间隔。

将式（14－12）代入式（14－11），并顾及式（14－13），可得

$$\varphi = \varphi(\tau_a) + f(\tau_b - \tau_a) - fv_{tb} - \varphi(\tau_a) + fv_{ta}$$

由式（14－5）得

$$\tau_b - \tau_a = \frac{1}{c}(\rho - \delta\rho_{ion} - \delta\rho_{trop})$$

于是

$$\varphi = \frac{f}{c}(\rho - \delta\rho_{ion} - \delta\rho_{trop}) + fv_{ta} - fv_{tb}$$

把上式代入式（14－10），得载波相位测量的观测方程

$$\tilde{\varphi} = \frac{f}{c}(\rho - \delta\rho_{ion} - \delta\rho_{trop}) + fv_{ta} - fv_{tb} - N_0 \tag{14-14}$$

14.2.4 载波相位观测值的整周未知数和周跳

整周未知数和周跳是载波相位测量中特有的两个问题。

1. 整周未知数 N_0 的确定

在载波相位观测值式（14－10）中，尚存在着整周未知数的确定问题。由于连续跟踪

的载波相位观测值中，均含有相同的 N_0，所以正确确定 N_0 是提高载波相位观测值精度的重要条件；快速而正确地确定 N_0，又是提高 GPS 定位作业效率的重要环节。

解算整周未知数 N_0 的方法有多种。常用的有伪距法和把 N_0 作为平差待定参数法等，而后者又有整数（固定）解与实数（浮点）解之分。近十几年来采用了快速解算 N_0 的方法，短基线定位时，利用双频机只需观测一分钟便能成功地确定整周未知数 N_0。

GB《规范》规定：C 级以下各级 GPS 网，15km 以内的基线必须采用双差固定解，15km 以上的基线允许在双差固定解和双差浮点解中选择最优结果。

2. 周跳

在连续进行载波相位观测过程中，如果卫星信号暂时受到阻挡或计数器故障，便无法连续计数，使得 $\mathrm{Int}^i(\varphi)$ 丢失某一量而不正确（此时的瞬时量测值 $F_r^i(\varphi)$ 仍是正确的）。这种现象叫整周跳变，简称周跳。

由于卫星和接收机间的距离是不断变化的，所以载波相位观测值 $\mathrm{Int}^i(\varphi)+F_r^i(\varphi)$ 也在随时间不断变化。这种变化应该是有规律的、平滑的，周跳将破坏这种规律性。根据这一特性就可以发现周跳并用多种方法来修复周跳。但这毕竟是麻烦的。最根本的办法还是从选择机型、选点、组织观测等各个环节加以注意，避免周跳的发生，因为周跳的发生与接收机质量及观测条件密切相关。

14.2.5 载波相位测量的差分法

在两个测站或多个测站同步观测同一组卫星的情况下，卫星的轨道误差、卫星钟差、接收机钟差以及电离层和对流层的折射误差等对观测量的影响具有一定的相关性，利用这些观测量的不同线性组合（求差）进行定位，可以有效地消除或减弱相关误差的影响，从而提高相对定位的精度。

考虑到卫星定位的误差源，常用的差分法有三种：

1. 在接收机间求一次差

在某一时刻两台接收机同时对一颗卫星进行了载波相位观测。若将两台接收机的观测值直接相减，就获得了一次差，也称为单差。在接收机间求一次差可以消除卫星钟差的影响，同时也减弱了电离层折射、对流层折射、卫星星历等误差影响。

2. 在接收机和卫星之间求二次差

对载波相位观测值在接收机间的一次差分后，再在卫星间求二次差，所的结果称为二次差或双差，也称为站星二次差分。求二次差后消除了接收机之间的相对钟差影响，也使得未知数个数大为减少。

3. 在站、星和观测历元间求三次差

把二次差再在不同历元间求差，叫做三次差或三差。如果在接收机、卫星、观测历元间求了三次差，就可以消除整周未知数项，从而免除了整周不确定性的影响。

14.3 GPS 控制测量技术设计与实施

GPS 测量与常规测量相类似，也可划分为方案设计、外业实施及内业数据处理三个阶段。数据处理的详细内容将在下一节介绍。本节主要介绍 GPS 的测量的技术设计和外业实施工作。考虑到以载波相位观测量为依据的相对定位法是当前 GPS 测量中普遍采用的精密定位方法，所以本节只讨论局域性城市与工程 GPS 控制网的相对定位工作程序和方法。

14.3.1 GPS 测量的技术设计

GPS 测量技术设计是进行 GPS 定位的最基本性工作，它是依据国家有关规范（规程）及 GPS 网的用途、用户的要求等，对 GPS 控制网的网形、精度及基准进行具体的设计。

1. GPS 网的技术设计依据

GPS 网技术设计的主要依据是 GPS 测量规范（规程）和测量任务书。

（1）GPS 测量规范（规程）。GPS 测量规范（规程）是国家质量技术管理部门或各行业部委制定的技术法规，目前 GPS 网设计的依据的规范（规程）有：

1）2001 年国家质量技术监督局发布的国家标准（GB）《全球定位系统（GPS）测量规范》，以下简称 GB《规范》。

2）1997 年建设部发布的行业标准《全球定位系统城市测量技术规程》，以下简称《规程》。

3）1992 年国家测绘局发布的测绘（CH）行业标准《全球定位系统（GPS）测量规范》，简称 CH《规范》。

（2）测量任务书。测量任务书是测量单位的上级主管部门下达的工作任务和技术要求文件。测量合同书是测量单位与合同甲方共同签订的测量任务和技术要求。这些文件是指令性的，它规定了测量任务的范围、目的、精度和密度要求，提交成果资料的项目、时间以及完成任务的经济指标等。

在 GPS 方案设计时，一般首先依据测量任务书提出的 GPS 网精度、密度和经济指标，再结合规范规定并现场踏勘后，具体确定布网方案和观测方案。

2. GPS 网的精度设计

GPS 网的精度设计主要取决于网的用途。如 GB《规范》规定，AA、A 级 GPS 网主要用于全球性地球动力学、精密定轨、地壳形变及国家基本大地测量；B 级主要用于局部形变观测和各种精密工程测量；C 级主要用于大、中城市及工程测量的基本控制网；D、E 主要用于中、小城市、城镇及测图、地籍、地信、房产、物探、勘测、建筑工程等的控制测量，精度分级见表 14－1。

表 14－1　　精度分级

级别	固定误差 a/mm	比例误差系数 b
AA	≤3	≤0.01
A	≤5	≤0.1
B	≤8	≤1
C	≤10	≤5
D	≤10	≤10
E	≤10	≤20

各等级 GPS 相邻点间弦长的精度通常用下式表示

$$\sigma = \sqrt{a^2 + (bd \times 10^{-6})^2} \tag{14-15}$$

式中 σ——GPS 基线向量的弦长中误差（mm），也即等效距离误差；

a——GPS 接收机标称精度中的固定误差（mm）；

b——GPS 接收机标称精度中的比例误差系数（10^{-6}）；

d——GPS 网中相邻点间的距离（mm）。

实际工作中，精度标准的确定要根据用户的实际需要以及人力、物力和财力情况合理设计，也可参照本部门已有的生产规程和作业经验适当掌握。在具体布设中，可以分级布设，也可以越级布设，或布设同级全面网。

3. GPS 点的密度设计

针对不同的任务要求和服务对象，GPS 点的密度要求也不同。一般城市和工程测量 GPS 点的布设密度，主要是满足测图加密和工程测量的需要，平均边长往往在几千米以内。因此现行 GB《规范》对 GPS 网中两相邻点间的距离视其需要作出了如表 14－2 的规定。

表 14－2　GPS 网中相邻点之间的平均距离　（单位：km）

级　别	AA	A	B	C	D	E
平均距离	1000	300	70	10～15	5～10	0.2～5

4. GPS 网的基准设计

GPS 测量获得的是 GPS 基线向量，它是属于 WGS－84 坐标系的三维坐标向量，而实际工作中我们需要的是国家坐标系或地方独立坐标系的坐标。所以在 GPS 网的技术设计时，就必须明确 GPS 成果转换时所采用的坐标系统和起算数据。我们将这项工作称之为 GPS 网的基准设计。

GPS 网的基准设计包括位置基准、方位基准和尺度基准。GPS 网的位置基准一般都是由给定的起算点坐标确定。方位基准一般以给定的起算方位角值确定，也可由 GPS 基线向量的方位作为方位基准。尺度基准一般由地面电磁波测距边确定，也可由两个以上起算点间的距离确定，还可由 GPS 基线向量的距离确定。因此，GPS 网的基准设计，实际上主要是指确定网的位置基准。

在基准设计时，应充分考虑以下问题：

（1）为了将 GPS 点的 WGS－84 坐标值转换为国家或地方坐标值，应选定若干国家或地方坐标点与 GPS 网联测。这时既要考虑充分利用旧资料，又要使新建的高精度 GPS 网不受旧资料精度较低的影响。大、中城市 GPS 网应与附近的国家控制点联测 3 个以上，小城市或工程控制可以联测 2～3 个点。

此外，若 GPS 网中有多普勒点，由于其精度较高也可将其联测作为一点或多点基准；若网中无任何其他已知起算点，也可将 GPS 网中一点的多次或长时间观测的伪距坐标作为网的位置基准。

（2）为保证 GPS 网进行约束平差后坐标精度的均匀性和减少尺度比误差的影响，对 GPS 网内重合的高等级国家点或原城市等级控制网点，除了与未知点联结图形观测外，对它们也应适当地构成长边图形。

（3）GPS 网经平差计算后，可以得到 GPS 点在地面参照坐标系中的大地高，为了求得 GPS 点的正常高，可根据具体情况联测高程点，联测的高程点应均匀地分布于网中。

（4）新建的 GPS 网的坐标系应尽量与测区过去采用的坐标系统一致，如果采用地方独立或工程坐标系，一般还应了解以下参数：① 所采用的参考椭球；② 坐标系的中央子午线经度；③ 纵、横坐标加常数；④ 坐标系的投影面高程以及测区的平均高程异常值；⑤ 起算点的坐标值。

5. GPS 网的图形设计

GPS 网的图形设计同步观测不要求通视，与常规控制测量相比有较大的灵活性。GPS 网的图形设计主要取决于用户的要求、经费、时间、人力以及所投入的接收机的类型、数量和后勤保障条件。根据不同的用途，GPS 网的图形布设通常有点连式、边连式、网连式及边点混连式四种基本连接方式。也有布设成星形连接、附和导线连接、三角锁型连接等。选择什么样的组网，取决于工程所需要的精度、野外条件及接收机台数等因素。

（1）星形网。星形网图形简单，其直接观测边之间不构成任何图形，抗粗差能力极差。如图 14－4 所示，作业中只需两台接收机，是一种快速定位的作业图形，常用于快速静态定位与准动态定位。因此，星形网广泛地应用于精度较低的工程测量、地质、地籍和地形测量。

（2）点连式。点连式是指相邻同步图形之间仅有一个公共点的连接。如图 14－5 所示，这种方式所构成的图形几何强度很弱，没有或极少有非同步图形闭合条件，一般不能单独采用。图 14－5 中，有 15 个定位点，无多余观测（无异步检核条件），最少观测时段 7 个（同步环），最少观测基线为 $n-1=14$ 条（n 为点数）。

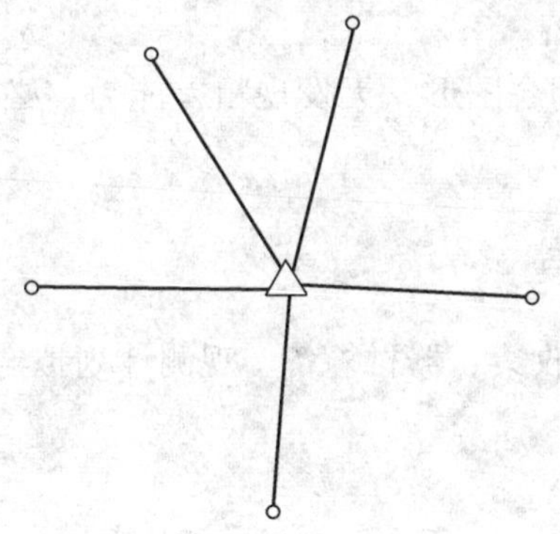

图 14－4　星形网图形

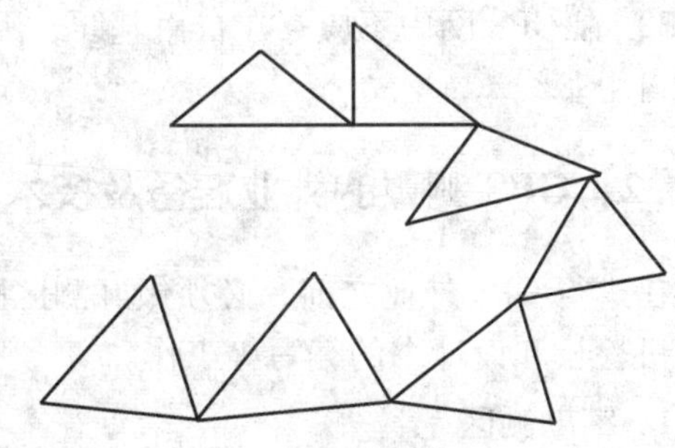

图 14－5　点连式图形

（3）边连式。边连式是指同步图形之间有一条公共基线连接。这种网的几何强度较高，有较多的复测边和异步图形闭合条件。相同的仪器台数，观测时段数将比点连式大大增加。

（4）网连式。网连式是指相邻同步图形之间有两个以上公共点相连接，这种方法需要 4 台以上接收机。显然，这种密集的布点方法，其图形的几何强度和可靠性指标相当高，花费的时间和经费也较多，一般只适用于较高精度的控制网。

（5）边点混连式。边点混连式是指把点连式和边连式有机地结合起来组网，以保证网的几何强度和可靠性指标。优点是既保证了强度和可靠性，又减少了作业量降低了成本，是一种较为理想的布网方法。图 14－6 的边点混连式图形，几何强度得到了改善。

（6）三角锁（或多边形）连接。用点连式或边连式组成连续发展的三角锁同步图形，此连接形式适用于狭长地区的 GPS 布网，如铁路、公路、渠道及管线工程控制，如图 14－7 所示。

（7）导线（环）网形连接。将同步图形布设为直伸状，形如导线结构式的 GPS 网，各独立边应构成封闭形状，形成非同步图形，以增加可靠性，适用于精度较高的 GPS 布网。该法也可与点连式结合起来布设，如图 14－8 所示。

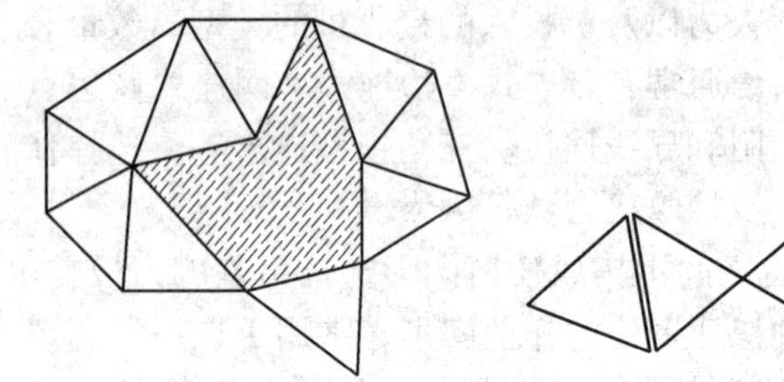

图 14－6　边点混连图形

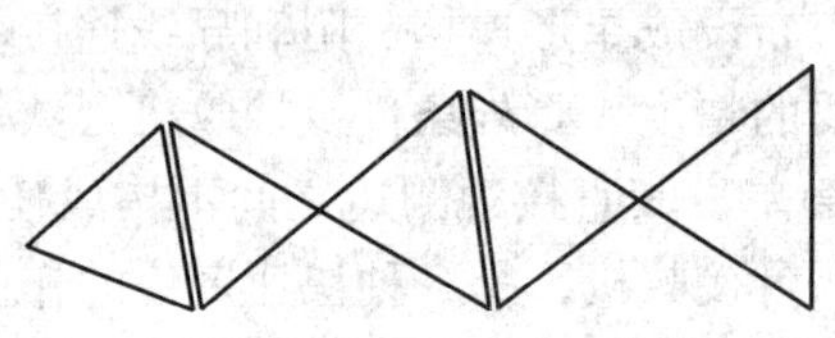

图 14－7　三角锁式连接

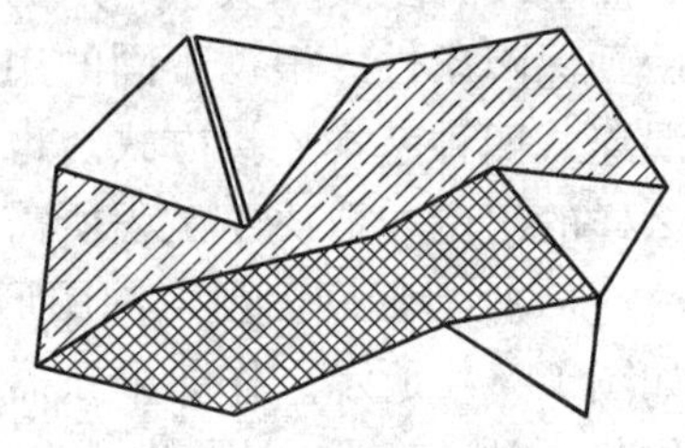

图 14－8　导线网形连接

（8）GPS 网的图形设计的一般原则。

1）GPS 网点之间尽管不要求通视，但考虑到利用常规测量手段加密时的需要，每点至少应有一个通视方向。

2）为了顾及原有城市测绘成果资料以及各种大比例尺地形图的沿用，应尽量采用原有城市坐标系统。对符合要求的旧点，应充分利用其标石。

3）在 GPS 网中不应存在自由基线，因其不构成闭合图形，无发现粗差能力，必须避免出现自由基线。

14.3.2　GPS 测量的外业准备及技术设计书编写

在进行 GPS 外业之前，必须做好测区踏勘、资料收集、器材筹备、观测计划拟定、GPS 接收机检校和设计书的编写等工作。

1. 踏勘测区

接受下达任务或签订 GPS 测量合同（前）后，就可依据施工设计图踏勘、调查测区。主要调查下列情况，为编写技术设计、施工设计、成本预算提供依据。

（1）交通情况：公路、铁路、乡村道路的分布以及可通行情况。

（2）水系分布：江河、湖泊、池塘、水渠的分布，桥梁、码头以及水路交通情况。

（3）植被情况：森林、草原、农作物的分布及面积。

（4）现有控制点：三角点、水准点、GPS 点、多普勒点、导线点的等级、坐标、高程系统，点位数量及分布，点位标志的保存现状。

（5）居民点的分布情况：测区内城镇、村庄的分布，食宿及供电情况。

（6）当地的风俗民情：民族的分布、习俗及地方语言，习惯及社会治安情况。

2. 收集资料

踏勘测区的同时，应收集以下资料：

（1）各类图件：1∶1 万～1∶10 万比例尺地形图，大地水准面起伏图，交通图。

（2）各类控制点成果：三角点、水准点、GPS 点、多普勒点、导线点以及各点的坐标系统、技术总结等有关资料。

（3）测区有关的地质、气象、交通、通信等方面的资料。

（4）城市及乡村的行政区划表。

3. 设备、器材筹备及人员组织

包括以下内容：接收机、计算机及配套设备（电池、充电器等）；机动设备（汽车、油料等）及通信设备（手机、对讲机等）；施工器材及耗材；组建队伍，拟定参加人员及岗位；进行详细的投资预算。

4. 拟定外业观测计划

外业观测计划的拟定，对于顺利完成外业数据采集任务，保证测量精度，提高工作效率都是极为重要的。

（1）拟定计划的依据。拟定计划的依据包括：GPS 网规模的大小；点位精度及密度要求；GPS 卫星星座分布的几何图形强度；接收机的类型与数量；测区交通、通信及后勤保障等。

（2）观测计划的主要内容。计划内容包括：编制 GPS 卫星的可见预报图；选择卫星分布的几何图形强度，PDOP 值不应大于 6；选择最佳观测时段；观测分区的设计与划分；编排作业调度表，仪器、时段、测站较多时，以外业观测通知单进行调度。

（3）拟定地面网的联测方案。GPS 网与地面网的联测，可根据地形和地面控制点的分布情况而定。一般 GPS 网中至少应观测三个以上已知的地面控制点（高程点一般应为水准高程）作为约束点。

5. 技术设计书编写

资料收集齐全后，编写技术设计书主要包括以下内容：

（1）任务来源及工作量。包括 GPS 项目的来源、下达任务的项目、用途及意义；GPS 测量（包括新定点、约束点、水准点、检查点）点数；GPS 点的精度指标及高程系统。

（2）测区概况。测区隶属的行政管辖；测区范围的地理坐标、控制面积；测区的交通状况和人文地理；测区的地形极气候状况；测区控制点的分布及对控制点的分析、利用和评价。

（3）布网方案。GPS 网点的图形及连接方式；GPS 网结构特征的测算；点位图的绘制。

（4）选点与埋标。GPS 网点位的基本要求；点位标志的选用及埋设方法；点位的编号等问题。

（5）观测。对观测工作的基本要求；观测计划的制定；对数据采集提出应注意的问题。

（6）数据处理。数据处理的基本方法及使用的软件，起算点坐标的确定方法；闭合差检验及点位精度的评定指标。

（7）完成任务的措施。要求措施具体，方法可靠，能在实际工作中贯彻执行。

14.3.3 GPS 测量外业实施

1. 选点与埋标

由于 GPS 测量观测站之间不一定要求相互通视，而且网形结构比较灵活，所以选点工作比常规控制的选点要简便。但点位的选择对保证观测的顺利进行和测量结果的可靠性具有重要意义。选点工作应遵循下原则：

（1）严格执行技术设计书中对选点以及图形结构的要求和规定，在实地按要求选点。

（2）点位应选在易于安置接收仪器、视野开阔的较高点上；地面基础稳定易于点的保存。

（3）点位目标要显著，其视场周围15°以上不应有障碍物，以减小对卫星信号的影响。

（4）点位应远离（不小于200m）大功率无线电发射台；远离（50m 以上）高压输电线和微波信号传输通道。以免电磁场对信号的干扰。

（5）点位周围不应有大面积水域，不应有强烈干扰信号接收的物体，以减弱多路径效应的影响。

（6）点位应选在交通方便，有利于其他观测手段扩展与联测的地方。

（7）当利用旧点时，应对其稳定性、完好性以及觇标是否安全、可用进行检查，符合要求方可利用。

（8）当所选点位需要进行水准联测时，选点人员应实地踏勘水准路线，提出有关建议。

GPS 点一般应埋设具有中心标志的标石，以精确标志点位。点的标石和标志必须稳定、坚固，以便长期保存和利用。在基岩露头地区，也可直接在基岩上嵌入金属标志，详见 GB《规范》。

点名一般取村名、山名、地名、单位名，应向当地政府部门或群众调查后确定。利用原有旧点时，点名不宜更改。点号的编排（码）应适应计算机计算。

每个点位标石埋设结束后，应按规定填写“点之记”并提交以下资料：① 点之记；② GPS 网的选点网图；③ 土地占用批文与测量标志委托保管书；④ 选点与埋石工作技术总结。

2. 外业观测

各级 GPS 测量其技术指标应符合表 14－3 的规定。

（1）天线安置。在正常点位上，天线应架设在三脚架上，并应严格对中整平；在特殊点位，当天线需安在三角点觇标的观测台或回光台上时，可将标石中心反投影到观测或回光台上，作为天线安置依据。观测前还应先将觇标顶部拆除，以防信号被遮挡。若觇标无法拆除时，可进行偏心观测，偏心点选在离三角点 100m 以内的地方，以解析法精密测定归心元素。

天线的定向标志应指向正北，兼顾当地磁偏角，以减弱天线相位中心偏差的影响。天线定向误差依精度不同而异，一般不应超过 3°～5°。

天线架设不宜过低，应距地面 1m 以上。正确量取天线高，成 120°量三次取平均值，记录至毫米。

在高精度 GPS 测量中，要求测定气象参数，始、中、末各测一次，气压读至 0.1mbar，气温读至 0.1℃。一般城市及工程测量只记录天气状况。

风天注意天线的稳定，雨天防止雷击。

（2）开机观测。目前的 GPS 接收机和天线多为一体，而且也无输入键盘和显示屏，只有极少的几个操作键，故有“傻瓜机”之称。测站观测员应注意以下事项：

1）首先确认天线安置正确，分体机电缆连接无误后，方可通电开机；按照说明书正确输入测站信息；注意查看接收机的观测状态；不得远离接收机；一个观测时段中，不得关机或重新启动，不得改变卫星高度角、采样间隔及删除文件。

2）不要靠近接收机使用对讲机；雨天防雷击；严格按照统一指令，通视开、关机，确保观测同步。

表 14－3　各级 GPS 测量基本技术要求

项目 \ 级别			AA	A	B	C	D	E
卫星截止高度角（°）			10	10	15	15	15	15
同时观测有效卫星数			≥4	≥4	≥4	≥4	≥4	≥4
有效观测卫星总数			≥20	≥20	≥9	≥6	≥4	≥4
观测时段数			≥10	≥6	≥4	≥2	≥1.6	≥1.6
时段长度/min	静态		≥720	≥540	≥240	≥60	≥45	≥40
	快速静态	双频＋P（Y）码	—	—	—	≥10	≥5	≥2
		双频全波	—	—	—	≥15	≥10	≥10
		单频或双频半波	—	—	—	≥30	≥20	≥15
采样间隔/s	静态		30	30	30	10～30	10～30	10～30
	快速静态		—	—	—	5～15	5～15	5～15
时段中任一卫星有效观测时间/min	静态		≥15	≥15	≥15	≥15	≥15	≥15
	快速静态	双频＋P（Y）码	—	—	—	≥1	≥1	≥1
		双频全波	—	—	—	≥3	≥3	≥3
		单频或双频半波	—	—	—	≥5	≥5	≥5

注：1. 在时段中观测时间符合表 14－3 中第 7 项规定的卫星，为有效卫星。

2. 计算有效卫星总数时，应将各时段的有效观测卫星数扣除期间的重复卫星数。

3. 观测时段长度，应为开始记录数据到结束记录的时间段。

4. 观测时段数大于或等于 1.6，指每站观测一时段，至少有 60% 的测站再观测一个时段。

（3）观测记录。外业观测中，所有信息都要妥善记录。其形式有以下两种：

1）观测量记录。观测量的记录由接收机自动进行，包括载波相位观测值、伪距观测值及其观测历元；星历及钟差参数；实时绝对定位结果和测站的信息及接收机工作状态。

2）观测手簿。由观测者在观测开始或过程中，实时填写。应认真、及时、准确记录，不得事后补记或追记。对接收机的存储介质（卡），应及时填写粘贴标签，并防水、防静电妥善保管。

3. 外业成果检核与外业返工

外业观测成果的检核是外业工作的最后一个环节。

（1）外业数据检核。对野外观测资料首先要进行复查，内容有：是否符合调度命令和规范要求，进行的观测数据质量分析是否符合实际。然后进行下列项目检核：

1）每一个时段同步观测数据的检核：① 数据剔除率应小于10%；② 平均值的中误差应小于0.1m，相对中误差应符合规范规定。

2）重复观测边检核：同一条基线边若观测了多个时段，可得到多个结果。对于任意两个时段的观测结果互差，均应小于接收机标称精度 σ 的 $2\sqrt{2}$倍。

3）同步环闭合差检核：当独立观测的各同步边构成闭合环形（三角形、多边形）时，各边的坐标差之和应为零。但是由于多种误差存在，环中各独立观测边的坐标差分量闭合差不为零，设其为

$$\omega_x = \sum_{i=1}^{n} \Delta x_i, \omega_y = \sum_{i=1}^{n} \Delta y_i, \omega_z = \sum_{i=1}^{n} \Delta z_i \tag{14-16}$$

式中　n 为闭合环中的同步边数。

此时环闭合差的定义为

$$\omega = (\omega_x^2 + \omega_y^2 + \omega_z^2)^{1/2} \tag{14-17}$$

环闭合差的大小是评价观测成果质量的重要指标。GB《规范》规定，n 边同步环各分量闭合差均不应大于$\frac{\sqrt{n}}{5}\sigma$，环闭合差不应大于$\frac{\sqrt{3n}}{5}\sigma$。

4）异步观测环检核：应在整个GPS网中选取一组完全独立的基线构成异步环，各独立异步环的坐标分量闭合差和全场闭合差应符合下式要求

$$\omega_x \leqslant 2\sqrt{n}\sigma,\ \omega_y \leqslant 2\sqrt{n}\sigma,\ \omega_z \leqslant 2\sqrt{n}\sigma;\ \omega \leqslant 2\sqrt{3n}\sigma \tag{14-18}$$

（2）野外返工。经检核超限的基线，在进行充分分析的基础上，应按照规定进行野外返工观测。

4. 技术总结与上交资料

（1）技术总结。外业技术总结内容包括：① 测区位置，地理与气候条件，交通通信及供电情况。② 任务来源，项目名称，本次施测的目的及精度要求，测区已有的测量成果情况。③ 施工单位，起止时间，技术依据，人员和仪器的数量及技术情况。④ 观测成果质量的评价，埋石与重合点情况。⑤ 联测方法，完成各级点数量、补测与重测情况以及作业中存在问题的说明。⑥ 外业观测数据质量分析与野外数据检核情况。

内业技术总结内容包括：① 数据处理方案，所采用的软件、采用的星历、起算数据、坐标系统，以及无约束、约束平差情况。② 误差检验及相关参数、平差结果的精度估计等。③ 上缴成果中上存在的问题和需要说明的其他问题、建议或改进意见。④ 综合附表与附图。

（2）上交资料。GPS测量任务完成以后，应上交下列资料：

1）测量任务书及技术设计书。

2）点之记、环视图、测量标志委托保管书。

3）卫星可见性预报表和观测计划。

4）外业观测记录（原始记录卡）、测量手簿及其他记录（偏心观测等）。

5）接收设备、气象及其他仪器的检验资料。

6）外业观测数据质量分析及野外检核计算资料。

7）数据处理中生成的文件、资料和成果表。

8）GPS 网展点图。

9）技术总结和成果验收报告。

14.4 GPS 控制测量数据处理

GPS 测量数据处理要从原始的观测值出发，到获得最终的测量定位成果，其数据处理过程大致分为：数据传输、数据预处理、基线向量解算、基线向量解算结果分析、无约束平差、约束平差等几个阶段。这些处理工作均可由后处理软件自动完成，我们只需启动程序后，选择相应的菜单命令。

14.4.1 数据传输

大多数的 GPS 接收机，采集的数据都记录在接收机的内存模块上。数据传输使用专用电缆（随机附件）将接收机与计算机连接，并在后处理软件的菜单中选择传输数据选项后，便可将观测数据传输至计算机。数据在传输的同时进行数据分流，生成四个数据文件：载波相位和伪距观测值文件；星历参数文件；电离层参数和 UTC 参数文件；测站信息文件（有的机型无此文件）。

14.4.2 数据预处理

GPS 数据预处理的目的是：对数据进行平滑滤波检验，剔除粗差；统一数据文件格式并将各类数据文件加工成标准化文件，探测周跳并修复观测值；对观测值进行各种模型改正。

1. GPS 卫星轨道方程的标准化

数据处理中要多次进行卫星位置的计算，而 GPS 广播星历每一小时有一组独立的星历参数，使得计算工作十分繁杂。因此，需要将卫星轨道方程标准化，以简便计算，节省内存空间。GPS 卫星轨道方程标准化一般采用以时间为变量的多项式拟合处理。拟合时引进了规格化时间，故计算实际轨道时也应使用规格化时间。

2. 卫星钟差的标准化

来自广播星历的卫星钟差（即卫星钟面时间与 GPS 系统的标准时间之差 v_{ta}）是多个数值，需要通过多项式拟合求得唯一的、平滑的钟差改正多项式用于确定真正的信号发射时刻并计算该时刻的卫星在轨位置。同时也用于将各站对各卫星的时间基准统一起来，以估算它们之间的相对钟差。当多项式拟合的精度优于 ±0.2ns 时，可精确探测周跳，估算整周未知数。

3. 观测值文件的标准化

在进行基线向量解算之前，观测值文件必须规格化、标准化。具体包括：

（1）记录格式标准化：各种接收机输出的数据文件应在记录类型、记录长度和存取方式方面采用相同的记录格式。

（2）记录项目标准化：每一种记录应包含相同数据项。如果某些数据缺项，则应以特定数据如“0”或空格填上。

（3）采样密度标准化：各接收机的数据采样间隔可能不同，如有的15s，有的20s记录一次。标准化后应将数据采样间隔统一成一个标准长度。标准长度应大于或等于外业采样间隔的最长的标准值。

（4）数据单位的标准化：数据文件中，同一数据项的量纲和单位应是统一的，例如，载波相位观测值统一以“周”为单位。

14.4.3 基线向量解算及结果分析

1. 基线向量解算

GPS 相对定位的目的是确定测站点之间的相对位置关系。这种相对位置关系通常用空间直角坐标差（Δx，Δy，Δz）或大地坐标差（ΔB，ΔL，ΔH）表示。我们称这种点位间的相对位置量为基线向量，点位间的长度为基线长度。

测站之间基线向量的解算，一般均取载波相位观测值的（二次）差分模型作为观测量，以测站间的基线向量为未知数，建立误差方程式，组成法方程求解基线向量，并评定其精度。平差计算的全过程均由后处理软件自动完成。欲了解其详细内容，请参见有关书籍。

2. 基线向量解算结果分析

基线处理完成后，应对其结果作如下分析：

（1）观测值残差分析。平差处理时假定观测值仅存在偶然误差，当存在系统误差或粗差时，处理结果将有偏差。理论上，载波相位观测精度为1%周，即对于 L_1 波段信号观测误差只有2mm。因而，当偶然误差达1cm时，应认为观测质量存在严重问题。当系统误差达分米级时应认为处理软件中的模型不适用。当残差分布中出现跳或尖峰时，表明周跳未处理成功。

平差后单位权中误差一般为0.05周以下，否则，表明观测值中存在某些问题。可能有多路径干扰、外界电磁干扰或接收机时钟不稳定等影响的低精度观测值存在。观测值改正模型不适宜，周跳修复不完全，也可能是整周未知数解算不成功是观测值存在系统误差。单位权中误差较大也可能是起算数据存在问题，如基线固定端点坐标误差或作为基准数据的卫星星历误差的影响。

（2）基线长度的精度。处理后的基线长度中误差应在标称精度值内。双频机的标称精度为 $5 \pm 10^{-6}D$（mm），单频机为 $10 \pm 2 \times 10^{-6}D$（mm）。对于20km以内的短基线，单频数据的差分处理可有效地消除电离层的影响，确保定位精度。当基线增长时，双频机的消除出效果将明显地优于单频机。

（3）基线向量环闭合差的计算检核。基线向量组成的同步环和异步环，其闭合差值应小于相应等级的限差值。

3. 基线向量网平差

GPS 基线向量网的平差分为三种类型：无约束平差、约束平差和联合平差，且有三维平差与二维平差之分。

（1）无约束平差。GPS 基线向量网的无约束平差属于经典的自由网平差。平差的主要目的是检验网本身的内部符合精度以及基线向量之间有无明显的系统误差和粗差，同时为用 GPS 大地高与公共点的正高（或正常高）联合确定 GPS 网点的正高（或正常高）提供平差处理后的大地高程数据。

GPS 基线向量网的无约束平差常用的是三维无约束平差法。尺度与定向基准已由基线向量提供，属于 WGS－84 坐标系，且与网的平差方法无关；而网的位置基准则与平差方法密切相关，需要引入的位置基准不应引起观测值得变形和改正。引入位置基准的常用方法有两种：一是网中有高级的 GPS 点时，将高级 GPS 点的 WGS－84 坐标值作为无约束平差的位置基准；二是无高级点时，取网中任一点（最好是观测条件好、连续观测时间长）的伪距定位坐标作为无约束平差的位置基准。

（2）约束平差。三维约束平差，就是以国家坐标系或地方坐标系某些点的固定坐标、固定边长及固定方位作为网的基准和平差约束条件，并在平差计算中完成 GPS 网与地面网的坐标转换。

二维约束平差是以国家或地方坐标系的一个已知点和一个已知基线的方向作为起算数据，平差时将 GPS 基线向量观测值及其方差阵转换到国家或地方坐标系的二维平面（或球面）上，然后在国家或地方坐标系中进行二维约束平差。这种方法避免了三维基线网转换成二维基线向量时，地面网的大地高不准确引起的尺度误差和变形，保证 GPS 网转换后整体及相对几何关系的不变性。

（3）联合平差。当地面网除了已知数据（已知点坐标、已知边长和已知方位角）以外，还有常规观测值（如方向、边长等），则将 GPS 基线向量观测值与地面已知数据和常规观测值一起进行平差叫做联合平差。联合平差可以两网的原始观测量为根据，也可以两网单独平差的结果为根据。平差中引入坐标系统的转换参数，同时完成坐标转换。

14.5 GPS 实时动态定位——RTK 技术

14.5.1 RTK 概述

RTK（Real Time Kinematic）技术是 GPS 实时载波相位差分技术的简称。这是一种将 GPS 与数据传输技术相结合，实时处理两个测站载波相位观测量的差分方法，经实时解算进行数据处理，在 1～2s 的时间内得到高精度的位置信息的技术。载波相位差分分为两类：一类是修正法：即将基准站的载波相位修正值发送给用户，改正用户的载波相位观测值，再求坐标；另一类是差分法，即是将基准站的载波相位观测值，发送给用户，与用户的载波相位观测值进行求差，而后解算坐标。可见，修正法属于准 RTK，差分法才是真正的 RTK。20 世纪 90 年代初这项技术一经问世，就极大地拓展了 GPS 的使用空间，使 GPS 从只能做控制测量的局面中解脱出来，开始广泛应用于较低精度的工程测量（如图根控制、地形测量、地籍测量、纵横断面测量、工程放线测量等）之中。近年来，尽管网络 RTK 的新技术是今后的发展方向，但时至今日，RTK 技术在 GPS 定位技术发展中仍然具有里程碑式的意义。

1. RTK 的工作原理

RTK 的基本工作原理是：在测区内安置一台 GPS 接收机（称为固定站或基准站），另一台或几台接收机置于载体上（称为流动站），基准站和流动站同时观测同一组卫星发射的信号，基准站获得的观测值与已知位置信息进行比较，求得 GPS 差分改正值。而后将这个改正值实时地通过无线数据链电台传送给共视卫星的流动站以精化其 GPS 观测值，从而得到经差分改正后的流动站较准确的实时位置。

精密 GPS 定位都采用相对技术。无论是几点间进行同步观测的后处理，还是从基准站将改正值实时地传送给流动站的（RTK）都称为相对技术。以采用的类型为依据可分为 4 类：

（1）实时差分 GPS，精度为 1～3m。

（2）广域实时差分 GPS，精度为 1～2m。

（3）精密差分 GPS，精度为 1～5cm。

（4）实时精密差分 GPS，精度为 1～3cm。

差分的数据类型有伪距差分、坐标差分和相位差分三种。前两种定位误差的相关性会随着基准站与流动站的空间距离增加而迅速降低，定位精度也随之降低，故 RTK 采用了第三种方式。

RTK 的观测模型为

$$\Phi = \rho + c\ (v_{tb} - v_{ta}) + \lambda N_0 + \delta\rho_{trop} - \delta\rho_{ion} + d_{pral} + \varepsilon\ (\Phi) \tag{14-19}$$

式中 Φ——相位观测值，m；

ρ——星站间的几何距离；

c——光速；

v_{ta}——卫星钟差；

v_{tb}——接收机钟差；

λ——载波波长；

N_0——整周未知数；

$\delta\rho_{trop}$——对流层折射影响；

$\delta\rho_{ion}$——电离层折射影响；

d_{pral}——相对论效应；

$\varepsilon(\Phi)$——观测噪声参数。

因卫星轨道误差、钟差、电离层折射及对流层折射的影响难以精确模型化，所以实际数据处理中常用双差观测方程来解算。在定位前需先确定整周未知数，这一过程称为动态定位的“初始化”（On The Fly 即 OTF）。实现初始化的方法有很多种，比如美国天宝导航有限公司的做法是采用伪距和相位相结合的方法，首先用伪距求出整周未知数的搜索范围，再用 L_1 和 L_2 相位组合和后续观测历元解算和精化。即利用伪距估计初始位置和搜索范围，快速确定出精确的初始位置。

2. RTK 系统的组成

RTK 系统通常由基准站和流动站两部分构成。

(1) 基准站。基准站通常包括：基准站 GPS 接收机及接收天线、无线电数据链电台和发射天线、直流电源。

(2) 流动站。流动站包括：流动站 GPS 接收机及接收天线、无线电数据链接收机及天线、手持控制器及其软件。

14.5.2 RTK 系统的基准站

RTK 系统的基准站由基准站 GPS 接收机及接收天线、无线电数据链电台和发射天线、直流电源等组成，如图 14－9 所示。其作用是求出 GPS 实时相位差分改正值，然后将改正值及时地通过数据传输电台发送给流动站以精化其相位观测值，得到经差分改正后流动站较准确的实时位置及其精度。

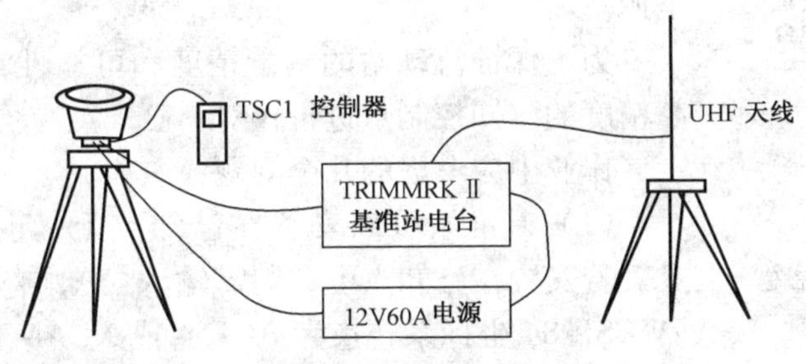

图 14－9 基准站配置图

GPS－RTK 作业能否顺利进行，关键的问题是无线电数据链的稳定性和作用距离是否满足要求。它与无线电数据链电台本身的性能、发射天线的类型、参考（基准）站的选址、设备的架设、环境无线电的干扰情况等有直接的关系。

由于数据链电台（以天宝 4800 型双频机为例）采用 400～480MHz 高频载波发送数据，而高频信号是沿直线传播的，这就要求参考站发射天线与流动站接收天线之间无信号遮挡物，这些障碍物在陆地上主要表现为地形、建筑物、无线电信号发射台等，在海上则主要是地球曲率。

为了尽量避免参考站设备之间形成相互干扰，在作业时，大于 25W 的数据链电台发射天线距离接收及天线应至少 2m，最好 6m 以上；发射天线与电台的连接电缆必须展开，以免形成新的干扰源。

采用的电台频率和电台功率都需经过国家无线电管理委员会批准，使用时可能会受到某些限制。

RTK 数据链电台的工作频率为 UHF 频段，当功率一定时，发射距离虽天线高度增加而增加，可用下式计算

$$发射半径\ km = 4.24 \times (\sqrt{H_1} + \sqrt{H_2}) \tag{14-20}$$

式中 4.24——天宝经验值；

H_1——基准站电台的天线高，m；

H_2——流动站的天线高，m。

应当注意：用上式计算的距离为空旷地带无任何遮挡物时的理论值。实际工作中，应根

据具体情况来确定有效距离，要留由余量。据经验，在城市中要将电台天线架设在楼顶上，才可能达到10km左右的发射半径。

由于无线电数据链电台的发射功率为25W，耗电量较大，故直流电源的电流选择应大一些，一般选择12V/60A或12V/120A的电源，这样可保证一定的工作时间。

14.5.3 RTK系统的流动站

流动站在作业时与基准站同步观测相同的5颗卫星，并且由流动站的UHF电台接收从基准站发射的电台信号，用配备的TSC1控制器进行实时解算。流动站配置如图14-10所示。

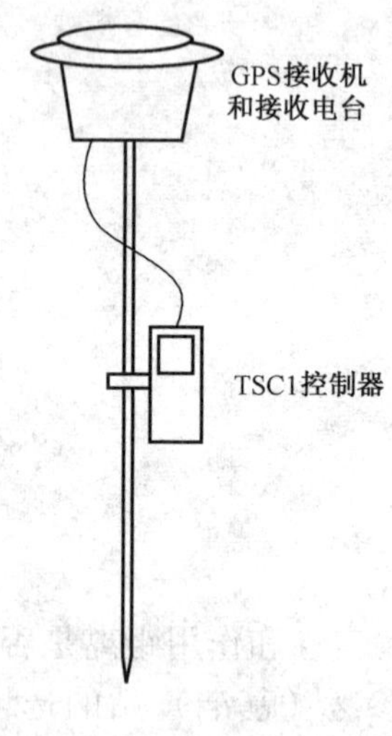

图14-10 流动站配置

流动站的数据连电台的功率为2W，和卫星接收机共用一个电源。

为了保证流动站的测量精度和可靠性，应在整个测区选择高精度的已知控制点进行校对，已知点应均匀分布在整个测区。

作业中应考虑的几个问题：

（1）基准站可以安置在已知点上，也可不安置在已知点上。若安置在已知点上，则需输入已知点坐标，进行坐标转换（WGS-84坐标系转换为BJ-54或XI AN-80坐标系）。

（2）基准站若安在未知点上（城市测量中，有时为了控制更大范围，可将基准站设在没有已知点的高楼顶上），在启动基准站时，则需先行求得该点的WGS-84坐标值，具体方法是：开机后，在TSC1控制器上经过初始化操作后，显示一软键“Here”（意为“这里”），直接按该键即可求得该点的WGS-84坐标值。这时只能输入该点的WGS-84坐标值，如果需要进行坐标转换，则必须由流动站在其他已知点上观测后，输入TSC1控制器才能进行坐标转换。

（3）虽然RTK测量的基准站可以不在已知点上，但测区内还必须有另外的已知控制点，因RTK的测量精度与已知点的等级和个数有关。已知控制点的作用有二：一是用以进行坐标转换；二是正式开测前，对测量结果进行校对。必要时应进行“点校正”。不同的已知点数有以下几种情况：

1）测区内仅有一个已知点：测量时，仅已知点上的精度最高，一本点为圆心，离此点越远，精度越低。理论上，在以10km为半径的范围内，可达2~5cm的精度。其坐标转换的方法是WGS-84坐标和BJ-54（或XIAN-80）坐标相减而得ΔX、ΔY、ΔZ。

2）测区内（或附近）由两个已知控制点（必须是整体平差结果）：测量时仅以这两个已知控制点和这两点的连线上的精度为最高，越远离此直线则精度越低。

3）有三个已知控制点（必须是整体平差结果）：测量时，只有这三个已知点构成的三角形内精度最高，越远离此三角形精度越低。

4）有四个及以上已知控制点：这些点也必须都是同一次平差的结果。多点构成的多边图形，精度最高的是位于这些“边”上，以及一定宽度的环状图形范围内，至于多边形的中心精度是否最高，取决于已知点之间的距离。

由此可见，测区内或附近的已知控制点应均匀地分布在测区周围，这些点必须是同一次整体平差的结果。

14.5.4 RTK测量的作业方法

1. RTK测量前的准备工作

测量前的准备工作包括以下内容：

（1）外业踏勘。

（2）收集资料。

（3）制定观测计划。

（4）星历预报（前四项具体内容与静态GPS测量向同，此处略）。

（5）器材准备：经鉴定合格的GPS - RTK（基准站 + 流动站 + TSC1控制器）一套，12V60A电源（含充电器），数据链电台一套，对讲机或手机（每台接收机配一个），流动站充电器，每台接收机配外也观测记录手簿一本，天线量高尺一个。

（6）交通工具：自备汽车或租车。

2. RTK测量的作业步骤

（1）架设基准站。将基准站的GPS接收机安置在开阔的地方，安放脚架、安置基座和卫星接收天线，对中整平，在相距120°的三个位置上量取天线高，并记录。

连接电缆，通电开机先启动基准站，在TSC1控制器上进行如下操作：

按on/off键，打开TSC1控制器，则自动进入主菜单，选择Files（文件）来建立一个新工程：

1）建立新工程：选择工程管理（Job Management）并确认。若是已有的工程则显示其名称；若是新工程则选New（F1）输入新工程名后确认。

2）在选择坐标系统窗口中选用手工键入参数（Key in Parameter）。

3）在键入参数窗口中选设置投影参数（Projection）。

4）在输入椭球参数窗口中选：

① 投影方式：Transverce Mercator（横轴莫卡托投影）。

② False northing（北偏）：0.000m（北偏为0）。

③ False easting（东偏）：500 000.000m（东偏为500km）。

④ Origin lat（纬度）：0°00′00″.000N。

⑤ Central meridian：117°00′00″.000 0E（当地中央子午线经度）。

⑥ Scale（尺度比）：1.000 000。

⑦ Semi-major axis：6 378 245.000m（BJ - 54椭球长半轴）。

⑧ Flattening（扁率分母）：298.300 000。

若在一个测区，椭球参数只需输入一次即可，如在进入其他测区，则需重新输入其他测区的椭球参数（主要是当地的投影代中央子午线经度）。

5）在键入参数窗口中再选择输入转换参数，有三种情况：

① No transformation（无转换参数）：若基准站没有BJ - 54或XIAN - 80坐标，则选

此项。

② Three parameter（三参数）：若基准站有 BJ－54 或 XIAN－80 坐标，则选此项，也可把本测区的已知转换参数直接输入。

③ Seven parameter（七参数）：测区内至少需有三个已知控制点，一般不采用此项。

至此，建立一个新工程项目的工作就完成了，需要说明的是，建立新工程项目也可以在内业时进行。当测区面积超过 100km^2 时，用三参数转换坐标即可。如果测区内有已知的三参数或七参数时，就可以不进行正式测前的“点校正”了，所以点校正的实质就是现行求解坐标的转换参数，三参数至少需要一个已知控制点；四参数至少需要二个已知控制点；七参数至少需要三个已知控制点。天宝建议一个测区最好有四个控制点，而且应均匀分布在测区的周围。

（2）启动基准站。在 TSC1 控制器上点击 Survey（测量）图标，进入测量方式菜单。

1）在 Survey Styles（测量方式）菜单中选 Trimble RTK（实时动态）。

2）在 Survey（测量）菜单中选 Start base receiver（启动基准站接收机）。

3）在现实连接接收机后，输入基准站的点名、天线高。如果内存中有该点的点名（也即隐含有该点的坐标）可直接按 Start 键（F1 键）后，显示：

Disconnect controller from receiver(控制器可以离开接收机)

若控制器内存中不存在该点或该点为未知点，则按 Here 键（F3 键）求得该点的 WGS－84 坐标，先是一直按回车键，直至高程变化趋于稳定为止。再按 Start 键（F1 键）。

当显示控制器可以离开接收机时，即启动了基准站，可以将基准站接收机上的控制器电缆插头拔下（可带电拔插）。但此时，控制器上并不显示电台标志，只有启动流动站后，控制器上才显示电台标志。

（3）启动流动站。将 TSC1 控制器的电缆插头插入流动站 GPS 接收机的接口中，在 Survey（测量）菜单中选 Start Survey（开始测量），也称启动流动站。此时，TSC1 控制器的显示窗口下部会出现如下图标：① 电池剩余电量。② 接收机型号。③ 接收到的卫星数，应≥5。④ 数据链电台是否连接，两个小灯交替闪亮时，表示已经连接。⑤ 水平（H）和高程（V）精度、空间位置精度因子 PDOP 的值（应不大于 6，越小越好），以及整周未知数的解类型（固定解或浮动解），如果为固定解（RTK = Fixed）时，初始化已经完成，可以开始测量。如果为浮动解（RTK = Fload）时，初始化不成功，不可以开始测量，必须再等待，直至整周未知数的解为固定解（RTK = Fixed）时为止。

（4）开始测量。测量可以分为如下几种形式：

1）测量点（Measure Point）。为了改变当前测量的一些设置，土点间的自动增加的步长、测量的时间等，可以按下“选项”对应的软键 F5。确信设置正确后，就可以按下 F1 键，进行测量，经过 3～5s（地形点）或 3min（控制点）后，再按 F1 键存储此点。之后再测量其他的点。

如果立即想查看所测点的坐标，就可以按 ESC 键或 MENU 键返回主菜单，进入“文件”中的“查看当前任务”，即可看到所测点的坐标。

2）连续的碎部点的采集。在“测量”菜单下选“连续地形点”，有三种情况可选：

① 连续固定时间。

② 连续固定距离。

③ 连续固定时间和距离。

选好其中之一后，按 F1 键进行测量，经过 3 ~ 5s 后，再按 F1 键存储此点。

3）输入方位、距离、计算不可到达的点位（Offsets）。

4）放样（略）。

参 考 文 献

[1] 武汉测绘科技大学《测量学》编写组．测量学［M］. 3 版．北京：测绘出版社，1991.
[2] 付铁链．工程测量［M］. 北京：中国水利水电出版社，1998.
[3] 陈克玉．测量［M］. 北京：中国水利水电出版社，1998.
[4] 钟孝顺，聂让．测量学［M］. 北京：交通出版社，2002.
[5] 丁云庆．水利水电工程测量［M］. 3 版．北京：中国水利水电出版社，1992.
[6] 张慕良，叶泽荣．水利工程测量［M］. 3 版．北京：中国水利水电出版社，1994.
[7] 靳详升．工程测量技术［M］. 郑州：黄河水利出版社，2004.
[8] 田林亚，华锡生．测量学［M］. 南京：河海大学出版社，2001.
[9] 何习平．测量技术基础［M］. 重庆：重庆大学出版社，2003.
[10] 杨晓平，王云江．建筑工程测量［M］. 武汉：华中科技大学出版社，2006.
[11] 王云江，赵西安．建筑工程测量［M］. 北京：中国建筑工业出版社，2002.
[12] 李青岳，陈永奇．工程测量学［M］. 北京：测绘出版社，1995.
[13] 孔祥元，梅是义．控制测量学［M］. 武汉：武汉测绘科技大学出版社，1996.
[14] 凌支援．建筑施工测量［M］. 北京：高等教育出版社，2005.
[15] 过静珺．土木工程测量［M］. 武汉：武汉理工大学出版社，2005.
[16] 吴来瑞，邓学才．建筑施工测量手册［M］. 北京：中国建筑工业出版社，2000.
[17] 夏才初，潘国荣．土木工程监测技术［M］. 北京：中国建筑工业出版社，2002.
[18] 李生平．建筑工程测量［M］. 北京：高等教育出版社，2002.
[19] 潘正风，杨正尧，等．数字测图原理与方法［M］. 武汉：武汉大学出版社，2005.
[20] 中国地质大学测量教研室．测量学［M］. 北京：地质出版社，1991.
[21] 李天和．工程测量（非测绘类）［M］. 郑州：黄河水利出版社，2006.
[22] 陈胜华，苏登天．工程测量［M］. 北京：科学出版社，2007.
[23] 陈燕然．港口与航道工程测量［M］. 北京：人民交通出版社，1999.